LEÇONS

SUR L'INTÉGRATION

DES ÉQUATIONS

AUX DÉRIVÉES PARTIELLES

DU PREMIER ORDRE

FAITES À LA FACULTÉ DES SCIENCES DE PARIS AUX CANDIDATS À L'AGRÉGATION

PAR

E. GOURSAT,

MAÎTRE DE CONFÉRENCES A L'ÉCOLE NORMALE SUPÉRIEURE

ET RÉDIGÉES

PAR C. BOURLET,

ANCIEN ÉLÈVE DE L'ÉCOLE NORMALE SUPÉRIEURE, AGRÉGÉ DE L'UNIVERSITÉ

PARIS

A. HERMANN, LIBRAIRIE SCIENTIFIQUE

8 — rue de la Sorbonne — 8

1891

LEÇONS

SUR L'INTÉGRATION DES

ÉQUATIONS AUX DÉRIVÉES PARTIELLES

DU PREMIER ORDRE

LEÇONS

SUR L'INTÉGRATION

DES ÉQUATIONS

AUX DÉRIVÉES PARTIELLES

DU PREMIER ORDRE

FAITES A LA FACULTÉ DES SCIENCES DE PARIS AUX CANDIDATS A L'AGRÉGATION

PAR

E. GOURSAT,

MAÎTRE DE CONFÉRENCES A L'ÉCOLE NORMALE SUPÉRIEURE

ET RÉDIGÉES

Par C. BOURLET,

ANCIEN ÉLÈVE DE L'ÉCOLE NORMALE SUPÉRIEURE, AGRÉGÉ DE L'UNIVERSITÉ

PARIS

A. HERMANN, LIBRAIRIE SCIENTIFIQUE

8 — rue de la Sorbonne — 8

1891

LEÇONS

SUR LES

ÉQUATIONS AUX DÉRIVÉES PARTIELLES

CHAPITRE PREMIER

Théorèmes généraux sur l'existence des intégrales.

1. Les équations aux dérivées partielles ont d'abord été étudiées par d'Alembert et Euler, à propos de problèmes de physique. Parmi les travaux les plus importants antérieurs à Cauchy, nous citerons, en outre, ceux de Lagrange, Laplace, Monge, Ampère et Pfaff. En particulier les Mémoires de Lagrange sur les équations du premier ordre sont fondamentaux. Mais les premières recherches rigoureuses sur le degré de généralité de la solution d'une équation aux dérivées partielles ou d'un système d'équations aux dérivées partielles sont dues à Cauchy [1]. Les théorèmes trouvés par Cauchy ont été démontrés depuis par M. Darboux [2] et par Mme de Kowalewski [3]. Nous allons reproduire la démonstration de Mme de Kowalewski.

2. Nous dirons que la fonction $f(x_1, x_2, \ldots, x_n)$ des n variables $x_1, x_2, \ldots, x_n$ est *holomorphe*, ou *régulière*, ou encore *développable*, au voisinage du point $x_1^0, x_2^0, \ldots, x_n^0$, si elle est développable suivant les puissances croissantes et positives de $x_1 - x_1^0, x_2 - x_2^0, \ldots, x_n - x_n^0$ pour toutes les valeurs de $x_1, x_2, \ldots, x_n$, telles que

$$\left| x_i - x_i^0 \right| < \delta \qquad (i = 1, 2, \ldots, n),$$

---

(1) Cauchy, *Comptes rendus de l'Académie des Sciences*, t. XIV, XV et XVI.
(2) G. Darboux, *Comptes rendus*, t. LXXX.
(3) Mme Kowalewski, *Journal de Crelle*, t. LXXX.

et nous dirons que $x_1, x_2, ..., x_n$ appartiennent au *domaine* du point $x_1^0, x_2^0, ..., x_n^0$, de rayon ε.

3. Avant de donner la démonstration du théorème général, nous traiterons d'abord deux cas particuliers.

Théorème I. — *Étant donné, d'une part, le système d'équations aux dérivées partielles*

$$(1) \qquad \begin{cases} \dfrac{\partial u_i}{\partial x_i} = \sum_{l} A_{i,l}^i \dfrac{\partial u_i}{\partial x_i}, \\ (i, k = 1, 2, ..., m), \\ (l = 2, 3, ..., n), \end{cases}$$

contenant les m fonctions $u_1, u_2, ..., u_m$ des n variables indépendantes $x_1, x_2, ..., x_n$ et dans lesquelles les coefficients $A_{i,l}^i$ désignent des fonctions des seules variables $u_1, u_2, ..., u_m$; et, d'autre part, m fonctions $\varphi_1, \varphi_2, ..., \varphi_m$ des variables $x_2, x_3, ..., x_n$, régulières au voisinage du point

$$x_2 = a_2, \quad x_3 = a_3, \quad ..., \quad x_n = a_n,$$

et se réduisant respectivement à $b_1, b_2, ..., b_m$ pour

$$x_2 = a_2, \quad ..., \quad x_n = a_n;$$

il existe un système, et un seul, de fonctions $u_1, u_2, ..., u_m$, satisfaisant aux équations (1), développables au voisinage du point

$$x_1 = a_1, \quad x_2 = a_2, \quad ..., \quad x_n = a_n,$$

et se réduisant respectivement à $\varphi_1, \varphi_2, ..., \varphi_m$ pour

$$x_1 = a_1,$$

pourvu que les coefficients $A_{i,l}^i$ soient développables au voisinage du point

$$u_1 = b_1, \quad u_2 = b_2, \quad ..., \quad u_m = b_m.$$

Remarquons d'abord que nous pouvons toujours supposer $a_i = 0$ et $b_i = 0$, car cela revient à remplacer $x_i - a_i$, $u_i - b_i$ et $\varphi_i - b_i$ respectivement par x_i, u_i et φ_i. Cela étant, admettons que les fonctions $u_1, u_2, ..., u_n$, satisfaisant aux conditions de l'énoncé, existent; on voit alors aisément que les conditions initiales, jointes aux équations (1), permettent de déterminer les coefficients des développements de toutes les fonctions $u_1, ..., u_n$, que nous supposons exister. En effet, nous savons que, d'après la formule de Taylor, le coefficient de $x_1^{\alpha_1} x_2^{\alpha_2} ... x_n^{\alpha_n}$ serait, à un facteur numérique près, dans u_i

$$\left(\frac{\partial^{\alpha_1+\alpha_2+...+\alpha_n} u_i}{\partial x_1^{\alpha_1} \partial x_2^{\alpha_2} ... \partial x_n^{\alpha_n}}\right)_{x_1=a,\ x_2=b,\ ...\ x_n=l}$$

ce que nous désignerons, pour abréger, par

$$\left(\frac{\partial^{\alpha_1+\alpha_2+...+\alpha_n} u_i}{\partial x_1^{\alpha_1} \partial x_2^{\alpha_2} ... \partial x_n^{\alpha_n}}\right)_0.$$

Il suffit donc de savoir calculer ces quantités. Or, les conditions initiales nous donnent déjà toutes celles de ces quantités où x_1 ne figure pas, car, puisque pour $x_1 = 0$, u_i doit se réduire à φ_i, on doit avoir

$$u_i = \varphi_i + x_1 A_1 + x_1^2 A_2 + ...,$$

donc tous les termes de la forme $x_2^{\alpha_2} x_3^{\alpha_3} ... x_n^{\alpha_n}$ de u_i sont ceux de φ_i, et nous connaissons les coefficients de la forme

$$\left(\frac{\partial^{\alpha_2+\alpha_3+...+\alpha_n} u_i}{\partial x_2^{\alpha_2} \partial x_3^{\alpha_3} ... \partial x_n^{\alpha_n}}\right)_0.$$

De plus, les équations (1), auxquelles les fonctions $u_1, ..., u_n$ satisfont par hypothèse, nous permettront de calculer toutes les autres dérivées partielles, où figure au moins une fois x_1, en fonction de celles qui sont connues. En effet, en dérivant les deux membres de l'équation

$$\frac{\partial u_i}{\partial x_1} = \sum_{s} A_{is} \frac{\partial u_s}{\partial x_i}$$

α_2 fois par rapport à x_2, α_3 fois par rapport à x_3, et ainsi de suite, α_n fois par rapport à x_n, et en faisant ensuite $x_1 = x_2 = ... = x_n = 0$, on aura

$$\left(\frac{\partial^{1+\alpha_2+\alpha_3+...+\alpha_n} u_i}{\partial x_1 \partial x_2^{\alpha_2} \partial x_3^{\alpha_3} ... \partial x_n^{\alpha_n}}\right)_0.$$

en fonction des dérivées déjà connues; ensuite, en dérivant une fois par rapport à x_2, α_2 fois par rapport à x_2, et ainsi de suite, et en faisant $x_1 = x_2 = \ldots = x_n = 0$, on aura les quantités

$$\left(\frac{\partial^{\alpha_1 + \alpha_2 + \ldots + \alpha_n} u_i}{\partial x_1^{\alpha_1} \partial x_2^{\alpha_2} \ldots \partial x_n^{\alpha_n}} \right)_0$$

en fonction des précédentes, et ainsi de suite, on calculera, de proche en proche, tous les coefficients de u_i. Ceci nous montre que, s'il existe un système de fonctions u_1, u_2, ..., u_n satisfaisant à l'énoncé, il en existe un *seul*, car les coefficients des développements de ces fonctions sont déterminés d'une manière univoque par les conditions initiales et les équations (1).

Imaginons alors, qu'après avoir calculé ces coefficients comme nous venons de l'indiquer, on écrive les développements correspondants; je dis que si ces *développements sont convergents* au voisinage de $x_1 = x_2 = \ldots = x_n = 0$, ils représentent des fonctions u_1, u_2, ..., u_n, qui satisfont aux conditions de l'énoncé. En effet, les fonctions u_1, ..., u_n ainsi obtenues satisfont évidemment aux conditions initiales; d'ailleurs elles satisfont aux équations (1), car si on calcule les quantités

$$\frac{\partial u_i}{\partial x_1} - \sum_{k,j} A_{k,j} \frac{\partial u_k}{\partial x_j}$$

correspondantes, ces quantités seront certaines fonctions $F_i(x_1, \ldots, x_n)$ des seules variables x_1, ..., x_n holomorphes dans le domaine du point $x_i = 0$, et, d'après la manière même dont on a calculé les coefficients des u_i, ces fonctions sont nulles ainsi que toutes leurs dérivées partielles pour

$$x_1 = x_2 = \ldots = x_n = 0.$$

De tout ceci il résulte que pour démontrer le théorème énoncé il nous suffit de démontrer que les développements obtenus par la méthode précédente sont convergents. À cet effet nous allons comparer ces développements à d'autres dont la convergence se montre aisément.

Supposons les quantités $A_{k,j}$ régulières pour les valeurs de u_1, u_2, ..., u_n, dont le module est inférieur ou égal à r et soit M un nombre plus grand que le plus grand module de toutes ces fonctions pour toutes les valeurs de $u_1, ..., u_m$ appartenant au domaine de rayon r. Considérons alors la fonction

$$H = \frac{M}{1 - \dfrac{u_1 + u_2 + ... + u_m}{r}},$$

qui est développable suivant les puissances croissantes de $u_1, u_2, ..., u_m$ pour toutes les valeurs telles que

$$|u_i| < \frac{r}{m}.$$

Ce développement sera

$$H = M \left\{ 1 + \sum_{t=1}^{\infty} \left(\frac{u_1 + u_2 + ... + u_m}{r} \right)^t \right\},$$

et le coefficient de $u_1^{\beta_1} u_2^{\beta_2} ... u_m^{\beta_m}$ dans ce développement sera celui du même terme dans

$$M \left(\frac{u_1 + u_2 + ... + u_m}{r} \right)^{\beta_1 + \beta_2 + ... + \beta_m},$$

c'est-à-dire

$$\frac{M}{r^{\beta_1 + \beta_2 + ... + \beta_m}} \frac{(\beta_1 + \beta_2 + ... + \beta_m)!}{\beta_1! \beta_2! ... \beta_m!}.$$

Ce coefficient est donc supérieur à $\dfrac{M}{r^{\beta_1 + \beta_2 + ... + \beta_m}}$ et, par suite,

est plus grand que le module du coefficient correspondant dans $A_{i,j}$. D'autre part, soit ρ le rayon du domaine de convergence des fonctions $\varphi_1, \varphi_2, ..., \varphi_m$ et N une limite supérieure du module de ces fonctions ; posons

$$\Phi(x_2, x_3, ..., x_n) = \frac{Nt}{\rho - t},$$

avec

$$t = x_1 + x_2 + ... + x_n.$$

Nous voyons que

$$\Phi(0, 0, ..., 0) = 0;$$

d'ailleurs, on peut écrire

$$\Phi(x_2, \ldots, x_n) = \frac{N\zeta}{\zeta - t} = N = \frac{N}{1 - \dfrac{x_2 + \ldots + x_n}{\rho}} = N,$$

donc la fonction $\Phi(x_2, \ldots, x_n)$ joue, par rapport aux fonctions z_i, le même rôle que H par rapport aux $A_{i,k}$.

Ceci posé, considérons le système auxiliaire d'équations aux dérivées partielles suivant :

$$(2) \qquad \left\{ \begin{aligned} &\frac{\partial v_i}{\partial x_1} = H \sum_{k} \frac{\partial v_i}{\partial x_k}, \\ &(i,\, k = 1, 2, \ldots, m), \\ &(l = 2, 3, \ldots, n), \end{aligned} \right.$$

où l'on a

$$H = \frac{M}{1 - \dfrac{v_1 + v_2 + \ldots + v_m}{r}},$$

et cherchons un système de fonctions $v_1, v_2, \ldots, v_m$, satisfaisant à ce système (2) et aux conditions initiales

$$(3) \qquad v_1 = v_2 = \ldots = v_m = \Phi(x_2, \ldots, x_n),$$

pour $x_1 = 0$.

On montrera, comme précédemment, que, s'il existe un système de fonctions $v_1, v_2, \ldots, v_m$ satisfaisant aux conditions précédentes, il en existe un seul et qu'on pourra calculer les coefficients des développements de proche en proche. D'ailleurs, de la façon même dont nous calculons ces coefficients, un coefficient quelconque de v_i est un nombre positif supérieur au module du coefficient correspondant dans u_i. En effet, les coefficients des développements des u_i se déduisent des coefficients des développements des fonctions $A_{i,k}$ et $z_1, z_2, \ldots, z_m$ par les seules opérations d'addition et de multiplication. Si l'on remplace dans toutes ces opérations un coefficient quelconque de $A_{i,k}$ par le coefficient correspondant de H et un coefficient quelconque de z_i par le coefficient correspondant de $\Phi(x_2, \ldots, x_n)$, les résultats obtenus seront précisément les coefficients des v_i. On en conclut que si les développements de $v_1, v_2, ..., v_m$, calculés comme nous l'avons indiqué, sont convergents, il en sera de même a *fortiori* des développements de $u_1, u_2, ..., u_m$. La condition nécessaire et suffisante pour que les développements de $v_1, v_2, ..., v_m$ soient convergents est, manifestement, que le système (2) admette un système d'intégrales satisfaisant aux conditions (3). Nous sommes donc ramenés, pour démontrer le théorème, à démontrer l'existence d'un système d'intégrales holomorphes pour le système particulier (2). Ceci est aisé.

Nous pouvons écrire le système (2)

$$\frac{\partial v_1}{\partial x_1} = \frac{\partial v_2}{\partial x_1} = \ldots = \frac{\partial v_m}{\partial x_m} = \mathrm{H} \sum_{i,j} \frac{\partial v_i}{\partial x_i}.$$

Ceci nous prouve d'abord que les différences $v_1 - v_2$, $v_1 - v_3$, ..., $v_1 - v_m$ sont indépendantes de x_1; d'ailleurs, comme pour $x_1 = 0$ elles doivent être nulles en vertu des conditions initiales (3), elles sont identiquement nulles et on a.

$$v_1 = v_2 = \ldots = v_m.$$

On est donc ramené à intégrer l'équation unique

$$\frac{\partial v_1}{\partial x_1} = m \mathrm{H} \sum_i \frac{\partial v_1}{\partial x_i},$$
$$(l = 2, 3, ..., n).$$

Comme la fonction $\Phi(x_2, ..., x_n)$ ne dépend que de t, il est naturel de chercher une solution de la forme

$$v_1 = \psi(x_1, t)$$

et on a, pour déterminer ψ, l'équation

$$\frac{\partial \psi}{\partial x_1} = \frac{\mathrm{M} m (n-1)}{1 - \dfrac{m \psi}{r}} \frac{\partial \psi}{\partial t},$$

qui s'écrit

$$(4) \qquad \left(1 - \frac{m \psi}{r}\right) \frac{\partial \psi}{\partial x_1} - \mathrm{M} m (n-1) \frac{\partial \psi}{\partial t} = 0.$$

Il est aisé de vérifier que le premier membre de cette équation est précisément le déterminant fonctionnel des deux fonctions

$$\psi \quad \text{et} \quad \left(1 - \frac{m\psi}{r}\right)t + Mm(n-1)x_1.$$

Cette équation exprime que la fonction ψ est telle que

$$\left(1 - \frac{m\psi}{r}\right)t + Mm(n-1)x_1 = F(\psi),$$

F étant une fonction arbitraire.

Ici, il nous faudra choisir F de telle façon que pour $x_1 = 0$ on ait $\psi = \dfrac{Nt}{\rho - t}$; il faudra donc avoir *identiquement* :

$$\left(1 - \frac{mNt}{r(\rho-t)}\right)t = F\left(\frac{Nt}{\rho-t}\right),$$

c'est-à-dire, en posant $z = \dfrac{Nt}{\rho - t}$,

$$\left(1 - \frac{m}{r}z\right)\frac{\rho z}{N+z} = F(z).$$

Finalement, nous voyons que la fonction ψ qui s'annule pour $x_1 = t = 0$ et qui satisfait à l'équation

$$\left(1 - m\frac{\psi}{r}\right)t + Mm(n-1)x_1 = \left(1 - \frac{m}{r}\psi\right)\frac{\rho\psi}{N+\psi}$$

est l'intégrale demandée. Cette équation s'écrit

$$\left(1 - m\frac{\psi}{r}\right)(N+\psi)t + Mm(n-1)x_1(N+\psi) = \left(1 - \frac{m\psi}{r}\right)\rho\psi$$

Pour $x_1 = t = 0$ cette équation a une racine égale à 0 et l'autre racine égale à $\dfrac{r}{m}$ et *par conséquent différente de 0*. On en conclut que la racine qui s'annule pour $x_1 = t = 0$ est *développable au voisinage de $x_1 = 0$, $t = 0$*. Soit

$$\psi_0(x_1, t) = \psi_0(x_1, x_2 + \dots + x_n)$$

cette racine. Le système (2) est par conséquent satisfait par les fonctions

$$v_1 = v_2 = \ldots = v_n = \varphi_0 (x_1, x_2 + \ldots + x_n),$$

qui remplissent d'ailleurs les conditions (3), et sont développables au
voisinage de

$$x_1 = 0, \quad x_2 = 0, \quad \ldots \quad x_n = 0.$$

4. THÉORÈME II. — *Étant donné, d'une part, un système de
m équations linéaires aux dérivées partielles*

$$(5) \quad \begin{cases} \dfrac{\partial u_i}{\partial x_1} = \sum_{k,l} A^l_{k,i} \dfrac{\partial u_k}{\partial x_l} + B^i, \\ (i, k = 1, 2, \ldots, m), \\ (l = 2, 3, \ldots, n), \end{cases}$$

*où les quantités $A^l_{k,i}$ et B^i désignent des fonctions des variables
$x_1, x_2, \ldots, x_n$ et de $u_1, u_2, \ldots, u_m$, régulières au voisinage de*

$$x_1 = a_1, \quad x_2 = a_2, \quad \ldots, \quad x_n = a_n,$$
$$u_1 = b_1, \quad u_2 = b_2, \quad \ldots, \quad u_m = b_m,$$

*et, d'autre part, m fonctions $\varphi_1, \varphi_2, \ldots, \varphi_m$ de $x_2, x_3, \ldots, x_n$,
développables au voisinage du point $a_2, a_3, \ldots, a_n$, et se réduisant
respectivement à $b_1, b_2, \ldots, b_m$ pour*

$$x_2 = a_2, \quad \ldots, \quad x_n = a_n;$$

*il existe un système de fonctions $u_1, u_2, \ldots, u_m$ des variables
$x_1, x_2, \ldots, x_n$, et un seul, satisfaisant aux équations (5), régulières
au voisinage de*

$$x_1 = a_1, \quad x_2 = a_2, \quad \ldots, \quad x_n = a_n,$$

et se réduisant respectivement à $\varphi_1, \varphi_2, \ldots, \varphi_m$ pour $x_1 = a_1$.

Pour démontrer ce théorème, nous allons montrer qu'on peut le
ramener au théorème précédent. A cet effet, introduisons n fonctions
inconnues nouvelles $t_1, t_2, \ldots, t_n$, et désignons par $(A^l_{k,i})$ et (B^i) ce
que deviennent les fonctions $A^l_{k,i}$ et B^i quand on y remplace x_1, x_2

..., x_n par t_1, t_2, ..., t_n respectivement. Considérons ensuite le système des $m + n$ équations

$$(6) \quad \begin{cases} \dfrac{\partial u_i}{\partial x_1} = \sum_{k,l} (\mathrm{A}_{ikl}) \dfrac{\partial u_k}{\partial x_l} + (\mathrm{B}_i) \dfrac{\partial t_l}{\partial x_1}, \\[2mm] (i, k = 1, 2, ..., m), \\[1mm] (l = 2, 3, ..., n), \\[2mm] \dfrac{\partial t_1}{\partial x_1} = \dfrac{\partial t_1}{\partial x_2}, \quad \dfrac{\partial t_2}{\partial x_1} = 0, \quad ..., \quad \dfrac{\partial t_n}{\partial x_1} = 0, \end{cases}$$

avec les conditions initiales

$$(6') \quad \begin{cases} u_1 = \varphi_1, & u_2 = \varphi_2, & ..., & u_m = \varphi_m, \\ t_1 = a_1, & t_2 = x_2, & ..., & t_n = x_n, \end{cases}$$

pour $x_1 = a_1$.

D'après le théorème I, il existe un système, et un seul, de fonctions u_1, ..., u_m, t_1, t_2, ..., t_n satisfaisant aux équations (6) et aux conditions (6'). A cause des dernières équations (6), les fonctions t_2, t_3, ..., t_n sont indépendantes de x_1, et comme, pour $x_1 = a_1$, elles doivent se réduire respectivement à x_2, x_3, ..., x_n, il faut nécessairement que l'on ait toujours

$$t_2 = x_2, \quad ..., \quad t_n = x_n;$$

on en conclut que $\dfrac{\partial t_2}{\partial x_1} = 1$ et, par suite, que $\dfrac{\partial t_1}{\partial x_1} = 1$ et que $t_1 = x_1$ puisque, pour $x_1 = a_1$, on doit avoir $t_1 = a_1$. Le système de solutions des équations (6), dont l'existence est prouvée par le théorème I, est donc de la forme

$$\begin{cases} u_1 = \Phi_1, & u_2 = \Phi_2, & ..., & u_m = \Phi_m, \\ t_1 = x_1, & t_2 = x_2, & ..., & t_n = x_n. \end{cases}$$

Si dans les m premières équations (6) on remplace u_1, ..., u_m, t_1, t_2, ..., t_n par les expressions précédentes, les relations obtenues expriment précisément que les m fonctions

$$u_1 = \Phi_1, \quad ..., \quad u_m = \Phi_m$$

forment un système d'intégrales des équations (5).

5. Après avoir traité ces deux cas particuliers, nous arrivons au théorème général.

Considérons un système d'équations aux dérivées partielles de la forme suivante :

$$(7) \qquad \frac{\partial^{r_1} u_1}{\partial x_1^{r_1}} = \Phi_1, \qquad \frac{\partial^{r_2} u_2}{\partial x_1^{r_2}} = \Phi_2, \qquad \dots \qquad \frac{\partial^{r_m} u_m}{\partial x_1^{r_m}} = \Phi_m,$$

où les quantités Φ_i désignent des fonctions des quantités $u_1, u_2, \dots, u_m$, des variables $x_1, x_2, \dots, x_n$, des dérivées partielles de u_1 jusqu'à l'ordre r_1, des dérivées partielles de u_2 jusqu'à l'ordre r_2, et ainsi de suite, des dérivées de u_m jusqu'à l'ordre r_m, mais ne contenant pas les dérivées qui figurent dans les premiers membres.

Le théorème général peut s'énoncer ainsi :

THÉORÈME GÉNÉRAL. — *Les quantités* $x_1, x_2, \dots, x_n, u_1, u_2, \dots, u_m,$
$$\frac{\partial^{\alpha_1 + \alpha_2 + \dots + \alpha_n} u_i}{\partial x_1^{\alpha_1} \partial x_2^{\alpha_2} \dots \partial x_n^{\alpha_n}}$$
qui figurent dans les fonctions Φ_i *étant regardées comme des variables indépendantes, soit*

$$a_1, \quad a_2, \quad \dots, \quad a_n; \quad b_1, \quad \dots, \quad b_m, \quad b_{i, x_1 \dots x_n}$$

un système quelconque de valeurs de ces variables pour lequel les fonctions Φ_i *soient holomorphes;*

Soient, d'autre part:

$$\begin{array}{ccccc}
\varphi_{11}, & \varphi_{11}^1, & \varphi_{11}^2, & \dots, & \varphi_{11}^{r_1 - 1}, \\
\varphi_{21}, & \varphi_{21}^1, & \varphi_{21}^2, & \dots, & \varphi_{21}^{r_2 - 1}, \\
\dots \dots \dots \dots \dots \dots \dots \dots \dots \dots \dots \\
\varphi_{m1}, & \varphi_{m1}^1, & \varphi_{m1}^2, & \dots, & \varphi_{m1}^{r_m - 1},
\end{array}$$

des fonctions de $x_2, x_3, \dots, x_n$ *régulières au voisinage du point* $a_2, a_3, \dots, a_n$ *et telles que l'on ait*

$$\varphi_i = b_i, \qquad \frac{\partial^{\alpha_2 + \dots + \alpha_n} \varphi_i^k}{\partial x_2^{\alpha_2} \dots \partial x_n^{\alpha_n}} = b_{i, x_2 \dots x_n}$$

pour $x_2 = a_2, \dots, x_n = a_n.$

Il existe un système de fonctions $u_1, u_2, \dots, u_m,$ *et un seul,* satisfaisant au système (7), holomorphes au voisinage de

$$x_1 = a_1, \quad x_2 = a_2, \quad \ldots, \quad x_n = a_n,$$

et telles que l'on ait

$$u_i = \varphi_0, \quad \frac{\partial u_i}{\partial x_1} = \varphi_1, \quad \ldots \quad \frac{\partial u^{r-1}}{\partial x_1^{r-1}} = \varphi_i^{r-1},$$

pour $x_1 = a_1$.

Il est aisé de voir que, s'il existe un tel système, il en existe un seul, car, en vertu des conditions initiales, le développement de u_i, ordonné suivant les puissances de $x_1 - a_1$, doit être de la forme

$$u_i = z_i + (x_1 - a_1) z_i^1 + \ldots + \frac{(x_1 - a_1)^{r-1}}{(r_i - 1)!} z_i^{r-1} + (x_1 - a_1)^{r_i} A_i + \ldots ;$$

par suite, nous connaissons les dérivées

$$\left(\frac{\partial^{i_1 + i_2 + \ldots + i_n} u_i}{\partial x_1^{i_1} \ldots \partial x_n^{i_n}} \right)_{x_1 = a_1, \; x_2 = a_2, \; \ldots, \; x_n = a_n}$$

pour toutes les valeurs de

$$i_1 \equiv r_i - 1,$$

quels que soient les nombres $i_2, \ldots, i_n$, et d'ailleurs, en différentiant les équations (7), on voit qu'on pourra calculer de proche en proche toutes les valeurs des autres dérivées où $i_1 \equiv r$, pour $x_1 = a_1, \ldots, x_n = a_n$, en fonction des précédentes. Ces coefficients sont donc déterminés d'une manière univoque, et, s'il existe un système d'intégrales, il en existe un seul.

Le mode de raisonnement employé plus haut nous montre encore que, si ces développements sont convergents, les fonctions qu'ils représentent satisfont à toutes les conditions du problème. Au lieu de démontrer directement cette convergence, nous ramènerons le système proposé (7) à un système d'équations linéaires.

Pour rendre la démonstration plus intelligible dans le cas général, nous examinerons d'abord un cas particulier.

Considérons l'équation du second ordre

$$(8) \qquad r = F(x, y, z, p, q, s, t).$$

où nous posons

$$p = \frac{\partial z}{\partial x}, \quad q = \frac{\partial z}{\partial y}, \quad r = \frac{\partial^2 z}{\partial x^2}, \quad s = \frac{\partial^2 z}{\partial x \, \partial y}, \quad t = \frac{\partial^2 z}{\partial y^2},$$

et dans laquelle F désigne une fonction développable pour le point $x_0, y_0, z_0, p_0, q_0, s_0, t_0$.

Soient, d'autre part, $\varphi_0(y)$ et $\varphi_1(y)$ deux fonctions de y holomorphes au voisinage de $y = y_0$ et telles que

$$\varphi_0(y_0) = z_0, \quad \varphi_2(y_0) = q_0, \quad \varphi'_0(y_0) = t_0,$$
$$\varphi_1(y_0) = p_0, \quad \varphi'_1(y_0) = s_0.$$

Il existe une fonction z satisfaisant à l'équation (8), holomorphe au voisinage de x_0, y_0, et telle que, pour $x = x_0$, z se réduise à $\varphi_0(y)$ et $\frac{\partial z}{\partial x}$ à $\varphi_1(y)$.

En effet, considérons le système auxiliaire

$$(9) \begin{cases} \dfrac{\partial z}{\partial x} = p, \quad \dfrac{\partial p}{\partial x} = r, \quad \dfrac{\partial q}{\partial x} = \dfrac{\partial p}{\partial y}, \quad \dfrac{\partial s}{\partial x} = \dfrac{\partial r}{\partial y}, \quad \dfrac{\partial t}{\partial x} = \dfrac{\partial s}{\partial y}, \\[2mm] \dfrac{\partial r}{\partial x} = \dfrac{\partial F}{\partial x} + \dfrac{\partial F}{\partial z} p + \dfrac{\partial F}{\partial p} r + \dfrac{\partial F}{\partial q} \dfrac{\partial p}{\partial y} + \dfrac{\partial F}{\partial s} \dfrac{\partial r}{\partial y} + \dfrac{\partial F}{\partial t} \dfrac{\partial s}{\partial y}. \end{cases}$$

Ce système est de la forme des systèmes considérés dans le théorème II ; par suite, on pourra trouver un système d'intégrales satisfaisant aux équations (9) et aux conditions initiales suivantes :

$$(10) \begin{cases} z = \varphi_0(y), \quad p = \varphi_1(y), \quad q = \varphi'_0(y), \quad s = \varphi'_1(y), \\[2mm] t = \varphi''_0(y) \text{ et } r = F(x_0, y, \varphi_0(y), \varphi_1(y), \varphi'_0(y), \varphi'_1(y), \varphi''_0(y)), \end{cases}$$

pour $x = x_0$.

Soient

$$z = Z = \Phi(x, y), \quad p = P(x, y), \quad q = Q(x, y),$$
$$r = R(x, y), \qquad s = S(x, y), \qquad t = T(x, y)$$

ce système. Je dis que $z = \Phi(x, y)$ est une intégrale de (8), satisfaisant aux conditions initiales énoncées. En effet, puisque ce système de fonctions satisfait aux équations (9), on a

$$P(x, y) = \frac{\partial \Phi}{\partial x},$$

par suite,

$$R(x, y) = \frac{\partial^2 \Phi}{\partial x^2},$$

et

$$\frac{\partial Q}{\partial x} = \frac{\partial^2 \Phi}{\partial x \, \partial y} = \frac{\partial}{\partial x}\left(\frac{\partial \Phi}{\partial y}\right).$$

on en conclut que la différence $Q - \dfrac{\partial \Phi}{\partial y}$ est une fonction de y seulement; d'ailleurs, en vertu des conditions (10), cette différence est nulle pour $x = x_0$; donc, elle doit être identiquement nulle et on a

$$Q = \frac{\partial \Phi}{\partial y}.$$

De même,

$$\frac{\partial S}{\partial x} = \frac{\partial^3 \Phi}{\partial x^2 \, \partial y} = \frac{\partial}{\partial x}\left(\frac{\partial^2 \Phi}{\partial x \, \partial y}\right);$$

donc, la différence $S - \dfrac{\partial^2 \Phi}{\partial x \, \partial y}$ est une fonction de y qui doit s'annuler pour $x = x_0$, en vertu de (10), et, par suite, est constamment nulle,

$$S = \frac{\partial^2 \Phi}{\partial x \, \partial y};$$

on voit ensuite que

$$\frac{\partial T}{\partial x} = \frac{\partial^3 \Phi}{\partial x \, \partial y^2} = \frac{\partial}{\partial x}\left(\frac{\partial^2 \Phi}{\partial y^2}\right),$$

et, par suite, comme précédemment, que

$$T = \frac{\partial^2 \Phi}{\partial y^2},$$

en vertu de (10). Enfin, on aura

$$\frac{\partial R}{\partial x} = \frac{\partial F}{\partial x} + \frac{\partial F}{\partial \Phi}\frac{\partial \Phi}{\partial x} + \frac{\partial F}{\partial P}\frac{\partial P}{\partial x} + \frac{\partial F}{\partial Q}\frac{\partial Q}{\partial x} + \frac{\partial F}{\partial S}\frac{\partial S}{\partial x} + \frac{\partial F}{\partial T}\frac{\partial T}{\partial x},$$

ce qui prouve que la différence

$$U - F(x, y, \Phi, P, Q, S, T)$$

est une fonction de y qui, devant s'annuler pour $x = x_0$, en vertu des conditions (10), est identiquement nulle. En résumé, on voit que $z = \Phi$ est une intégrale de (8) qui satisfait, d'ailleurs, aux conditions initiales données.

Examinons maintenant le cas général. Remplaçons le système (7) par le système suivant où nous introduisons, comme inconnues auxiliaires, toutes les dérivées partielles de u, jusqu'à l'ordre r_i :

$$\frac{\partial u_i}{\partial x_1} = p^i_{1,0\ldots0}, \quad \frac{\partial p^i_{1,0\ldots0}}{\partial x_1} = p^i_{2,0\ldots0}, \quad \ldots, \quad \frac{\partial p^i_{r_i,0\ldots0}}{\partial x_1} = p^i_{r_i+1,0\ldots0},$$

$$\alpha_1 < r_i \quad (i = 1, 2, \ldots, m),$$

$$\frac{\partial p^i_{\alpha_1,0\ldots0,\alpha_n}}{\partial x_1} = \frac{\partial p^i_{\alpha_1+1,0\ldots0,\alpha_n-1}}{\partial x_n},$$

pour toutes les valeurs de α_1 et α_n telles que

$$\alpha_n > 0 \quad \text{et} \quad \alpha_1 + \alpha_n \leqslant r_i,$$

$$\frac{\partial p^i_{\alpha_1,0\ldots0,\alpha_{n-1},\alpha_n}}{\partial x_1} = \frac{\partial p^i_{\alpha_1+1,0\ldots0,\alpha_{n-1}-1,\alpha_n}}{\partial x_{n-1}},$$

pour toutes les valeurs de α_1, α_{n-1}, α_n telles que

$$\alpha_{n-1} > 0, \quad \alpha_1 + \alpha_{n-1} + \alpha_n \leqslant r_i,$$

et ainsi de suite jusqu'à

$$\frac{\partial p^i_{\alpha_1,\alpha_2,\alpha_3\ldots\alpha_n}}{\partial x_1} = \frac{\partial p^i_{\alpha_1+1,\alpha_2-1,\alpha_3\ldots\alpha_n}}{\partial x_2},$$

avec

$$\alpha_2 > 0 \quad \text{et} \quad \alpha_1 + \alpha_2 + \alpha_3 + \ldots + \alpha_n \leqslant r_i$$
$$(i = 1, 2, \ldots, m).$$

Ajoutons-y les équations que l'on obtient en différentiant les équations (7) par rapport à x_1 et en y remplaçant ensuite les dérivées par rapport à x_1 de u_i et de $p'_{x_2, x_3, \ldots, x_n}$ par les valeurs précédentes, de telle façon que dans les seconds membres il ne figure aucune dérivée par rapport à x_1 des quantités u_i et $p_{x_2, x_3, \ldots, x_n}$.

Le système sera de la forme

$$(11) \qquad \begin{cases} \dfrac{\partial u_i}{\partial x_1} = \psi_i, \\[2ex] \dfrac{\partial p'_{x_2, x_3, \ldots, x_n}}{\partial x_1} = \Pi_{x_1, x_2, \ldots, \rho_{nt}} \end{cases}$$

étudiée dans le théorème II. Donc, ce système admettra un système d'intégrales, régulières au voisinage du point a_1, a_2, ..., a_n, et telles que, pour $x_1 = a_1$, on ait :

$$(12) \qquad \begin{cases} u_i = \varphi_i, \\[1ex] p'_{z_2, z_3, \ldots, z_n} = \dfrac{\partial^{z_2 + \ldots + z_n} \varphi_i}{\partial x_2^{z_2} \ldots \partial x_n^{z_n}}, \qquad z_1 < r_{11} \\[1ex] z_1 + z_2 + \ldots + z_n \leqq r_{11} \end{cases}$$

les valeurs initiales des fonctions $p'_{z_2, z_3, \ldots, z_n}$ se tirant des équations (7) elles-mêmes. On montrera de la même façon que dans le cas particulier précédent que, si

$$u_1 = \Phi_1, \qquad u_2 = \Phi_2, \qquad \ldots, \qquad u_n = \Phi_n$$

et

$$p'_{z_2, z_3, \ldots, z_n} = p'_{z_2, z_3, \ldots, z_n}$$

forment un système d'intégrales des équations (11), *satisfaisant aux conditions* (12), les fonctions Φ_1, Φ_2, ..., Φ_n sont des intégrales du système (7), satisfaisant aux conditions de l'énoncé du théorème général.

6. Le théorème général, que nous venons de démontrer, ne prouve l'existence de l'intégrale que dans un domaine limité environnant le point a_1, a_2, ..., a_n. Mais, d'après ce que l'on sait sur les fonctions analytiques, on pourra, en général, en choisissant dans le domaine de a_1, a_2, ..., a_n, un autre point a'_1, a'_2, ..., a'_n, démontrer l'existence de l'intégrale dans un nouveau domaine entourant le point a'_1, a'_2, ..., a'_n, et non contenu *tout entier* dans le précédent, et, en conti-

ayant de la sorte, on pourra, en général, atteindre tel point donné à l'avance que l'on voudra, $x_1, x_2, ..., x_n$.

7. GÉNÉRALISATION. — Considérons les équations

$$(7) \qquad \frac{\partial^{r_i} u_i}{\partial x_1^{r_i}} = \Phi_i, \qquad (i = 1, 2, ..., m),$$

où les Φ_i désignent maintenant des fonctions de $x_1, x_2, ..., x_n$, $u_1, u_2, ..., u_m$, des quantités

$$\frac{\partial^{\alpha_1 + \alpha_2 + \cdots + \alpha_n} u_i}{\partial x_1^{\alpha_1} \partial x_2^{\alpha_2} ... \partial x_n^{\alpha_n}}, \qquad (\alpha_1 < r_i, \quad \alpha_1 + \alpha_2 + \cdots + \alpha_n \leq r_i),$$

et, en outre, d'un nombre quelconque de paramètres arbitraires λ_1, ..., λ_r. Soient, d'ailleurs,

$$\varphi_{i0}, \qquad \varphi_{i1}, \qquad ..., \qquad \varphi_i^{r_i-1}, \qquad (i = 1, 2, ..., m),$$

des fonctions de $x_2, ..., x_n$ et des r paramètres $\lambda_1, \lambda_2, ..., \lambda_r$, régulières au voisinage du point $a_2, ..., a_n, \lambda_1^0, \lambda_2^0, ..., \lambda_r^0$. Il existe un système de fonctions $u_1, ..., u_m$ des variables $x_1, x_2, ..., x_n$ et contenant les paramètres $\lambda_1, ..., \lambda_r$, régulières non seulement par rapport à $x_1, x_2, ..., x_n$, mais encore par rapport aux paramètres $\lambda_1, \lambda_2, ..., \lambda_r$ au voisinage du point $a_1, a_2, ..., a_n, \lambda_1^0, \lambda_2^0, ..., \lambda_r^0$, satisfaisant aux équations (7), et aux conditions initiales du théorème général.

En effet, il suffit de considérer les quantités u_i comme fonctions des $n + r$ variables $x_1, x_2, ..., x_n$ et $\lambda_1, \lambda_2, ..., \lambda_r$, et les équations (7) comme des équations aux dérivées partielles entre les m fonctions u_i et ces $n + r$ variables. En particulier, on peut supposer que les quantités Φ_i sont indépendantes de $\lambda_1, \lambda_2, ..., \lambda_r$, et que ces paramètres n'entrent que dans les fonctions φ_i^k. On en conclut qu'on peut toujours trouver un système d'intégrales des équations (7) contenant autant de paramètres qu'on voudra, et qui soient des fonctions holomorphes de ces paramètres.

8. APPLICATION I. — Considérons le système

$$(12) \qquad \begin{cases} \dfrac{dy_i}{dx} = f_i(x, y_1, y_2, ..., y_n), \\[2mm] \quad (i = 1, 2, ..., n), \end{cases}$$

d'équations différentielles dans lesquelles f_1, ..., f_n désignent des fonctions holomorphes au voisinage du point $x = 0$, $y_i = 0$. Nous pouvons considérer, dans ces équations, y_1, y_2, ..., y_n comme des fonctions de x et de n paramètres arbitraires y_1^0, y_2^0, ..., y_n^0. D'après ce que nous venons de dire, on pourra trouver n fonctions y_1, y_2, ..., y_n satisfaisant aux équations (13), holomorphes par rapport à x et y_i^0, au voisinage du point $x = 0$, $y_i^0 = 0$ et telles que pour $x = 0$ on ait $y_i = y_i^0$. En particulier, ces fonctions seront développables en séries de la forme

$$y_i = y_i^0 + x A_i^1 + x^2 A_i^2 + ...,$$

les quantités A_i^1, A_i^2, ... étant des fonctions régulières de y_1^0, y_2^0, ..., y_n^0. Ceci nous montre que les intégrales des équations différentielles (13) sont développables non seulement par rapport à x, mais encore *par rapport aux valeurs initiales*.

9. APPLICATION II. — **Fonctions implicites.** *Étant donné un système de p relations*

$$(14) \qquad \begin{cases} F_i(x_1, x_2, ..., x_n, u_1, u_2, ..., u_p) = 0, \\ \qquad (i = 1, 2, ..., p), \end{cases}$$

où les premiers membres sont développables au voisinage des valeurs $x_i = x_i^0$, $u_k = u_k^0$ et sont tels que le déterminant fonctionnel

$$\frac{D(F_1, F_2, ..., F_p)}{D(u_1, u_2, ..., u_p)}$$

soit différent de 0 pour ces valeurs, il existe un système de fonctions u_1, u_2, ..., u_p des variables x_1, x_2, ..., x_n, holomorphes au voisinage du point $x_i = x_i^0$, se réduisant respectivement à u_1^0, u_2^0, ..., u_p^0, pour $x_1 = x_1^0$, $x_2 = x_2^0$, ..., $x_n = x_n^0$, et satisfaisant aux relations (14).

Nous supposerons la proposition vraie pour le cas d'une seule variable ($n = 1$) (la démonstration de ce cas se trouve dans tous les Cours de calcul intégral), et nous allons montrer que, si elle est vraie pour ($n - 1$) variables, elle est encore vraie pour n.

Admettons donc la proposition pour $(n-1)$ variables et faisons dans les équations (14) $x_1 = x_1^0$, nous obtiendrons le système

$$(15) \qquad F_i(x_1^0, x_2, \ldots, x_n, u_1, u_2, \ldots, u_p) = 0,$$

qui sera satisfait par p fonctions

$$\varphi_1(x_2, \ldots, x_n), \ldots, \varphi_p(x_2, x_3, \ldots, x_n),$$

régulières au voisinage du point $x_2^0, x_3^0, \ldots, x_n^0$.

D'autre part, considérons le système d'équations aux dérivées partielles

$$(16) \qquad \left\{ \begin{aligned} &\frac{\partial F_i}{\partial x_1} + \frac{\partial F_i}{\partial u_1}\frac{\partial u_1}{\partial x_1} + \ldots + \frac{\partial F_i}{\partial u_p}\frac{\partial u_p}{\partial x_1} = 0, \\ &\qquad\qquad (i = 1, 2, \ldots, p). \end{aligned} \right.$$

Le déterminant des coefficients des quantités $\dfrac{\partial u_i}{\partial x_1}$ dans ces équations est précisément $\dfrac{D(F_1, \ldots, F_p)}{D(u_1, \ldots, u_p)}$; puisqu'il est différent de 0, nous pourrons résoudre ces équations par rapport à $\dfrac{\partial u_1}{\partial x_1}, \dfrac{\partial u_2}{\partial x_1}, \ldots, \dfrac{\partial u_p}{\partial x_1}$, et les mettre sous la forme équivalente

$$(16') \qquad \frac{\partial u_i}{\partial x_1} = \Phi_i(x_1, x_2, \ldots, x_n, u_1, u_2, \ldots, u_p),$$

où les Φ_i désignent des fonctions régulières au voisinage des valeurs x_i^0, u_i^0. D'après le théorème général, il existe un système de p fonctions $u_1, u_2, \ldots, u_p$ vérifiant les équations (16') et, par suite, les équations (16), telles que pour $x_1 = x_1^0$ on ait $u_i = \varphi_i(x_2, \ldots, x_n)$, et holomorphes au voisinage du point $x_2^0, \ldots, x_n^0$. Soient $u_i = \Phi_i$ ces intégrales ; je dis que les fonctions Φ_i vérifient les relations (14). En effet, puisqu'elles vérifient les équations (16), elles sont telles que les fonctions $F_i(x_1, \ldots, x_n, \Phi_1, \ldots, \Phi_p)$ sont fonctions des seules variables $x_2, \ldots, x_n$ et, puisque pour $x_1 = x_1^0$ on a $\Phi_i = \varphi_i$ et que les quantités φ_i vérifient les relations (15), ces fonctions F_i sont nulles pour $x_1 = x_1^0$, par suite sont identiquement nulles. On a donc, identiquement,

$$F_i(x_1, x_2, \ldots, x_n, \Phi_1, \Phi_2, \ldots, \Phi_p) = 0.$$

10. APPLICATION III. — Nous avons vu, dans le § 8, que les intégrales des équations différentielles (15) peuvent se mettre sous la forme

$$(17) \qquad y_i = y_i^0 + x A_i^1 + x^2 A_i^2 + \ldots,$$

où les quantités A_i^j sont des fonctions holomorphes des paramètres y_i^0 : on en conclut, en vertu du paragraphe précédent, qu'on peut résoudre les équations (17) par rapport aux paramètres y_i^0 et, par conséquent, mettre l'intégrale générale des équations (15) sous la forme

$$y_1^0 = \psi_1\,(x,\, y_1,\, y_2,\, \ldots,\, y_n),$$
$$\cdots\cdots\cdots\cdots\cdots\cdots\cdots\cdots\cdots$$
$$y_n^0 = \psi_n\,(x,\, y_1,\, y_2,\, \ldots,\, y_n),$$

où $\psi_1,\, \psi_2,\, \ldots,\, \psi_n$ désignent des fonctions holomorphes des variables $x,\, y_1,\, y_2,\, \ldots,\, y_n$ dans le domaine du point $x = 0$, $y_i = 0$, proposition que l'on admet généralement sans démonstration, dans les Cours de calcul intégral.

11. Pour qu'on puisse bien se rendre compte du degré de généralité de l'intégrale dont nous avons démontré l'existence dans le § 5, nous allons examiner quelques exemples particuliers.

EXEMPLE I. — Considérons une équation aux dérivées partielles du premier ordre entre la fonction z et les variables x et y :

$$(18) \qquad F\,(x,\, y,\, z,\, p,\, q) = 0.$$

Supposons qu'elle contienne p, et résolvons-la par rapport à p :

$$p = f\,(x,\, y,\, z,\, q).$$

Le théorème général nous apprend que cette équation admet une intégrale régulière au voisinage de $x = x_0$, $y = y_0$, qui, pour $x = x_0$, se réduit à une fonction arbitraire donnée à l'avance $\psi\,(y)$; et une seule, sous certaines conditions de continuité que nous supposerons satisfaites. Ceci peut se traduire, en langage géométrique, de la façon suivante : Étant donnée la courbe plane C dont les équations sont

$$x = x_0,\qquad z = \psi\,(y),$$

il existe une surface intégrale S, *et une seule, passant par la courbe* C. *J'excepte, évidemment, le cas où l'équation* (18), résolue par rapport à p, donnerait plusieurs valeurs pour p. Par exemple, si l'équation (18) était algébrique et du second degré en p, elle donnerait pour p deux valeurs de la forme

$$p = f_1(x, y, z, q), \quad p = f_2(x, y, z, q).$$

Il y aurait donc deux surfaces intégrales S_1 et S_2 passant par C. La condition géométrique précédente est très particulière, mais elle peut se généraliser. En effet, je dis qu'étant donnée une courbe quelconque C, *plane ou gauche*, on peut, en général, trouver une surface intégrale passant par C. Faisons le changement de variables suivant :

$$y - \lambda(x) = u, \quad x = x,$$

si

$$y = \lambda(x) \quad \text{et} \quad z = \mu(x)$$

sont les équations de C. Soient p_1, q_1 les dérivées partielles de z par rapport aux nouvelles variables u et x.

On a

$$dz = p\, dx + q\, dy,$$

d'où

$$dz = [p + q\lambda'(x)]\, dx + q\, du.$$

On a donc

$$\begin{cases} p_1 = p + q\lambda'(x), \\ q_1 = q, \end{cases}$$

c'est-à-dire

$$\begin{cases} p = p_1 - q_1\lambda'(x), \\ q = q_1, \end{cases}$$

ce qui prouve que z satisfait à la nouvelle équation du premier ordre

$$F(x, \lambda(x) + u, z, p_1 - q_1\lambda'(x), q_1) = 0,$$

qui, en général, sera résoluble par rapport à q_1. Cette équation admettra donc une intégrale qui, pour $u = 0$, se réduira à $\mu(x)$, et, par suite, l'équation (18) admet une surface intégrale passant par la courbe C,

$$y - \lambda(x) = 0, \quad z = \mu(x).$$

12. Exemple II. — Considérons une équation du second ordre

$$(10) \qquad F(x, y, z, p, q, r, s, t) = 0.$$

Il est aisé de voir que l'on peut toujours supposer que cette équation contient effectivement r ou t, car s'il n'en était pas ainsi on pourrait toujours par un changement linéaire de variables faire en sorte que cette condition soit remplie. Supposons, par exemple, que l'équation contienne r, et résolvons-la par rapport à r.

$$r = f(x, y, z, p, q, s, t).$$

Le théorème général nous apprend qu'il existe une intégrale z holomorphe au voisinage du point x_0, y_0, et telle que, pour $x = x_0$, on ait

$$z = \varphi_0(y), \qquad p = \varphi_1(y),$$

φ_0 et φ_1 étant deux fonctions arbitraires données à l'avance. En langage géométrique, ceci exprime que, par la courbe C dont les équations sont

$$x = x_0, \qquad z = \varphi_0(y),$$

passent, non plus une seule surface intégrale S, mais bien une infinité de surfaces dépendant d'une fonction arbitraire $\varphi_1(y)$. Nous pourrons achever de déterminer la surface S de la façon suivante : l'équation du plan tangent en un point quelconque de la courbe C de coordonnées $x_0, y, z = \varphi_0(y)$ est manifestement

$$Z - \varphi_0(y) = \varphi_1(y)[X - x_0] + \varphi_0'(y)[Y - y],$$

puisque, en vertu des conditions initiales, p et q se réduisent respectivement à $\varphi_1(y)$ et $\varphi_0'(y)$ pour $x = x_0$; par suite, on voit que si on se donne le plan tangent tout le long de la courbe C, la fonction $\varphi_1(y)$ est parfaitement déterminée et, par conséquent, la surface S. Donc, il existe une surface intégrale S passant par la courbe C et ayant, en chacun des points de cette courbe, un plan tangent déterminé. En d'autres termes, il existe une surface intégrale S passant par la courbe C et tangente, tout le long de cette courbe, à une surface développable donnée passant également par C, et, en général, ces conditions déterminent complètement la surface.

Comme dans le cas précédent, on pourra encore étendre ceci à une courbe *quelconque* C dont les équations sont

$$y = \lambda(x), \qquad z = \mu(x).$$

En effet, si on se donne le plan tangent tout le long de C, il faudra trouver une intégrale z telle que si on y remplace y par $\lambda(x)$, z et q se réduisent respectivement à $\mu(x)$ et $\nu(x)$, $\nu(x)$ étant une fonction donnée de x. Nous ferons encore le changement de variables

$$y - \lambda(x) = u, \qquad x = x,$$

et on verra aisément que l'équation (19) sera remplacée par une autre équation du second ordre à laquelle devra satisfaire z considéré comme fonction de u et de x. Cette équation admettra, en général, une intégrale telle que pour $u = 0$, on ait

$$z = \mu(x), \qquad \frac{\partial z}{\partial u} = \nu(x).$$

Ainsi, les surfaces minima sont définies, comme on sait, par une équation aux dérivées partielles du second ordre : il y a donc une infinité de surfaces minima passant par une courbe donnée, mais il n'y en a qu'une passant par une courbe donnée et tangente tout le long de cette courbe à une développable donnée.

13. Plus généralement, considérons une équation aux dérivées partielles $F = 0$ entre la fonction z et les n variables $x_1, x_2, \ldots, x_n$; soit p l'ordre de la dérivée partielle d'ordre le plus élevé qui entre dans l'équation $F = 0$; nous admettrons, ce qu'on peut toujours faire, qu'il existe une dérivée de la forme $\dfrac{\partial^p z}{\partial x_i^p}$ dans cette équation [1].

Supposons, par exemple, que l'équation contienne $\dfrac{\partial^p z}{\partial x_1^p}$ et résolvons-la par rapport à $\dfrac{\partial^p z}{\partial x_1^p}$

$$\frac{\partial^p z}{\partial x_1^p} = f_1.$$

---

[1] Pour la démonstration de ce point accessoire, voir Jordan, *Cours de l'École polytechnique*, t. III, § 335, p. 300.

le théorème général de Cauchy nous apprend qu'il existe une intégrale holomorphe et telle que, pour $x_1 = a_1$, les fonctions z, $\dfrac{\partial z}{\partial x_1}$, ..., $\dfrac{\partial^{m-1} z}{\partial x_1^{m-1}}$ se réduisent à p fonctions arbitraires, données à l'avance,

$$\varphi_0(x_2, ..., x_n), \quad \varphi_1(x_2, ..., x_n), \quad ..., \quad \varphi_{p-1}(x_2, ..., x_n),$$

des variables $x_2, x_3, ..., x_n$. L'intégrale générale de cette équation dépend donc de p fonctions arbitraires de $(n-1)$ variables.

14. Intégrales singulières. — Nous n'avons considéré jusqu'ici que les intégrales des équations aux dérivées partielles dont l'existence est démontrée par le théorème général de Cauchy. Il est naturel de se demander si ce sont les seules qui existent.

Considérons, pour fixer les idées, une équation du premier ordre entre z et n variables $x_1, x_2, ..., x_n$,

$$(20) \qquad F(z, x_1, x_2, ..., x_n, p_1, p_2, ..., p_n) = 0,$$

où on pose

$$p_i = \frac{\partial z}{\partial x_i},$$

et où F désigne un polynôme *indécomposable*. Soit

$$z = \Phi(x_1, x_2, ..., x_n)$$

une intégrale quelconque, régulière au voisinage du point $x_1^0, x_2^0,$ ..., x_n^0, et soient $z^0, p_1^0, p_2^0,$ ..., p_n^0 les valeurs de $z, p_1, p_2, ..., p_n$ pour $x_1 = x_1^0, ..., x_n = x_n^0$. Nous désignerons ce système de valeurs $x_1^0, x_2^0, ..., x_n^0, z^0, p_1^0, p_2^0, ..., p_n^0$ sous le nom d'*élément de l'intégrale*. Nous poserons en outre

$$Z = \frac{\partial F}{\partial z}, \quad X_i = \frac{\partial F}{\partial x_i}, \quad P_i = \frac{\partial F}{\partial p_i}.$$

Supposons $(P_1)_0 \gtrless 0$; d'après le théorème sur les fonctions implicites (§ 9) on pourra résoudre l'équation (20) par rapport à p_1, et la mettre sous la forme

$$(20') \qquad p_1 = f(z, x_1, x_2, ..., x_n, p_2, ..., p_n).$$

la fonction f étant régulière pour x^0, x_1^0, p_1^0, et alors l'équation (20′)
admettra, d'après le théorème de Cauchy, une intégrale et une seule,
holomorphe dans le domaine du point x_1^0, x_2^0, ..., x_n^0, qui pour
$x_1 = x_1^0$ se réduise à $\Phi(x_1^0, x_2, x_3, ..., x_n)$. Cette intégrale sera
nécessairement $\Phi(x_1, x_2, ..., x_n)$. Donc, dans ce cas, l'intégrale Φ
est donnée par le théorème de Cauchy.

Si $(P_1)_0$ était nul, on chercherait un autre élément de l'intégrale
pour lequel P_1 ne s'annulerait pas et, si on peut en trouver un, on
pourra raisonner sur celui-là comme sur le précédent et, par conséquent, démontrer la proposition précédente. La méthode ne tomberait
en défaut que si tous les éléments de l'intégrale Φ annulaient P_1,
c'est-à-dire si l'intégrale Φ satisfaisait à l'équation aux dérivées
partielles $P_1 = 0$. Mais alors, si on peut trouver une dérivée P_i telle
que Φ ne satisfasse pas à l'équation $P_i = 0$, on prendra un élément
de Φ pour lequel $(P_i)_0$ soit différent de 0, et en raisonnant avec x_i
comme nous l'avons fait avec x_1, on prouvera que Φ est donné par
le théorème de Cauchy.

On voit donc que la démonstration précédente ne tombe *réellement
en défaut* que si la fonction Φ satisfait *à la fois* aux n équations aux
dérivées partielles

$$P_1 = 0, \quad P_2 = 0, \quad ..., \quad P_n = 0.$$

Dérivons l'équation (20) par rapport à x_i; on aura une équation

$$X_i + Z p_i + P_1 \frac{\partial p_1}{\partial x_i} + ... + P_n \frac{\partial p_n}{\partial x_i} = 0,$$

à laquelle devra satisfaire la fonction Φ, puisqu'elle satisfait à l'équation (20). D'ailleurs, si Φ satisfait aux équations $P_i = 0$, cette
équation se réduira à

$$X_i + Z p_i = 0.$$

Donc, si la fonction Φ satisfait aux équations $F = 0$ et $P_i = 0$, elle
satisfait au système des $2n + 1$ équations aux dérivées partielles
du premier ordre suivant :

$$(21) \qquad \begin{cases} F = 0, \quad P_i = 0, \quad X_i + Z p_i = 0, \\ \qquad (i = 1, 2, ..., n). \end{cases}$$

Par définition, nous dirons qu'une intégrale $\Phi(x_1, x_2, \dots, x_n)$ qui satisfait à toutes les équations (21) est une *intégrale singulière* de l'équation (20).

Remarque. — Nous avons spécifié que nous ne considérions qu'une équation $F = 0$, *indécomposable*, car, dans d'autres cas, ce que nous venons de dire serait sujet à caution. Ainsi, une équation de la forme

$$F = (H)^m = 0,$$

est telle que

$$P_i = m\,(H)^{m-1}\frac{\partial H}{\partial p_i},$$

et, par suite, toute intégrale de l'équation $F = 0$, c'est-à-dire $H = 0$, annule P_i.

Si l'équation aux dérivées partielles n'était pas mise sous forme entière, il pourrait aussi arriver qu'il existe des intégrales telles que le premier membre cesse d'être holomorphe dans le voisinage de tout élément de l'intégrale. Nous en verrons des exemples plus loin. Pour éviter ces difficultés, nous supposerons, dans la recherche des solutions singulières, que l'équation a été mise sous forme entière.

15. Étant donnée une intégrale *non singulière* d'une équation aux dérivées partielles du premier ordre, il y a toujours une infinité d'intégrales de cette même équation infiniment voisines de l'intégrale considérée.

Soit

$$F(z, x_1, x_2, \dots, x_n, p_1, p_2, \dots, p_n) = 0$$

l'équation aux dérivées partielles et $z = \Phi(x_1, x_2, \dots, x_n)$ une intégrale *non singulière* de cette équation. Prenons un élément $z^0, x_1^0, \dots, x_n^0, p_1^0, \dots, p_n^0$ de cette intégrale pour lequel P_1 ne soit pas nul et soit

$$\varphi(x_2, x_3, \dots, x_n) \equiv \Phi(x_1^0, x_2, \dots, x_n).$$

Considérons ensuite une fonction $\psi(x_2, x_3, \dots, x_n, a_1, a_2, \dots, a_r)$ des variables $x_2, \dots, x_n$ et de r paramètres $a_1, a_2, \dots, a_r$, développable au voisinage du point $x_2^0, x_3^0, \dots, x_n^0, a_1^0, a_2^0, \dots, a_r^0$, et se réduisant à $\varphi(x_2, x_3, \dots, x_n)$ pour $a_1 = a_1^0, \dots, a_r = a_r^0$. Il est facile

de construire une telle fonction, il suffit pour cela d'ajouter à φ un développement convergent quelconque qui s'annule pour $\alpha_r = \alpha_r^0$. D'après
le théorème de Cauchy, il existe une intégrale Ψ dépendant des paramètres $a_1, a_2, \ldots, a_r$, holomorphe au voisinage du point $x_1^0, x_2^0, \ldots, x_n^0$,
$a_1^0, \ldots, a_r^0$, et qui se réduit à $\psi (x_2, \ldots, x_n, a_1, \ldots, a_r)$ pour $x_1 = x_1^0$.
Cette intégrale se réduira manifestement à $\Phi (x_1, x_2, \ldots, x_n)$ pour
$a_1 = a_1^0, \ldots, a_r = a_r^0$ et, puisqu'elle est holomorphe, on pourra
déterminer un nombre positif ρ tel que, pour toutes les valeurs de
$a_1, a_2, \ldots, a_r$ telles que

$$| a_i - a_i^0 | < \rho,$$

on ait

$$| \Phi - \Psi | < \alpha,$$

pour les valeurs de $x_1, x_2, \ldots, x_n$ suffisamment voisines de x_1^0,
$\ldots, x_n^0$, α étant un nombre donné à l'avance : c'est ce que nous
exprimons en disant que l'intégrale Ψ est *infiniment voisine* de Φ.
Cette propriété appartient à toutes les intégrales non singulières ;
donc, si une intégrale est telle qu'il n'existe pas d'intégrale infiniment voisine d'elle, cette intégrale sera nécessairement singulière.

16. Dans certaines questions sur les équations aux dérivées
partielles du premier ordre, en particulier dans les méthodes de
Jacobi, il y a souvent avantage à ce que ces équations ne contiennent
pas explicitement la fonction inconnue, mais seulement ses dérivées.
Voici l'artifice qu'on emploie pour la faire disparaître.

Soit l'équation du premier ordre

$$(22) \qquad F (x_1, x_2, \ldots, x_n, z, p_1, \ldots, p_n) = 0 ;$$

trouver une intégrale de cette équation, cela revient à trouver une
fonction $V (z, x_1, \ldots, x_n)$ telle que la fonction z définie par la relation

$$(23) \qquad V (z, x_1, x_2, \ldots, x_n) = 0$$

satisfasse à l'équation (22). Les dérivées partielles de z seront alors
données par les formules

$$\frac{\partial V}{\partial x_i} + \frac{\partial V}{\partial z} \, p_i = 0, \quad (i = 1, 2, \ldots, n),$$

c'est-à-dire

$$p_i = -\frac{\dfrac{\partial V}{\partial x_i}}{\dfrac{\partial V}{\partial z}}$$

La fonction V des $(n + 1)$ variables $z, x_1, x_2, ..., x_n$ devra satisfaire à l'équation

$$(24) \qquad F\left(x_1, x_2, ..., x_n, z, -\frac{\dfrac{\partial V}{\partial x_1}}{\dfrac{\partial V}{\partial z}}, ..., -\frac{\dfrac{\partial V}{\partial x_n}}{\dfrac{\partial V}{\partial z}}\right) = 0.$$

Soit V une intégrale de l'équation (24); on voit que l'équation $V = 0$ donnera une intégrale de l'équation (22); mais rien ne prouve que ce procédé nous donnera *toutes* les intégrales de l'équation (22), car il n'est pas nécessaire que la fonction V satisfasse *identiquement* à l'équation (24), il suffit qu'elle vérifie cette équation pour toutes les valeurs de $z, x_1, x_2, ..., x_n$ liées par la relation (23). Nous allons montrer, effectivement, que ce procédé nous donne toutes les intégrales *non singulières* de (22), mais il ne nous donne pas en général les intégrales *singulières*. En vertu du théorème démontré dans le § 15, toute intégrale non singulière appartient à une famille d'intégrales de l'équation (22) qui peut dépendre d'autant de paramètres arbitraires qu'on voudra, en particulier à une famille dépendant d'un seul paramètre a. Soit

$$V(z, x_1, x_2, ..., x_n) = a$$

cette famille. L'équation (24) devra être vérifiée quel que soit le paramètre a, en tenant compte de la relation précédente et, comme cette équation (24) ne contient pas a, il est clair qu'elle devra être vérifiée identiquement.

D'un autre côté, si V est une intégrale de l'équation (24), il en sera de même de $V + C$, où C est une constante quelconque, de sorte que toute intégrale de l'équation (22) obtenue de cette façon sera nécessairement comprise dans une intégrale dépendant d'un paramètre arbitraire,

$$V + C = 0.$$

CHAPITRE II

Équations linéaires. Systèmes complets.

17. Dans l'étude des équations aux dérivées partielles, on a surtout en vue de ramener leur intégration à l'intégration d'un système d'équations différentielles ordinaires. Le problème, ainsi posé, est complètement résolu pour les équations du premier ordre dont nous allons nous occuper. Nous commencerons par les équations linéaires, dont la théorie est plus simple. Cette théorie est due, dans ses traits essentiels, à Lagrange [1]; elle a été complétée par Cauchy [2] et par Jacobi [3].

Considérons d'abord l'équation linéaire et homogène suivante

$$(1) \qquad X_1 \frac{df}{dx_1} + X_2 \frac{df}{dx_2} + \ldots + X_n \frac{\partial f}{\partial x_n} = 0,$$

entre la fonction inconnue f et les n variables $x_1, x_2, \ldots, x_n$. Les quantités $X_1, X_2, \ldots, X_n$ sont des fonctions des seules variables $x_1, x_2, \ldots, x_n$. L'intégration de l'équation (1) ou l'intégration du système d'équations différentielles suivant :

$$(2) \qquad \frac{dx_1}{X_1} = \frac{dx_2}{X_2} = \ldots = \frac{dx_n}{X_n}$$

sont deux problèmes équivalents.

Soit, en effet,

$$F(x_1, x_2, \ldots, x_n) = C$$

---

[1] *Théorie des fonctions analytiques, Leçons sur le calcul des fonctions.*
[2] *Comptes rendus,* t. XV.
[3] *Journal de Crelle,* t. II et XXIII, *Gesammelte Werke,* Bd IV.

une intégrale première du système (2); je dis que F est une intégrale de l'équation (1). La différentiation de l'équation F = C nous donne

$$\frac{\partial F}{\partial x_1}\, dx_1 + \frac{\partial F}{\partial x_2}\, dx_2 + \ldots + \frac{\partial F}{\partial x_n}\, dx_n = 0,$$

et, en remplaçant $dx_2, \ldots, dx_n$ par les quantités proportionnelles $X_1, \ldots, X_n$ tirées des équations (2), on arrive à la relation

$$\frac{\partial F}{\partial x_1} X_1 + \ldots + \frac{\partial F}{\partial x_n} X_n = 0,$$

qui doit être vérifiée quand on y remplace $x_1, x_2, \ldots, x_n$ par un système quelconque d'intégrales des équations (2). Mais puisqu'on peut choisir arbitrairement les valeurs initiales de toutes les variables, l'équation précédente doit être vérifiée *identiquement* et F est une intégrale de l'équation (1).

Réciproquement, soit φ une intégrale de l'équation (1), $\varphi = C$ est une intégrale du système (2). En effet, on a *identiquement*

$$X_1 \frac{\partial \varphi}{\partial x_1} + X_2 \frac{\partial \varphi}{\partial x_2} + \ldots + X_n \frac{\partial \varphi}{\partial x_n} = 0;$$

on aura donc, pour un système quelconque d'intégrales des équations (2),

$$\frac{\partial \varphi}{\partial x_1}\, dx_1 + \frac{\partial \varphi}{\partial x_2}\, dx_2 + \ldots + \frac{\partial \varphi}{\partial x_n}\, dx_n = 0,$$

c'est-à-dire

$$d\varphi = 0.$$

Donc, pour toutes ces intégrales, on a

$$\varphi(x_1, x_2, \ldots, x_n) = \text{constante},$$

c'est-à-dire que $\varphi = C$ est une intégrale du système (2).

D'autre part, soient $f_1, f_2, \ldots, f_k$ k intégrales de l'équation (1); $\Pi(f_1, f_2, \ldots, f_k)$ sera aussi une intégrale de cette même équation, Π désignant une fonction absolument arbitraire. En effet, on a

$$X_1 \frac{\partial f_i}{\partial x_1} + X_2 \frac{\partial f_i}{\partial x_2} + \ldots + X_n \frac{\partial f_i}{\partial x_n} = 0,$$

$$(i = 1, 2, \ldots, k);$$

par suite,

$$\sum_{i=1}^{n-1} \frac{\partial \Pi}{\partial f_i} \left[X_1 \frac{\partial f_i}{\partial x_1} + X_2 \frac{\partial f_i}{\partial x_2} + \ldots + X_n \frac{\partial f_i}{\partial x_n} \right] = 0,$$

ce qui s'écrit

$$X_1 \frac{\partial \Pi}{\partial x_1} + X_2 \frac{\partial \Pi}{\partial x_2} + \ldots + X_n \frac{\partial \Pi}{\partial x_n} = 0.$$

Ceci nous montre que si $f_1, f_2, \ldots, f_{n-1}$ sont $(n-1)$ intégrales distinctes de l'équation (1), on aura une intégrale

$$F = \Pi (f_1, f_2, \ldots, f_{n-1}),$$

dépendant d'une fonction arbitraire de $n-1$ variables, et qui a, par conséquent, le même degré de généralité que l'intégrale générale de l'équation (1). Il est d'ailleurs aisé de montrer directement que l'on obtient ainsi *toutes* les intégrales de cette équation. En effet, soit F une intégrale quelconque de l'équation (1), on aura

$$X_1 \frac{\partial F}{\partial x_1} + X_2 \frac{\partial F}{\partial x_2} + \ldots + X_n \frac{\partial F}{\partial x_n} = 0.$$

On a d'ailleurs les $(n-1)$ relations

$$X_1 \frac{\partial f_i}{\partial x_1} + X_2 \frac{\partial f_i}{\partial x_2} + \ldots + X_n \frac{\partial f_i}{\partial x_n} = 0,$$
$$(i = 1, 2, \ldots, n-1);$$

puisque les quantités $X_1, X_2, \ldots, X_n$ ne sont pas toutes nulles, ceci prouve que le déterminant fonctionnel de F, $f_1, \ldots, f_{n-1}$ par rapport à $x_1, x_2, \ldots, x_n$ est nul :

$$\frac{D (F, f_1, f_2, \ldots, f_{n-1})}{D (x_1, x_2, \ldots, x_n)} = 0.$$

Il existe donc une relation identique entre les n fonctions F, $f_1, f_2, \ldots, f_{n-1}$

$$\Phi (F, f_1, f_2, \ldots, f_{n-1}) = 0,$$

qui contient évidemment F puisque les fonctions $f_1, f_2, \ldots, f_{n-1}$ sont distinctes. On en conclut que F est une certaine fonction $\Pi (f_1, f_2, \ldots, f_{n-1})$. Donc, *pour trouver toutes les intégrales de l'équation* (1), *il suffit de trouver l'intégrale générale du système* (2)

$$f_1 = C_1, \quad f_2 = C_2, \quad \ldots, \quad f_{n-1} = C_{n-1},$$

et l'intégrale générale de (1) *sera donnée par la formule*

$$f = \Pi (f_1, f_2, \ldots, f_{n-1}),$$

où Π *désigne une fonction arbitraire.*

REMARQUE. — Ce qui précède nous montre aussi que tout progrès fait dans l'intégration de l'équation (1) ou du système (2) entraîne un progrès correspondant dans l'autre problème, car si $f_1, f_2, \ldots, f_k$ sont k intégrales de (1), $f_1 = C_1, \ldots, f_k = C_k$ sont k intégrales de (2) et réciproquement.

18. Considérons maintenant des équations linéaires quelconques. Soit

$$(3) \qquad P_1 \frac{\partial z}{\partial x_1} + P_2 \frac{\partial z}{\partial x_2} + \ldots + P_n \frac{\partial z}{\partial x_n} - R = 0$$

une équation linéaire du premier ordre entre la fonction z et les n variables $x_1, x_2, \ldots, x_n$, où $R, P_1, P_2, \ldots, P_n$ désignent des fonctions de $z, x_1, x_2, \ldots, x_n$. Faisons disparaître la fonction inconnue par le procédé indiqué au § 16. Pour cela, cherchons les fonctions V telle que la fonction z définie par la relation

$$(4) \qquad V (z, x_1, x_2, \ldots, x_n) = 0$$

soit une intégrale de l'équation (3). On trouve, pour déterminer V, la relation

$$(5) \qquad P_1 \frac{\partial V}{\partial x_1} + P_2 \frac{\partial V}{\partial x_2} + \ldots + P_n \frac{\partial V}{\partial x_n} + R \frac{\partial V}{\partial z} = 0$$

D'après ce que nous avons vu au § 17, si on considère le système d'équations différentielles

$$\frac{dx_1}{P_1} = \frac{dx_2}{P_2} = \ldots = \frac{dx_n}{P_n} = \frac{dz}{R},$$

et si

$$u_1 = C_1, \quad u_2 = C_2, \quad \ldots, \quad u_n = C_n$$

est l'intégrale générale de ce système, l'intégrale générale de l'équation (5) sera

$$V = \Phi\,(u_1, u_2, \ldots, u_4),$$

Φ étant une fonction absolument arbitraire. Par suite (§ 16) *la relation*

$$\Phi\,(u_1, u_2, \ldots, u_n) = 0$$

donnera toutes les intégrales NON SINGULIÈRES *de l'équation* (2).

Nous allons donner de ce théorème une démonstration plus directe. Tout revient à montrer que, si dans n intégrales distinctes de l'équation (5) $u_1, u_2, \ldots, u_n$ on remplace z par une intégrale de l'équation (3), ces fonctions $u_1, u_2, \ldots, u_n$ deviendront certaines fonctions de $x_1, x_2, \ldots, x_n$, liées entre elles par une relation identique. Imaginons que cette substitution ait été faite, et calculons le déterminant fonctionnel Δ de $u_1, u_2, \ldots, u_n$ par rapport à $x_1, x_2, \ldots, x_n$, en y considérant z comme une fonction de $x_1, \ldots, x_n$. On aura :

$$\Delta = \begin{vmatrix} \dfrac{\partial u_1}{\partial x_1} + \dfrac{\partial u_1}{\partial z} p_1, & \dfrac{\partial u_1}{\partial x_2} + \dfrac{\partial u_1}{\partial z} p_2, & \ldots, & \dfrac{\partial u_1}{\partial x_n} + \dfrac{\partial u_1}{\partial z} p_n \\ \dfrac{\partial u_2}{\partial x_1} + \dfrac{\partial u_2}{\partial z} p_1, & \dfrac{\partial u_2}{\partial x_2} + \dfrac{\partial u_2}{\partial z} p_2, & \ldots, & \dfrac{\partial u_2}{\partial x_n} + \dfrac{\partial u_2}{\partial z} p_n \\ \cdots & \cdots & \cdots & \cdots \\ \cdots & \cdots & \cdots & \cdots \\ \dfrac{\partial u_n}{\partial x_1} + \dfrac{\partial u_n}{\partial z} p_1, & \dfrac{\partial u_n}{\partial x_2} + \dfrac{\partial u_n}{\partial z} p_2, & \ldots, & \dfrac{\partial u_n}{\partial x_n} + \dfrac{\partial u_n}{\partial z} p_n \end{vmatrix}$$

ce qui donne, en développant,

$$\Delta = \frac{D\,(u_1, u_2, \ldots, u_n)}{D\,(x_1, x_2, \ldots, x_n)} + \sum_{i=1}^{i=n} p_i \frac{D\,(u_1, u_2, \ldots, u_n)}{D\,(x_1, \ldots, x_{i-1}, z, x_{i+1}, \ldots, x_n)}.$$

Mais, $u_1, u_2, \ldots, u_n$ étant n intégrales de l'équation (5), on a les n identités

$$P_1 \frac{\partial u_i}{\partial x_1} + P_2 \frac{\partial u_i}{\partial x_2} + \ldots + P_n \frac{\partial u_i}{\partial x_n} + R \frac{\partial u_i}{\partial z} = 0,$$
$$(i = 1, 2, \ldots, n),$$

et, en résolvant ces n identités par rapport à $P_1, P_2, \ldots, P_n, R$ on en tire

$$\frac{R}{D\,(u_1,\, u_2,\, \ldots,\, u_n)} = \frac{-P_i}{D\,(u_1,\, u_2,\, \ldots,\, u_n)} = M,$$
$$\frac{}{D\,(x_1,\, x_2,\, \ldots,\, x_n)} \qquad \frac{}{D\,(x_1,\, \ldots,\, x_{i-1},\, z,\, x_{i+1},\, \ldots,\, x_n)}$$
$$(i = 1,\, 2,\, \ldots,\, n),$$

en désignant par M la valeur commune de ces rapports. Il en résulte que l'on a

$$\Delta = \frac{1}{M}\left\{ R - \sum_{i=1}^{i=n} p_i P_i \right\}.$$

Si z satisfait à l'équation (3), on voit que Δ sera nul, à moins que M ne soit nul aussi. Donc, toutes les intégrales z qui n'annulent pas M sont telles que, si on les substitue dans $u_1, u_2, \ldots, u_n$, les fonctions ainsi obtenues sont liées par une relation. Toutes ces intégrales sont donc fournies par la relation

$$\Phi\,(u_1,\, u_2,\, \ldots,\, u_n) = 0.$$

Examinons maintenant si M peut être nul. Soit

$$V\,(z,\, x_1,\, x_2,\, \ldots,\, x_n) = 0$$

une relation définissant une intégrale de l'équation (3), et soit $x_1^0, x_2^0, \ldots, x_n^0, z^0$ un système de valeurs satisfaisant à cette relation et telles que tous les coefficients $P_1, \ldots, P_n, R$ soient holomorphes sans être tous nuls; supposons, par exemple, que $(P_1)_0$ soit différent de zéro. On aura toujours, comme nous l'avons vu,

$$P_i = -M\,\frac{D\,(u_1,\, u_2,\, \ldots,\, u_n)}{D\,(z,\, x_2,\, \ldots,\, x_n)}.$$

Nous pourrons alors, pour les valeurs de $z, x_1, x_2, \ldots, x_n$ situées dans le voisinage de $z^0, x_1^0, \ldots, x_n^0$, résoudre l'équation (5) par rapport à $\dfrac{\partial V}{\partial x_1}$:

$$(5)' \qquad \frac{\partial V}{\partial x_1} = -\frac{P_2 \dfrac{\partial V}{\partial x_2} + \ldots + P_n \dfrac{\partial V}{\partial x_n} + R \dfrac{\partial V}{\partial z}}{P_1},$$

et le théorème de Cauchy nous apprend que cette équation (5)' admet une infinité d'intégrales holomorphes dans le domaine du point $x_1^0, \ldots, x_n^0, z^0$. On peut toujours supposer que l'on a pris pour $u_1, \ldots, u_n$ des intégrales satisfaisant à cette condition; le déterminant

$$\frac{D\,(u_1,\, u_2,\, \ldots,\, u_n)}{D\,(z,\, x_2,\, \ldots,\, x_n)}$$

restera *fini* et, comme par hypothèse P_1 est différent de 0, on en conclut que M ne peut être nul. Le raisonnement ne serait en défaut que dans les deux cas suivants :

1° S'il existait une intégrale telle que, pour tout système de valeurs $z^0, x_1^0, \ldots, x_n^0$ vérifiant la relation

$$V\,(z,\, x_1,\, \ldots,\, x_n) = 0,$$

on ait

$$P_1 = \ldots = P_n = R = 0.$$

Dans ce cas, les coefficients P_i, R seraient divisibles par un facteur commun, et il est clair qu'en égalant ce facteur à zéro, on aurait une intégrale de l'équation (3).

2° Il en serait encore de même si l'intégrale définie par la relation

$$V\,(z,\, x_1,\, x_2,\, \ldots,\, x_n) = 0$$

était telle que, pour toutes les valeurs de $z, x_1, \ldots, x_n$ satisfaisant à cette relation, un certain nombre des coefficients $P_1, P_2, \ldots, P_n$, R cessent d'être holomorphes. Ce cas peut effectivement se présenter; prenons, par exemple, l'équation

$$\text{(A)} \quad p\,(x^2 + z^2 - 1) + q\,\left(xy + \sqrt{1 - z^2}\,\sqrt{x^2 + y^2 + z^2 - 1}\right) = 0.$$

L'équation en V est :

$$\text{(B)} \quad (x^2 + z^2 - 1)\frac{\partial V}{\partial x} + \left(xy + \sqrt{1 - z^2}\,\sqrt{x^2 + y^2 + z^2 - 1}\right)\frac{\partial V}{\partial y} = 0,$$

et elle admet pour intégrale générale

$$V = \Phi\left(z,\; \frac{xy + \sqrt{1 - z^2}\,\sqrt{x^2 + y^2 + z^2 - 1}}{x^2 + z^2 - 1}\right).$$

D'un autre côté, l'équation (A) admet l'intégrale

$$z = \sqrt{1 - x^2 - y^2}.$$

qui n'est pas fournie par la relation $V = 0$, quelle que soit la fonction Φ. Nous voyons bien que, au voisinage de toutes les valeurs de x_0, y_0, z_0 qui satisfont à la relation

$$x_0^2 + y_0^2 + z_0^2 - 1 = 0,$$

les coefficients de l'équation (A) ne sont pas réguliers.

19. Pour compléter ce que nous venons de dire sur les équations linéaires, nous allons montrer comment on pourra déterminer la fonction arbitraire Φ de façon que l'intégrale satisfasse à certaines conditions données à l'avance.

On peut, en général, trouver une intégrale

$$\Phi(u_1, u_2, ..., u_n) = 0,$$

telle que la relation précédente soit vérifiée identiquement quand on établit entre les variables $z, x_1, x_2, ..., x_n$ deux relations quelconques

$$f(z, x_1, x_2, ..., x_n) = 0, \quad \varphi(z, x_1, ..., x_n) = 0.$$

En effet, ces relations permettent d'exprimer les quantités $z, x_1, x_2,$ ..., x_n en fonction de $(n-1)$ variables arbitraires $t_1, t_2, ..., t_{n-1}$ par des formules de la forme

$$\begin{cases} z = \theta(t_1, t_2, ..., t_{n-1}), \\ x_i = \theta_i(t_1, t_2, ..., t_{n-1}), \end{cases} \quad (i = 1, 2, ..., n).$$

Trouver une intégrale z satisfaisant à la condition énoncée, cela revient alors à trouver une fonction Φ telle que, si $u_1', u_2', ..., u_n'$ désignent les fonctions de $t_1, t_2, ..., t_{n-1}$ que l'on déduit de $u_1, u_2,$ ..., u_n en y remplaçant $z, x_1, x_2, ..., x_n$ par $\theta, \theta_1, \theta_2, ..., \theta_n$, on ait identiquement

$$\Phi(u_1', u_2', ..., u_n') = 0.$$

Or, si on élimine $t_1, t_2, ..., t_{n-1}$ entre les n relations

$$u_1' = u_1(\theta, \theta_1, ..., \theta_n),$$
$$u_2' = u_2(\theta, \theta_1, ..., \theta_n),$$
$$\cdots\cdots\cdots\cdots\cdots\cdots\cdots\cdots$$
$$u_n' = u_n(\theta, \theta_1, ..., \theta_n),$$

on obtiendra, en général, une seule relation

$$H(u'_1, u'_2, ..., u'_n) = 0;$$

et, par suite, l'équation

$$H(u_1, u_2, ..., u_n) = 0$$

donnera l'intégrale cherchée.

Nous voyons que cette méthode nous permettra, en particulier, de trouver l'intégrale de Cauchy qui, pour

$$x_1 = x_1^0 \quad \text{se réduit à} \quad z = \varphi(x_2, ..., x_n).$$

Nous pouvons, d'ailleurs, vérifier *a posteriori* que l'intégrale ainsi obtenue est holomorphe. En effet, si P_1 est différent de 0 et si $P_1, P_2, ..., P_n, R$ sont holomorphes, on pourra, dans le voisinage d'un point $x_1^0, ..., x_n^0, z^0$, mettre l'intégrale générale du système

$$\frac{dx_1}{P_1} = ... = \frac{dx_n}{P_n} = \frac{dz}{R}$$

sous la forme

$$C_2 = x_2 + (x_1 - x_1^0)A_2 + ...$$
$$\dots\dots\dots\dots\dots\dots\dots\dots$$
$$C_n = x_n + (x_1 - x_1^0)A_n + ...$$
$$C_1 = z + (x_1 - x_1^0)B + ...,$$

et, par suite, on voit que la relation

$$0 = z + (x_1 - x_1^0)B + ...$$
$$- \varphi[x_2 + (x_1 - x_1^0)A_2 + ..., x_3 + (x_1 - x_1^0)A_3 + ..., ..., x_n + (x_1 - x_1^0)A_n + ...]$$

fournira une intégrale satisfaisant à la condition donnée et holomorphe au voisinage du point $x_1^0, x_2^0, ..., x_n^0$.

22. On peut donner de la méthode qui a été suivie une interprétation géométrique dans le cas de trois variables. Considérons une équation linéaire à deux variables indépendantes x et y

(6) $$Pp + Qq = R,$$

et la droite D dont les équations sont

$$(D) \qquad \frac{X-x}{P} = \frac{Y-y}{Q} = \frac{Z-z}{R},$$

A chaque point x, y, z de l'espace correspond ainsi une droite D. Soit $z = \varphi(x, y)$ une surface intégrale; le plan tangent au point x, y, z de cette surface a pour équation

$$Z - z = p(X - x) + q(Y - y),$$

et on voit que l'équation (6) exprime que ce plan contient la droite D. Donc, si on considère toutes les surfaces intégrales qui passent par un point donné de l'espace, les plans tangents en ce point à ces surfaces passent tous par la droite D relative à ce point.

Nous appellerons *courbe caractéristique* une courbe telle qu'en chacun de ses points elle soit tangente à la droite D relative à ce point. Il résulte de cette définition que les courbes caractéristiques vérifient le système d'équations différentielles

$$(7) \qquad \frac{dx}{P} = \frac{dy}{Q} = \frac{dz}{R}.$$

Une courbe de cette espèce est en général complètement déterminée quand on se donne un de ses points, c'est-à-dire les valeurs initiales de x, y, z. Ces courbes forment donc une congruence. Soient

$$(8) \qquad u(x, y, z) = a, \qquad v(x, y, z) = b$$

les équations de cette congruence, où a et b désignent des paramètres arbitraires, équations qui s'obtiendraient par l'intégration du système (7). Toute surface engendrée par les courbes de la congruence, associées suivant une loi tout à fait arbitraire, est une intégrale de l'équation (3). C'est évident, car par tout point d'une telle surface passe une courbe caractéristique C située sur la surface et, par suite, le plan tangent en ce point contient la tangente à C, c'est-à-dire la droite D relative à ce point. Réciproquement, si S est une surface intégrale, il existe une infinité de courbes caractéristiques situées sur S, car le plan tangent en un point quelconque M contient la droite D correspondante; par suite, en chaque point de S, la droite D correspondante à ce point est tangente à la surface, et on pourra trouver une infinité de courbes tracées sur la surface et tangentes en chacun de leurs points à la droite D correspondante. Ceci nous montre *géométriquement* que toutes les surfaces intégrales s'obtiendront en liant les paramètres a et b par une relation absolument arbitraire $\varphi(a, b) = 0$, c'est-à-dire que $\varphi(u, v) = 0$ donne toutes les surfaces intégrales de l'équation (3). Il y aurait cependant une exception si la surface considérée satisfaisait aux trois équations P = 0, Q = 0, R = 0, car, dans ce cas, à tout point x, y, z qui annule P, Q, R, il ne correspond plus, en réalité, de droite D, cette droite est *indéterminée*.

Ainsi nous venons de voir que toutes les surfaces intégrales d'une équation linéaire aux dérivées partielles du premier ordre sont les surfaces d'une certaine congruence de courbes. Réciproquement, étant donnée une congruence *quelconque*, toutes les surfaces de cette congruence satisfont à une certaine équation linéaire du premier ordre. En effet, soient

$$u(x, y, z) = a, \quad v(x, y, z) = b$$

les équations de la congruence. Une surface quelconque de la congruence aura une équation de la forme

$$\text{(A)} \qquad \varphi(u, v) = 0,$$

où φ désigne une fonction absolument arbitraire. Je dis que z, considérée comme une fonction de x et de y, définie par l'équation (A), satisfait à une équation linéaire du premier ordre; on aura, en effet, pour cette fonction z,

$$\frac{\partial z}{\partial u}\left(\frac{\partial u}{\partial x} + \frac{\partial u}{\partial z}\, p\right) + \frac{\partial \varphi}{\partial v}\left(\frac{\partial v}{\partial x} + \frac{\partial v}{\partial z}\, p\right) = 0,$$

$$\frac{\partial z}{\partial u}\left(\frac{\partial u}{\partial y} + \frac{\partial u}{\partial z}\, q\right) + \frac{\partial z}{\partial v}\left(\frac{\partial v}{\partial y} + \frac{\partial v}{\partial z}\, q\right) = 0;$$

comme on ne peut pas avoir simultanément $\dfrac{\partial \varphi}{\partial u} = 0$, $\dfrac{\partial z}{\partial v} = 0$, sans

---

(1) Les intégrales exceptionnelles signalées à la page 35 correspondent au cas où les caractéristiques admettraient elles-mêmes des solutions singulières. Ce point sera développé en détail plus loin.

que φ soit indépendant de u et de v, il faut nécessairement que le déterminant suivant soit nul :

$$\begin{vmatrix} \dfrac{\partial u}{\partial x} + \dfrac{\partial u}{\partial z}\,p, & \dfrac{\partial v}{\partial x} + \dfrac{\partial v}{\partial z}\,p \\[2ex] \dfrac{\partial u}{\partial y} + \dfrac{\partial u}{\partial z}\,q, & \dfrac{\partial v}{\partial y} + \dfrac{\partial v}{\partial z}\,q \end{vmatrix} = 0,$$

ce qui s'écrit :

$$\frac{D(u, v)}{D(x, y)} + \frac{D(u, v)}{D(z, y)}\,p + \frac{D(u, v)}{D(x, z)}\,q = 0.$$

EXEMPLES. — 1° Toutes les droites parallèles à une droite donnée forment une congruence dont les équations sont

$$\begin{cases} u = cx - az = \alpha, \\ v = cy - bz = \beta, \end{cases}$$

a, b, c étant les paramètres directeurs de la droite donnée. On en conclut que tous les cylindres dont les génératrices sont parallèles à la droite

$$\frac{x}{a} = \frac{y}{b} = \frac{z}{c},$$

satisfont à l'équation

$$ap + bq = c.$$

De même, toutes les droites qui passent par un point fixe x_0, y_0, z_0 forment une congruence dont les équations sont

$$\begin{cases} \dfrac{z - z_0}{x - x_0} = \alpha, \\[2ex] \dfrac{z - z_0}{y - y_0} = \beta. \end{cases}$$

D'où il résulte que tous les cônes ayant pour sommet le point x_0, y_0, z_0 satisfont à l'équation

$$p(x - x_0) + q(y - y_0) = z - z_0.$$

2° Toutes les surfaces qui coupent orthogonalement la famille de surfaces

$$f(x, y, z) = a,$$

où a désigne un paramètre variable, satisfont à l'équation du premier ordre

$$ p \frac{\partial f}{\partial x} + q \frac{\partial f}{\partial y} = \frac{\partial f}{\partial z}. $$

Les caractéristiques de cette équation sont données par les équations différentielles

$$ \frac{dx}{\dfrac{\partial f}{\partial x}} = \frac{dy}{\dfrac{\partial f}{\partial y}} = \frac{dz}{\dfrac{\partial f}{\partial z}}. $$

Ce sont donc les trajectoires orthogonales de la famille de surfaces $f = a$; résultat évident *a priori*.

3° Cherchons les relations que doivent vérifier P, Q, R pour que les caractéristiques soient des droites. Soit

$$ \mathrm{P} p + \mathrm{Q} q = \mathrm{R} $$

une équation satisfaisant à cette condition. Posons, pour abréger,

$$ u = \frac{\mathrm{P}}{\sqrt{\mathrm{P}^2 + \mathrm{Q}^2 + \mathrm{R}^2}}, \quad v = \frac{\mathrm{Q}}{\sqrt{\mathrm{P}^2 + \mathrm{Q}^2 + \mathrm{R}^2}}, \quad w = \frac{\mathrm{R}}{\sqrt{\mathrm{P}^2 + \mathrm{Q}^2 + \mathrm{R}^2}}, $$

de telle façon qu'on ait

$$ u^2 + v^2 + w^2 = 1. $$

L'équation cherchée prendra la forme

$$ up + vq = w. $$

Soit, alors, m un point de coordonnées x, y, z et D la droite correspondante dont les cosinus directeurs seront évidemment u, v, w. Pour que les caractéristiques soient des droites, il faut qu'en un point voisin m' pris sur la caractéristique, u, v, w soient les mêmes; il faut donc que l'on ait

$$ du = 0, \quad dv = 0, \quad dw = 0, $$

pour les systèmes de valeurs de x, y, z satisfaisant aux relations

$$ \frac{dx}{u} = \frac{dy}{v} = \frac{dz}{w}. $$

La condition $du = 0$ s'écrit

$$\frac{\partial u}{\partial x}dx + \frac{\partial u}{\partial y}dy + \frac{\partial u}{\partial z}dz = 0,$$

ou

$$u\frac{\partial u}{\partial x} + v\frac{\partial u}{\partial y} + w\frac{\partial u}{\partial z} = 0.$$

En tenant compte de la relation

$$u^2 + v^2 + w^2 = 1,$$

qui donne

$$u\frac{\partial u}{\partial x} + v\frac{\partial v}{\partial x} + w\frac{\partial w}{\partial x} = 0,$$

on peut encore écrire cette condition

$$v\left(\frac{\partial u}{\partial y} - \frac{\partial v}{\partial x}\right) = w\left(\frac{\partial w}{\partial x} - \frac{\partial u}{\partial z}\right).$$

Les conditions $dv = 0$, $dw = 0$ fournissent deux relations analogues à la précédente et finalement on arrive à deux équations distinctes seulement :

$$(9) \qquad \frac{\dfrac{\partial v}{\partial z} - \dfrac{\partial w}{\partial y}}{u} = \frac{\dfrac{\partial w}{\partial x} - \dfrac{\partial u}{\partial z}}{v} = \frac{\dfrac{\partial u}{\partial y} - \dfrac{\partial v}{\partial x}}{w}.$$

Si ces relations sont vérifiées quels que soient x, y, z, on obtiendra immédiatement les caractéristiques en prenant les droites D issues de tous les points d'une surface, par exemple d'un des plans de coordonnées [1].

4° On satisfait aux équations (9) en prenant pour u, v, w les dérivées partielles d'une fonction θ qui devra vérifier la relation

$$\Delta\theta = \left(\frac{\partial \theta}{\partial x}\right)^2 + \left(\frac{\partial \theta}{\partial y}\right)^2 + \left(\frac{\partial \theta}{\partial z}\right)^2 = 1.$$

---

(1) Si les relations (9) ne se réduisent pas à des identités, elles définissent une courbe ou une surface, qui est le lieu des points où les caractéristiques ont un contact du second ordre avec la tangente. On peut se proposer de même de trouver les conditions que doivent vérifier P, Q, R pour que les caractéristiques soient des cercles, ou des coniques, ou simplement des courbes planes. Dans ce dernier cas, on voit aisément que l'on obtient par des calculs algébriques l'intégrale générale des équations (7), sauf dans un cas particulier où on aura seulement une intégrale première.

Il en résulte que les caractéristiques de l'équation

$$p \frac{\partial \theta}{\partial x} + q \frac{\partial \theta}{\partial y} = \frac{\partial \theta}{\partial z}$$

seront des droites. Si nous nous reportons aux conclusions du deuxième exemple, nous voyons que ces caractéristiques sont les trajectoires orthogonales de la famille de surfaces

$$\theta (x, y, z) = a,$$

et puisque les caractéristiques sont des droites, on en conclut que la famille $\theta = a$ est une famille de surfaces *parallèles*.

21. On rencontre souvent dans des problèmes de géométrie des équations du premier ordre qui se décomposent en plusieurs équations linéaires. Ainsi, par exemple, cherchons l'équation aux dérivées partielles des surfaces qui coupent orthogonalement la famille de surfaces

(A) $$f(x, y, z, a) = 0,$$

dont l'équation contient le paramètre arbitraire a au degré m. Pour avoir cette équation, il faudra éliminer a entre l'équation (A) et l'équation

(B) $$p \frac{\partial f}{\partial x} + q \frac{\partial f}{\partial y} = \frac{\partial f}{\partial z}.$$

Soit

$$\varphi (x, y, z, p, q) = 0$$

l'équation ainsi obtenue; je dis que φ est le produit de m facteurs linéaires par rapport à p et q. En effet, en un point quelconque de l'espace x_0, y_0, z_0, passent m surfaces de la famille (A) correspondant aux valeurs du paramètre a racines de l'équation

$$f(x_0, y_0, z_0, a) = 0.$$

Soient ON_1, ON_2, ..., ON_m les normales à ces m surfaces au point O (x_0, y_0, z_0), u_1, v_1, w_1; u_2, v_2, w_2; ...; u_m, v_m, w_m, leurs cosinus directeurs. Toute surface orthogonale à une des surfaces de la famille, en O, devra être tangente à l'une des droites ON_1, ON_2,

..., ON_m et par suite satisfaire à l'une des équations

$$u_i p + v_i q - w_i = 0, \qquad (i = 1, 2, ..., m).$$

On en conclut que φ est égal au produit

$$P = (u_1 p + v_1 q - w_1) ... (u_m p + v_m q - w_m),$$

abstraction faite d'un facteur indépendant de p et de q.

De telles équations font correspondre, à chaque point de l'espace, m droites D_1, D_2, ..., D_m, et elles expriment que le plan tangent à la surface intégrale contient une de ces m droites. Nous pourrons alors généraliser ce que nous avons dit au § 20 et désigner sous le nom de *courbe caractéristique* une courbe telle qu'en chacun de ses points elle soit tangente à l'une des m droites correspondantes. Les considérations employées plus haut nous montrent encore que toute surface intégrale est un lieu de caractéristiques. Il est à remarquer que, pour former les équations différentielles de ces courbes, il n'est pas nécessaire de savoir effectuer la décomposition de $\varphi(x, y, z, p, q)$. En effet, soit $Pp + Qq - R$ un facteur linéaire de φ. En exprimant que $\varphi(x, y, z, p, q)$ est divisible par $Pp + Qq - R$, on aura des équations de condition homogènes en P, Q et R, qui, pour chaque point (x, y, z), fourniront m systèmes de valeurs pour $\dfrac{P}{R}$ et $\dfrac{Q}{R}$. En remplaçant dans ces équations P, Q, R par les quantités proportionnelles dx, dy, dz, on aura les équations différentielles des caractéristiques.

22. La détermination des intégrales qui satisfont à des conditions données se trouve ainsi ramenée à un problème de géométrie. Ainsi, pour avoir la surface intégrale qui passe par une courbe donnée, il suffira de prendre les caractéristiques qui passent par les divers points de cette courbe. Il y aura indétermination si la courbe donnée est elle-même une caractéristique, et dans ce cas seulement. De même, on obtiendra une surface intégrale tangente à une surface, en prenant toutes les caractéristiques tangentes à cette surface.

23. Nous pouvons, en employant un langage géométrique conventionnel, étendre ces considérations à une équation linéaire à

n variables. Nous dirons qu'un système de valeurs x_1^0, x_2^0, ..., x_n^0, des variables x_1, x_2, ..., x_n sont les *coordonnées* d'un *point* dans l'espace à n dimensions. Nous désignerons sous le nom de *courbe* l'ensemble des points dont les coordonnées sont des fonctions d'une seule variable, et nous appellerons *surface* l'ensemble des points dont les coordonnées satisfont à une seule relation

$$F(x_1, x_2, ..., x_n) = 0.$$

Considérons alors l'équation

$$P_1 \frac{\partial z}{\partial x_1} + P_2 \frac{\partial z}{\partial x_2} + ... + P_n \frac{\partial z}{\partial x_n} - R = 0,$$

où P_1, ..., P_n, R sont fonctions de x_1, ..., x_n, z. Soit

$$V(z, x_1, x_2, ..., x_n) = 0$$

une relation définissant une intégrale. Nous appellerons *surface intégrale* la surface définie par cette relation. Nous avons vu que, si on considère le système d'équations différentielles suivant

$$\frac{dx_1}{P_1} = ... = \frac{dx_n}{P_n} = \frac{dz}{R},$$

et si

$$u_1 = C_1, \quad u_2 = C_2, \quad ..., \quad u_n = C_n \qquad (C)$$

est l'intégrale générale de ce système, l'intégrale générale de l'équation proposée sera définie par la relation

$$\Phi(u_1, u_2, ..., u_n) = 0,$$

où Φ désigne une fonction arbitraire.

Les équations (C) définissent une courbe dans l'espace à $n + 1$ dimensions; c'est cette courbe que nous appellerons *courbe caractéristique*, et on voit que la surface intégrale la plus générale s'obtient en associant suivant une loi arbitraire les courbes caractéristiques. On verra d'ailleurs aisément que, réciproquement, si on considère dans l'espace à $n + 1$ dimensions une famille de courbes dépendant de n paramètres arbitraires, les surfaces obtenues en associant suivant une loi quelconque les courbes de cette famille satisfont à une même équation linéaire du premier ordre.

24. Systèmes complets. — Considérons un système de q équations linéaires et homogènes

$$(10) \quad \begin{cases} X_1(f) = a_1^1 \dfrac{\partial f}{\partial x_1} + a_2^1 \dfrac{\partial f}{\partial x_2} + \ldots + a_n^1 \dfrac{\partial f}{\partial x_n} = 0, \\[2mm] X_2(f) = a_1^2 \dfrac{\partial f}{\partial x_1} + a_2^2 \dfrac{\partial f}{\partial x_2} + \ldots + a_n^2 \dfrac{\partial f}{\partial x_n} = 0, \\[2mm] \cdots\cdots\cdots\cdots\cdots\cdots\cdots\cdots\cdots\cdots\cdots\cdots \\[2mm] X_q(f) = a_1^q \dfrac{\partial f}{\partial x_1} + a_2^q \dfrac{\partial f}{\partial x_2} + \ldots + a_n^q \dfrac{\partial f}{\partial x_n} = 0, \end{cases}$$

à n variables indépendantes $x_1, x_2, \ldots, x_n$, dans lesquelles les quantités a_k^i sont des fonctions de $x_1, x_2, \ldots, x_n$. Nous désignons par le symbole $X_i(\ )$ l'opération

$$a_1^i \frac{\partial}{\partial x_1} + a_2^i \frac{\partial}{\partial x_2} + \ldots + a_n^i \frac{\partial}{\partial x_n}.$$

Remarquons, de suite, que ce symbole $X(\ )$ jouit de propriétés analogues à celles du symbole de la dérivation. Ainsi, il est facile de vérifier que si u, v, w désignent des fonctions de $x_1, x_2, \ldots, x_n$, on a

$$X(u + v + w) = X(u) + X(v) + X(w),$$
$$X(uv) = uX(v) + vX(u),$$

et, plus généralement,

$$X\big(F(u, v, w)\big) = \frac{\partial F}{\partial u} X(u) + \frac{\partial F}{\partial v} X(v) + \frac{\partial F}{\partial w} X(w).$$

Nous dirons que les q équations (10) sont *indépendantes* s'il n'existe aucune relation identique de la forme

$$(11) \qquad \lambda_1 X_1(f) + \lambda_2 X_2(f) + \ldots + \lambda_q X_q(f) = 0,$$

où $\lambda_1, \lambda_2, \ldots, \lambda_q$ désignent des fonctions de $x_1, x_2, \ldots, x_n$, *non toutes nulles*. On voit, d'après cela, qu'un système de la forme (10) ne peut contenir plus de n équations indépendantes.

1° Supposons $q \geqq n$. Si parmi les q équations il y en a n indépendantes, le système n'aura évidemment que la solution unique

$$\frac{\partial f}{\partial x_1} = \frac{\partial f}{\partial x_2} = \ldots = \frac{\partial f}{\partial x_n} = 0,$$

c'est-à-dire

$$f(x_1, x_2, \ldots, x_n) = \text{constante}.$$

Si le système proposé contient moins de n équations indépendantes, on pourra le remplacer par un système de n' équations ($n' < n$), équivalent au premier et composé d'équations indépendantes.

2° Supposons $q < n$ et supposons, de plus, ce qu'on peut toujours faire, les équations indépendantes. Nous allons montrer qu'on peut former de nouvelles équations linéaires qui devront être satisfaites par toutes les solutions des équations (10). En effet, soit f une intégrale des équations (10), on aura

$$X_i(f) = 0, \quad X_k(f) = 0,$$

et par suite

$$X_i[X_k(f)] = X_i[0] = 0,$$
$$X_k[X_i(f)] = X_k[0] = 0,$$

f satisfait donc à l'équation

$$(12) \qquad X_i[X_k(f)] - X_k[X_i(f)] = 0.$$

Cette équation (12) est encore linéaire et du premier ordre. En effet, il est facile de vérifier que toutes les dérivées du second ordre de f disparaissent dans le premier membre.

Le coefficient de $\dfrac{\partial^2 f}{\partial x_i^2}$ est

$$a_i^l a_k^l - a_k^l a_i^l = 0,$$

et celui de $\dfrac{\partial^2 f}{\partial x_i \partial x_l}$ est

$$a_i^l a_k^h + a_i^h a_k^l - a_k^l a_i^h - a_i^l a_k^h = 0.$$

D'ailleurs, le coefficient de $\frac{\partial f}{\partial x_h}$ est

$$\alpha_1^i \frac{\partial \alpha_h^k}{\partial x_1} + \alpha_2^i \frac{\partial \alpha_h^k}{\partial x_2} + \dots + \alpha_n^i \frac{\partial \alpha_h^k}{\partial x_n}$$
$$- \alpha_1^k \frac{\partial \alpha_h^i}{\partial x_1} - \alpha_2^k \frac{\partial \alpha_h^i}{\partial x_2} - \dots - \alpha_n^k \frac{\partial \alpha_h^i}{\partial x_n} = X_i(\alpha_h^k) - X_k(\alpha_h^i).$$

L'équation (12) peut donc s'écrire sous la forme

$$(12)' \quad X_i[X_k(f)] - X_k[X_i(f)] = \sum_{h=1}^{h=n} \{X_i(\alpha_h^k) - X_k(\alpha_h^i)\} \frac{\partial f}{\partial x_h} = 0.$$

Imaginons que l'on ait formé toutes les équations, telles que l'équation (12), que l'on obtient en combinant deux quelconques des équations (10); ces équations admettront toutes les intégrales du système (10). Désignons par

$$X_{q+1}(f) = 0, \quad X_{q+2}(f) = 0, \quad \dots, \quad X_{q+s}(f) = 0,$$

toutes celles de ces nouvelles équations qui sont indépendantes entre elles et qui forment avec les équations (10) un système

$$(13) \quad X_1(f) = 0, \quad \dots, \quad X_q(f) = 0, \quad X_{q+1}(f) = 0, \quad \dots, \quad X_{q+s}(f) = 0,$$

d'équations indépendantes. Si $q + s = n$, le système (13) et, par suite, le système (10) n'admettra que la solution banale $f = C$. Si $q + s < n$, on pourra recommencer sur le système (13) les opérations faites sur le système (10), et ainsi de suite. En continuant de la sorte, on arrivera finalement, soit à un système de n équations indépendantes, et alors le système (10) n'admet que la solution $f = C$; soit à un système de r équations indépendantes, où $r < n$, et tel que toutes les combinaisons

$$X_i[X_k(f)] - X_k[X_i(f)]$$

soient des fonctions linéaires de $X_1(f)$, $X_2(f)$, …, $X_r(f)$. Dans le second cas, nous serons arrivés à un système tel que l'application de la méthode précédente ne donne aucune équation nouvelle. Un tel système a été appelé par Clebsch *système complet*.

Nous voyons, en résumé, que la recherche des intégrales d'un système de la forme (10) se ramène à la recherche des intégrales d'un système complet.

25. La théorie des systèmes complets repose sur les propriétés suivantes. 1° Soit,

$$(14) \qquad X_1(f) = 0, \quad X_2(f) = 0, \quad \ldots, \quad X_r(f) = 0$$

un système complet. Si on fait un changement de variables défini par des relations

$$(A) \qquad x_i = \varphi_i(y_1, y_2, \ldots, y_n), \qquad (i = 1, 2, \ldots, n),$$

résolubles par rapport aux nouvelles variables $y_1, y_2, \ldots, y_n$, le système (14) sera remplacé par un nouveau système qui sera aussi complet. En effet, on pourra considérer inversement $y_1, y_2, \ldots, y_n$ comme des fonctions de $x_1, x_2, \ldots, x_n$:

$$y_k = \psi_k(x_1, x_2, \ldots, x_n), \qquad (k = 1, 2, \ldots, n).$$

Remplaçons dans f, $x_1, x_2, \ldots, x_n$ en fonction de $y_1, y_2, \ldots, y_n$, on aura

$$\frac{\partial f}{\partial x_i} = \frac{\partial f}{\partial y_1} \frac{\partial y_1}{\partial x_i} + \ldots + \frac{\partial f}{\partial y_n} \frac{\partial y_n}{\partial x_i};$$

puis, portons dans $X(f)$ ces expressions des quantités $\dfrac{\partial f}{\partial x_i}$ et substituons à $x_1, x_2, \ldots, x_n$ les variables $y_1, y_2, \ldots, y_n$. On aura un résultat de la forme

$$Y(f) = b_1 \frac{\partial f}{\partial y_1} + \ldots + b_n \frac{\partial f}{\partial y_n},$$

où $b_1, b_2, \ldots, b_n$ désignent des fonctions de $y_1, y_2, \ldots, y_n$, c'est-à-dire que l'on aura identiquement

$$X(f) = Y(f),$$

en vertu de la substitution (A), f désignant dans le premier membre une fonction de $x_1, x_2, \ldots, x_n$ et dans le second membre la même fonction exprimée au moyen de $y_1, y_2, \ldots, y_n$. Le changement de variables (A) substituera donc au système (14) le système

$$(15) \qquad Y_1(f) = 0, \quad Y_2(f) = 0, \quad \ldots, \quad Y_r(f) = 0,$$

qui sera, évidemment, composé d'équations indépendantes. Je dis que le système (15) est un système complet. En effet, on a identiquement

$$X_i(f) = Y_i(f), \qquad X_k(f) = Y_k(f),$$

quel que soit f. Donc on a aussi

$$X_i[X_k(f)] = Y_i[X_k(f)] = Y_i[Y_k(f)],$$
$$X_k[X_i(f)] = Y_k[X_i(f)] = Y_k[Y_i(f)],$$

et, par suite,

$$X_i[X_k(f)] - X_k[X_i(f)] = Y_i[Y_k(f)] - Y_k[Y_i(f)],$$

en vertu de la substitution (A). D'ailleurs, puisque, par hypothèse, le système (14) est complet, on a identiquement

$$X_i[X_k(f)] - X_k[X_i(f)] = \lambda_1 X_1(f) + \ldots + \lambda_r X_r(f).$$

On en conclut, en faisant le changement de variables (A), que l'on a aussi

$$Y_i[Y_k(f)] - Y_k[Y_i(f)] = \lambda'_1 Y_1(f) + \ldots + \lambda'_r Y_r(f),$$

en désignant par $\lambda'_1, \lambda'_2, \ldots, \lambda'_r$ ce que deviennent $\lambda_1, \lambda_2, \ldots, \lambda_r$ quand on y remplace $x_1, x_2, \ldots, x_n$ en fonction de $y_1, y_2, \ldots, y_n$. Le système (15) est donc aussi complet.

2° Si on remplace le système (14) par un système équivalent, le nouveau système sera un système complet. Nous appellerons système *équivalent* au système (14) un système

$$(16) \qquad Z_1(f) = 0, \quad Z_2(f) = 0, \quad \ldots, \quad Z_r(f) = 0,$$

tel que l'on ait identiquement

$$Z_i(f) = A_1^i X_1(f) + A_2^i X_2(f) + \ldots + A_r^i X_r(f),$$

les quantités A_k^i étant des fonctions de $x_1, \ldots, x_n$ telles que le déterminant

$$D = \Sigma \pm A_1^1 A_2^2 \ldots A_r^r$$

soit différent de 0. Il est clair qu'inversement $Z_1(f), \ldots, Z_r(f)$ s'exprimeront linéairement au moyen de $X_1(f), \ldots, X_r(f)$. La différence

$$Z_i(Z_k(f)) - Z_k(Z_i(f)),$$

sera égale à une somme de termes de la forme

$$A_i^\lambda X_i [A_k^i X_k (f)] - A_k^i X_k [A_i^\lambda X_i (f)] = A_i^\lambda X_i (A_k^i) X_k (f)$$
$$- A_k^i X_k (A_i^\lambda) X_i (f) + A_i^\lambda A_k^i \left\{ X_i (X_k (f)) - X_k (X_i (f)) \right\}.$$

Cette différence sera donc une fonction linéaire des quantités $X_1 (f)$, ..., $X_r (f)$ puisque toutes les différences $X_i [X_k (f)] - X_k [X_i (f)]$ sont, par hypothèse, des fonctions linéaires de $X_1 (f)$, $X_2 (f)$, ..., $X_r (f)$, et, par suite, une fonction linéaire de $Z_1 (f)$, $Z_2 (f)$, ..., $Z_r (f)$.

26. Systèmes Jacobiens. — Considérons un système complet de m équations linéaires à $m + n$ inconnues. D'après ce que nous venons de dire, nous pourrons toujours le remplacer par le système complet équivalent, obtenu en résolvant ces équations par rapport à m des quantités $\dfrac{\partial f}{\partial x_1}$, $\dfrac{\partial f}{\partial x_2}$, ..., $\dfrac{\partial f}{\partial x_{m+n}}$. Nous pourrons donc toujours supposer qu'on ait mis un système complet sous la forme

$$(17) \begin{cases} X_1 (f) = \dfrac{\partial f}{\partial x_1} + b_1^1 \dfrac{\partial f}{\partial x_{m+1}} + b_2^1 \dfrac{\partial f}{\partial x_{m+2}} + \ldots + b_n^1 \dfrac{\partial f}{\partial x_{m+n}} = 0, \\[2ex] X_2 (f) = \dfrac{\partial f}{\partial x_2} + b_1^2 \dfrac{\partial f}{\partial x_{m+1}} + b_2^2 \dfrac{\partial f}{\partial x_{m+2}} + \ldots + b_n^2 \dfrac{\partial f}{\partial x_{m+n}} = 0, \\[2ex] \cdots\cdots\cdots\cdots\cdots\cdots\cdots\cdots\cdots\cdots\cdots \\[2ex] X_m (f) = \dfrac{\partial f}{\partial x_m} + b_1^m \dfrac{\partial f}{\partial x_{m+1}} + b_2^m \dfrac{\partial f}{\partial x_{m+2}} + \ldots + b_n^m \dfrac{\partial f}{\partial x_{m+n}} = 0. \end{cases}$$

Nous appellerons, dorénavant, *système jacobien* tout système complet de la forme (17).

Dans tout système jacobien, on a identiquement :

$$X_i [X_k (f)] - X_k [X_i (f)] = 0.$$

En effet, puisque le système est complet, on a

$$X_i [X_k (f)] - X_k [X_i (f)] = \lambda_1 X_1 (f) + \ldots + \lambda_m X_m (f).$$

Le coefficient de $\dfrac{\partial f}{\partial x_i}$ dans le second membre est λ_i ; mais, quels que soient i et k, le premier membre ne contient aucun terme en $\dfrac{\partial f}{\partial x_1}$, $\dfrac{\partial f}{\partial x_2}$, ..., $\dfrac{\partial f}{\partial x_m}$; on doit donc avoir $\lambda_i = 0$, et, en général, on devra avoir $\lambda_k = 0$ puisque le coefficient de $\dfrac{\partial f}{\partial x_3}$ $(k < m)$ dans le second membre est λ_k. Donc,

$$\lambda_1 = \lambda_2 = \ldots = \lambda_m = 0.$$

On en conclut, en se reportant aux égalités (12)', que les coefficients b satisfont aux relations

$$(18) \qquad X_i(b_k') - X_k(b_i') = 0, \qquad \begin{cases} (i,\, k = 1,\, 2,\, \ldots,\, m), \\ (h = 1,\, 2,\, \ldots,\, n). \end{cases}$$

27. Théorème. — *Tout système complet de m équations à $m + n$ variables indépendantes admet n intégrales distinctes.*

Puisque tout système complet se ramène à un système jacobien, il nous suffit d'établir la proposition pour un système jacobien. Considérons alors le système (17); l'équation $X_1(f) = 0$ admet (§ 17) $(m + n - 1)$ intégrales distinctes $y_2,\, y_3,\, \ldots,\, y_{m+n}$. Soit y_1 une fonction de $x_1,\, x_2,\, \ldots,\, x_n$ distincte des précédentes; prenons $y_1,\, y_2,\, \ldots,\, y_{m+n}$ comme nouvelles variables. L'équation $X_1(f) = 0$ sera remplacée par l'équation $\dfrac{\partial f}{\partial y_1} = 0$, puisque la nouvelle équation doit admettre les intégrales $y_2,\, y_3,\, \ldots,\, y_{m+n}$. Imaginons, de plus, qu'on ait résolu les $(m - 1)$ équations restantes par rapport à $m - 1$ dérivées, soit $\dfrac{\partial f}{\partial y_2},\, \ldots,\, \dfrac{\partial f}{\partial y_m}$. Le système (17) sera alors remplacé par le système jacobien équivalent

$$(19) \quad \begin{cases} Y_1(f) = \dfrac{\partial f}{\partial y_1} = 0, \\[2mm] Y_2(f) = \dfrac{\partial f}{\partial y_2} + c_2^2 \dfrac{\partial f}{\partial y_{m+1}} + \ldots + c_n^2 \dfrac{\partial f}{\partial y_{m+n}} = 0, \\[2mm] \cdots\cdots\cdots\cdots\cdots\cdots\cdots\cdots\cdots \\[2mm] Y_m(f) = \dfrac{\partial f}{\partial y_m} + c_1^m \dfrac{\partial f}{\partial y_{m+1}} + \ldots + c_n^m \dfrac{\partial f}{\partial y_{m+n}} = 0, \end{cases}$$

dans lequel les quantités c_k^i sont des fonctions des seules variables $y_1,\, y_2,\, \ldots,\, y_{m+n}$. En effet, le système (19) est complet (§ 25) et, puisqu'il est résolu par rapport à $\dfrac{\partial f}{\partial y_1},\, \dfrac{\partial f}{\partial y_2},\, \ldots,\, \dfrac{\partial f}{\partial y_m}$, il est jacobien.

On a alors (§ 26)

$$Y_i(c_k^h) - Y_k(c_i^h) = 0, \qquad \begin{cases} (h = 1, 2, ..., n), \\ (k = 2, 3, ..., n). \end{cases}$$

Mais c_i^h est nul quel que soit h; par suite,

$$Y_i(c_k^h) = \frac{\partial c_k^h}{\partial y_i} = 0.$$

La première des équations (19) nous montre que f ne doit pas dépendre de y_1, et comme cette variable ne figure pas dans les équations

$$Y_2(f) = 0, \quad ..., \quad Y_m(f) = 0,$$

nous pouvons en faire abstraction, et nous sommes ramenés à chercher les intégrales du nouveau système jacobien de $m - 1$ équations

$$Y_2(f) = 0, \quad ..., \quad Y_m(f) = 0.$$

On ramènera de même ce système à un système jacobien de $m - 2$ équations à $m + n - 2$ variables, et ainsi de suite. Finalement, on arrivera à une seule équation linéaire à $n + 1$ variables, admettant les mêmes intégrales que le système proposé. Le théorème étant vrai pour $m = 1$, il s'ensuit qu'il est général. Nous voyons de plus que si $z_1, z_2, ..., z_n$ désignent n intégrales distinctes des équations (17), toute autre intégrale commune sera de la forme

$$f = \Pi(z_1, z_2, ..., z_n),$$

Π désignant une fonction arbitraire.

Pour passer du système (17) au système (19), il faut avoir intégré l'équation linéaire $X_1(f) = 0$, ou, ce qui revient au même, le système d'équations différentielles

$$\frac{dx_1}{1} = \frac{dx_2}{0} = ... = \frac{dx_m}{0} = \frac{dx_{m+1}}{b_1^1} = ... = \frac{dx_{m+n}}{b_n^1},$$

qui se réduit à un système de n équations du premier ordre. Pour passer du système (19) au système jacobien suivant, il faudrait encore intégrer un nouveau système de n équations du premier ordre, et ainsi de suite. En définitive, pour intégrer par cette méthode le système (17), on aurait à intégrer successivement m systèmes de n équations différentielles du premier ordre, et à faire $m-1$ changements de variables.

REMARQUE I. — Les n intégrales distinctes $\varphi_1, \varphi_2, ..., \varphi_n$ du système (17) sont encore distinctes si on les considère comme fonctions des seules variables $x_{m+1}, x_{m+2}, ..., x_{m+n}$. Supposons, en effet, qu'il existe une relation identique de la forme

$$\Phi(x_1, x_2, ..., x_m, \varphi_1, \varphi_2, ..., \varphi_n) = 0,$$

on aurait alors

$$X_h(\Phi) = 0,$$

c'est-à-dire

$$\frac{\partial \Phi}{\partial x_h} + \frac{\partial \Phi}{\partial \varphi_1} X_h(\varphi_1) + \frac{\partial \Phi}{\partial \varphi_2} X_h(\varphi_2) + \dots + \frac{\partial \Phi}{\partial \varphi_n} X_h(\varphi_n) = 0,$$
$$(h = 1, 2, ..., m).$$

D'ailleurs, puisque $\varphi_1, \varphi_2, ..., \varphi_n$ sont des intégrales du système (17), la relation précédente se réduira à

$$\frac{\partial \Phi}{\partial x_h} = 0, \qquad (h = 1, 2, ..., m),$$

Φ serait donc indépendante de $x_1, x_2, ..., x_m$ et il y aurait une relation entre les fonctions $\varphi_1, \varphi_2, ..., \varphi_n$, ce qui n'est pas.

REMARQUE II. — D'après ce qui précède, il est clair que si m équations linéaires indépendantes à $(m+n)$ variables admettent n intégrales distinctes, le système formé par ces m équations est un système complet. Car, s'il n'était pas complet, il serait compris dans un système complet de plus de m équations et, par suite, ne pourrait admettre n intégrales distinctes.

28. Méthode de Mayer [1]. — La méthode d'intégration précédente exige, nous l'avons vu, des calculs assez pénibles. Des méthodes

[1] Le procédé employé ici est identique au fond à celui de Mayer; la méthode même de ce géomètre sera exposée dans le chapitre suivant.

plus simples ont été données par Clebsch ([1]), Weiler ([2]) et Mayer ([3]). Celle qui exige le moins d'intégrations est due à Mayer; nous nous bornerons à celle-là.

THÉORÈME. — *Soit* x_1^0, x_2^0, ..., x_{m+n}^0 *un système de valeurs des variables* x_1, x_2, ..., x_{m+n}, *au voisinage desquelles les coefficients* b_i^k *du système* (17) *sont holomorphes; il existe n intégrales* $\varphi_1, \varphi_2, ..., \varphi_n$ *du système jacobien*

$$(17) \quad \begin{cases} X_i(f) = \dfrac{\partial f}{\partial x_i} + b_i' \dfrac{\partial f}{\partial x_{m+1}} + ... + b_n' \dfrac{\partial f}{\partial x_{m+n}} = 0, \\[2mm] (i = 1, 2, ..., m), \end{cases}$$

holomorphes au voisinage du point x_1^0, x_2^0, ..., x_{m+n}^0, *et se réduisant respectivement à* x_{m+1}, ..., x_{m+n} *pour*

$$x_1 = x_1^0, \quad ..., \quad x_m = x_m^0.$$

Ce théorème est vrai dans le cas de $m = 1$, car il se réduit à un cas particulier du théorème de Cauchy; pour montrer qu'il est général, il suffira de démontrer que, s'il est vrai pour $(m-1)$ équations, il est encore vrai pour m. Supposons donc qu'il soit vrai pour $(m-1)$ équations. Nous pouvons, sans restreindre la généralité, supposer

$$x_1^0 = x_2^0 = ... = x_{m+n}^0 = 0.$$

L'équation $X_1(f) = 0$ admet les intégrales évidentes $x_2, x_3, ..., x_m$ et, d'après le théorème de Cauchy, elle admettra, en outre, n intégrales $x'_{m+1}, x'_{m+2}, ..., x'_{m+n}$ holomorphes au voisinage de $x_1 = x_2 = ... = x_{m+n} = 0$, et se réduisant respectivement à $x_{m+1}, x_{m+2}, ..., x_{m+n}$ pour $x_1 = 0$

$$(V) \quad \begin{cases} x'_{m+1} = x_{m+1} + x_1 A_{m+1} + ..., \\ x'_{m+2} = x_{m+2} + x_1 A_{m+2} + ..., \\ .... \\ x'_{m+n} = x_{m+n} + x_1 A_{m+n} + ... \end{cases}$$

([1]) Clebsch, *Ueber die simultane Integration linearer partieller Differentialgleichungen* (Journal de Crelle, t. LXV).

([2]) Weiler, Schlömilch's Zeitschrift für Mathematik, Bd VIII, 1863, et Bd XX.

([3]) Mayer, *Ueber unbeschränkt integrabel Systeme*, etc. (Mathematische Annalen, t. VI. Bulletin des Sciences mathématiques et astronomiques, t. XI, 1re série.

Posons, pour la symétrie de la notation,

$$x'_1 = x_1, \quad x'_2 = x_2, \quad \ldots, \quad x'_m = x_m,$$

et prenons les quantités $x'_1, x'_2, \ldots, x'_{m+n}$ pour nouvelles variables. Puisque le déterminant fonctionnel

$$\frac{D(x'_{m+1}, x'_{m+2}, \ldots, x'_{m+n})}{D(x_{m+1}, x_{m+2}, \ldots, x_{m+n})}$$

est égal à 1 pour $x_1 = 0$, on en conclut que, au voisinage de $x_1 = 0$, on pourra résoudre les équations (A) par rapport à $x_{m+1}, x_{m+2}, \ldots, x_{m+n}$ et les mettre sous la forme

$$\text{(B)} \qquad \left\{\begin{array}{l} x_{m+1} = x'_{m+1} + x'_1 B_{m+1} + \ldots, \\ x_{m+2} = x'_{m+2} + x'_1 B_{m+2} + \ldots, \\ \ldots\ldots\ldots\ldots\ldots\ldots\ldots\ldots \\ x_{m+n} = x'_{m+n} + x'_1 B_{m+n} + \ldots; \end{array}\right.$$

par suite, toute fonction holomorphe de $x_1, \ldots, x_{m+n}$ est aussi une fonction holomorphe des nouvelles variables, et inversement. Ceci posé, l'équation $X_1(f) = 0$ deviendra, avec les nouvelles variables,

$$\frac{\partial f}{\partial x'_1} = 0;$$

d'ailleurs, on aura

$$\frac{\partial f}{\partial x_i} = \frac{\partial f}{\partial x'_i} + \frac{\partial f}{\partial x'_{m+1}} \frac{\partial x'_{m+1}}{\partial x_i} + \ldots + \frac{\partial f}{\partial x'_{m+n}} \frac{\partial x'_{m+n}}{\partial x_i},$$
$$(i = 2, 3, \ldots, m),$$

et

$$\frac{\partial f}{\partial x_{m+h}} = \frac{\partial f}{\partial x'_{m+1}} \frac{\partial x'_{m+1}}{\partial x_{m+h}} + \ldots + \frac{\partial f}{\partial x'_{m+n}} \frac{\partial x'_{m+n}}{\partial x_{m+h}},$$
$$(h = 1, 2, \ldots, n).$$

Donc le système (17) sera remplacé, avec les nouvelles variables, par le système

$$\text{(20)} \qquad \left\{\begin{array}{l} \dfrac{\partial f}{\partial x'_1} = 0, \\ \dfrac{\partial f}{\partial x'_2} + c_1^2 \dfrac{\partial f}{\partial x'_{m+1}} + \ldots + c_n^2 \dfrac{\partial f}{\partial x'_{m+n}} = 0, \\ \ldots\ldots\ldots\ldots\ldots\ldots\ldots\ldots\ldots\ldots \\ \dfrac{\partial f}{\partial x'_m} + c_1^m \dfrac{\partial f}{\partial x'_{m+1}} + \ldots + c_n^m \dfrac{\partial f}{\partial x'_{m+n}} = 0, \end{array}\right.$$

où les quantités c'_i désignent des fonctions des seules variables x'_2, ..., x'_{m+n} (§ 27) et, comme les fonctions c'_i se déduisent de fonctions holomorphes par les seules opérations de l'addition et de la multiplication, on en conclut que ces fonctions sont régulières au voisinage du point

$$x'_2 = x'_3 = \ldots = x'_{m+n} = 0.$$

Le théorème étant supposé vrai pour $(m-1)$ équations, il existe un système de n intégrales $\varphi_1, \varphi_2, \ldots, \varphi_n$ régulières au voisinage de $x'_2 = x'_3 = \ldots = x'_{m+n} = 0$, satisfaisant aux $(m-1)$ dernières équations (20) et se réduisant respectivement à $x'_{m+1}, \ldots, x'_{m+n}$ pour $x'_2 = x'_3 = \ldots = x'_m = 0$

$$\varphi_i = x'_{m+i} + x'_2 C_i + \ldots$$

D'ailleurs, ce système d'intégrales satisfera évidemment à l'équation $\dfrac{\partial f}{\partial x'_1} = 0$, puisqu'elles sont indépendantes de x'_1.

Par suite, en remplaçant les variables $x'_1, x'_2, \ldots, x'_{m+n}$ par les variables $x_1, x_2, \ldots, x_{m+n}$, on en conclut que le système proposé admet le système d'intégrales

$$\varphi_i = x_{m+i} + x_1 D_i + \ldots, \qquad (i = 1, 2, \ldots, n),$$

holomorphes au voisinage du point

$$x_1 = x_2 = \ldots = x_{m+n} = 0,$$

et se réduisant respectivement à $x_{m+1}, \ldots, x_{m+n}$ pour $x_1 = 0$, $x_2 = 0, \ldots, x_m = 0$.

29. Soient $\varphi_1, \varphi_2, \ldots, \varphi_n$ les intégrales satisfaisant aux conditions précédentes. Nous dirons qu'un tel système d'intégrales forme un *système fondamental* relatif au point

$$x_1 = x_1^0, \quad x_2 = x_2^0, \quad \ldots, \quad x_{m+n} = x_{m+n}^0.$$

Soit alors $\Phi(x_{m+1}, x_{m+2}, \ldots, x_{m+n})$ une fonction quelconque, holomorphe dans le voisinage du point $x_{m+1}^0, x_{m+2}^0, \ldots, x_{m+n}^0$, la fonction

$$F = \Phi\,(\varphi_1,\ \varphi_2,\ \ldots,\ \varphi_n)$$

sera une intégrale du système (17), holomorphe au voisinage du point

$$x_1 = x_1^0,\quad \ldots,\quad x_{m+s} = x_{m+s}^0,$$

et qui, pour

$$x_1 = x_1^0,\quad \ldots,\quad x_m = x_m^0,$$

se réduira à la fonction $\Phi\,(x_{m+1},\ \ldots,\ x_{m+s})$. On peut donc énoncer la proposition suivante, qui est une extension du théorème général de Cauchy dans le cas d'une équation linéaire.

THÉORÈME. — *Soit $x_1^0,\ \ldots,\ x_{m+s}^0$ un système de valeurs pour lesquelles les coefficients b_i^r sont holomorphes, et $\Phi\,(x_{m+1},\ \ldots,\ x_{m+s})$ une fonction holomorphe dans le voisinage du point $x_{m+1} = x_{m+1}^0$, $\ldots,\ x_{m+s} = x_{m+s}^0$; les équations (17) admettent une intégrale commune holomorphe dans le domaine du point $x_1^0,\ \ldots,\ x_{m+s}^0$ et se réduisant à $\Phi\,(x_{m+1},\ \ldots,\ x_{m+s})$ pour*

$$x_1 = x_1^0,\quad \ldots,\quad x_m = x_m^0.$$

30. Cette proposition établie, soit $x_1^0,\ x_2^0,\ \ldots,\ x_{m+s}^0$ un système de valeurs au voisinage desquelles les coefficients b_i^r, dans le système complet (17), sont holomorphes. La méthode de Mayer pour la recherche des s intégrales distinctes $\varphi_1,\ \ldots,\ \varphi_s$, qui satisfont à l'énoncé du théorème précédent, consiste à faire le changement de variables suivant :

(A) $x_1 = x_1^0 + y_1,\ \ x_2 = x_2^0 + y_1 y_2,\ \ \ldots,\ \ x_m = x_m^0 + y_1 y_m;$

on aura alors

$$(B) \quad \left\{ \begin{aligned} \frac{\partial f}{\partial y_1} &= \frac{\partial f}{\partial x_1} + \frac{\partial f}{\partial x_2}\,y_2 + \ldots + \frac{\partial f}{\partial x_m}\,y_m, \\[2mm] \frac{\partial f}{\partial y_2} &= y_1\,\frac{\partial f}{\partial x_2},\quad \ldots,\quad \frac{\partial f}{\partial y_m} = y_1\,\frac{\partial f}{\partial x_m}. \end{aligned} \right.$$

La substitution directe des variables $y_1,\ y_2,\ \ldots,\ y_m,\ x_{m+1},\ \ldots,\ x_{m+s}$ aux variables $x_1,\ \ldots,\ x_m,\ x_{m+1},\ \ldots,\ x_{m+s}$ remplacera le système (17) par le système équivalent

$$(21) \begin{cases} Y_1(f) = \dfrac{\partial f}{\partial y_1} + c_1^1 \dfrac{\partial f}{\partial x_{m+1}} + \ldots + c_n^1 \dfrac{\partial f}{\partial x_{m+n}} = 0, \\[2mm] Y_2(f) = \dfrac{\partial f}{\partial y_2} + c_1^2 \dfrac{\partial f}{\partial x_{m+1}} + \ldots + c_n^2 \dfrac{\partial f}{\partial x_{m+n}} = 0, \\[2mm] \cdots\cdots\cdots\cdots\cdots\cdots\cdots\cdots\cdots\cdots\cdots\cdots\cdots\cdots \\[2mm] Y_m(f) = \dfrac{\partial f}{\partial y_m} + c_1^m \dfrac{\partial f}{\partial x_{m+1}} + \ldots + c_n^m \dfrac{\partial f}{\partial x_{m+n}} = 0, \end{cases}$$

dans lequel les coefficients c_i^k sont des fonctions holomorphes dans
le voisinage du système de valeurs

$$y_1 = 0, \quad x_{m+1} = x_{m+1}^0, \quad \ldots, \quad x_{m+n} = x_{m+n}^0,$$
$$y_2 = z_2, \quad \ldots, \quad y_m = z_m,$$

où $z_2, z_3, \ldots, z_m$ sont des quantités arbitraires, car, quels que soient
$y_2, y_3, \ldots, y_m$, on a toujours, pour $y_1 = 0$, $x_1 = x_1^0$, $\ldots$, $x_n = x_n^0$.
D'ailleurs, on voit qu'en vertu des relations (B), tous les coeffi-
cients c_i^k dans les équations $Y_1(f)$, $Y_2(f)$, $\ldots$, $Y_m(f)$ contiennent en
facteur y_1. La substitution (A) remplacera les n fonctions $\varphi_1, \varphi_2, \ldots, \varphi_n$
par n fonctions $\psi_1, \psi_2, \ldots, \psi_n$ holomorphes au voisinage de

$$y_1 = 0, \quad x_{m+1} = x_{m+1}^0, \quad \ldots, \quad x_{m+n} = x_{m+n}^0,$$

vérifiant les équations (21) et se réduisant respectivement à x_{m+1},
$x_{m+2}, \ldots, x_{m+n}$ pour $y_1 = 0$. La recherche des intégrales φ_1, φ_2,
$\ldots, \varphi_n$ est donc ramenée à celle des intégrales $\psi_1, \psi_2, \ldots, \psi_n$. Soit
ψ_k une de ces intégrales. C'est une intégrale de l'équation $Y_1(f) = 0$
qui se réduit à x_{m+k} quand on fait $y_1 = 0$; or, le théorème de
Cauchy nous apprend que l'équation $Y_1(f) = 0$ admet une intégrale
régulière et une seule qui pour $y_1 = 0$ se réduit à x_{m+k}; c'est donc
nécessairement ψ_k. Nous concluons de là que, pour trouver les
n intégrales $\psi_1, \psi_2, \ldots, \psi_n$ qui satisfont au système (21) et aux conditions énoncées, il suffira de chercher n intégrales de l'équation unique
$Y_1(f) = 0$ se réduisant respectivement à $x_{m+1}, x_{m+2}, \ldots, x_{m+n}$ pour
$y_1 = 0$. Ceci revient à dire qu'il suffira d'intégrer l'équation $Y_1(f) = 0$
ou, ce qui revient au même, le système d'équations différentielles
suivant :

$$\frac{dy_1}{1} = \frac{dy_2}{0} = \ldots = \frac{dy_m}{0} = \frac{dx_{m+1}}{c_1^1} = \ldots = \frac{dx_{m+n}}{c_n^1}.$$

Ce système admet les $(m-1)$ intégrales évidentes

$$y_2 = C_2, \quad y_3 = C_3, \quad \ldots, \quad y_m = C_m;$$

par suite, il suffira d'intégrer le système

$$\frac{dy_1}{1} = \frac{dx_{m+1}}{c_1^1} = \ldots = \frac{dx_{m+n}}{c_n^1},$$

où on considérera $y_2, y_3, \ldots, y_m$ comme des paramètres. Donc, on peut énoncer la proposition suivante :

L'intégration d'un système complet de m équations, à $(m+n)$ variables indépendantes, se ramène à l'intégration d'un système de n équations différentielles du premier ordre.

REMARQUE. — On peut vérifier directement que les n intégrales $\phi_1, \phi_2, \ldots, \phi_n$ de l'équation $Y_1(f) = 0$, qui se réduisent respectivement à $x_{m+1}, \ldots, x_{m+n}$ pour $y_1 = 0$, satisfont aux $(m-1)$ équations $Y_2(f) = 0, \ldots, Y_m(f) = 0$.

D'une manière générale, soit

$$Y_1(f) = 0, \quad \ldots, \quad Y_m(f) = 0$$

un système jacobien de m équations. On a identiquement

$$Y_i\big(Y_k(f)\big) = Y_k\big(Y_i(f)\big);$$

si on remplace f par une intégrale quelconque φ de l'équation $Y_i(f) = 0$, la relation précédente se réduit à

$$Y_i\big(Y_k(\varphi)\big) = 0,$$

de sorte que $Y_k(\varphi)$ sera aussi une intégrale de la même équation. Cela posé, l'intégrale ϕ_k de $Y_1(f) = 0$ qui se réduit à x_{m+k} pour $y_1 = 0$ est de la forme

$$\phi_k = x_{m+k} + y_1 P_k,$$

P_k désignant une fonction holomorphe de $y_1, \ldots, y_m, x_{m+1}, \ldots, x_{m+n}$ dans le voisinage des valeurs $0, x_{m+1}^0, \ldots, x_{m+n}^0$. D'après ce que nous venons de dire, $Y_i(\phi_k)$ sera aussi une intégrale de l'équation $Y_1(f) = 0$. D'ailleurs on a

$$Y_i(\phi_k) = Y_i(x_{m+k}) + y_1 Y_i(P_k) + P_k Y_i(y_1), \qquad (i = 2, 3, ..., m),$$

et comme

$$Y_i(y_1) = 0,$$
$$Y_i(\phi_k) = c_k^i + y_1 Y_i(P_k).$$

Puisque c_k^i contient en facteur y_1, comme nous l'avons fait remarquer plus haut, on a donc

$$Y_i(\phi_k) = y_1 Q_k,$$

Q_k désignant une fonction holomorphe; $Y_i(\phi_k)$ est alors une intégrale régulière de l'équation $Y_i(f) = 0$ qui s'annule pour $y_1 = 0$. D'autre part, l'équation $Y_i(f) = 0$ admet l'intégrale évidente $f = 0$ satisfaisant à la condition précédente; comme, d'après le théorème de Cauchy, cette équation ne peut admettre qu'une *seule* intégrale holomorphe s'annulant pour $y_1 = 0$, on a nécessairement

$$Y_i(\phi_k) = 0, \qquad (i = 2, 3, ..., m),$$

ce qui démontre le théorème.

31. Pratiquement, voici comment il faudra appliquer la méthode de Mayer. On commencera par intégrer le système

$$(22) \qquad \frac{dy_1}{1} = \frac{dx_{m+1}}{c_1^1} = ... = \frac{dx_{m+n}}{c_n^1},$$

où on considère $y_2, y_3, ..., y_m$ comme des paramètres; soient $f_1, f_2, ..., f_n$ n intégrales distinctes *quelconques* de ce système. Les fonctions

$$y_2, ..., y_m, \qquad f_1, ..., f_n,$$

forment $(m + n - 1)$ intégrales distinctes de l'équation $Y_1(f) = 0$. Par suite toute autre intégrale de cette équation pourra s'exprimer au moyen des précédentes et on devra avoir des relations de la forme

$$f_i(y_1, y_2, ..., y_m, x_{m+1}, ..., x_{m+n}) = F_i(y_1, ..., y_m, f_1, ..., f_n),$$
$$(i = 1, 2, ..., n).$$

Pour avoir les intégrales $f_1, ..., f_n$, il suffira de connaître la forme des fonctions F_i; or, pour $y_1 = 0$, on a, par hypothèse,

$$\psi_1 = x_{m+1}, \quad \ldots, \quad \psi_n = x_{m+n},$$

donc, on doit avoir *identiquement*

$$f_i(0, y_2, \ldots, y_m, x_{m+1}, \ldots, x_{m+n}) = F_i(y_2, \ldots, y_m, x_{m+1}, \ldots, x_{m+n}).$$

Cette identité nous détermine la fonction F_i et on a donc

$$F_i(y_2, y_3, \ldots, y_m, \psi_1, \psi_2, \ldots, \psi_n) = f_i(0, y_2, \ldots, y_m, \psi_1, \psi_2, \ldots, \psi_n).$$

On en conclut qu'étant donnée une intégrale quelconque de l'équation $Y_1(f) = 0$, pour l'exprimer au moyen de

$$y_2, \ldots, y_m, \quad \psi_1, \ldots, \psi_n,$$

il suffit d'y remplacer y_1 par 0, et $x_{m+1}, \ldots, x_{m+n}$ par $\psi_1, \ldots, \psi_n$ respectivement.

Par conséquent, pour trouver les intégrales $\psi_1, \psi_2, \ldots, \psi_n$, il suffira, après avoir trouvé les n intégrales $f_1, f_2, \ldots, f_n$, de résoudre les n relations

$$f_i = f_i(0, y_2, \ldots, y_m, \psi_1, \psi_2, \ldots, \psi_n)$$

par rapport à $\psi_1, \psi_2, \ldots, \psi_n$.

EXEMPLE. — Soit à intégrer le système [1]

$$(A) \begin{cases} X_1(f) = \dfrac{\partial f}{\partial x_1} + (x_2 + x_4 - 3x_1)\dfrac{\partial f}{\partial x_3} + (x_4 + x_1 x_2 + x_1 x_4)\dfrac{\partial f}{\partial x_4} = 0, \\[2mm] X_2(f) = \dfrac{\partial f}{\partial x_2} + (x_2 x_4 - x_3)\dfrac{\partial f}{\partial x_3} + (x_1 x_3 x_4 + x_2 - x_1 x_3)\dfrac{\partial f}{\partial x_4} = 0. \end{cases}$$

Si on forme

$$X_1[X_2(f)] - X_2[X_1(f)],$$

on trouve que cette quantité n'est pas identiquement nulle. En l'égalant à 0, on obtient une nouvelle équation

$$x_1 \frac{\partial f}{\partial x_4} + \frac{\partial f}{\partial x_3} = 0.$$

---

[1] Imschenetsky, *Sur l'intégration des équations aux dérivées partielles du premier ordre*, p. 138.

Cette équation, jointe aux précédentes, permet de remplacer le système (A) (§ 24) par le système équivalent

$$\text{(II)}\quad\left\{\begin{aligned} \frac{\partial f}{\partial x_1} &= -(x_3 + 3x_1^2)\frac{\partial f}{\partial x_4},\\ \frac{\partial f}{\partial x_2} &= -x_3\frac{\partial f}{\partial x_4},\\ \frac{\partial f}{\partial x_3} &= -x_1\frac{\partial f}{\partial x_4}, \end{aligned}\right.$$

qui est un système jacobien, comme il est aisé de le vérifier. Les coefficients étant holomorphes au voisinage de

$$x_1 = x_2 = x_3 = x_4 = 0,$$

nous ferons, pour intégrer, le changement de variables suivant :

$$x_1 = y_1, \quad x_2 = y_1 y_2, \quad x_3 = y_1 y_3.$$

Il suffit de calculer l'équation qui donne $\dfrac{\partial f}{\partial y_1}$ dans le nouveau système; on trouve

$$Y_1(f) = \frac{\partial f}{\partial y_1} + \frac{\partial f}{\partial x_4}\left(2y_1 y_3 + 3y_1^2 + y_1 y_2^2\right) = 0.$$

Il faut donc intégrer l'équation

$$\frac{dy_1}{1} = \frac{dx_4}{2y_1 y_3 + 3y_1^2 + y_1 y_2^2},$$

dont l'intégrale générale est

$$C = x_4 - y_1^2 y_3 - y_1^3 - \frac{y_1^2 y_2^2}{2}.$$

Nous avons immédiatement l'intégrale φ qui, pour $y_1 = 0$, se réduit à x_4. En remontant aux anciennes variables, nous voyons que le système (A) admet l'intégrale

$$\varphi = x_4 - x_1 x_3 - x_1^3 - \tfrac{1}{2}x_2^2,$$

qui pour $x_1 = x_2 = x_3 = 0$ se réduit à x_4. Soit $f(x)$ une fonction quelconque donnée à l'avance; le système (A) admettra l'intégrale

$$f(x_3 - x_1 x_2 - x_1^3 - \tfrac{1}{2} x_2^2)$$

qui, pour $x_1 = x_2 = x_3 = 0$ se réduit à $f(x_3)$, et on aura ainsi l'intégrale générale de ce système.

32. Dans certaines questions, il arrive qu'on n'a pas besoin de l'intégrale générale d'un système complet, mais seulement d'une intégrale particulière. Mayer a montré que *la connaissance d'une seule intégrale du système d'équations différentielles* (22) *permet de trouver au moins une intégrale du système* (21) *et, par suite, du système* (17). Soit, en effet, $f(y_1, y_2, \ldots, y_m, x_{m+1}, \ldots, x_{m+n})$ une intégrale du système (22) et $\psi_1, \psi_2, \ldots, \psi_n$ le système fondamental d'intégrales de (21), on aura, comme on l'a vu plus haut,

$$f = f(0, y_2, \ldots, y_m, \psi_1, \ldots, \psi_n).$$

Résolvons cette relation par rapport à ψ_1,

$$\psi_1 = \theta_1(y_1, y_2, \ldots, y_m, x_{m+1}, \ldots, x_{m+n}, \psi_2, \ldots, \psi_n).$$

Si $\psi_2, \ldots, \psi_n$ ne figurent pas dans θ_1, on aura une intégrale; si $\psi_2, \ldots, \psi_n$ figurent dans θ_1, écrivons que ψ_1 satisfait à l'équation $Y_k(f) = 0$, en tenant compte que $\psi_2, \psi_3, \ldots, \psi_n$ y satisfont aussi. On aura

$$Y_k(\psi_1) = \frac{\partial \theta_1}{\partial y_1} Y_k(y_1) + \ldots + \frac{\partial \theta_1}{\partial x_{m+n}} Y_k(x_{m+n}) = 0,$$

k étant un des nombres $1, 2, \ldots, m$. Si le second membre d'une de ces relations n'est pas identiquement nul, il devra contenir effectivement une des quantités $\psi_2, \ldots, \psi_n$, car sans cela il y aurait une relation entre les variables indépendantes $y_1, \ldots, y_m, x_{m+1}, \ldots, x_{m+n}$, ce qui est impossible. Supposons, par exemple, qu'elle contienne ψ_2, et résolvons-la par rapport à ψ_2, nous en tirerons

$$\psi_2 = \theta_2(y_1, \ldots, y_m, x_{m+1}, \ldots, x_{m+n}, \psi_3, \ldots, \psi_n);$$

et on devra avoir

$$Y_k(\psi_2) = \frac{\partial \theta_2}{\partial y_1} Y_k(y_1) + \ldots + \frac{\partial \theta_2}{\partial x_{m+n}} Y_k(x_{m+n}) = 0.$$

Si le second membre n'est pas nul identiquement, on pourra
résoudre, par exemple, par rapport à ψ_2, et ainsi de suite; si on peut
continuer, on arrivera finalement à une équation qui donnera ψ_n et,
par suite, en remontant, on aura ψ_1, ψ_2, ..., ψ_n, c'est-à-dire qu'on
aura non seulement une intégrale, mais *toutes* les intégrales du
système (21). On ne pourra être arrêté dans ces opérations que si on
trouve une expression

$$\psi_i = \theta_i \left(y_1, ..., y_m, x_{m+1}, ..., x_{m+n}, \psi_{i+1}, ..., \psi_n\right),$$

telle que toutes les quantités

$$Y_k (\psi_i) = \frac{\partial \theta_i}{\partial y_1} Y_k (y_1) + ... + \frac{\partial \theta_i}{\partial x_{m+n}} Y_k (x_{m+n}),$$
$$(k = 1, 2, ..., m),$$

soient identiquement nulles. Mais, dans ce cas, il suffira de rempla-
cer dans θ_i les quantités ψ_{i+1}, ψ_{i+2}, ..., ψ_n par des constantes arbitraires pour avoir une intégrale.

33. Supposons qu'on connaisse μ intégrales u_1, u_2, ..., u_μ d'un
système complet; faisons un changement de variables en prenant
pour nouvelles variables u_1, u_2, ..., u_μ et $(m + n - \mu)$ fonctions
$u_{\mu+1}$, ..., $u'_{m+n-\mu}$ formant avec les précédentes un système de fonctions indépendantes. Le nouveau système ne contiendra aucune des
dérivées $\dfrac{\partial f}{\partial u_1}$, $\dfrac{\partial f}{\partial u_2}$, ..., $\dfrac{\partial f}{\partial u_\mu}$ puisqu'il devra admettre les μ intégrales
u_1, u_2, ..., u_μ. On pourra donc considérer ce nouveau système
comme un système de m équations à $(m + n - \mu)$ variables où
u_1, u_2, ..., u_μ seront des paramètres arbitraires. Il suffira, alors,
pour terminer l'intégration du système, d'intégrer un système de
$(n - \mu)$ équations différentielles du premier ordre ou, si l'on veut
seulement une intégrale de plus, de trouver *une* intégrale de ce
système.

Étant donné un système de n équations différentielles du premier
ordre, appelons *opération d'ordre n* la recherche d'une intégrale
première de ce système. Nous pourrons exprimer les résultats
obtenus sous la forme abrégée suivante : La recherche de l'intégrale
générale d'un système complet de m équations à $(m + n)$ variables

indépendantes exige que l'on fasse successivement des opérations d'ordre n, $n-1$, ..., 2, 1. La recherche d'une seule intégrale exige une opération d'ordre n. Enfin, quand on connaît μ intégrales, la recherche d'une nouvelle intégrale exige une opération d'ordre $(n-\mu)$.

34. La méthode de Mayer, que nous venons d'exposer, est certainement la plus simple de toutes les méthodes d'intégration des systèmes jacobiens; cependant nous ferons connaître encore la méthode employée par Jacobi pour trouver une intégrale d'un système jacobien.

Considérons le système jacobien

$$(17) \quad \left\{ \begin{aligned} &X_i(f) = \frac{\partial f}{\partial x_i} + \xi_1 \frac{\partial f}{\partial x_{m+1}} + \ldots + \xi_n \frac{\partial f}{\partial x_{m+n}} = 0, \\ &(i = 1, 2, \ldots, m), \end{aligned} \right.$$

et, en particulier, l'équation

$$X_1(f) = 0.$$

Nous connaissons déjà $(m-1)$ intégrales évidentes de cette équation, à savoir : $x_2, x_3, \ldots, x_m$. Supposons que nous ayons déterminé une autre intégrale φ_1. D'après ce que nous avons vu, la fonction $\varphi_2 = X_2(\varphi_1)$ sera aussi une intégrale de l'équation $X_1(f) = 0$; il en sera de même de $\varphi_3 = X_2(\varphi_2)$ et ainsi de suite; en posant, d'une manière générale,

$$\varphi_i = X_2(\varphi_{i-1}),$$

nous formerons une suite de fonctions $\varphi_1, \varphi_2, \ldots, \varphi_i, \ldots$ qui seront toutes des intégrales de l'équation $X_1(f) = 0$. D'ailleurs, comme l'équation $X_1(f) = 0$ n'a que $(m+n-1)$ intégrales distinctes, il devra nécessairement arriver, en continuant de la sorte, que l'on trouve une intégrale non distincte des précédentes. Supposons que cela arrive après i opérations, de telle sorte que l'on ait

$$\varphi_{i+1} = \Pi(\varphi_1, \varphi_2, \ldots, \varphi_i, x_2, \ldots, x_m), \qquad (i \leq n).$$

Cherchons alors à déterminer une fonction

$$\theta(\varphi_1, \varphi_2, \ldots, \varphi_i, x_2, \ldots, x_m).$$

satisfaisant à l'équation $X_2(f) = 0$: on devra avoir

$$X_2(\theta) = \frac{\partial\theta}{\partial\varphi_1} X_2(\varphi_1) + \frac{\partial\theta}{\partial\varphi_2} X_2(\varphi_2) + \ldots + \frac{\partial\theta}{\partial\varphi_i} X_2(\varphi_i) + \frac{\partial\theta}{\partial x_2} = 0,$$

c'est-à-dire

$$(23) \qquad \frac{\partial\theta}{\partial\varphi_1}\varphi_2 + \frac{\partial\theta}{\partial\varphi_2}\varphi_3 + \ldots + \frac{\partial\theta}{\partial\varphi_{i-1}}\varphi_i + \frac{\partial\theta}{\partial\varphi_i}\Pi + \frac{\partial\theta}{\partial x_2} = 0,$$

et on sera ramené à trouver une intégrale du système d'équations différentielles

$$\frac{d\varphi_1}{\varphi_2} = \frac{d\varphi_2}{\varphi_3} = \ldots = \frac{d\varphi_{i-1}}{\varphi_i} = \frac{d\varphi_i}{\Pi} = \frac{dx_2}{1}, \qquad (i \leq n),$$

qui peut lui-même être remplacé par l'équation unique

$$\frac{d^i\varphi_1}{dx_2^i} = \Pi\left(\varphi_1, \frac{d\varphi_1}{dx_2}, \ldots, \frac{d^{i-1}\varphi_1}{dx_2^{i-1}}, x_2, \ldots, x_m\right).$$

Soit $\psi_1 = C$ une intégrale de ce système; ψ_1 sera une intégrale de l'équation (23) et, par suite, des deux équations $X_1(f) = 0$, $X_2(f) = 0$.

On formera ensuite une suite de fonctions

$$\psi_1, \psi_2, \ldots, \psi_i, \ldots, \quad \text{où} \quad \psi_i = X_2(\psi_{i-1}),$$

qui seront toutes des intégrales du système

$$X_1(f) = 0, \quad X_2(f) = 0,$$

et comme ce système n'admet que $m + n - 2$ intégrales distinctes, on arrivera à une fonction ψ_i telle que

$$\psi_{i+1} = \Phi(\psi_1, \psi_2, \ldots, \psi_i, x_3, x_4, \ldots, x_m), \qquad (i \leq n).$$

Cherchons de même à déterminer une fonction

$$\theta(\psi_1, \psi_2, \ldots, \psi_i, x_3, \ldots, x_m)$$

satisfaisant à l'équation $X_3(f) = 0$; nous voyons que θ doit satisfaire à l'équation

$$\frac{\partial\theta}{\partial\psi_1}\psi_2 + \ldots + \frac{\partial\theta}{\partial\psi_{i-1}}\psi_i + \frac{\partial\theta}{\partial\psi_i}\Phi + \frac{\partial\theta}{\partial x_3} = 0,$$

dont l'intégration se ramène à celle de l'équation différentielle

$$\frac{d^i \psi_i}{d x_i^i} = \Phi\left(\psi_i, \frac{d \psi_i}{d x_i}, \ldots, \frac{d^{i-1} \psi_i}{d x_i^{i-1}}, x_i, \ldots, x_n\right).$$

Une intégrale ϖ_i de l'équation en θ sera une intégrale commune aux trois équations

$$X_1(f) = 0, \quad X_2(f) = 0, \quad X_3(f) = 0,$$

et, en continuant de la sorte, on trouvera évidemment une intégrale du système jacobien.

REMARQUE I. — Si la *dernière* équation que l'on trouve dépend de $(n + 1)$ variables, il suffira de l'intégrer complètement pour avoir *toutes* les intégrales du système jacobien.

REMARQUE II. — La méthode générale peut dans certains cas se simplifier. Supposons que dans la suite des opérations on ait trouvé une intégrale φ des équations

$$X_1(f) = 0, \quad X_2(f) = 0, \quad \ldots, \quad X_{\alpha-1}(f) = 0.$$

Si $X_\alpha(\varphi) = 0$, cette intégrale satisfait aussi à l'équation $X_\alpha(f) = 0$. Si $X_\alpha(\varphi) = m$, m étant une constante, $\varphi - m x_\alpha$ sera une intégrale commune aux équations

$$X_1(f) = 0, \quad \ldots, \quad X_\alpha(f) = 0,$$

car elle satisfait aux $(\alpha - 1)$ premières et on a

$$X_\alpha(\varphi - m x_\alpha) = X_\alpha(\varphi) - m = 0.$$

Plus généralement, si on a

$$X_\alpha(\varphi) = F(\varphi, x_\alpha, x_{\alpha+1}, \ldots, x_n),$$

cherchons à déterminer une fonction

$$\theta(\varphi, x_\alpha, \ldots, x_n),$$

qui satisfait toujours aux $(\alpha - 1)$ premières équations, de façon à vérifier $X_\alpha(f) = 0$. On devra avoir

$$\frac{d\theta}{d\varphi} X_\alpha(\varphi) + \frac{d\theta}{d x_\alpha} = 0,$$

c'est-à-dire

$$\frac{\partial \theta}{\partial \varphi} F + \frac{\partial \theta}{\partial x_k} = 0,$$

et, pour trouver une intégrale de $X_k (f) = 0$, on est ramené à intégrer l'équation différentielle du premier ordre

$$\frac{d\varphi}{F} = d x_k.$$

En particulier, si F ne dépend que de φ, on a l'intégrale générale par une quadrature

$$C = \int \frac{d\varphi}{F(\varphi)} - x_k.$$

Exercices.

Intégrer les systèmes suivants, où on a posé

$$p_i = \frac{\partial f}{\partial x_i} :$$

1°
$$2x_1 x_4^2 p_1 + x_2^2 x_4 p_4 + x_3^2 x_4 p_3 = 0,$$
$$2x_2 p_2 - x_3 p_4 + x_4 p_2 = 0,$$
$$x_4 x_1^2 p_3 + x_4^2 x_2 x_3 p_4 + x_1 x_3 x_4 p_2 = 0.$$

(COLLET.)

2°
$$(x_1^2 - x_3^2) p_1 - (x_1 x_3 - x_2 x_4) p_3 + (x_2 x_3 - x_1 x_4) p_4 = 0,$$
$$(x_1^2 - x_2^2) p_2 + (x_2 x_3 - x_1 x_4) p_3 + (x_1 x_3 - x_2 x_4) p_4 = 0.$$

(COLLET.)

3°
$$x_4 p_1 - x_3 p_2 + x_2 p_3 - x_1 p_4 = 0,$$
$$x_3 p_1 + x_4 p_2 - x_1 p_3 - x_2 p_4 = 0.$$

(COLLET.)

4°
$$2x_3 p_1 + x_1^2 p_2 = 0,$$
$$x_1^2 p_1 - 2x_3 p_2 + (x_1^2 x_4 - 2x_3) p_3 - 2x_1 x_3 p_4 = 0.$$

(GRAINDORGE.)

CHAPITRE III

Équations linéaires aux différentielles totales.

35. Toute équation linéaire aux dérivées partielles du premier ordre
est équivalente, comme on l'a vu, à un certain système d'équations
différentielles ordinaires. A tout système complet on peut de même
rattacher un système d'équations linéaires aux différentielles totales.

Considérons le système d'équations aux différentielles totales

$$(1) \quad \begin{cases} dx_{m+1} = b_1^1\, dx_1 + b_1^2\, dx_2 + \dots + b_1^m\, dx_m, \\ dx_{m+2} = b_2^1\, dx_1 + b_2^2\, dx_2 + \dots + b_2^m\, dx_m, \\ \dotfill \\ dx_{m+n} = b_n^1\, dx_1 + b_n^2\, dx_2 + \dots + b_n^m\, dx_m, \end{cases}$$

où on regarde $x_1, \dots, x_m$ comme des variables indépendantes, x_{m+1},
$\dots, x_{m+n}$ comme des fonctions de ces variables, et où les coefficients b_i^k sont des fonctions quelconques de $x_1, \dots, x_{m+n}$. Ce système
est évidemment équivalent au système d'équations aux dérivées
partielles suivant :

$$(2) \quad \begin{cases} \dfrac{\partial x_{m+1}}{\partial x_1} = b_1^1, & \dfrac{\partial x_{m+1}}{\partial x_2} = b_1^2, & \dots & \dfrac{\partial x_{m+1}}{\partial x_m} = b_1^m, \\[2ex] \dfrac{\partial x_{m+2}}{\partial x_1} = b_2^1, & \dfrac{\partial x_{m+2}}{\partial x_2} = b_2^2, & \dots & \dfrac{\partial x_{m+2}}{\partial x_m} = b_2^m, \\[2ex] \dotfill \\[1ex] \dfrac{\partial x_{m+n}}{\partial x_1} = b_n^1, & \dfrac{\partial x_{m+n}}{\partial x_2} = b_n^2, & \dots & \dfrac{\partial x_{m+n}}{\partial x_m} = b_n^m. \end{cases}$$

Cherchons les conditions pour que le système (1) admette un système
d'intégrales où les valeurs initiales de *toutes* les variables puissent

être prises arbitrairement. Il est d'abord aisé de trouver des conditions nécessaires; en effet, des équations (2) on déduit

$$\frac{\partial^2 x_{m+h}}{\partial x_i \, \partial x_k} = \frac{\partial b_h^i}{\partial x_k} + \frac{\partial b_h^i}{\partial x_{m+1}} \frac{\partial x_{m+1}}{\partial x_k} + \ldots + \frac{\partial b_h^i}{\partial x_{m+n}} \frac{\partial x_{m+n}}{\partial x_k},$$

c'est-à-dire, en tenant compte des équations (2),

$$\frac{\partial^2 x_{m+h}}{\partial x_i \, \partial x_k} = \frac{\partial b_h^i}{\partial x_k} + \frac{\partial b_h^i}{\partial x_{m+1}} b_1^k + \ldots + \frac{\partial b_h^i}{\partial x_{m+n}} b_n^k,$$

et, en posant

$$X_k(f) = \frac{\partial f}{\partial x_k} + b_1^k \frac{\partial f}{\partial x_{m+1}} + \ldots + b_n^k \frac{\partial f}{\partial x_{m+n}},$$

$$\frac{\partial^2 x_{m+h}}{\partial x_i \, \partial x_k} = X_k(b_h^i).$$

On trouverait de même

$$\frac{\partial^2 x_{m+h}}{\partial x_k \, \partial x_i} = X_i(b_h^k),$$

et, par suite, tout système satisfaisant aux équations (1) ou (2) doit satisfaire aux relations

$$(3) \qquad X_k(b_h^i) = X_i(b_h^k), \qquad \begin{aligned} &(i, k = 1, 2, \ldots, m), \\ &(h = 1, 2, \ldots, n), \end{aligned}$$

qui expriment que

$$\frac{\partial^2 x_{m+h}}{\partial x_i \, \partial x_k} = \frac{\partial^2 x_{m+h}}{\partial x_k \, \partial x_i}.$$

Pour que l'on puisse prendre *arbitrairement* les valeurs initiales de *toutes* les variables, il faut que ces conditions (3) soient vérifiées *identiquement*, car sans cela elles donneraient des relations entre les valeurs initiales. Les conditions (3) sont donc *nécessaires*; nous allons montrer qu'elles sont suffisantes. Une démonstration directe de ce théorème a été donnée par M. Bouquet [1]. Nous le déduirons de la théorie des systèmes complets. Les conditions (3) expriment précisément que le système d'équations aux dérivées partielles

$$(4) \qquad X_i(f) = 0, \qquad (i = 1, 2, \ldots, m),$$

---

[1] *Bulletin des Sciences mathématiques et astronomiques*, t. III, 1re série, p. 265; 1872.

est un système *jacobien* (§ 26). Le système (4) admet donc n intégrales distinctes $f_1, f_2, ..., f_n$ et les équations

$$(5) \qquad f_1 = C_1, \quad f_2 = C_2, \quad ..., \quad f_n = C_n$$

définissent $x_{m+1}, x_{m+2}, ..., x_{m+n}$ en fonction de $x_1, x_2, ..., x_m$ et des n constantes arbitraires $C_1, C_2, ..., C_n$, puisque, comme nous l'avons vu (§ 27), $f_1, f_2, ..., f_n$ sont encore distinctes si on les considère comme des fonctions des seules variables $x_{m+1}, ..., x_{m+n}$. Soient

$$x_{m+i} = \varphi_i(x_1, ..., x_m, C_1, ..., C_n), \qquad (i = 1, 2, ..., n)$$

ces fonctions ; je dis qu'elles satisfont aux équations (1). En effet, puisqu'elles vérifient les équations (5), on a

$$(6) \qquad \begin{cases} \dfrac{\partial f_1}{\partial x_1} dx_1 + ... + \dfrac{\partial f_1}{\partial x_{m+n}} dx_{m+n} = 0, \\ .... \\ \dfrac{\partial f_n}{\partial x_1} dx_1 + ... + \dfrac{\partial f_n}{\partial x_{m+n}} dx_{m+n} = 0, \end{cases}$$

et il faut vérifier que si on tire de ces équations $dx_{m+1}, ..., dx_{m+n}$ les formules obtenues sont identiques aux formules (1). Au lieu d'opérer ainsi, nous montrerons, ce qui revient au même, que si on porte dans les équations (6) les valeurs de $dx_{m+1}, ..., dx_{m+n}$ données par les équations (1), elles sont vérifiées. D'une manière générale, si dans la différentielle totale $d\Phi$ d'une fonction quelconque Φ on remplace $dx_{m+1}, ..., dx_{m+n}$ par les valeurs (1), on trouve pour résultat

$$d\Phi = X_1(\Phi) dx_1 + X_2(\Phi) dx_2 + ... + X_m(\Phi) dx_m.$$

La substitution dans les premiers membres des équations (6) donnera donc 0, puisque $f_1, ..., f_n$ sont des intégrales du système (4). Comme les équations (5) contiennent n constantes arbitraires, on pourra choisir les valeurs de ces n constantes de façon que $x_{m+1}, x_{m+2}, ..., x_{m+n}$ prennent des valeurs données à l'avance $x^0_{m+1}, ..., x^0_{m+n}$ pour $x_1 = x^0_1, ..., x_m = x^0_m$. Les conditions (3) sont donc suffisantes, et le système (1) est dit, alors, *complètement intégrable*.

Pour donner à la proposition précédente la forme précise sous laquelle elle a été énoncée par M. Bouquet, il suffit de particulariser les intégrales $f_1, f_2, ..., f_n$. Nous savons, en effet, que le système jacobien (4) admet n intégrales holomorphes $\varphi_1, \varphi_2, \ldots, \varphi_n$ qui, pour $x_1 = x_1^0$, $x_2 = x_2^0, \ldots, x_m = x_m^0$, se réduisent respectivement à $x_{m+1}, x_{m+2}, \ldots, x_{m+n}$ à condition que les coefficients b_i^k soient holomorphes au voisinage du point $x_1^0, \ldots, x_m^0, x_{m+1}^0, \ldots, x_{m+n}^0$. Si nous considérons les intégrales du système (1) définies par les équations

$$\varphi_1 = x_{m+1}^0, \quad \ldots, \quad \varphi_n = x_{m+n}^0$$

nous sommes conduits à la proposition suivante :

THÉORÈME. — *Étant donné le système d'équations aux diffé-rentielles totales* (1), *où les coefficients b_i^k satisfont identiquement aux relations* (3) *et sont holomorphes au voisinage du point x_1^0, $\ldots, x_m^0, x_{m+1}^0, \ldots, x_{m+n}^0$; il existe un système de fonctions x_{m+1}, $x_{m+2}, \ldots, x_{m+n}$ des variables indépendantes $x_1, x_2, \ldots, x_m$, et un seul, satisfaisant au système* (1), *holomorphes au voisinage du point $x_1^0, x_2^0, \ldots, x_m^0$ et prenant respectivement les valeurs x_{m+1}^0, $x_{m+2}^0, \ldots, x_{m+n}^0$ pour*

$$x_1 = x_1^0, \quad x_2 = x_2^0, \quad \ldots \quad x_m = x_m^0.$$

L'intégration du système (1) se ramène donc à celle du système jacobien (4). *Réciproquement* si on a intégré le système (1) on aura immédiatement l'intégrale générale du système (4). Soient, en effet,

$$f_1 = C_1, \quad f_2 = C_2, \quad \ldots, \quad f_n = C_n$$

les relations qui donnent l'intégrale générale du système (1), je dis que f_i est une intégrale du système (4). En effet, on a $df_i = 0$ pour tous les systèmes d'intégrales des équations (1), et, par suite,

$$X_1(f_i)\,dx_1 + \ldots + X_m(f_i)\,dx_m = 0.$$

Comme $x_1, x_2, \ldots, x_m$ sont des variables indépendantes, on en conclut que

$$X_1(f_i) = 0, \quad \ldots, \quad X_m(f_i) = 0,$$

pour tous les systèmes d'intégrales des équations (1), et, puisqu'on peut choisir arbitrairement les valeurs initiales de toutes les variables, il faut nécessairement que les relations

$$X_n (f) = 0$$

aient lieu *identiquement*.

36. Tout ce qui précède nous montre que l'intégration du système complètement intégrable (1) et celle du système jacobien (4) sont deux problèmes équivalents. Si f est une intégrale du système (4), $f = C$ est une intégrale du système (1) et réciproquement. La théorie de l'intégration des systèmes jacobiens doit donc pouvoir se déduire de celle des systèmes complètement intégrables. C'est ainsi, en effet, que Mayer est parvenu à la méthode d'intégration des systèmes jacobiens que nous avons exposée plus haut. Nous allons donner rapidement la théorie de l'intégration des systèmes complètement intégrables.

Considérons le système

$$(7) \qquad \frac{\partial x_{m+1}}{\partial x_1} = b_1^1, \qquad \frac{\partial x_{m+2}}{\partial x_1} = b_2^1, \qquad ..., \qquad \frac{\partial x_{m+s}}{\partial x_1} = b_s^1,$$

tiré du système (1). Imaginons qu'on ait intégré ces équations en les considérant comme formant un système d'équations différentielles ordinaires par rapport à x_1, où x_2, x_3, ..., x_m désignent des paramètres arbitraires, et soit

$$(8) \qquad \begin{cases} \varphi_1 (x_1, x_2, ..., x_m, x_{m+1}, ..., x_{m+s}) = x_1, \\ \cdots\cdots\cdots\cdots\cdots\cdots\cdots\cdots\cdots\cdots \\ \varphi_n (x_1, x_2, ..., x_m, x_{m+1}, ..., x_{m+s}) = x_n, \end{cases}$$

l'intégrale générale de ce système, où on doit considérer x_1, ..., x_n comme des constantes par rapport à x_1, c'est-à-dire comme des fonctions de x_2, ..., x_n. Remarquons que $\varphi_1, \varphi_2, ..., \varphi_n$ sont n intégrales de $X_1 (f) = 0$. Faisons un changement de variables et remplaçons les inconnues $x_{m+1}, x_{m+2}, ..., x_{m+s}$ par $x_1, x_2, ..., x_n$. On aura

$$d z_i = X_1 (x_i) d x_1 + X_2 (x_i) d x_2 + ... + X_n (x_i) d x_n;$$

d'ailleurs, φ_i étant une intégrale de (7), on a

$$X_1 (x_i) = 0.$$

Le système (1) est donc remplacé par le système

$$(9) \qquad \begin{cases} dz_1 = X_2(z_1)\,dx_2 + \dots + X_m(z_1)\,dx_m, \\ \dotfill \\ dz_n = X_2(z_n)\,dx_2 + \dots + X_m(z_n)\,dx_m. \end{cases}$$

Mais, φ_1 étant une intégrale de l'équation $X_1(f) = 0$, il en sera de même de $X_2(\varphi_1)$. En d'autres termes, si dans $X_2(\varphi_1)$ on remplace $x_{m+1}, \dots, x_{m+n}$ par leurs valeurs tirées des équations (8), le résultat sera indépendant de x_1. Les coefficients du système (9) sont donc indépendants de x_1, et nous avons, par ce changement de variables, substitué au système (1) un système de même forme, mais où le nombre des variables indépendantes est diminué d'une unité. D'ailleurs, il est évident, d'après ce que nous savons sur les systèmes complets, que le système (9) sera encore complètement intégrable, ce qu'on peut d'ailleurs établir directement; on pourra donc le traiter comme le système (1), et en continuant de la sorte on arrivera finalement à trouver l'intégrale générale du système (1). On aura à intégrer successivement m systèmes de n équations différentielles du premier ordre.

Au lieu de prendre des constantes quelconques z_1, z_2, ..., z_n, supposons, avec Mayer, qu'on ait mis l'intégrale générale du système (7) sous la forme

$$(10) \qquad \begin{cases} x^0_{m+1} = x_{m+1} + (x_1 - x^0_1)\,\psi_1, \\ \dotfill \\ x^0_{m+n} = x_{m+n} + (x_1 - x^0_1)\,\psi_n, \end{cases}$$

$x^0_{m+1}, \dots, x^0_{m+n}$ désignant les valeurs initiales qui correspondent à une valeur donnée x^0_1 de x_1, et, conformément à ce que nous venons de dire, remplaçons $x_{m+1}, x_{m+2}, \dots, x_{m+n}$ par les nouvelles inconnues $x^0_{m+1}, x^0_{m+2}, \dots, x^0_{m+n}$ qui ne doivent dépendre que de x_2, ..., x_n; on aura

$$dx^0_{m+1} = dx_{m+1} + \psi_1\,dx_1 + (x_1 - x^0_1)\,d\psi_1,$$

et, par suite, en remplaçant dx_{m+1} par son expression tirée de (1)

$$dx^0_{m+1} = b^1_2\,dx_2 + b^1_3\,dx_3 + \dots + b^1_m\,dx_m + (x_1 - x^0_1)[A_2\,dx_2 + \dots].$$

Le coefficient de dx_1 dans le second membre est nul, comme nous savons; de plus, si on fait le changement de variables (10), les coefficients du second membre dans les nouvelles équations doivent être indépendants de x_1. Ce second membre ne changera donc pas si nous faisons $x_1 = x_1^0$ et comme, pour $x_1 = x_1^0$, $x_{m+1}, \ldots, x_{m+n}$ deviennent égaux à $x_{m+1}^0, \ldots, x_{m+n}^0$, on en conclut que, par le changement de variables (10), les équations (1) sont remplacées par les équations

$$(11)\quad \begin{cases} dx_{m+1}^0 = (b_1^2)_0\, dx_2 + (b_1^3)_0\, dx_3 + \ldots + (b_1^m)_0\, dx_m, \\ dx_{m+2}^0 = (b_2^2)_0\, dx_2 + \qquad \ldots \qquad + (b_2^m)_0\, dx_m, \\ \ldots\ldots\ldots\ldots\ldots\ldots\ldots\ldots\ldots\ldots\ldots\ldots \\ dx_{m+n}^0 = (b_n^2)_0\, dx_2 + \qquad \ldots \qquad + (b_n^m)_0\, dx_m, \end{cases}$$

où $(b_i^k)_0$ représente le résultat de la substitution de $x_1^0, x_{m+1}^0, \ldots, x_{m+n}^0$ à $x_1, x_{m+1}, \ldots, x_{m+n}$ dans b_i^k. Le système (11) peut être écrit sans qu'on ait intégré les équations (7), et on reconnaît aussitôt que les conditions d'intégrabilité sont vérifiées pour ces nouvelles équations.

Le système (11) s'intègre immédiatement dans le cas particulier où toutes les quantités $(b_i^k)_0$ sont nulles. Son intégrale générale est évidemment

$$x_{m+1}^0 = C_1, \quad \ldots, \quad x_{m+n}^0 = C_n,$$

$C_1, C_2, \ldots, C_n$ étant des *constantes* arbitraires, et, alors, l'intégrale générale du système (1) est donnée par les formules (10) où $x_{m+1}^0, \ldots, x_{m+n}^0$ désignent des *constantes absolues*. Or, on peut toujours, par un changement de variables convenable, ramener le cas général à ce cas particulier. Il suffit, pour cela, de faire au préalable le changement de variables

$$x_1 = x_1^0 + y_1, \quad x_2 = x_2^0 + y_1 y_2, \quad \ldots, \quad x_m = x_m^0 + y_1 y_m,$$

on aura alors

$$\begin{cases} dx_1 = dy_1, \\ dx_2 = y_1\, dy_2 + y_2\, dy_1, \quad \ldots, \quad dx_m = y_1\, dy_m + y_m\, dy_1. \end{cases}$$

Ces formules nous montrent que tous les coefficients de dy_2, dy_3, …, dy_m dans le nouveau système contiennent un facteur y_1 et, par conséquent, s'annulent pour $y_1 = 0$. En résumé, *l'intégration du système (1) se ramène à l'intégration d'un système unique de n équations différentielles du premier ordre.*

L'application de cette proposition au système jacobien (4) conduit aux mêmes calculs que la méthode développée plus haut.

37. Considérons comme exemple l'équation

$$(12) \qquad P\,dx + Q\,dy + R\,dz = 0.$$

Elle est équivalente au système

$$\frac{\partial z}{\partial x} = -\frac{P}{R}, \qquad \frac{\partial z}{\partial y} = -\frac{Q}{R}.$$

Écrivons que ce système est complètement intégrable, nous devons avoir

$$\frac{\partial}{\partial y}\left(-\frac{P}{R}\right) + \left(-\frac{Q}{R}\right)\frac{\partial}{\partial z}\left(-\frac{P}{R}\right) = \frac{\partial}{\partial x}\left(-\frac{Q}{R}\right) + \left(-\frac{P}{R}\right)\frac{\partial}{\partial z}\left(-\frac{Q}{R}\right).$$

Cette condition développée donne

$$(13) \quad P\left[\frac{\partial Q}{\partial z} - \frac{\partial R}{\partial y}\right] + Q\left[\frac{\partial R}{\partial x} - \frac{\partial P}{\partial z}\right] + R\left[\frac{\partial P}{\partial y} - \frac{\partial Q}{\partial x}\right] = 0.$$

Supposons cette condition vérifiée identiquement : pour intégrer par la méthode de Mayer, nous poserons

$$x = x_0 + t, \qquad y = y_0 + tu.$$

L'équation devient

$$(P)\,dt + (Q)\,[t\,du + u\,dt] + (R)\,dz = 0,$$

ou

$$[(P) + (Q)\,u]\,dt + t\,(Q)\,du + (R)\,dz = 0,$$

en désignant par (P), (Q), (R) ce que deviennent P, Q, R quand on remplace les variables x et y par les valeurs précédentes. Il nous faudra alors chercher l'intégrale de l'équation

$$(R)\frac{dz}{dt} + (P) + (Q)\,u = 0,$$

qui pour $t = 0$ se réduit à z_0. Soit

$$F(z, u, t, z_0) = 0$$

l'équation qui donne cette intégrale ; l'équation qui donnera l'intégrale générale de (12) sera

$$F\left(z,\ x - x_0,\ \frac{y - y_0}{x - x_0},\ z_0\right) = 0,$$

z_0 désignant une constante arbitraire.

L'intégration de l'équation (12) est susceptible d'une interprétation géométrique. Soit $f(x, y, z) = C$ l'intégrale générale de cette équation, elle représente une famille de surfaces S que nous appellerons *surfaces intégrales*. Par tout point x_0, y_0, z_0 de l'espace passe une surface intégrale

$$f(x, y, z) = f(x_0, y_0, z_0),$$

et le plan tangent en un point quelconque x, y, z de chacune de ces surfaces a évidemment pour équation

$$(14) \qquad P(X - x) + Q(Y - y) + R(Z - z) = 0.$$

La recherche de la fonction f est donc équivalente au problème suivant de géométrie :

À chaque point M de l'espace on fait correspondre un plan Π passant par ce point ; déterminer une famille de surfaces telle que celle de ces surfaces qui passe au point M soit tangente au plan Π.

Nous pouvons conclure de ce qui précède que ce problème n'est pas toujours possible. Il est aisé de rattacher ce fait à la théorie des caractéristiques ; nous retrouverons ainsi la condition d'intégrabilité. Faire correspondre à tout point de l'espace un plan passant par ce point, cela revient à se donner les cosinus directeurs A, B, C ; A_1, B_1, C_1, de deux droites passant par ce point. S'il existe une famille de surfaces S

$$f(x, y, z) = C,$$

tangentes en chacun de leurs points au plan correspondant, la fonction f devra satisfaire aux deux équations

$$X(f) = A\frac{\partial f}{\partial x} + B\frac{\partial f}{\partial y} + C\frac{\partial f}{\partial z} = 0,$$

$$Y(f) = A_1\frac{\partial f}{\partial x} + B_1\frac{\partial f}{\partial y} + C_1\frac{\partial f}{\partial z} = 0.$$

qui expriment que le plan tangent contient les deux droites de paramètres A, B, C, et A_1, B_1, C_1. Soit S une surface intégrale commune
à ces deux équations ; comme f satisfait à l'équation $X(f) = 0$,
S pourra être engendrée par une famille de courbes (C) vérifiant les
équations

$$(C) \qquad \frac{dx}{A} = \frac{dy}{B} = \frac{dz}{C}$$

(voir § 20). De même, elle pourra être engendrée par une autre
famille de courbes (D) satisfaisant aux équations

$$(D) \qquad \frac{dx}{A_1} = \frac{dy}{B_1} = \frac{dz}{C_1}.$$

Soit alors M un point quelconque de l'espace, (C) et (D) les deux
courbes de ces deux familles qui passent en M ; ces deux courbes
devront être situées tout entières sur la surface S qui passe en M.
Par les divers points M', M", …, de (C) passent des courbes (D'),
(D"), … qui engendrent une surface S' ; de même, par les divers
points m', m'', … de (D) passent des courbes (C'), (C"), …, qui
engendrent une surface S". Les deux surfaces S' et S" devraient être
confondues avec S. Il faudrait pour cela que toutes les courbes telles
que (D'), (D"), …, rencontrent chacune des courbes (C'), (C"), …, ce
qui n'aura évidemment pas lieu en général.

Pour achever les calculs, nous supposerons, ce qui est toujours
permis, qu'on ait ramené les deux équations aux dérivées partielles
à la forme

$$X(f) = \frac{\partial f}{\partial x} + A\,\frac{\partial f}{\partial z} = 0,$$

$$Y(f) = \frac{\partial f}{\partial y} + A_1\frac{\partial f}{\partial z} = 0.$$

Dans ce cas les courbes (C), qui satisfont au système

$$\frac{dx}{1} = \frac{dy}{0} = \frac{dz}{A},$$

sont planes et situées dans des plans $y = y_0$, parallèles au plan
des xz. De même les courbes (D) sont aussi des courbes planes
situées dans des plans parallèles au plan des yz.

Soit M un point de l'espace de coordonnées x, y, z, considérons les deux courbes (C) et (D) qui passent en M. Soit N un point voisin de M pris sur la courbe (C), de coordonnées

$$x + \Delta x, \quad y, \quad z_1;$$

puis, soit P un point voisin de N et pris sur la courbe (D') passant par N. Ses coordonnées seront

$$x + \Delta x, \quad y + \Delta y, \quad Z.$$

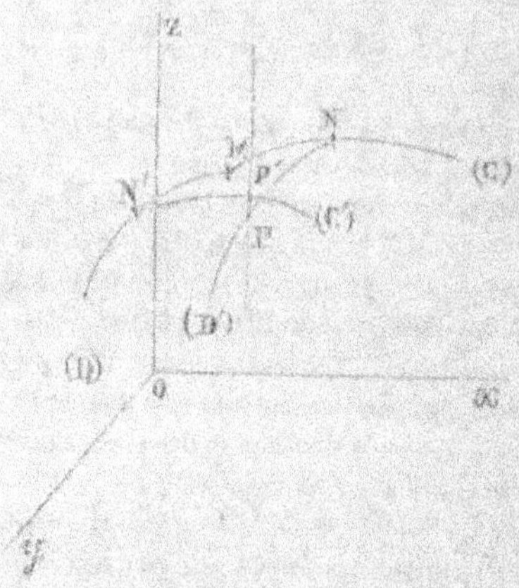

D'autre part, considérons le point N' de (D) dont l'ordonnée est $y + \Delta y$, il aura pour coordonnées

$$x, \quad y + \Delta y, \quad z_2;$$

puis le point P' situé sur la courbe (C') qui passe par N', dont l'abcisse est $x + \Delta x$, ses coordonnées seront

$$x + \Delta x, \quad y + \Delta y, \quad Z'.$$

Pour que les deux courbes (C') et (D') se rencontrent, il faut et il suffit que les deux points P et P' soient confondus, c'est-à-dire que

$$Z = Z'.$$

D'une manière plus générale, soit Φ une fonction quelconque des trois variables x, y, z et désignons par $\Phi_{\scriptscriptstyle M}$ la valeur de cette fonction pour les coordonnées (x, y, z) d'un point quelconque M. Il faudra que l'on ait identiquement

$$\Phi_z = \Phi_{z'}.$$

Calculons Φ_y et $\Phi_{z'}$; un calcul facile nous donne d'abord, en remarquant que, le long de la courbe C, $dy = 0$, $dz = \Lambda\,dx$,

$$\Phi_y = \Phi_{\scriptscriptstyle M} + \frac{\Delta x}{1} X(\Phi_{\scriptscriptstyle M}) + \frac{\Delta x^2}{2} X\big(X(\Phi_{\scriptscriptstyle M})\big) + \ldots + \frac{\Delta x^p}{1.2.\ldots.p} X^p(\Phi_{\scriptscriptstyle M}) + \ldots.$$

$X^p(f)$ désignant le résultat de l'opération $X(f)$ appliquée p fois. On trouve de même

$$\Phi_{z'} = \Phi_{\scriptscriptstyle M} + \frac{\Delta y}{1} Y(\Phi_{\scriptscriptstyle M}) + \ldots + \frac{\Delta y^p}{1.\,2.\,\ldots\,p} Y^p(\Phi_{\scriptscriptstyle M}) + \ldots$$

et, par suite,

$$\Phi_z = \Phi_{\scriptscriptstyle M} + \frac{\Delta x}{1} X(\Phi_{\scriptscriptstyle M}) + \frac{\Delta y}{1} Y(\Phi_{\scriptscriptstyle M}) + \frac{\Delta x^2}{1.2} X^2(\Phi_{\scriptscriptstyle M}) + \Delta y\,\Delta x\, Y\big(X(\Phi_{\scriptscriptstyle M})\big)$$
$$+ \frac{\Delta y^2}{1.2} Y^2(\Phi_{\scriptscriptstyle M}) + \ldots + \frac{1}{p!}\big[\Delta y\, Y(\Phi_{\scriptscriptstyle M}) + \Delta x\, X(\Phi_{\scriptscriptstyle M})\big]^p + \ldots.$$

en employant la notation symbolique

$$\big[\Delta y\, Y(f) + \Delta x\, X(f)\big]^p = \Delta y^p\, Y^p(f) + \frac{p}{1}\Delta y^{p-1}\,\Delta x\, Y^{p-1}\big(X(f)\big) + \ldots.$$

On aura, d'une manière analogue,

$$\Phi_{z'} = \Phi_{\scriptscriptstyle M} + \frac{\Delta x}{1} X(\Phi_{\scriptscriptstyle M}) + \frac{\Delta y}{1} Y(\Phi_{\scriptscriptstyle M}) + \frac{\Delta y^2}{1.2} Y^2(\Phi_{\scriptscriptstyle M}) + \Delta x\,\Delta y\, X\big(Y(\Phi_{\scriptscriptstyle M})\big)$$
$$+ \frac{\Delta x^2}{1.2} X^2(\Phi_{\scriptscriptstyle M}) + \ldots + \frac{1}{p!}\big[\Delta x\, X(\Phi_{\scriptscriptstyle M}) + \Delta y\, Y(\Phi_{\scriptscriptstyle M})\big]^p + \ldots.$$

d'où

$$\Phi_{z'} - \Phi_z = \Delta x\,\Delta y\,\big|\, X\big(Y(\Phi_{\scriptscriptstyle M})\big) - Y\big(X(\Phi_{\scriptscriptstyle M})\big)\,\big| + \ldots$$
$$+ \frac{1}{p!}\big\{\big[\Delta_x X(\Phi_{\scriptscriptstyle M}) + \Delta_y Y(\Phi_{\scriptscriptstyle M})\big]^p - \big[\Delta_y Y(\Phi_{\scriptscriptstyle M}) + \Delta_x X(\Phi_{\scriptscriptstyle M})\big]^p\big\} + \ldots.$$

Pour que cette différence soit nulle, quels que soient les accroissements Δx et Δy, il faut d'abord que l'on ait

$$X\left(Y\left(\Phi_0\right)\right) - Y\left(X\left(\Phi_0\right)\right) = 0$$

identiquement, car, si on regarde Δx et Δy comme infiniment petits du premier ordre, le second membre ne contiendra qu'un seul terme du second ordre; il faut donc que le système des équations $X(f) = 0$, $Y(f) = 0$ soit *jacobien*. Cette condition nécessaire est d'ailleurs suffisante, car elle exprime qu'on peut intervertir les deux opérations $X(\ )$ et $Y(\ )$ sans altérer le résultat final et, par suite, que l'on a toujours identiquement

$$X^\alpha Y^\beta(\Phi) = Y^\beta X^\alpha(\Phi);$$

la différence $\Phi_0 - \Phi_0$ qui est une somme d'expressions de la forme

$$\Delta x^\alpha \Delta y^\beta\left[X^\alpha Y^\beta(\Phi) - Y^\beta X^\alpha(\Phi)\right]$$

est donc identiquement nulle.

38. Tout ceci peut être étendu, en employant le langage hypergéométrique, aux systèmes complets à un nombre n de variables. Nous appellerons *multiplicité à p dimensions* l'ensemble des points dont les coordonnées $x_1, x_2, \ldots, x_n$ sont des fonctions de p paramètres indépendants. Une multiplicité à p dimensions sera définie par $(n-p)$ relations

$$\varphi_1(x_1, \ldots, x_n) = 0, \quad \ldots, \quad \varphi_{n-p}(x_1, \ldots, x_n) = 0$$

entre les coordonnées du point. D'après cela, une *courbe* est une multiplicité à une dimension et une *surface* une multiplicité à $(n-1)$ dimensions. Si $n > 3$, on aura en outre des multiplicités à 2, 3, $\ldots, n-2$ dimensions.

Considérons alors un système jacobien

$$X_1(f) = 0, \quad \ldots, \quad X_q(f) = 0,$$

à n variables. Nous savons qu'un tel système admet $n-q$ intégrales distinctes $\varphi_1, \varphi_2, \ldots, \varphi_{n-q}$. Nous appellerons *multiplicité caractéristique* la multiplicité d'ordre q définie par les équations

$$\varphi_1 = C_1, \quad \varphi_2 = C_2, \quad \ldots, \quad \varphi_{n-q} = C_{n-q},$$

où $C_1, C_2, \ldots, C_{n-q}$ sont des constantes arbitraires. Par chaque point de l'espace x_1^0, ..., x_n^0 passe une telle multiplicité

$$\varphi_1 = \varphi_1^0, \quad \ldots, \quad \varphi_{n-q} = \varphi_{n-q}^0,$$

et l'espace à n dimensions se trouve ainsi décomposé en ∞^{n-q} multiplicités à q dimensions. Considérons la surface intégrale

$$F(\varphi_1, \varphi_2, \ldots, \varphi_{n-q}) = 0,$$

et un point x_1^0, x_2^0, ..., x_n^0 de cette surface : on aura

$$F(\varphi_1^0, \varphi_2^0, \ldots, \varphi_{n-q}^0) = 0,$$

ce qui prouve que la multiplicité caractéristique

$$\varphi_1 = \varphi_1^0, \quad \varphi_2 = \varphi_2^0, \quad \ldots, \quad \varphi_{n-q} = \varphi_{n-q}^0,$$

qui passe au point x_1^0, x_2^0, ..., x_n^0, est située tout entière sur la surface. Donc, *si une surface intégrale passe par un point, elle contient la multiplicité caractéristique qui passe par ce point.* Nous voyons en outre que toute surface intégrale s'obtient en associant suivant une loi arbitraire les multiplicités caractéristiques.

Un raisonnement tout pareil à celui qui a été fait plus haut permet aisément de se rendre compte de l'existence de ces multiplicités. Prenons, pour fixer les idées, un système complet de trois équations

$$X_1(f) = 0, \quad X_2(f) = 0, \quad X_3(f) = 0.$$

Par un point quelconque x_1^0, ..., x_n^0 passe une courbe caractéristique de la première équation $X_1(f) = 0$ (§ 23). De tous les points de cette courbe partent des courbes caractéristiques de l'équation $X_2(f) = 0$, dont l'ensemble forme une multiplicité à deux dimensions ; de tous les points de cette multiplicité sont issues des courbes caractéristiques de $X_3(f) = 0$, et ces nouvelles courbes formeront une multiplicité à trois dimensions. Il est clair que toute surface intégrale passant par le point x_1^0, ..., x_n^0 contiendra la multiplicité que nous venons de définir. Cette multiplicité ne doit pas dépendre de l'ordre dans lequel nous prenons les caractéristiques des trois équations. En les supposant résolues par rapport à trois dérivées partielles $\dfrac{\partial f}{\partial x_1}$, $\dfrac{\partial f}{\partial x_2}$, $\dfrac{\partial f}{\partial x_3}$, un calcul analogue à celui qui a déjà été fait nous donne les relations

$$X_i\left(X_k(f)\right) - X_k\left(X_i(f)\right) = 0, \qquad (i, k = 1, 2, 3),$$

comme conditions nécessaires et suffisantes pour qu'il en soit ainsi, et tout ceci s'étend évidemment au cas d'un nombre quelconque d'équations [1].

On peut rattacher aux considérations précédentes une question de géométrie qui a fait l'objet d'un certain nombre de travaux. Étant donnée une famille de surfaces $\alpha = f(x, y, z)$, M. Bouquet a remarqué le premier qu'il n'était pas toujours possible de trouver deux autres familles de surfaces $\beta = \varphi(x, y, z)$, $\gamma = \psi(x, y, z)$, formant avec la première un système triple orthogonal. Pour qu'il en soit ainsi, il faut et il suffit, comme l'a démontré M. Darboux, que f satisfasse à *une seule* équation aux dérivées partielles du troisième ordre [2], équation qui a d'abord été calculée par M. Cayley.

Supposons, en effet, que la famille considérée de surfaces S fasse partie d'un système triple orthogonal $f = \alpha$, $\varphi = \beta$, $\psi = \gamma$. Soit MN la normale à celle des surfaces S qui passe au point M. MT et MT' les axes de l'indicatrice de la surface S au point M. D'après le théorème de Dupin, l'une des surfaces S' $(\varphi = \beta)$ ou S' $(\psi = \gamma)$, qui passent en M, devra être tangente au plan NMT' et l'autre au plan MNT; par exemple, S' sera tangente au plan MNT. La famille S étant donnée, le plan MNT est bien déterminé dès qu'on se donne le point M; pour déterminer la famille S', il faudra donc trouver une famille de surfaces tangentes en chacun de leurs points au plan MNT correspondant; ce qui, en général, nous venons de le voir, n'est pas possible. Les cœfficients de l'équation du plan MNT dépendent évidemment des dérivées premières et secondes de la fonction $f(x, y, z)$ et, en écrivant la condition d'intégrabilité, il est clair qu'on sera conduit à une équation aux dérivées partielles du troisième ordre, linéaire par rapport aux dérivées du troisième ordre.

En prenant de même le plan MNT', il semble qu'on obtiendra une nouvelle équation du troisième ordre. En réalité, ces deux

---

[1] Pour plus de détails sur ce sujet, voir Sophus Lie, *Théorie des Transformationsgruppen*, p. 96 et suivantes.

[2] Darboux, *Sur les surfaces orthogonales (Annales de l'École normale supérieure*, 1re série, t. III).

équations se réduiront à une seule; cela résulte de la proposition suivante :

Lorsqu'on a deux familles de surfaces se coupant mutuellement à angle droit, et suivant des lignes de courbure communes, il existe nécessairement une troisième famille de surfaces qui forme avec les deux premières un système triple orthogonal [1].

EXEMPLES. — Intégrer les équations aux différentielles totales :

1° $x_1 (x_2 - 1)(x_3 - 1)\, dx_1 + x_2 (x_3 - 1)(x_1 - 1)\, dx_2$
$$+ x_3 (x_1 - 1)(x_2 - 1)\, dx_3 = 0,$$

2° $$dx_1 + \frac{x_1}{x_2}\, dx_2 - \frac{x_1}{2 x_3}\, dx_3 = 0,$$

3° $$dx_1 + \frac{x_1}{2 x_2}\, dx_2 - \frac{x_1 x_3}{x_1 x_2}\, dx_3 - \frac{x_1^2}{2 x_1 x_3}\, dx_4 = 0,$$

4° $dx_1 + \dfrac{x_1}{x_2 \log x_2 x_3}\, dx_2 + \dfrac{x_1}{x_3 \log x_2 x_3}\, dx_3 + \dfrac{x_1}{x_3} \cotg \dfrac{x_3}{x_3}\, dx_3$
$$- \frac{x_1 x_3}{x_3^2} \cotg \frac{x_3}{x_3}\, dx_3 = 0.$$

(COLLET.)

5° Étant donné le système complètement intégrable
$$\left\{ \begin{aligned}
dz &= p\, dx + q\, dy, \\
dp &= (a_1 p + a_2 q + a_3 z)\, dx + (b_1 p + b_2 q + b_3 z)\, dy, \\
dq &= (b_1 p + b_2 q + b_3 z)\, dx + (c_1 p + c_2 q + c_3 z)\, dy,
\end{aligned} \right.$$

où a_i, b_i, c_i sont des fonctions des seules variables indépendantes x et y; si on connaît trois solutions linéairement distinctes z_1, p_1, q_1; z_2, p_2, q_2; z_3, p_3, q_3, l'intégrale générale est de la forme

$$z = C_1 z_1 + C_2 z_2 + C_3 z_3, \qquad p = C_1 p_1 + C_2 p_2 + C_3 p_3,$$
$$q = C_1 q_1 + C_2 q_2 + C_3 q_3,$$

C_1, C_2, C_3 étant trois constantes arbitraires.

(APPELL.)

---

[1] A. Darboux, *Théorie générale des surfaces*, t. II, p. 260.

CHAPITRE IV

Équations de forme quelconque. Généralités. Méthode de Lagrange et Charpit.

39. Considérons une famille de surfaces, dépendant de deux paramètres a et b, définie par l'équation

$$(1) \qquad V(x, y, z, a, b) = 0.$$

De l'équation (1) on tire, en supposant a et b constants,

$$(2) \qquad \frac{\partial V}{\partial x} + p\frac{\partial V}{\partial z} = 0, \qquad \frac{\partial V}{\partial y} + q\frac{\partial V}{\partial z} = 0,$$

et l'élimination de a et de b entre les équations (1) et (2) conduit en général à une seule relation

$$(3) \qquad F(x, y, z, p, q) = 0,$$

qui constitue une équation aux dérivées partielles du premier ordre à laquelle satisfont toutes les surfaces représentées par l'équation (1).

Lagrange a montré que la connaissance de la fonction V suffit pour trouver toutes les intégrales de l'équation (3). En effet, puisque la relation (3) est le résultat de l'élimination de a et b entre les équations (1) et (2), intégrer cette équation revient à chercher trois fonctions z, a et b de x et y satisfaisant aux équations (1) et (2). Or, si on différentie l'équation (1) en tenant compte des relations (2), on aura

$$(4) \qquad \begin{cases} \dfrac{\partial V}{\partial a}\dfrac{\partial a}{\partial x} + \dfrac{\partial V}{\partial b}\dfrac{\partial b}{\partial x} = 0, \\[2ex] \dfrac{\partial V}{\partial a}\dfrac{\partial a}{\partial y} + \dfrac{\partial V}{\partial b}\dfrac{\partial b}{\partial y} = 0, \end{cases}$$

et le système des équations (1) et (4) sera équivalent au système des
équations (1) et (2). Nous sommes donc ramenés finalement à trouver
trois fonctions z, a et b vérifiant les trois équations (1) et (4). On
peut satisfaire aux équations (4) de plusieurs manières :

1° En faisant a et b constants ; z sera alors donnée par l'équation (1) et nous trouvons la famille des surfaces dont nous sommes
partis. Cette intégrale a reçu de Lagrange le nom d'*intégrale
complète*.

2° En prenant des valeurs de z, a, b satisfaisant à l'équation (1)
et, en outre, aux relations

$$\frac{\partial V}{\partial a} = 0, \qquad \frac{\partial V}{\partial b} = 0.$$

En éliminant a et b entre ces trois équations, on obtient une intégrale
qui ne contient rien d'arbitraire et qui a été appelée par Lagrange
intégrale singulière.

3° Si $\frac{\partial V}{\partial a}$ et $\frac{\partial V}{\partial b}$ ne sont pas nuls tous les deux, on aura

$$\frac{D(a, b)}{D(x, y)} = 0.$$

Il existe alors une relation entre a et b. Supposons qu'elle contienne b,

$$b = \varphi(a);$$

on aura une intégrale en éliminant a et b entre les trois équations

$$(5) \qquad V = 0, \qquad \frac{\partial V}{\partial a} + \frac{\partial V}{\partial b} \varphi'(a) = 0, \qquad b = \varphi(a),$$

où φ désigne une fonction arbitraire ; on obtiendra ainsi une intégrale,
dépendant d'une fonction arbitraire, que Lagrange appelle *intégrale
générale*.

D'après cela, il semblerait donc qu'il y a trois catégories *distinctes*
d'intégrales : les intégrales *complètes*, les intégrales *générales* et
l'intégrale *singulière*. Il n'en est rien, car il est facile de montrer
qu'il n'y a pas de différence essentielle entre l'intégrale complète et
l'intégrale générale. En effet, d'abord il est clair qu'il y a une infinité
d'intégrales complètes qui peuvent se déduire de l'intégrale générale.

Prenons l'intégrale générale obtenue en posant

$$b = \varphi (a, a', b'),$$

φ étant une fonction donnée dépendant de deux paramètres arbitraires a' et b'; cette intégrale sera donnée par une relation de la forme

$$V_1 (x, y, z, a', b') = 0$$

et dépendra, en général, de deux paramètres; ce sera donc une intégrale complète. L'ancienne intégrale complète qui correspond aux valeurs a_0, b_0 sera maintenant l'intégrale générale qu'on obtiendrait en partant de la relation

$$b_0 = \varphi (a_0, a', b').$$

Géométriquement, le procédé de Lagrange peut s'énoncer ainsi : Parmi les intégrales complètes, on prend une suite simplement infinie de surfaces en établissant une relation arbitraire entre a et b. L'enveloppe de ces surfaces constitue une intégrale générale. Au contraire, la solution singulière s'obtient en prenant l'enveloppe de toutes les intégrales complètes quand a et b varient de toutes les manières possibles. Il est clair que cette intégrale singulière sera l'enveloppe de toutes les autres intégrales, tant générales que complètes; elle sera donc la même, quelle que soit l'intégrale complète d'où l'on est parti.

Considérons, comme exemple, l'équation de Clairaut généralisée

$$(A) \qquad z = px + qy + f(p, q),$$

qui admet l'intégrale complète

$$(B) \qquad z = ax + by + f(a, b),$$

formée d'une famille de plans dépendant de deux paramètres. Ces plans enveloppent une certaine surface Σ, non développable. Les intégrales générales seront des surfaces développables circonscrites à Σ. L'intégrale singulière est la surface Σ elle-même. Il est alors aisé de vérifier que par toute courbe (C) de l'espace passe une surface intégrale, car l'enveloppe des plans, passant par les tangentes de (C) et tangents à la surface Σ, est une surface développable, passant par (C), et circonscrite à Σ. On peut vérifier aussi sur cette équation

qu'il y a une infinité de manières d'obtenir une intégrale complète :
par exemple, les cylindres circonscrits à Σ ou les cônes circonscrits
à Σ et dont le sommet est assujetti à rester sur une surface donnée
sont des intégrales de l'équation (A) dépendant de deux paramètres,
c'est-à-dire des intégrales complètes. Nous avons ainsi le moyen
d'intégrer toutes les équations de la forme

$$F(p, q, z - px - qy) = 0,$$

qui expriment une propriété du plan tangent. Comme cas particulier,
il pourrait arriver que la surface Σ se réduise à une courbe Γ ;
l'intégrale singulière disparaît, ou plutôt se réduit à la courbe Γ.
Enfin, si la courbe Γ est rejetée à l'infini, l'équation prend la forme

$$F(p, q) = 0 ;$$

elle admet pour intégrale complète tous les plans parallèles aux plans
tangents d'un certain cône, et l'intégrale générale est formée de
développables dont les génératrices sont parallèles à celles de ce cône.

40. En résumé, l'intégration de l'équation (3) est ramenée à la
détermination d'une intégrale complète ; les théorèmes généraux de
Cauchy nous apprennent d'ailleurs *a priori* qu'il existe une infinité
d'intégrales de cette espèce.

Lagrange [1] a donné le moyen de ramener une équation non
linéaire à trois variables à une équation linéaire ; la méthode a été
ensuite perfectionnée par Charpit [2]. Le procédé de Lagrange repose
sur la remarque suivante : étant donnée une équation

$$q = f(x, y, z, p),$$

si, par un moyen quelconque, on est parvenu à trouver une valeur
de p dépendant d'une constante arbitraire a, telle que l'équation

$$dz = p\, dx + f(x, y, z, p)\, dy$$

soit complètement intégrable, l'intégration introduira une nouvelle

---

[1] *Mémoires de l'Académie de Berlin*, 1772 ; *Œuvres complètes*, t. III.

[2] Le mémoire de Charpit, présenté en 1784 à l'Académie des Sciences, n'a pas été publié. Voir Lacroix, *Calcul différentiel et intégral*, t. II, 2ᵉ édition, p. 548 ; Jacobi, *Journal de Crelle*, t. XXIII ; Lagrange, *Œuvres*, t. IV, p. 124.

constante b et on aura une intégrale complète. Cette remarque bien simple permet déjà d'intégrer des équations assez compliquées.

1° Soit une équation de la forme

$$f(y, p, q) = 0, \quad \text{ou} \quad q = \varphi(p, y);$$

si on prend $p = a$, a étant une constante arbitraire, l'équation

$$dz = a\, dx + \varphi(a, y)\, dy$$

donnera une intégrale complète

$$z = ax + \int \varphi(a, y)\, dy + b.$$

Les équations de la forme

$$f(z, p, q) = 0$$

se ramènent facilement à ce cas.

2° Considérons l'équation

$$f(x, p) = f_1(y, q);$$

posons

$$f(x, p) = f_1(y, q) = a,$$

a désignant une constante arbitraire. On en tire

$$p = \varphi(x, a), \quad q = \varphi_1(y, a);$$

l'équation aux différentielles totales

$$dz = \varphi(x, a)\, dx + \varphi_1(y, a)\, dy$$

donne une intégrale complète

$$z = \int \varphi(x, a)\, dx + \int \varphi_1(y, a)\, dy + b.$$

41. D'une façon générale, pour trouver une intégrale complète d'une équation quelconque du premier ordre

$$(6) \qquad F(x, y, z, p, q) = 0,$$

proposons-nous de lui adjoindre une équation

$$(7) \qquad \Phi(x, y, z, p, q) = 0,$$

telle que si on tire p, q des équations (6) et (7),

$$p = \varphi(x, y, z), \qquad q = \psi(x, y, z),$$

l'équation

$$dz = p\,dx + q\,dy$$

soit *complètement intégrable*.

Il faudra pour cela que l'on ait

$$(8) \qquad \frac{\partial p}{\partial y} + \frac{\partial p}{\partial z}\,q = \frac{\partial q}{\partial x} + \frac{\partial q}{\partial z}\,p.$$

D'ailleurs, en différentiant les équations (6) et (7), il vient

$$\left\{ \begin{aligned} &\frac{\partial F}{\partial x} + \frac{\partial F}{\partial p}\frac{\partial p}{\partial x} + \frac{\partial F}{\partial q}\frac{\partial q}{\partial x} = 0, \\ &\frac{\partial \Phi}{\partial x} + \frac{\partial \Phi}{\partial p}\frac{\partial p}{\partial x} + \frac{\partial \Phi}{\partial q}\frac{\partial q}{\partial x} = 0, \end{aligned} \right.$$

en y considérant x, y, z comme des variables indépendantes et p, q comme des fonctions de ces variables. On déduit de là

$$\frac{D(F, \Phi)}{D(x, p)} + \frac{D(F, \Phi)}{D(q, p)}\frac{\partial q}{\partial x} = 0,$$

et on trouve de même

$$\frac{D(F, \Phi)}{D(z, p)} + \frac{D(F,\Phi)}{D(q, p)}\frac{\partial q}{\partial z} = 0, \quad \frac{D(F,\Phi)}{D(z, q)} + \frac{D(F,\Phi)}{D(p, q)}\frac{\partial p}{\partial z} = 0, \quad \frac{D(F,\Phi)}{D(y, q)} + \frac{D(F,\Phi)}{D(p, q)}\frac{\partial p}{\partial y} = 0.$$

Posons, pour simplifier l'écriture,

$$\frac{\partial F}{\partial x} = X, \quad \frac{\partial F}{\partial y} = Y, \quad \frac{\partial F}{\partial z} = Z, \quad \frac{\partial F}{\partial p} = P, \quad \frac{\partial F}{\partial q} = Q,$$

et remplaçons dans l'équation (8) $\dfrac{\partial p}{\partial y}$, $\dfrac{\partial p}{\partial z}$, $\dfrac{\partial q}{\partial x}$, $\dfrac{\partial q}{\partial z}$ par leurs valeurs : on trouve que Φ doit vérifier la relation

$$(9) \quad P\frac{\partial \Phi}{\partial x} + Q\frac{\partial \Phi}{\partial y} + (Pp + Qq)\frac{\partial \Phi}{\partial z} - (X + pZ)\frac{\partial \Phi}{\partial p} - (Y + qZ)\frac{\partial \Phi}{\partial q} = 0.$$

Pour que la condition d'intégrabilité (8) soit satisfaite, il suffit que cette équation soit vérifiée en tenant compte des relations (6) et (7).

Il en sera de même *a fortiori* si l'équation (9) est vérifiée identiquement. On connaît déjà une intégrale de cette équation, $F(x, y, z, p, q)$; supposons qu'on ait trouvé une autre intégrale Φ; les deux équations

$$F = 0 \quad \text{et} \quad \Phi - a = 0,$$

où a désigne une constante arbitraire, déterminent des fonctions p et q de x, y, z telles que l'équation

$$(10) \qquad dz = p\, dx + q\, dy$$

soit complètement intégrable, pourvu que F et Φ soient des fonctions distinctes de p et de q. En intégrant l'équation (10), on introduira une nouvelle constante arbitraire b, et la fonction z de x et y ainsi définie sera une intégrale complète de l'équation (6). Trouver une intégrale de l'équation (9), cela revient à trouver une intégrale du système

$$(11) \qquad \frac{dx}{P} = \frac{dy}{Q} = \frac{dz}{Pp + Qq} = \frac{-dp}{X + pZ} = \frac{-dq}{Y + qZ},$$

dont nous connaissons déjà une première intégrale

$$F(x, y, z, p, q) = C^{te},$$

et qui, par suite, se ramène à un système de trois équations différentielles du premier ordre. Cette intégrale une fois trouvée, il ne reste plus qu'à intégrer une équation du premier ordre pour achever le problème.

EXEMPLE. — Soit l'équation

$$pq - z = 0,$$

le système (11) est alors

$$\frac{dx}{q} = \frac{dy}{p} = \frac{dz}{2\,pq} = \frac{dp}{p} = \frac{dq}{q}.$$

On a l'intégrale première

$$p = y - a;$$

on en tire l'équation aux différentielles totales

$$dz = (y - a)\, dx + \frac{z\, dy}{y - a},$$

d'où

$$dx = \frac{dz}{y-a} - \frac{z\,dy}{(y-a)^2} = d\left[\frac{z}{y-a}\right].$$

Donc

$$z = (x-b)(y-a)$$

est une intégrale complète.

Toutes les fois que l'équation (6) est de la forme

$$F(z, p, q) = 0,$$

les deux dernières équations (14) donnent immédiatement une intégrale de ce système, $p = aq$. L'équation

$$F(z, aq, q) = 0$$

donne alors

$$q = \varphi(a, z), \quad p = a\varphi(a, z);$$

on est conduit à l'équation

$$dz = \varphi(a, z)[a\,dx + y],$$

et z s'obtient par une quadrature

$$\int \frac{dz}{\varphi(a, z)} = ax + y + b.$$

Remarque. — Si l'équation (6) ne contient pas z, c'est-à-dire si elle est de la forme

$$F(x, y, p, q) = 0,$$

on cherchera une fonction Φ, *également indépendante de z*, qui sera déterminée par l'équation

$$P\frac{\partial\Phi}{\partial x} + Q\frac{\partial\Phi}{\partial y} - X\frac{\partial\Phi}{\partial p} - Y\frac{\partial\Phi}{\partial q} = 0.$$

On a, alors, à intégrer le système

$$\frac{dx}{P} = \frac{dy}{Q} = \frac{-dp}{X} = \frac{-dq}{Y},$$

dont on connaît une intégrale

$$F = C^{te},$$

et qui, par suite, se ramène à un système de deux équations différentielles du premier ordre. Une fois qu'on aura trouvé une intégrale de ce système, on aura z par une quadrature [1].

42. Considérons, maintenant, d'une manière plus générale, une équation définissant z en fonction de n variables $x_1, x_2, ..., x_n$, et de n paramètres $a_1, a_2, ..., a_n$,

$$(12) \qquad V(z, x_1, x_2, ..., x_n, a_1, a_2, ..., a_n) = 0.$$

Si on attribue à ces paramètres des valeurs constantes, on déduit de l'équation (12)

$$(13) \qquad \frac{\partial V}{\partial x_i} + p_i \frac{\partial V}{\partial z} = 0, \qquad (i = 1, 2, ..., n),$$

où on pose $\dfrac{\partial z}{\partial x_i} = p_i$. L'élimination de $a_1, a_2, ..., a_n$ entre les $(n+1)$ équations (12) et (13) conduit, *en général*, à une seule relation

$$(14) \qquad F(z, x_1, x_2, ..., x_n, p_1, p_2, ..., p_n) = 0.$$

Lagrange désigne encore sous le nom d'*intégrale complète* de l'équation (14) l'intégrale définie par l'équation (12). Nous allons montrer que, comme dans le cas de deux variables indépendantes, la connaissance d'une intégrale complète permet de trouver toutes les autres intégrales.

Puisque l'équation (14) est le résultat de l'élimination de $a_1, a_2, ..., a_n$ entre les équations (12) et (13), intégrer l'équation (14) revient à trouver toutes les fonctions $z, a_1, a_2, ..., a_n$ des variables $x_1, x_2, ..., x_n$ qui satisfont aux équations (12) et (13). Ces fonctions satisferont évidemment à l'équation obtenue en différentiant l'équation (12) ; et, en tenant compte des relations (13), on en conclut qu'elles satisfont à l'équation

$$(15) \qquad \frac{\partial V}{\partial a_1} da_1 + \frac{\partial V}{\partial a_2} da_2 + ... + \frac{\partial V}{\partial a_n} da_n = 0.$$

Il est bien clair, d'ailleurs, que le système des équations (12) et (13)

---

[1] Jacobi, *Vorlesungen über Dynamik*, p. 155.

est équivalent au système des équations (12) et (15); on est donc ramené à trouver des fonctions z, a_1, a_2, ..., a_n satisfaisant aux équations (12) et (15). On peut satisfaire à ces équations de plusieurs manières :

1° En prenant $a_1 = C^{\text{te}}$, $a_2 = C^{\text{te}}$, ..., $a_n = C^{\text{te}}$. On retrouve l'*intégrale complète* d'où l'on est parti.

2° En choisissant z, a_1, a_2, ..., a_n de façon que l'on ait simultanément

$$V = 0,$$

$$\frac{\partial V}{\partial a_1} = 0, \quad \frac{\partial V}{\partial a_2} = 0, \quad ..., \quad \frac{\partial V}{\partial a_n} = 0;$$

en éliminant a_1, a_2, ..., a_n entre ces $n+1$ équations, on trouve une intégrale z qui ne contient rien d'arbitraire et qui a été appelée par Lagrange *intégrale singulière*.

3° Si l'une des quantités $\dfrac{\partial V}{\partial a_i}$ est différente de 0, l'équation (15) exprime qu'il existe *au moins une* relation entre les n quantités a_1, a_2, ..., a_n. Supposons, pour prendre le cas général, qu'il y ait k équations distinctes $(k \geq 1)$ entre les quantités a_1, a_2, ..., a_n et k seulement :

$$(16) \quad f_1(a_1, a_2, ..., a_n) = 0, \quad ..., \quad f_k(a_1, a_2, ..., a_n) = 0.$$

Les différentielles da_1, da_2, ..., da_n satisferont alors aux relations

$$df_1 = 0, \quad df_2 = 0, \quad ..., \quad df_k = 0,$$

et à celles-là seulement ; donc, la relation (15) doit être une conséquence de celles-ci et on doit pouvoir trouver k facteurs λ_1, λ_2, ..., λ_k tels que l'on ait *identiquement*

$$\frac{\partial V}{\partial a_1} da_1 + ... + \frac{\partial V}{\partial a_n} da_n = \lambda_1 df_1 + ... + \lambda_k df_k,$$

c'est-à-dire

$$(17) \quad \begin{cases} \dfrac{\partial V}{\partial a_1} = \lambda_1 \dfrac{\partial f_1}{\partial a_1} + ... + \lambda_k \dfrac{\partial f_k}{\partial a_1}, \\ \quad \cdots\cdots\cdots\cdots\cdots\cdots\cdots\cdots \\ \dfrac{\partial V}{\partial a_n} = \lambda_1 \dfrac{\partial f_1}{\partial a_n} + ... + \lambda_k \dfrac{\partial f_k}{\partial a_n}. \end{cases}$$

Les équations (12), (16) et (17) sont au nombre de $n + k + 1$; il y aura donc, en général, un système de fonctions z, a_1, a_2, ..., a_n, λ_1, λ_2, ..., λ_k satisfaisant à ces équations. En éliminant a_1, a_2, ..., a_n, λ_1, λ_2, ..., λ_k entre ces équations, on aura donc une relation qui donnera une intégrale z dépendant de k fonctions arbitraires. C'est l'*intégrale générale* de Lagrange.

EXEMPLES. — 1° Considérons la fonction

$$z = a_1 x_1 + a_2 x_2 + \dots + a_n x_n + f(a_1, a_2, \dots, a_n)$$

Cette fonction satisfait à l'équation du premier ordre

$$z = p_1 x_1 + p_2 x_2 + \dots + p_n x_n + f(p_1, p_2, \dots, p_n)$$

qui est l'équation de Clairaut généralisée, et elle en est une intégrale complète. On pourra donc en déduire toutes les autres intégrales de la même équation

2° Toute équation de la forme

$$F(p_1, p_2, \dots, p_n) = 0$$

admet pour intégrale complète

$$z = a_1 x_1 + a_2 x_2 + \dots + a_{n-1} x_{n-1} + b\, x_n + a_n,$$

où b désigne une constante liée aux constantes arbitraires a_1, a_2, ..., a_{n-1} par la relation

$$F(a_1, a_2, \dots, a_{n-1}, b) = 0.$$

REMARQUE. — D'après ce qui précède, nous voyons que, si $k = 1$, on a une intégrale générale dépendant d'une fonction arbitraire de $(n - 1)$ variables; pour $k = 2$, l'intégrale dépend de deux fonctions arbitraires de $(n - 2)$ variables, etc... Il semble donc, au premier abord, qu'on ait ainsi $(n - 1)$ catégories distinctes d'intégrales générales. Nous montrerons plus loin qu'en réalité il n'y a aucune différence essentielle entre ces diverses intégrales. Nous ferons voir aussi plus tard que l'intégrale que Lagrange a nommée *singulière* satisfait aux équations que nous avons prises plus haut pour définition des intégrales singulières (§ 14).

43. Nous avons supposé, dans ce qui précède, que l'élimination de a_1, a_2, ..., a_n entre les équations (12) et (13) ne conduisait qu'à

une seule relation entre z, x_1, ..., x_n, p_1, ..., p_n. Les raisonnements qui précèdent ne sont valables que si cette condition est satisfaite. Il est donc utile, étant donnée une intégrale qui dépend de n paramètres, de savoir reconnaître si c'est une véritable intégrale complète. Soit

$$(12') \qquad z = \Phi(x_1, ..., x_n; a_1, ..., a_n)$$

une intégrale contenant n paramètres; les relations (13) prendront alors la forme

$$(13') \qquad p_1 = \frac{\partial \Phi}{\partial x_1}, \quad ..., \quad p_n = \frac{\partial \Phi}{\partial x_n}.$$

1° Supposons que le déterminant fonctionnel

$$I = \frac{D\left(\dfrac{\partial \Phi}{\partial x_1}, \dfrac{\partial \Phi}{\partial x_2}, ..., \dfrac{\partial \Phi}{\partial x_n}\right)}{D(a_1, a_2, ..., a_n)}$$

soit *différent de* 0; on pourra résoudre les équations (13') par rapport à $a_1, a_2, ..., a_n$ et en portant ces valeurs dans l'équation (12') on aura une équation et *une seule qui contiendra explicitement* z.

2° Supposons $I = 0$; tous les mineurs du premier ordre de I ne pourront pas être nuls *à la fois*, car sans cela on pourrait déduire des relations (13') *deux* relations au moins entre $x_1, ..., x_n$, $p_1, ..., p_n$. Supposons, par exemple, que le mineur

$$\frac{D\left(\dfrac{\partial \Phi}{\partial x_1}, \dfrac{\partial \Phi}{\partial x_2}, ..., \dfrac{\partial \Phi}{\partial x_{n-1}}\right)}{D(a_1, a_2, ..., a_{n-1})}$$

soit *différent de* 0; on pourra résoudre les équations

$$p_1 = \frac{\partial \Phi}{\partial x_1}, \quad ..., \quad p_{n-1} = \frac{\partial \Phi}{\partial x_{n-1}},$$

par rapport à $a_1, a_2, ..., a_{n-1}$ et, en portant ces valeurs dans

$$p_n = \frac{\partial \Phi}{\partial x_n},$$

a_n disparaîtra. On aura ainsi une relation

$$V(x_1, x_2, ..., x_n, p_1, p_2, ..., p_n) = 0,$$

qui ne contiendra pas z. D'ailleurs, il faudra qu'en portant les valeurs de $a_1, a_2, \ldots, a_{n-1}$ dans l'équation (12') a_n ne disparaisse pas, car sans cela on aurait une nouvelle relation entre $z, x_1, \ldots, x_n, p_1, \ldots, p_n$. Il faut alors que le déterminant

$$\frac{D\left(\dfrac{\partial \Phi}{\partial x_1}, \ldots, \dfrac{\partial \Phi}{\partial x_{n-1}}, \Phi\right)}{D\left(a_1, \ldots, a_{n-1}, a_n\right)}$$

soit différent de 0.

EXEMPLE. — Considérons la fonction

$$z = \sqrt{(x_1 - a_1)^2 + (x_2 - a_2)^2} + x_3 - a_3.$$

Les équations (13') sont alors

$$p_1 = \frac{x_1 - a_1}{\sqrt{(x_1 - a_1)^2 + (x_2 - a_2)^2}}, \quad p_2 = \frac{x_2 - a_2}{\sqrt{(x_1 - a_1)^2 + (x_2 - a_2)^2}}, \quad p_3 = 1.$$

Il est aisé de vérifier que, dans ce cas, tous les mineurs du premier ordre de I sont nuls. D'ailleurs, on voit immédiatement que z satisfait aux deux équations du premier ordre

$$p_1^2 + p_2^2 = 1, \quad p_3 = 1.$$

44. Considérons en particulier les équations de la forme

$$F(x_1, x_2, \ldots, x_n, p_1, p_2, \ldots, p_n) = 0,$$

qui ne contiennent pas z. Si on connaît une intégrale dépendant de $(n-1)$ constantes arbitraires, on aura encore une intégrale en ajoutant à celle-ci une constante arbitraire quelconque. On aura alors une intégrale de la forme

$$z = \Phi(x_1, x_2, \ldots, x_n, a_1, a_2, \ldots, a_{n-1}) + a_n.$$

Pour que ce soit une intégrale complète, on voit de suite, d'après ce qui précède, qu'il faut et qu'il suffit que l'un des déterminants fonctionnels de $(n-1)$ des quantités $\dfrac{\partial \Phi}{\partial x_i}$, par rapport à $a_1, a_2,$

..., a_{n-1}, soit différent de 0, par exemple que l'on ait

$$\frac{D\left(\dfrac{\partial\Phi}{\partial x_1}, \dfrac{\partial\Phi}{\partial x_2}, \ldots, \dfrac{\partial\Phi}{\partial x_{n-1}}\right)}{D\left(a_1, a_2, \ldots, a_{n-1}\right)} \gtrless 0.$$

Ceci nous permet de compléter ce que nous avons dit (§ 16) sur l'artifice employé pour faire disparaître la fonction inconnue dans une équation aux dérivées partielles du premier ordre.

Étant donnée une équation du premier ordre

$$(18) \qquad F\left(z, x_1, x_2, \ldots, x_n, p_1, p_2, \ldots, p_n\right) = 0,$$

à n variables, contenant la fonction inconnue z, nous avons vu (§ 16) que la recherche d'une intégrale donnée par l'équation

$$V\left(z, x_1, x_2, \ldots, x_n\right) = 0$$

se ramène à l'intégration de l'équation

$$(19)\ F\left(z, x_1, x_2, \ldots, x_n, -\frac{\dfrac{\partial V}{\partial x_1}}{\dfrac{\partial V}{\partial z}}, -\frac{\dfrac{\partial V}{\partial x_2}}{\dfrac{\partial V}{\partial z}}, -\ldots, -\frac{\dfrac{\partial V}{\partial x_n}}{\dfrac{\partial V}{\partial z}}\right) = 0$$

à $(n+1)$ variables, qui ne contient plus la fonction inconnue V, et que ce procédé pouvait laisser échapper les intégrales singulières. Nous allons montrer que, si on connaît une intégrale complète de l'équation (19), on en déduira une intégrale complète de l'équation (18). En effet, soit

$$V\left(z, x_1, \ldots, x_n, a_1, a_2, \ldots, a_n\right) + a_{n+1}$$

une intégrale complète de (19), et supposons, d'après ce qui précède, que l'on ait

$$\frac{D\left(\dfrac{\partial V}{\partial x_1}, \dfrac{\partial V}{\partial x_2}, \ldots, \dfrac{\partial V}{\partial x_n}\right)}{D\left(a_1, a_2, \ldots, a_n\right)} \gtrless 0,$$

je dis que V = 0 donnera une intégrale complète de l'équation (18). C'est bien, en effet, une intégrale de (18) dépendant de n paramètres arbitraires; de plus, le déterminant fonctionnel des premiers membres des équations (13) correspondantes, par rapport à $a_1, a_2, ..., a_n$, n'est pas identiquement nul, car si on y fait $p_1 = p_2 = ... = p_n = 0$, ce déterminant se réduit au précédent qui est différent de 0.

45. Tout ce qui précède nous montre donc que l'intégration de l'équation (14) est ramenée à la recherche d'une intégrale complète de cette équation. Supposons l'équation (14) résolue par rapport à p_n

$$(20) \qquad p_n = f(z, x_1, x_2, ..., x_n, p_1, ..., p_{n-1});$$

pour avoir une intégrale complète, il suffira de pouvoir trouver des fonctions $p_1, p_2, ..., p_{n-1}$ de $z, x_1, x_2, ..., x_n$ et de $(n-1)$ paramètres $a_1, a_2, ..., a_{n-1}$ telles que l'équation

$$(21) \qquad dz = p_1\, dx_1 + p_2\, dx_2 + ..., + p_{n-1}\, dx_{n-1} + f\, dx_n$$

soit *complètement intégrable*. L'intégration de cette équation introduira une nouvelle constante arbitraire a_n et on aura ainsi une intégrale complète.

Il y a des cas simples où l'on voit immédiatement une solution. Considérons, par exemple, une équation de la forme

$$f_1(p_1, x_1) f_2(p_2, x_2) ... f_n(p_n, x_n) = 1,$$

posons

$$f_1(p_1, x_1) = a_1, \quad ..., \quad f_{n-1}(p_{n-1}, x_{n-1}) = a_{n-1},$$

et, par suite,

$$f_n(p_n, x_n) = \frac{1}{a_1\, a_2\, ...\, a_{n-1}}.$$

En résolvant par rapport à $p_1, p_2, ..., p_n$, on en tire

$$p_1 = \varphi_1(x_1, a_1), \quad ..., \quad p_n = \varphi_n(x_n, a_1\, a_2\, ...\, a_{n-1});$$

la fonction

$$z = \int \varphi_1(x_1, a_1)\, dx_1 + ... + \int \varphi_{n-1}(x_{n-1}, a_{n-1})\, dx_{n-1}$$
$$+ \int \varphi_n(x_n, a_1\, a_2\, ...\, a_{n-1})\, dx_n + a_n$$

sera une intégrale complète. C'est ainsi qu'on trouve pour l'équation

$$p_1 p_2 ... p_n = x_1 x_2 ... x_n$$

l'intégrale complète

$$2z = a_1 x_1^2 + \ldots + a_{n-1} x_{n-1}^2 + \frac{x_n^2}{a_1 a_2 \ldots a_{n-1}} + a_n.$$

D'une manière générale, pour étendre la méthode de Lagrange et Charpit aux équations à plus de trois variables, il conviendra de poser le problème comme il suit : étant donnée l'équation $F = 0$, trouver $n - 1$ autres relations entre z, x_1, ..., x_n, p_1, ..., p_n, contenant chacune une constante arbitraire, telles que les valeurs de p_1, ..., p_n déduites de ces n relations rendent l'équation

$$dz = p_1 \, dx_1 + \ldots + p_n \, dx_n$$

complètement intégrable. En réalité, cette extension n'a été faite que longtemps après Lagrange ; elle constitue la seconde méthode de Jacobi, qui sera exposée dans un des chapîtres suivants.

Exercices.

1° Trouver une intégrale complète des équations

$$F(z - px, y, p, q) = 0, \quad p^2 + q^2 - 2px - 2qy + 2xy = 0,$$
$$p^2 + q^2 - 2px - 2qy + 1 = 0,$$
$$2(pq + py + qx) + x^2 + y^2 = 0, \quad xp^2 + yq^2 = 2pq,$$
$$z^2(p^2 + q^2) = x^2 + y^2, \quad q = xp + p^2, \quad p = (qy + z)^2,$$
$$p^2 - y^2 q = x^2 - y^2.$$

2° Trouver les surfaces dont les normales appartiennent au complexe de droites formé par les normales à une famille de surfaces homofocales du second degré.

3° Trouver les surfaces telles que la trace de la normale sur un plan fixe P soit à une distance constante l de la trace du plan tangent sur le même plan P.

CHAPITRE V

Méthode de Cauchy. Caractéristiques.

46. La première méthode générale d'intégration des équations aux dérivées partielles du premier ordre est due à Pfaff [1]. Considérant la question comme un cas particulier d'un problème plus général, il ramène la solution de ce nouveau problème à l'intégration complète de plusieurs systèmes d'équations différentielles simultanées, d'ordre $2n-1$, $2n-3$, ..., 3, 1. Peu de temps après, en 1819 [2], Cauchy a donné une méthode beaucoup plus simple en montrant que, pour le problème spécial de l'intégration des équations aux dérivées partielles, il suffisait d'intégrer le premier système que l'on rencontre dans le procédé de Pfaff. Nous allons exposer cette méthode de Cauchy.

47. Considérons d'abord l'équation à trois variables

$$(1) \qquad F(x, y, z, p, q) = 0,$$

et proposons-nous de trouver l'intégrale de cette équation qui, pour $x = x_0$, se réduit à une fonction donnée de y

$$z = \varphi(y).$$

Remarquons, de suite, que si nous remplaçons x et y par deux nouvelles variables indépendantes α et β, intégrer l'équation (1)

---

[1] *Abhandlungen der Berliner Akademie*, 1814-1815.

[2] *Bulletin de la Société Philomathique*, p. 10-21. Le Mémoire primitif de 1819 a été reproduit et complété dans le tome II des *Exercices d'Analyse et de Physique mathématique*, p. 238-272; 1841.

revient à trouver cinq fonctions x, y, z, p, q de α et de β vérifiant l'équation (1) et la relation

$$(2) \qquad\qquad dz = p\,dx + q\,dy.$$

Cauchy, suivant une idée d'Ampère, conserve la variable x et remplace y par une nouvelle variable u qui sera déterminée plus loin. L'équation (2) s'écrit alors

$$\frac{\partial z}{\partial x}\,dx + \frac{\partial z}{\partial u}\,du = p\,dx + q\left(\frac{\partial y}{\partial x}\,dx + \frac{\partial y}{\partial u}\,du\right).$$

On doit donc avoir

$$(3) \qquad \begin{cases} \dfrac{\partial z}{\partial x} = p + q\,\dfrac{\partial y}{\partial x}, \\[2mm] \dfrac{\partial z}{\partial u} = q\,\dfrac{\partial y}{\partial u}. \end{cases}$$

D'ailleurs, puisque les fonctions y, z, p, q de x et u satisfont à l'équation (1), elles satisfont aussi aux deux équations qu'on en déduit en la dérivant par rapport à x et par rapport à u :

$$(4) \qquad \begin{cases} X + Y\,\dfrac{\partial y}{\partial x} + Z\,\dfrac{\partial z}{\partial x} + P\,\dfrac{\partial p}{\partial x} + Q\,\dfrac{\partial q}{\partial x} = 0, \\[2mm] Y\,\dfrac{\partial y}{\partial u} + Z\,\dfrac{\partial z}{\partial u} + P\,\dfrac{\partial p}{\partial u} + Q\,\dfrac{\partial q}{\partial u} = 0. \end{cases}$$

Il s'agit donc de trouver quatre fonctions y, z, p, q des variables x et u satisfaisant aux équations (3) et (4). L'artifice de Cauchy consiste à choisir la variable u de façon à obtenir un système de quatre équations où ne figurent que des dérivées partielles par rapport à la variable x. Nous avons déjà deux équations dans les systèmes (3) et (4), satisfaisant à cette condition; pour en avoir d'autres, nous nous servirons de la relation

$$\frac{\partial^2 z}{\partial x\,\partial u} = \frac{\partial^2 z}{\partial u\,\partial x}.$$

Des équations (3) on tire

$$\frac{\partial^2 z}{\partial x\,\partial u} = \frac{\partial p}{\partial u} + \frac{\partial q}{\partial u}\,\frac{\partial y}{\partial x} + q\,\frac{\partial^2 y}{\partial x\,\partial u}$$

et

$$\frac{\partial^2 z}{\partial u \, \partial x} = \frac{\partial q}{\partial x} \frac{\partial y}{\partial u} + q \frac{\partial^2 y}{\partial u \, \partial x};$$

et, par suite,

$$\frac{\partial p}{\partial u} = \frac{\partial q}{\partial x} \frac{\partial y}{\partial u} - \frac{\partial q}{\partial u} \frac{\partial y}{\partial x}.$$

Portons les valeurs de $\dfrac{\partial p}{\partial u}$ et $\dfrac{\partial z}{\partial u}$ dans la seconde des relations (4);

il vient, en ordonnant par rapport à $\dfrac{\partial y}{\partial u}$, $\dfrac{\partial q}{\partial u}$,

$$\frac{\partial y}{\partial u}\left[Y + qZ + P \frac{\partial q}{\partial x} \right] + \frac{\partial q}{\partial u}\left[Q - P \frac{\partial y}{\partial x} \right] = 0.$$

Choisissons alors la variable u, de façon que l'on ait

$$Q - P \frac{\partial y}{\partial x} = 0,$$

ce qui est toujours possible; en effet, sur une surface intégrale
déterminée, P et Q sont des fonctions déterminées de x et y; si on
considère cette équation comme une équation différentielle entre y
et x et si

$$\psi \, (x, \, y) = C^{\text{te}}$$

en est l'intégrale générale, il suffira de définir la nouvelle variable u
en posant

$$\psi \, (x, \, y) = \Pi \, (u),$$

Π étant une fonction quelconque. La variable u étant choisie ainsi,
comme $\dfrac{\partial y}{\partial u}$ ne peut être identiquement nul, il faut nécessairement
que l'on ait aussi

$$Y + qZ + P \frac{\partial q}{\partial x} = 0.$$

En ajoutant ces deux nouvelles équations aux deux premières des
équations (3) et (4), on voit que les fonctions y, z, p, q de x et de u

satisfont au système d'équations

$$(5) \quad \begin{cases} P\dfrac{dy}{dx} = Q, \\[2mm] P\dfrac{dz}{dx} = Pp + Qq, \\[2mm] P\dfrac{dq}{dx} = -Y - qZ, \\[2mm] P\dfrac{dp}{dx} = -X - pZ. \end{cases}$$

La variable u ne figurant pas dans ces équations, les intégrales y, z, p, q ne peuvent dépendre de u que par l'intermédiaire des valeurs initiales y_0, z_0, p_0, q_0 correspondant à la valeur x_0 de x. Les équations (5) peuvent s'écrire

$$(5') \quad \frac{dx}{P} = \frac{dy}{Q} = \frac{dz}{Pp + Qq} = \frac{-dp}{X + pZ} = \frac{-dq}{Y + qZ},$$

nous retrouvons précisément le système auquel on est conduit dans la méthode de Lagrange et Charpit. Ces équations (5'), comme nous l'avons déjà remarqué, admettent l'intégrale évidente

$$F(x, y, z, p, q) = F(x_0, y_0, z_0, p_0, q_0).$$

Si donc les valeurs initiales satisfont à la relation

$$(6) \quad F(x_0, y_0, z_0, p_0, q_0) = 0,$$

les fonctions y, z, p, q vérifieront l'équation

$$F(x, y, z, p, q) = 0.$$

Soit alors

$$(7) \quad \begin{cases} y = f_1(x, x_0, y_0, z_0, p_0, q_0), \\ z = f_2(x, \ldots, q_0), \\ p = f_3(x, \ldots, q_0), \\ q = f_4(x, \ldots, q_0), \end{cases}$$

les formules qui représentent les intégrales du système (5), correspondant aux valeurs initiales y_0, z_0, p_0, q_0, vérifiant l'équation (6). Toute intégrale de l'équation (1) s'obtiendra en remplaçant, dans ces expressions, y_0, z_0, q_0, p_0 par des fonctions convenables de u, choisies de telle façon que les équations (3) soient satisfaites. Or, la première des équations (3) est vérifiée, car c'est une des équations du système (5); par conséquent, il faut et il suffit que l'on ait

$$\frac{\partial z}{\partial u} = q\,\frac{\partial y}{\partial u}.$$

Cauchy satisfait à cette équation en prenant

$$y_0 = u, \qquad z_0 = \varphi\,(u), \qquad q_0 = \varphi'\,(u),$$

p_0 étant déterminé par la condition (6). Pour démontrer que la relation précédente est bien vérifiée de cette façon, posons

$$U = \frac{\partial z}{\partial u} - q\,\frac{\partial y}{\partial u},$$

on aura

$$\frac{\partial U}{\partial x} = \frac{\partial^2 z}{\partial x\,\partial u} - \frac{\partial q}{\partial x}\frac{\partial y}{\partial u} - q\,\frac{\partial^2 y}{\partial u\,\partial x};$$

d'ailleurs, puisque

$$\frac{\partial z}{\partial x} = p + q\frac{\partial y}{\partial x},$$

$$\frac{\partial^2 z}{\partial x\,\partial u} = \frac{\partial p}{\partial u} + \frac{\partial q}{\partial u}\frac{\partial y}{\partial x} + q\,\frac{\partial^2 y}{\partial x\,\partial u}.$$

Portons dans $\dfrac{\partial U}{\partial x}$ cette valeur de $\dfrac{\partial^2 z}{\partial x\,\partial u}$, il vient

$$\frac{\partial U}{\partial x} = \frac{\partial p}{\partial u} + \frac{\partial q}{\partial u}\frac{\partial y}{\partial x} - \frac{\partial q}{\partial x}\frac{\partial y}{\partial u}.$$

Remplaçons encore, dans cette expression, $\dfrac{\partial y}{\partial x}$ et $\dfrac{\partial q}{\partial x}$ par leurs expressions tirées de (5) et nous aurons

$$\frac{\partial U}{\partial x} = \frac{1}{P}\left[P\,\frac{\partial p}{\partial u} + Q\,\frac{\partial q}{\partial u} + Y\,\frac{\partial y}{\partial u} + qZ\,\frac{\partial y}{\partial u}\right].$$

Enfin, puisque les fonctions y, z, p, q satisfont à l'équation

$$F\,(x,\ y,\ z,\ p,\ q) = 0,$$

on a, en différentiant par rapport à u,

$$P\frac{\partial p}{\partial u} + Q\frac{\partial q}{\partial u} + Y\frac{\partial y}{\partial u} = -Z\frac{\partial z}{\partial u},$$

et, par suite,

$$\frac{\partial U}{\partial x} = -\frac{Z}{P}\left\{\frac{\partial z}{\partial u} - q\frac{\partial y}{\partial u}\right\} = -\frac{Z}{P}U;$$

d'où, en intégrant,

$$U = U_0\, e^{-\int_{x_0}^{x}\frac{Z}{P}\,dx},$$

U_0 désignant la valeur de U pour $x = x_0$. Or, pour $x = x_0$, on a

$$U_0 = \frac{\partial z_0}{\partial u} - q_0\frac{\partial y_0}{\partial u} = \varphi'(u) - \varphi'(u) = 0.$$

On a donc, pour toute valeur de x,

$$U = 0.$$

Remarque. — M. Bertrand a fait remarquer que le raisonnement précédent n'est exact que si le facteur $e^{-\int_{x_0}^{x}\frac{Z}{P}\,dx}$ n'est pas infiniment grand. Or, pour qu'il en soit ainsi, il faudrait que $\int_{x_0}^{x}\frac{Z}{P}\,dx$ fût lui-même infiniment grand, ce qui ne peut arriver, au moins si on suppose x suffisamment voisin de x_0, que si $\dfrac{Z}{P}$ est infini pour les valeurs initiales, c'est-à-dire si $P_0 = 0$. D'ailleurs, en vertu des équations (5'), on a $\dfrac{dx}{P} = \dfrac{dy}{Q}$; on peut donc remplacer l'intégrale $\int_{x_0}^{x}\frac{Z}{P}\,dx$ par l'intégrale $\int_{y_0}^{y}\frac{Z}{Q}\,dy$ qui restera finie si Q_0 est différent de 0, et, si Q_0 était nul, on prendrait un des deux autres rapports

$$\frac{-dp}{X + pZ}, \quad \frac{-dq}{Y + qZ};$$

on voit donc que le raisonnement précédent ne pourra tomber

réellement en défaut que si les valeurs initiales vérifient les quatre équations

$$P = 0, \quad Q = 0, \quad X + pZ = 0, \quad Y + qZ = 0.$$

S'il en est ainsi, le facteur considéré pourra réellement être infini. Mais si on laisse à la constante x_0 et à la fonction $\varphi(y)$ toute leur généralité, on voit que les seules intégrales auxquelles ne s'applique pas la méthode précédente sont celles dont tous les éléments vérifient les quatre équations écrites plus haut, c'est-à-dire les intégrales *singulières*.

EXEMPLE. — Prenons l'équation traitée par Cauchy

$$pq - xy = 0;$$

le système d'équations différentielles correspondant est

$$\frac{dx}{q} = \frac{dy}{p} = \frac{dz}{2pq} = \frac{dp}{y} = \frac{dq}{x}.$$

En réduisant au même dénominateur $pq = xy$ et supprimant ce dénominateur, il vient

$$p\,dx = q\,dy = \frac{dz}{2} = x\,dp = y\,dq.$$

On tire successivement de ces équations

$$\frac{dp}{p} = \frac{dx}{x}, \quad \frac{dq}{q} = \frac{dy}{y}, \quad dz = \frac{p}{x}\,2x\,dx = \frac{q}{y}\,2y\,dy;$$

puis, en intégrant,

$$\frac{p}{p_0} = \frac{x}{x_0}, \quad \frac{q}{q_0} = \frac{y}{y_0}, \quad z - z_0 = \frac{p_0}{x_0}(x^2 - x_0^2) = \frac{q_0}{y_0}(y^2 - y_0^2).$$

Pour avoir l'intégrale qui, pour $x = x_0$, se réduit à $\varphi(y)$, nous prendrons $y_0 = u$, $z_0 = \varphi(u)$, $q_0 = \varphi'(u)$, et, par suite, $p_0 = \frac{x_0\,u}{\varphi'(u)}$. L'intégrale demandée sera représentée par les équations

$$z - \varphi(u) = \frac{u}{\varphi'(u)}(x^2 - x_0^2) = \frac{\varphi'(u)}{u}(y^2 - u^2),$$

qui peuvent encore s'écrire

$$[z - \varphi(u)]^2 = (x^2 - x_0^2)(y^2 - u^2),$$
$$[z - \varphi(u)]\,\varphi'(u) = u\,(x^2 - x_0^2);$$

on remarquera que, si on regarde u comme un paramètre variable, la seconde équation est la dérivée de la première par rapport à ce paramètre.

48. En énonçant les résultats obtenus en langage géométrique, nous pourrons dire que nous avons déterminé une surface intégrale passant par une courbe plane donnée, située dans un plan parallèle au plan des yz. Nous avons vu qu'on pouvait se proposer, d'une façon plus générale, de déterminer une surface intégrale passant par une courbe gauche quelconque. Il est vrai que, par un changement de variables, cette question se ramène à la précédente; mais il suffit de modifier très peu le raisonnement de Cauchy pour traiter directement ce nouveau problème. En effet, il suit de ce qui précède qu'étant donnée une surface intégrale S, on peut toujours choisir une variable indépendante u, de telle façon que y, z, p, q, considérées comme fonctions de x et de u, vérifient les équations (5). Ces fonctions y, z, p, q ne pourront dépendre de u que par l'intermédiaire des valeurs initiales x_0, y_0, z_0, p_0, q_0. Cauchy supposait que x_0 était pris constant, mais cette restriction n'est évidemment pas nécessaire.

On voit d'abord, comme plus haut, que les valeurs initiales doivent vérifier la relation

$$F(x_0, y_0, z_0, p_0, q_0) = 0,$$

ce que nous supposerons toujours. Soit alors

$$(8) \quad \begin{cases} f_1(x, y, z, p, q, x_0, y_0, z_0, p_0, q_0) = 0, \\ f_2(x, \quad\ldots\quad x_0, \quad\ldots\quad q_0) = 0, \\ f_3(x, \quad\ldots\quad x_0, \quad\ldots\quad q_0) = 0, \\ f_4(x, \quad\ldots\quad x_0, \quad\ldots\quad q_0) = 0, \end{cases}$$

les formules qui donnent les intégrales du système (5), correspondant à ces valeurs initiales. Toute intégrale de l'équation (1) sera donnée par le système (8), pourvu que x_0, y_0, z_0, p_0, q_0 soient des fonctions convenablement choisies de u.

Pour plus de symétrie dans les calculs, posons, avec M. Darboux,

$$\frac{dx}{P} = \ldots = \frac{-\,dq}{Y + qZ} = dt,$$

t désignant une variable auxiliaire dont nous supposerons la valeur initiale égale à 0, ce qu'on peut toujours faire. En intégrant ces équations, on trouvera un système de la forme

$$(9) \quad \begin{cases} x = \varphi_1\,(t,\ x_0,\ y_0,\ z_0,\ p_0,\ q_0), \\ y = \varphi_2\,(t,\ x_0,\ \ldots\ \ldots\ q_0), \\ z = \varphi_3\,(t,\ x_0,\ \ldots\ \ldots\ q_0), \\ p = \varphi_4\,(t,\ x_0,\ \ldots\ \ldots\ q_0), \\ q = \varphi_5\,(t,\ x_0,\ \ldots\ \ldots\ q_0), \end{cases}$$

qui sera équivalent au système (8). Ces cinq fonctions vérifient la relation

$$F\,(x,\ y,\ z,\ p,\ q) = 0,$$

puisque $F = C^{te}$ est une intégrale du système considéré; on a aussi

$$\frac{\partial z}{\partial t} = p\,\frac{\partial x}{\partial t} + q\,\frac{\partial y}{\partial t}.$$

Pour que les équations (9) donnent une intégrale à l'équation (1), il suffira donc que ces fonctions vérifient la relation

$$U = \frac{\partial z}{\partial u} - p\,\frac{\partial x}{\partial u} - q\,\frac{\partial y}{\partial u} = 0.$$

Or, on a

$$\frac{\partial U}{\partial t} = \frac{\partial^2 z}{\partial u\,\partial t} - p\,\frac{\partial^2 x}{\partial u\,\partial t} - q\,\frac{\partial^2 y}{\partial u\,\partial t} - \frac{\partial p}{\partial t}\frac{\partial x}{\partial u} - \frac{\partial q}{\partial t}\frac{\partial y}{\partial u}.$$

Mais on a aussi

$$\frac{\partial^2 z}{\partial u\,\partial t} = p\,\frac{\partial^2 x}{\partial u\,\partial t} + q\,\frac{\partial^2 y}{\partial u\,\partial t} + \frac{\partial p}{\partial u}\frac{\partial x}{\partial t} + \frac{\partial q}{\partial u}\frac{\partial y}{\partial t},$$

et, par conséquent,

$$\frac{\partial U}{\partial t} = \frac{\partial p}{\partial u}\frac{\partial x}{\partial t} - \frac{\partial p}{\partial t}\frac{\partial x}{\partial u} + \frac{\partial q}{\partial u}\frac{\partial y}{\partial t} - \frac{\partial q}{\partial t}\frac{\partial y}{\partial u}.$$

Remplaçons $\dfrac{\partial x}{\partial t}$, $\dfrac{\partial p}{\partial t}$, $\dfrac{\partial y}{\partial t}$ et $\dfrac{\partial q}{\partial t}$ respectivement par P, $-(X + pZ)$, Q et $-(Y + qZ)$; il vient

$$\frac{\partial U}{\partial t} = P\frac{\partial p}{\partial u} + Q\frac{\partial q}{\partial u} + X\frac{\partial x}{\partial u} + Y\frac{\partial y}{\partial u} + Z\left(p\frac{\partial x}{\partial u} + q\frac{\partial z}{\partial u}\right),$$

et comme

$$P\frac{\partial p}{\partial u} + Q\frac{\partial q}{\partial u} + X\frac{\partial x}{\partial u} + Y\frac{\partial y}{\partial u} = -Z\frac{\partial z}{\partial u},$$

il reste

$$\frac{\partial U}{\partial t} = -Z\left[\frac{\partial z}{\partial u} - p\frac{\partial x}{\partial u} - q\frac{\partial y}{\partial u}\right] = -ZU.$$

Donc, en intégrant,

$$U = U_0\, e^{-\int_0^t Z\, dt}.$$

Pour que U soit nul, il faut et il suffit que

$$U_0 = 0,$$

c'est-à-dire que l'on ait

$$(40) \qquad \frac{\partial z_0}{\partial u} - p_0\frac{\partial x_0}{\partial u} - q_0\frac{\partial y_0}{\partial u} = 0.$$

Dans ce cas, l'objection de M. Bertrand ne se présente plus, car $\int_{t_0}^{t} -Z\, dt$ reste toujours fini, pourvu que Z reste fini, ce que nous supposons. Mais pour que le système (9) soit équivalent au système (8), il faut que tous les dénominateurs du système (5') ne soient pas tous nuls, pour les valeurs initiales, car alors la seule intégrale serait

$$x = x_0, \quad y = y_0, \quad z = z_0, \quad q = q_0, \quad p = p_0,$$

et le système (9) ne serait plus équivalent au système (8).

Cherchons maintenant à déterminer une surface intégrale passant par la courbe gauche

$$x = \lambda(u), \quad y = \mu(u), \quad z = \nu(u).$$

Il suffira de prendre pour x_0, y_0, z_0 les valeurs $\lambda(u)$, $\mu(u)$, $\nu(u)$;

p_0 et q_0 seront déterminés par les équations

$$F\left(\lambda(u), \mu(u), \nu(u), p_0, q_0\right) = 0,$$
$$\nu'(u) = p_0\,\lambda'(u) + q_0\,\mu'(u).$$

Les valeurs de p_0 et q_0, données par ces formules, sont développables au voisinage de $u = u_0$ si le déterminant fonctionnel

$$\frac{\partial F}{\partial p_0}\,\mu'(u) - \frac{\partial F}{\partial q_0}\,\lambda'(u)$$

n'est pas nul pour ce système de valeurs.

Les deux premières des équations (9) pourront alors être résolues par rapport à t et à u, qui seront des fonctions développables de x et de y, car le déterminant fonctionnel

$$\frac{D(x, y)}{D(t, u)} = \frac{\partial x}{\partial t}\frac{\partial y}{\partial u} - \frac{\partial x}{\partial u}\frac{\partial y}{\partial t}$$

se réduit au précédent pour $t = 0$, $u = u_0$. En portant ces valeurs dans l'expression de z, on aura pour z une fonction développable de x et y. Si ce déterminant est nul, l'intégrale ne cesse pas d'exister en général, mais elle présente une singularité au point correspondant.

Dans le cas particulier traité par Cauchy, le déterminant précédent se réduit à P_0. Si donc P_0 n'est pas nul, on obtient pour z une fonction développable des variables x et y; ce qui est bien conforme au théorème général.

REMARQUE. — La méthode de Cauchy fournit aussi une intégrale complète, car on satisfait à la relation

$$\frac{\partial z_0}{\partial u} = p_0\,\frac{\partial x_0}{\partial u} + q_0\,\frac{\partial y_0}{\partial u};$$

en prenant $x_0 = a$, $y_0 = b$, $z_0 = c$, a, b, c étant trois constantes; p_0 et q_0 sont liés par la seule relation

$$F(a, b, c, p_0, q_0) = 0.$$

L'intégrale ainsi obtenue dépend des trois constantes a, b, c et il suffit de prendre pour l'une d'elles une constante absolue pour avoir une intégrale complète.

49. Caractéristiques. — Les résultats précédents sont suscep-
tibles d'une interprétation géométrique importante. Si dans les
équations (9) nous regardons x_0, y_0, z_0, p_0, q_0 comme constants et
t comme variable, les trois premières équations représentent une
certaine courbe qui se déplace en engendrant la surface intégrale
quand on fait varier u. Toute courbe de cette famille est complètement déterminée quand on se donne les valeurs y_0, z_0, q_0 qui correspondent à une valeur donnée x_i de x, p_0 se déduisant de la relation
$F(x_0, y_0, z_0, p_0, q_0) = 0$. Ces courbes dépendent donc de trois paramètres arbitraires; elles forment un *complexe* de courbes, et nous
voyons que toute surface intégrale est engendrée par les courbes de ce
complexe, que nous appellerons *caractéristiques*, associées suivant
une certaine loi, sauf les intégrales singulières que nous avons laissées
de côté.

Appelons *élément* l'ensemble d'un point (x, y, z) et d'un plan de
coefficients angulaires (p, q) passant par ce point. De tout élément
dont les coordonnées vérifient la relation $F = 0$, part une courbe
caractéristique, en général bien déterminée, tangente à cet élément.
Mais, d'après les dernières des formules (9), nous voyons que les
valeurs de p et de q sont elles-mêmes déterminées complètement tout
le long de cette caractéristique. On est donc conduit à l'importante
proposition que voici : *Si deux surfaces intégrales sont tangentes,
c'est-à-dire ont un élément commun, elles sont tangentes tout le
long de la caractéristique issue de cet élément.*

L'intégrale complète obtenue en faisant $x_0 = a$, $y_0 = b$, $z_0 = c$
n'est autre chose, on le voit, que le lieu des caractéristiques issues du
point (a, b, c). On reconnaît facilement que les tangentes aux diverses
caractéristiques issues d'un point M forment, en général, un cône
ayant son sommet en ce point; ce point M sera donc un point
singulier pour la surface engendrée par ces caractéristiques.

50. La méthode de Cauchy s'étend au cas d'un nombre quelconque
de variables. Il est commode, pour simplifier l'exposition, d'étendre
immédiatement à ces équations la notion de caractéristique. Nous
adopterons la méthode suivie par M. Darboux (1). Considérons

---

(1) *Mémoire sur les solutions singulières des équations aux dérivées partielles du premier ordre*, p. 125 et suivantes (*Journal des savants étrangers*, t. XXVII, 1883).

l'équation

$$(11) \qquad F(z, x_1, x_2, \ldots, x_n, p_1, p_2, \ldots, p_n) = 0,$$

que nous écrirons souvent plus brièvement

$$F(z, x_i, p_i) = 0,$$

et soit

$$z = \Phi(x_1, x_2, \ldots, x_n)$$

une intégrale quelconque de cette équation. Nous appellerons *élément de l'intégrale* l'ensemble d'un système de valeurs $x_1^0, x_2^0, \ldots, x_n^0$ et des valeurs correspondantes $z^0, p_1^0, p_2^0, \ldots, p_n^0$, en posant, comme plus haut,

$$p_i = \frac{\partial \Phi}{\partial x_i},$$

$$X_i = \frac{\partial F}{\partial x_i}, \quad P_i = \frac{\partial F}{\partial p_i}, \quad Z = \frac{\partial F}{\partial z}.$$

Supposons qu'on fasse varier les éléments à partir de certaines valeurs initiales z^0, x_i^0, p_i^0, de façon à satisfaire toujours aux équations différentielles [1]

$$\frac{dx_1}{P_1} = \frac{dx_2}{P_2} = \ldots = \frac{dx_n}{P_n} = dt,$$

t désignant une variable auxiliaire dont la valeur initiale sera nulle. Il est clair que ces équations déterminent complètement ce qu'on peut appeler un système de courbes situées sur la surface intégrale, si l'on suppose connue z en fonction de $x_1, x_2, \ldots, x_n$. C'est à cette suite simplement infinie d'éléments que nous donnerons le nom de *caractéristique*. Nous allons montrer que, sans connaître l'expression de z, on peut joindre aux équations précédentes d'autres équations différentielles qui permettent de définir complètement la variation des variables z, x_i, p_i, le long d'une caractéristique.

Partons d'un élément de l'intégrale z, x_i, p_i et attribuons aux variables des accroissements définis par les formules précédentes et

---

[1] Ce procédé est identique au fond à celui de Cauchy. Car il revient à prendre pour variables indépendantes x_1 et $x - \ldots$ l'autres variables $x_2, \ldots, x_n, z$, choisies de telle façon que l'on ait $\frac{dx_i}{dx_1} = \frac{P_i}{P_1}$, les calculs faits dans le texte prouvent que l'on aura ensuite $\frac{dz}{dx_1} = -\frac{X_i + p_i Z}{P_i}.$

l'équation de la surface intégrale. On aura entre ces accroissements les relations

$$dz = p_1\, dx_1 + \ldots + p_n\, dx_n,$$
$$dp_i = p_{i1}\, dx_1 + \ldots + p_{in}\, dx_n,$$

en posant

$$p_{ik} = \frac{\partial^2 z}{\partial x_i\, \partial x_k};$$

d'ailleurs de l'équation (11) on déduit, en différentiant par rapport à x_k,

$$X_i + p_i Z + P_1 p_{i1} + \ldots + P_n p_{in} = 0.$$

Remplaçons $P_1, \ldots, P_n$ par leurs valeurs $\dfrac{dx_1}{dt}, \ldots, \dfrac{dx_n}{dt}$, il vient

$$(X_i + p_i Z)\, dt + p_{i1}\, dx_1 + \ldots + p_{in}\, dx_n = 0,$$

c'est-à-dire

$$(X_i + p_i Z)\, dt + dp_i = 0.$$

Ceci nous prouve que les éléments d'une intégrale satisfont, tout le long d'une caractéristique, au système d'équations différentielles

$$(12) \quad \left\{ \begin{aligned} dt &= \frac{dx_1}{P_1} = \ldots = \frac{dx_n}{P_n} = \frac{dz}{p_1 P_1 + \ldots + p_n P_n} \\ &= \frac{-dp_1}{X_1 + p_1 Z} = \ldots = \frac{-dp_n}{X_n + p_n Z}. \end{aligned} \right.$$

Ces équations ne dépendent pas de la fonction Φ et, par suite, on peut déterminer les éléments successifs le long d'une caractéristique sans connaître l'intégrale. La caractéristique issue d'un élément déterminé x_i^0, p_i^0, z^0 est donc bien déterminée. On en conclut que *si deux intégrales ont un ÉLÉMENT commun, elles ont en commun tous ceux qui sont situés sur la caractéristique issue de cet élément.*

Si les dénominateurs des équations (12) restent finis et ne sont pas tous nuls pour les valeurs initiales, ce que nous supposerons, on tirera de ces équations

$$(13) \quad \left\{ \begin{aligned} x_i &= f_i\,(t, z^0, x_i^0, p_i^0), \\ p_k &= \varphi_k(t, z^0, x_i^0, p_i^0), \qquad (k, i = 1, 2, \ldots, n), \\ z &= f\,(t, z^0, x_i^0, p_i^0), \end{aligned} \right.$$

les fonctions f_i, φ_k, f étant des fonctions continues de t et des valeurs initiales, au moins entre certaines limites.

Puisque chaque intégrale est un lieu de caractéristiques, il est clair que toute intégrale sera représentée par les formules (12), où l'on prend pour z^0, x_i^0, p_k^0 des fonctions de $n - 1$ variables indépendantes, choisies de telle façon que ces fonctions z, x_i, p_k vérifient les relations

$$\begin{cases} F(z, x_i, p_k) = 0, \\ dz - p_1\, dx_1 - \dots - p_n\, dx_n = 0. \end{cases}$$

Comme

$$F(z, x_i, p_k) = C^{te}$$

est une intégrale du système (12), il suffira que l'on ait

$$F(z^0, x_i^0, p_i^0) = 0,$$

pour que la première équation soit vérifiée. D'autre part, on a aussi

$$\frac{dz}{dt} = p_1 \frac{dx_1}{dt} + \dots + p_n \frac{dx_n}{dt}.$$

Supposons que z^0, x_i^0, p_i^0 soient des fonctions de ν variables u_1, u_2, ..., u_ν, et désignons par la lettre δ les différentielles correspondant à des accroissements δu_1, ..., δu_ν de ces variables. Posons

$$U = \delta z - p_1\, \delta x_1 - \dots - p_n\, \delta x_n,$$

on a

$$\begin{aligned} dU = &\, d\,\delta z - p_1\, d\,\delta x_1 - \dots - p_n\, d\,\delta x_n \\ &- dp_1\, \delta x_1 - \dots - dp_n\, \delta x_n, \end{aligned}$$

la lettre d désignant les différentielles quand t seul varie. D'ailleurs, on aura

$$\begin{aligned} 0 = &\, \delta\, dz - p_1\, \delta\, dx_1 - \dots - p_n\, \delta\, dx_n \\ &- \delta p_1\, dx_1 - \dots - \delta p_n\, dx_n, \end{aligned}$$

et, comme on peut intervertir les opérations d et δ,

$$dU = \sum_i^n (\delta p_i\, dx_i - dp_i\, \delta x_i),$$

$$dU = \sum_i^n [P_i\, \delta p_i + (X_i + p_i Z)\, \delta x_i]\, dt.$$

Puisque z, x_i, p_i vérifient l'équation (11), on aura

$$\sum_{1}^{n} (P_i \, \delta p_i + X_i \, \delta x_i) = - Z \, \delta z,$$

par suite,

$$dU = - ZU \, dt,$$

et

$$U = U_0 \, e^{-\int_0^t Z \, dt}.$$

Pour que U soit nul, il faut et il suffit que U_0 soit nul, c'est-à-dire que l'on ait

$$\delta z^0 - p_1^0 \, \delta x_1^0 - \dots - p_n^0 \, \delta x_n^0 = 0.$$

En résumé, pour avoir une intégrale, il faut et il suffit que les valeurs initiales soient des fonctions de $(n - 1)$ variables indépendantes u_1, u_2, ..., u_{n-1} satisfaisant aux relations

$$(14) \qquad \begin{cases} F (z^0, x_i^0, p_i^0) = 0, \\ \delta z_0 - p_1^0 \, \delta x_1^0 - \dots - p_n^0 \, \delta x_n^0 = 0. \end{cases}$$

En particulier, si on veut avoir l'intégrale de Cauchy qui, pour $x_1 = x_1^0$, se réduit à une fonction donnée $\Phi (x_2, x_3, ..., x_n)$, on pourra prendre comme variables indépendantes x_2^0, x_3^0, ..., x_n^0 et, alors, la deuxième des relations (14) donnera les conditions

$$z^0 = \Phi (x_2^0, ..., x_n^0), \quad p_2^0 = \frac{\partial \Phi}{\partial x_2^0}, \quad ..., \quad p_n^0 = \frac{\partial \Phi}{\partial x_n^0}.$$

La valeur de p_1^0 sera donnée par la première des formules (14), et cette valeur sera *développable* si P_1^0 est différent de 0. Les équations (13) donneront alors pour z, x_1, ..., x_n des fonctions développables de t, x_2^0, ..., x_n^0. Le déterminant fonctionnel

$$\frac{D (x_1, x_2, ..., x_n)}{D (t, x_2^0, ..., x_n^0)}$$

se réduit au début à P_1^0, qui n'est pas nul par hypothèse. On pourra donc tirer t, x_2^0, ..., x_n^0 en fonction de x_1, ..., x_n et en portant ces valeurs dans l'expression de z, on voit que z sera une fonction holomorphe de x_1, x_2, ..., x_n.

Comme dans le cas de trois variables, la solution précédente est loin de répondre à toutes les questions que l'on peut se proposer relativement aux intégrales. Pour être sûr de ne laisser échapper aucune solution, il nous faut résoudre de la manière la plus générale les équations (14). Les $n + 1$ fonctions z^0, x_1^0, ..., x_n^0 dépendant de $n - 1$ variables seulement, il y aura au moins deux relations distinctes entre ces fonctions, et z^0 entrera nécessairement dans l'une de ces relations, d'après la seconde des équations (14). Cauchy a pris les suivantes :

$$x_1^0 = C^{te}, \qquad z^0 = \Phi(x_2^0, ..., x_n^0).$$

Prenons-en un nombre quelconque k et supposons-les résolues par rapport à z^0, x_1^0, ..., x_{k-1}^0,

$$z^0 = \omega_1(x_k^0, ..., x_n^0), \quad x_1^0 = \omega_2(x_k^0, ..., x_n^0), \quad ..., \quad x_{k-1}^0 = \omega_k(x_k^0, ..., x_n^0).$$

En remplaçant dans la seconde des équations (14) et en égalant à zéro les coefficients de dx_k^0, ..., dx_n^0, on obtient $n - k + 1$ relations

$$\frac{\partial \omega_1}{\partial x_k^0} - p_1^0 \frac{\partial \omega_2}{\partial x_k^0} - ... - p_k^0 = 0,$$

$$\frac{\partial \omega_1}{\partial x_{k+1}^0} - p_1^0 \frac{\partial \omega_2}{\partial x_{k+1}^0} - ... - p_{k+1}^0 = 0,$$

$$\cdots\cdots\cdots\cdots\cdots\cdots\cdots\cdots\cdots\cdots\cdots\cdots$$

$$\frac{\partial \omega_1}{\partial x_n^0} - p_1^0 \frac{\partial \omega_2}{\partial x_{k+1}^0} - ... - p_n^0 = 0,$$

qui, jointes à la relation $F(z^0, x_i^0, p_i^0)$, permettront d'exprimer p_1^0, ..., p_n^0 en fonction de $k - 2$ d'entre elles. On voit que toutes les valeurs initiales s'expriment en fonction $n - 1$ variables.

Les relations (14) étant satisfaites, les fonctions z, x_i, p_i de n variables représentées par les formules (13) vérifient les équations

$$F(z, x_i, p_i) = 0, \quad dz - p_1\,dx_1 - ... - p_n\,dx_n = 0.$$

Elles donnent donc une intégrale de l'équation proposée. Toutefois, la méthode donne lieu aux remarques suivantes :

1° Il pourrait arriver que les fonctions f, φ, f_0 qui contiennent les n variables indépendantes, se réduisent à des fonctions d'un moindre nombre de variables. Il est facile de voir dans quels cas cette circonstance se présentera. Les relations établies entre les valeurs initiales z^0, x_i^0, p_i^0 déterminent une multiplicité à $(n - 1)$ dimensions composée d'éléments. De chaque élément de cette multiplicité part une caractéristique, et l'ensemble de ces caractéristiques forme précisément l'intégrale. Il est clair que cet ensemble forme, en général, une multiplicité à n dimensions, sauf dans le cas particulier où la multiplicité des valeurs initiales serait elle-même composée de caractéristiques.

2° Ce cas exceptionnel écarté, l'élimination de t, u_1, ..., u_{n-1} entre les relations (13)

$$z = f, \quad x_i = f_i,$$

conduira, en général, à une seule relation

$$z = \Phi\,(x_1, x_2, ..., x_n),$$

et la fonction Φ sera évidemment une intégrale. Il n'en serait plus de même si des équations (13) on pouvait déduire plusieurs relations entre les variables z, x_i. Cependant, par une extension du mot *intégrale*, due à M. Sophus Lie, nous ne rejetterons pas ces solutions. D'une manière générale, nous désignerons sous le nom d'*intégrale* tout système d'éléments vérifiant les relations

$$F\,(z, x_i, p_k) = 0, \quad dz = p_1\,dx_1 + ... + p_n\,dx_n,$$

et dépendant de n variables indépendantes.

Nous reviendrons plus loin sur cette définition nouvelle de l'intégrale.

51. On satisfait aux équations (14) en prenant pour x_i^0, z^0 des constantes, les valeurs initiales étant liées par la seule relation

$$F\,(z^0, x_i^0, p_k^0) = 0.$$

L'intégrale ainsi obtenue, qui est formée par l'ensemble des caractéristiques issues d'un point, dépend de $n + 1$ constantes arbitraires. Si on attribue à l'une d'elles une valeur déterminée, on aura une intégrale complète de l'équation (11). Ce sera d'ailleurs une véritable intégrale complète, car si les éléments de cette intégrale vérifiaient une autre équation que l'équation (11),

$$F_1\,(z, x_i, p_k) = 0,$$

on devrait avoir, puisque pour $t = 0$, z, x_i, p_k se réduisent respectivement à z^0, x_i^0, p_k^0,

$$F_1\,(z^0, x_i^0, p_k^0) = 0,$$

ce qui ne peut pas être, puisque les valeurs initiales p_1^0, ..., p_n^0 sont liées par la seule relation

$$F(z^0, x_i^0, p_i^0) = 0.$$

REMARQUE I. — Il pourra arriver, dans certains cas, que cette intégrale ne soit pas une intégrale proprement dite, mais une intégrale au sens plus large de M. Lie. Supposons que $F(x_i, p_i)$ soit homogène par rapport aux variables p_i et ne renferme pas z; dans ce cas, des équations qui représentent l'ensemble des caractéristiques issues d'un point $(z^0, x_1^0, ..., x_n^0)$ on pourra déduire au moins deux relations entre les variables z, x_1, ..., x_n. Des équations différentielles des caractéristiques on tire d'abord, puisque

$$p_1 P_1 + \ldots + p_n P_n = \mu F(x_i, p_i) = 0,$$

$z = z^0$. D'un autre côté, ces équations ne changent pas quand on change p_i en λp_i, λ désignant une constante quelconque. On peut donc, sans restreindre la généralité, supposer la valeur initiale de p_1 égale à l'unité par exemple, $p_1^0 = 1$. Alors x_1, ..., x_n, dans les formules (13), dépendront de t et des $n - 1$ variables p_2^0, ..., p_n^0 qui sont liées par la relation $F_0 = 0$. Ces n fonctions ne renferment donc que $n - 1$ variables indépendantes, et l'élimination de ces variables conduira au moins à une relation entre x_1, x_2, ..., x_n. Il en sera encore de même si la fonction F, tout en contenant z, était homogène par rapport à p_1, ..., p_n. En effet, si le lieu des caractéristiques issues d'un point $(z^0, x_1^0, ..., x_n^0)$ était représenté par une seule relation entre z, x_1, ..., x_n, cette relation serait nécessairement $z = z^0$, et on aurait pour tous les éléments de cette intégrale $p_i = 0$, équations qui ne résultent pas de la relation $F(z, x_i, p_i) = 0$.

REMARQUE II. — On pourra toujours obtenir une infinité d'intégrales complètes par la méthode de Cauchy; on cherchera pour cela une intégrale se réduisant, pour $x_1 = x_1^0$, à une fonction donnée à l'avance

$$f(x_2, ..., x_n, a_1, ..., a_n),$$

contenant n paramètres variables a_1, a_2, ..., a_n.

52. La méthode de Cauchy nous a conduit à une notion nouvelle, celle des *caractéristiques*. Il est aisé de voir que cette notion peut,

d'une manière très naturelle, se déduire du procédé employé par Lagrange pour obtenir l'intégrale générale au moyen d'une intégrale complète.

Prenons d'abord une équation à trois variables. Nous avons vu que si $V(x, y, z, a, b) = 0$ est une intégrale complète, on obtient une surface intégrale en éliminant a entre les équations

$$(15) \quad \begin{cases} V(x, y, z, a, b) = 0, \\ \dfrac{\partial V}{\partial a} + \dfrac{\partial V}{\partial b}\, \varphi'(a) = 0, \end{cases}$$

où on a posé $b = \varphi(a)$. Ces deux équations (15) représentent une courbe dépendant d'un paramètre a, dont le lieu est la surface intégrale. Les équations de cette courbe sont de la forme

$$(16) \quad \begin{cases} V(x, y, z, a, b) = 0, \\ \dfrac{\partial V}{\partial a} + \dfrac{\partial V}{\partial b}\, c = 0, \end{cases}$$

a, b, c étant des paramètres arbitraires. Les courbes (16) forment un complexe, et nous voyons que les surfaces intégrales sont des surfaces engendrées par les courbes de ce complexe, associées suivant une certaine loi. Considérons une de ces courbes correspondant aux valeurs a_0, b_0, c_0 des paramètres, toutes les surfaces intégrales obtenues au moyen de fonctions φ, telles que

$$b_0 = \varphi(a_0), \quad c_0 = \varphi'(a_0),$$

passeront par cette courbe et seront tangentes entre elles tout le long de cette courbe, car les valeurs de p et q, qui, pour un point quelconque d'une surface intégrale, sont données par les équations

$$\frac{\partial V}{\partial x} + p\,\frac{\partial V}{\partial z} = 0, \quad \frac{\partial V}{\partial y} + q\,\frac{\partial V}{\partial z} = 0,$$

seront les mêmes pour toutes ces surfaces.

Plus généralement, soit

$$z = \Phi(x_1, x_2, \ldots, x_n, a_1, a_2, \ldots, a_n)$$

une intégrale complète d'une équation du premier ordre à n variables,

$$F(z, x_i, p_i) = 0.$$

Résolvons les équations

$$z = \Phi, \quad p_i = \frac{\partial \Phi}{\partial x_i}, \qquad (i = 1, 2, \ldots, n),$$

qui sont compatibles, pourvu que z, x_i, p_i vérifient la relation $F(z, x_i, p_k) = 0$, par rapport à $a_1, a_2, \ldots, a_n$; on en tire

$$a_1 = \varphi_1(z, x_i, p_k), \quad \ldots, \quad a_n = \varphi_n(z, x_i, p_k).$$

Posons en outre

$$b_2 \frac{\partial \Phi}{\partial a_1} + \frac{\partial \Phi}{\partial a_2} = 0, \quad \ldots, \quad b_n \frac{\partial \Phi}{\partial a_1} + \frac{\partial \Phi}{\partial a_n} = 0.$$

Si nous portons dans ces expressions les valeurs de $a_1, a_2, \ldots, a_n$, nous en déduirons pour $b_2, b_3, \ldots, b_n$ des valeurs bien déterminées

$$b_2 = \psi_2(z, x_i, p_k), \quad \ldots, \quad b_n = \psi_n(z, x_i, p_k).$$

Les $2n$ équations

$$(17) \quad \begin{cases} F(z, x_i, p_k) = 0, & \\ a_i = \varphi_i(z, x_i, p_k), & (i = 1, 2, \ldots, n), \\ b_h = \psi_h(z, x_i, p_k), & (h = 2, 3, \ldots, n), \end{cases}$$

déterminent une multiplicité à une dimension composée d'éléments, quand on y regarde a_i et b_h comme des constantes ayant des valeurs déterminées. Par tout *élément* z^0, x_i^0, p_i^0, vérifiant la relation $F_0 = 0$, il passe une de ces multiplicités, et une seule, donnée par les équations

$$F = 0, \quad \varphi_i = \varphi_i^0, \quad \psi_h = \psi_h^0.$$

Appelons *caractéristiques* les multiplicités qui viennent d'être définies. Pour démontrer que toute surface intégrale est un lieu de caractéristiques, il suffit évidemment de prouver que toute surface intégrale qui passe par un élément contient la multiplicité caractéristique issue de cet élément. Pour cela, reprenons le procédé de Lagrange pour déduire de l'intégrale complète $z = \Phi$ une nouvelle intégrale. Soient

$$(18) \quad \begin{cases} a_1 = \Pi_1(a_{i+1}, \ldots, a_n), \\ \ldots\ldots\ldots\ldots\ldots\ldots\ldots \\ a_i = \Pi_i(a_{i+1}, \ldots, a_n), \end{cases}$$

les relations qui lient $a_1, a_2, \ldots, a_n$, que nous supposerons résolues par rapport à $a_1, \ldots, a_l$. La relation

$$\frac{\partial \Phi}{\partial a_1}\, da_1 + \frac{\partial \Phi}{\partial a_2}\, da_2 + \ldots + \frac{\partial \Phi}{\partial a_n}\, da_n = 0,$$

qui doit être satisfaite, peut s'écrire

$$da_1 - b_2\, da_2 - \ldots - b_n\, da_n = 0.$$

Remplaçons $a_1, \ldots, a_l$ par leurs valeurs tirées des formules (18) et égalons à zéro les coefficients des différentielles $da_{l+1}, \ldots, da_n$; il vient

$$(19) \quad \begin{cases} \dfrac{\partial \Pi_1}{\partial a_{l+1}} - b_2 \dfrac{\partial \Pi_2}{\partial a_{l+1}} - \ldots - b_l \dfrac{\partial \Pi_l}{\partial a_{l+1}} - b_{l+1} = 0, \\[2mm] \dfrac{\partial \Pi_1}{\partial a_{l+2}} - b_2 \dfrac{\partial \Pi_2}{\partial a_{l+2}} - \ldots - b_l \dfrac{\partial \Pi_l}{\partial a_{l+2}} - b_{l+2} = 0, \\[2mm] \cdots\cdots\cdots\cdots\cdots\cdots\cdots\cdots\cdots\cdots\cdots \\[2mm] \dfrac{\partial \Pi_1}{\partial a_n} - b_2 \dfrac{\partial \Pi_2}{\partial a_n} - \ldots - b_l \dfrac{\partial \Pi_l}{\partial a_n} - b_n = 0. \end{cases}$$

L'intégrale cherchée s'obtient en éliminant $a_1, a_2, \ldots, a_n$ entre l'équation $z - \Phi = 0$ et les équations (18) et (19) où

$$b_h \frac{\partial \Phi}{\partial a_1} + \frac{\partial \Phi}{\partial a_h} = 0, \qquad (h = 2, 3, \ldots, n).$$

Les valeurs correspondantes de $p_1, p_2, \ldots, p_n$ seront fournies par les relations

$$p_i = \frac{\partial \Phi}{\partial x_i}.$$

On peut dire encore que l'on obtiendra toutes les relations qui lient les éléments de cette intégrale en éliminant $a_2, a_3, \ldots, a_n$ entre les équations (18) et (19) et les équations

$$(19)^{bis} \qquad z = \Phi, \quad p_i = \frac{\partial \Phi}{\partial x_i}.$$

Or cette élimination peut se faire comme il suit : des $(n + 1)$ équations $(19)^{bis}$ on tire d'abord la relation $F = 0$, puis $a_i = \varphi_i(z, x_i, p_k)$, et par suite $b_h = \psi_h(z, x_i, p_k)$. De sorte que l'intégrale considérée sera représentée par les équations (18) et (19), où on suppose a_i et b_h remplacées par les fonctions φ_i et ψ_h, jointes à la relation $F = 0$. Les équations (18) et (19) ne dépendent que des $(2n - 1)$ fonctions φ_i,

..., φ_n, ψ_2, ..., ψ_n; par conséquent, si elles sont vérifiées par les coordonnées d'un élément z^0, x_i^0, p_i^0, elles seront encore vérifiées par tous les éléments tels que les fonctions φ_i et ψ_h conservent la même valeur, c'est-à-dire par tous les éléments de la multiplicité

$$F = 0, \quad \varphi_i = \varphi_i^0, \quad \psi_h = \psi_h^0, \qquad \begin{pmatrix} i = 1, 2, ..., n \\ h = 2, 3, ..., n \end{pmatrix}.$$

En résumé, sauf les intégrales singulières de Lagrange auxquelles le raisonnement ne s'applique plus, toutes les intégrales s'obtiennent en associant suivant une certaine loi les multiplicités caractéristiques, loi qui est exprimée par les relations (18) et (19).

Pour montrer l'identité des deux définitions des caractéristiques, nous allons établir les équations différentielles des multiplicités précédentes. Puisque $z = \Phi$ est une intégrale complète de l'équation $F = 0$, on aura, quels que soient x_i, a_i,

$$F\left(\Phi, x_i, \frac{\partial \Phi}{\partial x_i}\right) = 0;$$

en différentiant par rapport à x_i, et par rapport à a_i, il vient

$$(20) \quad \begin{cases} Z \dfrac{\partial \Phi}{\partial x_i} + X_i + \displaystyle\sum_{k=1}^{k=n} P_k \dfrac{\partial^2 \Phi}{\partial x_k \, \partial x_i} = 0, \\[2mm] Z \dfrac{\partial \Phi}{\partial a_i} + \displaystyle\sum_{k=1}^{k=n} P_k \dfrac{\partial^2 \Phi}{\partial x_k \, \partial a_i} = 0, \end{cases} \qquad (i = 1, 2, ..., n).$$

Écrivons les équations de la multiplicité sous la forme équivalente à la forme (17)

$$z = \Phi, \quad p_i = \frac{\partial \Phi}{\partial x_i}, \quad b_h \frac{\partial \Phi}{\partial a_1} + \frac{\partial \Phi}{\partial a_h} = 0,$$
$$(i = 1, 2, ..., n),$$
$$(h = 2, 3, ..., n),$$

a_i et b_h étant des constantes arbitraires. Nous distinguerons deux cas :

1° Le déterminant fonctionnel

$$I = \frac{D\left(\dfrac{\partial \Phi}{\partial x_1}, ..., \dfrac{\partial \Phi}{\partial x_n}\right)}{D(a_1, ..., a_n)} \gtrless 0.$$

Dans ce cas, on pourra mettre les équations de la multiplicité sous la forme équivalente

$$(21) \qquad \begin{cases} z = \Phi, \quad p_i = \dfrac{\partial \Phi}{\partial x_i}, \quad \dfrac{\partial \Phi}{\partial a_i} = c_i\, t, \\ (i = 1, 2, ..., n), \end{cases}$$

en introduisant une variable auxiliaire t, $c_1, c_2, ..., c_n$ désignant de nouvelles constantes. Les dernières équations donneront $x_1, x_2, ..., x_n$ en fonction de t, et les premières donneront ensuite $z, p_1, ..., p_n$. On aura alors

$$\frac{dp_i}{dt} = \sum_{k=1}^{k=n} \frac{\partial^2 \Phi}{\partial x_i \, \partial x_k} \frac{dx_k}{dt},$$

$$\sum_{k=1}^{k=n} \frac{\partial^2 \Phi}{\partial a_i \, \partial x_k} \frac{dx_k}{dt} = c_i = \frac{1}{t} \frac{\partial \Phi}{\partial a_i}.$$

Remplaçons dans cette dernière expression $\dfrac{\partial \Phi}{\partial a_i}$ par sa valeur tirée des équations (20), il vient

$$\sum_{k=1}^{k=n} \frac{\partial^2 \Phi}{\partial a_i \, \partial x_k} \left[\frac{dx_k}{dt} + \frac{\mathrm{P}_k}{t\mathrm{Z}} \right] = 0, \qquad (i = 1, 2, ..., n).$$

Le déterminant des coefficients des expressions $\dfrac{dx_k}{dt} + \dfrac{\mathrm{P}_k}{t\mathrm{Z}}$ est le déterminant I, qui est différent de 0, il faut donc que l'on ait

$$\frac{dx_k}{dt} + \frac{\mathrm{P}_k}{t\mathrm{Z}} = 0,$$

c'est-à-dire

$$\frac{dx_k}{\mathrm{P}_k} = -\frac{dt}{t\mathrm{Z}}.$$

On aura ensuite

$$\frac{dp_i}{dt} = -\sum_{k=1}^{k=n} \frac{\partial^2 \Phi}{\partial x_i \, \partial x_k} \frac{\mathrm{P}_k}{t\mathrm{Z}},$$

et, en tenant compte des relations (20),

$$\frac{dp_i}{dt} = \frac{1}{t\mathrm{Z}} \left\{ \mathrm{X}_i + p_i \mathrm{Z} \right\},$$

d'où

$$\frac{-dp_i}{\mathrm{X}_i + p_i \mathrm{Z}} = -\frac{dt}{t\mathrm{Z}}.$$

Enfin, on aura

$$\frac{dz}{dt} = p_1 \frac{dx_1}{dt} + \dots + p_n \frac{dx_n}{dt};$$

nous retrouvons bien les équations (12).

2° Supposons $I = 0$. Nous savons que, dans ce cas, tous les déterminants mineurs du premier ordre ne peuvent être nuls. Supposons, par exemple,

$$\frac{D\left(\dfrac{\partial \Phi}{\partial x_1}, \dots, \dfrac{\partial \Phi}{\partial x_{n-1}}\right)}{D\left(a_1, \dots, a_{n-1}\right)} \gtrless 0.$$

La condition $I = 0$ exprime qu'il y a une relation entre les quantités $\dfrac{\partial \Phi}{\partial a_1}, \dots, \dfrac{\partial \Phi}{\partial a_n}$, car on peut aussi l'écrire

$$I = \frac{D\left(\dfrac{\partial \Phi}{\partial a_1}, \dots, \dfrac{\partial \Phi}{\partial a_n}\right)}{D\left(x_1, \dots, x_n\right)} = 0.$$

Soit

$$\psi\left(\frac{\partial \Phi}{\partial a_1}, \dots, \frac{\partial \Phi}{\partial a_n}\right) = 0$$

cette relation. Si on y remplace les quantités $\dfrac{\partial \Phi}{\partial a_h}$, $(h = 2, 3, \dots, n)$, par leurs valeurs $-b_h \dfrac{\partial \Phi}{\partial a_1}$, on en conclut que $\dfrac{\partial \Phi}{\partial a_1}$ et, par suite, toutes les quantités $\dfrac{\partial \Phi}{\partial a_i}$ sont constantes le long d'une multiplicité. Les équations de la caractéristique peuvent donc s'écrire

$$z = \Phi, \quad p_i = \frac{\partial \Phi}{\partial x_i}, \quad \frac{\partial \Phi}{\partial a_i} = c_i,$$

$c_1, c_2, \dots, c_n$ étant des constantes liées par la relation $\psi(c_1, c_2, \dots, c_n) = 0$. Les $n - 1$ équations

$$\frac{\partial \Phi}{\partial a_1} = c_1, \quad \dots, \quad \frac{\partial \Phi}{\partial a_{n-1}} = c_{n-1}$$

permettent d'exprimer $x_1, \dots, x_{n-1}$ en fonction de x_n, et on aura ensuite $z, p_1, \dots, p_n$ au moyen des premières relations.

Des équations précédentes on tire

$$(22) \quad \begin{cases} dp_i = \displaystyle\sum_{k=1}^{k=n} \frac{\partial^2 \Phi}{\partial x_i \, \partial x_k} \, dx_k, \\[2mm] \displaystyle\sum_{k=1}^{k=n} \frac{\partial^2 \Phi}{\partial a_i \, \partial x_k} \, dx_k = 0, \end{cases} \qquad (i = 1, 2, \ldots, n).$$

Nous savons, d'ailleurs, que, dans ce cas, F ne dépend pas de z, c'est-à-dire que l'on a $Z = 0$. Les relations (20) prennent donc la forme plus simple

$$(20') \quad \begin{cases} X_i + \displaystyle\sum_{k=1}^{k=n} P_k \frac{\partial^2 \Phi}{\partial x_i \, \partial x_k} = 0, \\[2mm] \displaystyle\sum_{k=1}^{k=n} P_k \frac{\partial^2 \Phi}{\partial x_k \, \partial a_i} = 0, \end{cases} \qquad (i = 1, 2, \ldots, n).$$

Les dernières équations (22) sont des équations homogènes et linéaires en dx_k dont le déterminant I est nul, mais dont un mineur du premier ordre est différent de 0; par suite, ces équations admettent un système de solutions où les inconnues ne sont déterminées qu'à un facteur de proportionnalité près. Les dernières équations (20') montrent que les quantités P_k forment aussi un système de solutions; on doit donc avoir

$$\frac{dx_1}{P_1} = \frac{dx_2}{P_2} = \ldots = \frac{dx_n}{P_n} = dt,$$

en désignant par dt la valeur commune de ces rapports. On a alors immédiatement

$$dp_i = \sum_{k=1}^{k=n} \frac{\partial^2 \Phi}{\partial x_i \, \partial x_k} \, P_k \, dt = - X_i \, dt,$$

en tenant compte des premières relations (20'). Quant à dz, on a toujours la relation

$$dz = p_1 \, dx_1 + \ldots + p_n \, dx_n.$$

Il suit de là que les multiplicités définies en dernier lieu satisfont aux mêmes équations différentielles que les caractéristiques. D'ailleurs, on peut disposer des $2n - 1$ constantes a_i, b_k, de façon que l'une de ces multiplicités passe par un élément quelconque z^0, x_i^0, p_i^0, pourvu que l'on ait $F(z^0, x_i^0, p_i^0) = 0$. Ce sont donc bien les caractéristiques.

Considérons, maintenant, une intégrale complète définie par l'équation

$$V(z, x_1, ..., x_n, a_1, a_2, ..., a_n) = 0,$$

et soit

$$z = \Phi(x_1, ..., x_n, a_1, ..., a_n)$$

la valeur de z obtenue en résolvant cette équation. Les caractéristiques auront pour équations, nous l'avons vu,

$$z = \Phi, \quad p_i = \frac{\partial \Phi}{\partial x_i}, \quad b_h \frac{\partial \Phi}{\partial a_1} + \frac{\partial \Phi}{\partial a_h} = 0.$$

D'autre part, on a

$$\left\{ \begin{aligned} &\frac{\partial V}{\partial z} \frac{\partial \Phi}{\partial x_i} + \frac{\partial V}{\partial x_i} = 0, \\ &\frac{\partial V}{\partial z} \frac{\partial \Phi}{\partial a_i} + \frac{\partial V}{\partial a_i} = 0. \end{aligned} \right.$$

En portant ces valeurs de $\dfrac{\partial \Phi}{\partial x_i}$, $\dfrac{\partial \Phi}{\partial a_i}$ dans les équations précédentes, on en conclut que, si

$$V(z, x_1, ..., x_n, a_1, ..., a_n) = 0$$

est une intégrale complète, les équations

$$V = 0, \quad \frac{\partial V}{\partial z} p_i + \frac{\partial V}{\partial x_i} = 0, \quad \frac{\partial V}{\partial a_1} b_h + \frac{\partial V}{\partial a_h} = 0,$$

$$(i = 1, 2, ..., n), \qquad\qquad (h = 2, 3, ..., n),$$

représentent les caractéristiques.

53. Nous avons vu (§ 50) que si on connaît les caractéristiques, on peut en déduire l'intégrale générale de l'équation (11); ce qui précède nous montre que, *réciproquement*, si on connaît une intégrale complète, on a immédiatement les caractéristiques. L'intégration d'une équation aux dérivées partielles du premier ordre ou la détermination des caractéristiques de cette équation sont donc deux problèmes absolument équivalents.

Connaissant une intégrale complète d'une équation du premier ordre, on peut se proposer de déterminer une intégrale satisfaisant à des conditions initiales données. En passant par l'intermédiaire des caractéristiques, le problème ne présente aucune difficulté. Proposons-nous, par exemple, connaissant une intégrale complète

$$z = \Phi(x_1, \ldots, x_n, a_1, \ldots, a_n),$$

de trouver une intégrale se réduisant, pour $x_1 = x_1^0$, à une fonction donnée $f(x_2, \ldots, x_n)$. La caractéristique passant par un élément (z^0, x_i^0, p_i^0) sera représentée par les équations

$$z = \Phi, \quad p_i = \frac{\partial \Phi}{\partial x_i}, \quad b_k \frac{\partial \Phi}{\partial a_1} + \frac{\partial \Phi}{\partial a_k} = 0, \qquad \begin{pmatrix} i = 1, 2, \ldots, n \\ k = 2, 3, \ldots, n \end{pmatrix},$$

les constantes a_i, b_k étant déterminées par les relations

$$z^0 = \Phi_0, \quad p_i^0 = \frac{\partial \Phi_0}{\partial x_i^0}, \quad b_k \frac{\partial \Phi_0}{\partial a_1} + \frac{\partial \Phi_0}{\partial a_k} = 0.$$

Pour avoir l'intégrale demandée, il faudra trouver le lieu des caractéristiques, lorsque l'élément initial satisfait aux relations

$$z^0 = f(x_2^0, \ldots, x_n^0), \quad p_2^0 = \frac{\partial f_0}{\partial x_2^0}, \quad \ldots, \quad p_n^0 = \frac{\partial f_0}{\partial x_n^0}.$$

L'élimination de $p_1^0, \ldots, p_n^0, b_2, \ldots, b_n$ entre les équations précédentes conduit aux relations

$$z = \Phi, \quad f_0 = \Phi_0, \quad \frac{\partial \Phi_0}{\partial a_i} = \lambda \frac{\partial \Phi}{\partial a_i}, \quad \frac{\partial f_0}{\partial x_k^0} = \frac{\partial \Phi_0}{\partial x_k^0}, \quad \begin{pmatrix} i = 1, 2, \ldots, n \\ k = 2, 3, \ldots, n \end{pmatrix},$$

entre lesquelles il suffira d'éliminer $a_1, \ldots, a_n, x_2^0, \ldots, x_n^0$ et λ. On en déduit la règle pratique suivante (1) :

Connaissant une intégrale complète d'une équation du premier ordre

$$z = \Phi(x_1, \ldots, x_n, a_1, \ldots, a_n),$$

pour obtenir une intégrale de la même équation se réduisant, pour $x_1 = x_1^0$, à une fonction donnée $f(x_2, \ldots, x_n)$ des autres

(1) Mayer, *Mathematische Annalen*, t. III, p. 452.

variables, on éliminera $a_1, \ldots, a_n, x_1^0, \ldots, x_n^0, \lambda$ entre les $(2n + 1)$ *équations*

$$z = \Phi, \quad f_0 = \Phi_0, \quad \frac{\partial \Phi_2}{\partial a_i} = \lambda \frac{\partial \Phi}{\partial a_i}, \quad \frac{\partial f_0}{\partial x_k^0} = \frac{\partial \Phi_2}{\partial x_k^0}, \quad \left(\begin{matrix} i = 1, 2, \ldots, n \\ k = 2, 3, \ldots, n \end{matrix} \right).$$

REMARQUE. — Il n'est pas nécessaire, pour intégrer l'équation (11), d'avoir l'intégrale générale du système (12); il suffit de connaître les intégrales de ce système dont les valeurs initiales vérifient la relation $F (z^0, x_i^0, p_i^0) = 0$. Si on a intégré complètement le système (12), on aura intégré par là même l'équation $F = a_0$, où a_0 désigne une constante quelconque. *Réciproquement*, soit

$$z = \Phi (x_1, x_2, \ldots, x_n, a_1, a_2, \ldots, a_n, a_0)$$

une intégrale complète de l'équation

$$F (z, x_i, p_i) = a_0.$$

Les caractéristiques seront représentées par les relations

$$z - \Phi = 0, \quad p_i = \frac{\partial \Phi}{\partial x_i}, \quad \frac{\partial \Phi}{\partial a_i} b_k + \frac{\partial \Phi}{\partial a_0} = 0,$$

$$(i = 1, 2, \ldots, n), \qquad (k = 2, 3, \ldots, n).$$

Ces équations donnent un système d'intégrales du système (12) dépendant de $2n$ paramètres arbitraires, et on voit aisément qu'on peut disposer de ces $2n$ constantes de façon que z, x_i, p_i prennent des valeurs quelconques données à l'avance; elles représentent donc l'intégrale *générale* du système (12). D'ailleurs, l'intégration du système (12) équivaut à celle de l'équation linéaire du premier ordre

$$(23) \quad (p_1 P_1 + \ldots + p_n P_n) \frac{\partial \Phi}{\partial z} + \sum_{i=1}^{i=n} \left\{ P_i \frac{\partial \Phi}{\partial x_i} - (X_i + p_i Z) \frac{\partial \Phi}{\partial p_i} \right\} = 0,$$

donc l'intégration de l'équation $F = a_0$ et celle de l'équation linéaire (23) sont deux problèmes équivalents.

CHAPITRE VI

Définition des expressions (ψ, φ) et $[\psi, \varphi]$. Première méthode de Jacobi.

54. Nous avons vu (§ 53) qu'étant donnée l'équation

$$(1) \qquad F(x_1, x_2, ..., x_n, p_1, p_2, ..., p_n) = a_0,$$

qui ne contient pas z, l'intégration de cette équation se ramène à celle du système d'équations différentielles

$$\frac{dx_i}{P_i} = \frac{-dp_i}{X_i} = \frac{dz}{P_1 p_1 + ... + P_n p_n}.$$

Il suffira d'intégrer le système

$$\frac{dx_i}{P_i} = \frac{-dp_i}{X_i}, \qquad (i = 1, 2, ..., n),$$

qui ne contient pas z et on aura ensuite z par une quadrature. L'intégration de ce dernier système est équivalente à l'intégration de l'équation du premier ordre

$$\sum_{i=1}^{i=n} \left(P_i \frac{\partial \varphi}{\partial x_i} - X_i \frac{\partial \varphi}{\partial p_i} \right) = 0.$$

D'une manière générale, nous poserons

$$(\psi, \varphi) = \sum_{i=1}^{i=n} \left\{ \frac{\partial \psi}{\partial p_i} \frac{\partial \varphi}{\partial x_i} - \frac{\partial \psi}{\partial x_i} \frac{\partial \varphi}{\partial p_i} \right\} = \sum_{i=1}^{i=n} \frac{D(\psi, \varphi)}{D(p_i, x_i)}.$$

Les expressions (ψ, φ), que nous rencontrerons souvent dans cette théorie, sont connues sous le nom de *parenthèses de Poisson*. Avec cette notation, l'équation précédente peut s'écrire

$$(2) \qquad (F, \Phi) = 0,$$

et, à une quadrature près, l'intégration des équations (1) et (2) sont deux problèmes équivalents.

Nous ferons connaître immédiatement quelques-unes des propriétés des expressions (ψ, φ). On a

$$(c, \varphi) = 0,$$
$$(\varphi, \varphi) = 0,$$
$$(\varphi, \psi) = -(\psi, \varphi),$$

c désignant une constante. Soit

$$\psi = F_1(\alpha, \beta, \gamma, \ldots, \eta, \lambda), \quad \varphi = F_2(\alpha, \beta, \gamma, \ldots, \eta, \lambda),$$

où $\alpha, \beta, \gamma, \ldots, \lambda$ désignent des fonctions quelconques des variables $x_1, x_2, \ldots, x_n, p_1, p_2, \ldots, p_n$; on aura

$$(\psi, \varphi) = (\alpha, \beta) \frac{D(F_1, F_2)}{D(\alpha, \beta)} + (\alpha, \gamma) \frac{D(F_1, F_2)}{D(\alpha, \gamma)} + \ldots + (\eta, \lambda) \frac{D(F_1, F_2)}{D(\eta, \lambda)},$$

le nombre des termes du second membre étant égal au nombre des combinaisons des lettres $\alpha, \beta, \gamma, \ldots, \lambda$ deux à deux. La propriété la plus importante de ces parenthèses est la suivante : f, φ, ψ étant *trois fonctions quelconques, on a identiquement* [1]

$$((f, \varphi), \psi) + ((\varphi, \psi), f) + ((\psi, f), \varphi) = 0.$$

En effet, chaque terme du premier membre est le produit d'une dérivée du second ordre par deux dérivées du premier ordre; il suffit donc de prouver que ce premier membre ne contient aucune dérivée du second ordre. Nous allons montrer, par exemple, qu'il ne contient pas de dérivées du second ordre de f. Les termes contenant des dérivées du second ordre de f proviennent tous de

$$((f, \varphi), \psi) + ((\psi, f), \varphi),$$

---

[1] Donkin, *Philosophical Transactions*, 1854.
Jacobi, *Nova Methodus*, p. 42.

qui peut encore s'écrire

$$(\psi, (\varphi, f)) - (\varphi, (\psi, f)).$$

Posons alors

$$(\varphi, f) = X (f) \qquad (\psi, f) = Y (f),$$

puisque ces deux expressions sont linéaires par rapport aux dérivées de f; l'expression précédente s'écrit

$$Y (X (f)) - X (Y (f)),$$

expression qui, comme nous le savons (§ 24), ne contient pas de dérivées secondes de f.

On déduit de cette identité l'importante proposition suivante, connue sous le nom de théorème de Poisson :

Si α et β sont deux intégrales de l'équation

$$(2) \qquad\qquad\qquad (F, \Phi) = 0,$$

(α, β) *est une intégrale de la même équation.*

L'identité

$$((F, \alpha), \beta) + ((\alpha, \beta). F) + ((\beta, F), \alpha) = 0$$

devient, puisque $(F, \alpha) = 0, (F, \beta) = 0,$

$$((\alpha, \beta), F) = 0,$$

ce qui démontre la proposition.

Il semblerait, d'après cela, qu'il suffirait de connaître deux intégrales de l'équation (2), outre la fonction F, pour pouvoir achever l'intégration, puisque de deux intégrales on en déduit une troisième; en combinant cette nouvelle intégrale avec une des deux premières, on en aurait une quatrième, et ainsi de suite. Mais il peut arriver que (α, β) se réduise à une constante ou à une fonction des intégrales déjà obtenues. De sorte que, dans la pratique, le théorème, sans être en défaut, n'a pas toute l'importance qu'il paraît avoir d'après son énoncé. On reviendra dans un autre chapitre sur l'application de ce théorème.

Considérons, comme cas particulier, deux fonctions φ et ψ linéaires par rapport aux variables p_k,

$$\psi = a_1 p_1 + a_2 p_2 + \dots + a_n p_n,$$
$$\varphi = b_1 p_1 + b_2 p_2 + \dots + b_n p_n,$$

et posons

$$X(f) = a_1 \frac{\partial f}{\partial x_1} + a_2 \frac{\partial f}{\partial x_2} + \dots + a_n \frac{\partial f}{\partial x_n},$$
$$Y(f) = b_1 \frac{\partial f}{\partial x_1} + b_2 \frac{\partial f}{\partial x_2} + \dots + b_n \frac{\partial f}{\partial x_n}.$$

L'expression (ψ, φ) se réduit, quand on y remplace p_i par $\frac{\partial f}{\partial x_i}$, à

$$X\big(Y(f)\big) - Y\big(X(f)\big).$$

Si on a $(\psi, \varphi) = 0$, le système des deux équations $X(f) = 0$, $Y(f) = 0$ est jacobien. Soit f une intégrale de l'équation $X(f) = 0$, f désignant une fonction des seules variables $x_1, x_2, \dots, x_n$. On aura

$$(\psi, f) = 0,$$

par suite f et φ sont deux intégrales de l'équation

$$(\psi, \Phi) = 0,$$

et (φ, f) est aussi une intégrale de cette équation. D'ailleurs

$$(\varphi, f) = Y(f);$$

nous retrouvons une propriété connue des systèmes jacobiens (§ 30).

55. Considérons maintenant une équation contenant z

$$(3) \qquad F(z, x_i, p_k) = a_0.$$

Nous avons vu que l'intégration de cette équation se ramène à l'intégration de l'équation linéaire

$$\sum_{i=1}^{i=n} \left\{ P_i \left(\frac{\partial \Phi}{\partial x_i} + p_i \frac{\partial \Phi}{\partial z} \right) - (X_i + p_i Z) \frac{\partial \Phi}{\partial p_i} \right\} = 0.$$

Posons, pour abréger l'écriture,

$$\frac{d}{dx_i} = \frac{\partial}{\partial x_i} + p_i \frac{\partial}{\partial z};$$

l'équation précédente pourra s'écrire

$$\sum_{i=1}^{i=n}\left\{\frac{\partial F}{\partial p_i}\frac{d\Phi}{dx_i} - \frac{\partial \Phi}{\partial p_i}\frac{dF}{dx_i}\right\} = 0,$$

ou, avec une notation analogue à celle des parenthèses précédentes,

(4) $[F, \Phi] = 0,$

en posant d'une manière générale

$$[U, V] = \sum_{i=1}^{i=n}\left\{\frac{\partial U}{\partial p_i}\frac{dV}{dx_i} - \frac{\partial V}{\partial p_i}\frac{dU}{dx_i}\right\}.$$

Les expressions $[,]$ jouissent de propriétés analogues à celles des parenthèses $(,)$; mais la propriété fondamentale ne s'étend pas aux crochets. Si U, V, W sont trois fonctions quelconques de z, x_i, p_i, la somme

$$[[U, V], W] + [[V, W], U] + [[W, U], V]$$

n'est pas nulle. On démontre d'abord, comme pour les parenthèses, que cette somme ne contient aucune dérivée du second ordre. Or, on a

$$[U, V] = (U, V) + \sum_{i=1}^{i=n} p_i\left\{\frac{\partial V}{\partial z}\frac{\partial U}{\partial p_i} - \frac{\partial U}{\partial z}\frac{\partial V}{\partial p_i}\right\}.$$

Les seuls termes qui ne contiendront pas de dérivées du second ordre dans $[[U, V], W]$ proviendront de

$$\sum_{i=1}^{i=n} p_i\left\{\frac{\partial V}{\partial z}\frac{\partial U}{\partial p_i} - \frac{\partial U}{\partial z}\frac{\partial V}{\partial p_i}\right\}$$

et seront

$$\sum_{i=1}^{i=n}\left\{\frac{\partial V}{\partial z}\frac{\partial U}{\partial p_i} - \frac{\partial U}{\partial z}\frac{\partial V}{\partial p_i}\right\}\frac{dW}{dx_i}.$$

Si on fait la somme des trois expressions analogues, on trouve qu'elle est égale à [1]

$$\frac{\partial U}{\partial z}[W, V] + \frac{\partial V}{\partial z}[U, W] + \frac{\partial W}{\partial z}[V, U];$$

c'est donc une fonction linéaire des crochets $[W, V]$, $[U, W]$, $[V, U]$.

---

[1] Mayer. Mathematische Annalen, t. IX, p. 370.

56. Première méthode de Jacobi. — En comparant les travaux d'Hamilton sur la mécanique à la méthode de Pfaff, Jacobi a été conduit à une méthode d'intégration identique au fond à celle de Cauchy, qui était inconnue de Jacobi à cette époque [1]. Nous exposerons cette méthode avec la modification de Mayer [2]. Supposons avec Jacobi qu'on ait fait disparaître la fonction inconnue, soit

$$(5) \qquad \frac{\partial V}{\partial t} + H\left(t, x_1, ..., x_n, \frac{\partial V}{\partial x_1}, ..., \frac{\partial V}{\partial x_n}\right) = 0$$

une équation aux dérivées partielles du premier ordre entre la fonction inconnue V et les $(n + 1)$ variables indépendantes $t, x_1, ..., x_n$, résolue par rapport à la dérivée $\dfrac{\partial V}{\partial t}$.

Posons $\dfrac{\partial V}{\partial x_i} = p_i$, nous pourrons alors écrire l'équation (5) sous la forme abrégée

$$(5') \qquad \frac{\partial V}{\partial t} + H(t, x_i, p_i) = 0.$$

L'intégration de l'équation (5) se ramène à celle du système d'équations différentielles ordinaires

$$(6) \qquad \frac{dx_i}{dt} = \frac{\partial H}{\partial p_i}, \quad \frac{dp_i}{dt} = -\frac{\partial H}{\partial x_i}, \qquad (i = 1, 2, ..., n).$$

En effet, soit

$$V(t, x_1, ..., x_n, a_1, a_2, ..., a_n) + a_{n+1}$$

une intégrale complète de l'équation (5), telle que l'on ait

$$I = \frac{D\left(\dfrac{\partial V}{\partial x_1}, ..., \dfrac{\partial V}{\partial x_n}\right)}{D(a_1, ..., a_n)} \gtrless 0,$$

---

[1] Jacobi, *Über die Reduction der Integration der partiellen Differentialgleichungen erster Ordnung zwischen irgend einer Zahl variabeln auf die Integration eines einzigen Systems gewöhnlicher Differentialgleichungen* (Crelle, t. XVII, p. 97-162; *Gesammelte Werke*, t. IV, p. 59-127). Une traduction française de ce mémoire a été publiée dans le tome III du *Journal de Liouville*, 1ᵉ série.

Voir aussi *Vorlesungen über Dynamik*, p. 363.

[2] Mayer, *Über die Jacobi-Hamilton'sche Integrationsmethode der partiellen Differentialgleichungen erster Ordnung* (Mathematische Annalen, t. III, p. 435).

l'intégrale générale du système (6) sera donnée par les formules

$$(7) \qquad \frac{\partial V}{\partial x_i} = p_i, \quad \frac{\partial V}{\partial a_i} = b_i, \qquad (i = 1, 2, ..., n),$$

où b_i désignent des constantes arbitraires. En effet, les $2n$ fonctions $x_1, ..., x_n, p_1, ..., p_n$ de t, définies par les relations (7), vérifient les équations (6); c'est un cas particulier de la proposition plus générale démontrée au chapitre précédent (§ 52). D'un autre côté, on peut disposer des $2n$ constantes a_i, b_i de façon que, pour $t = t_0$, x_i, p_i prennent des valeurs données à l'avance x_i^0, p_i^0. *Réciproquement*, je dis que si on a intégré le système (6), on aura une intégrale complète de l'équation (5) par une seule quadrature. En effet, soit

$$(8) \quad \begin{cases} x_i = \varphi_i\,(t,\, a_1,\, a_2,\, ...,\, a_n,\, b_1,\, b_2,\, ...,\, b_n), \\ p_i = \psi_i\,(t,\, a_1,\, a_2,\, ...,\, a_n,\, b_1,\, b_2,\, ...,\, b_n), \end{cases} \qquad (i = 1, 2, ..., n),$$

l'intégrale générale du système (6), où $a_1, a_2, ..., a_n$ désignent les valeurs initiales de $p_1, p_2, ..., p_n$ et $b_1, b_2, ..., b_n$ celles de $x_1, x_2, ..., x_n$, quand on fait $t = t_0$. Des n premières équations (8) on pourra tirer $b_1, b_2, ..., b_n$, car le déterminant $\dfrac{D\,(x_1, ..., x_n)}{D\,(b_1, ..., b_n)}$ se réduit à l'unité pour $t = t_0$, et en portant ces valeurs dans les n dernières on aura les quantités p_i exprimées en fonction de t, x_i et a_i. Donc, toute fonction des variables t, x_i, p_i, a_i, b_i, pourra s'exprimer soit en fonction des variables t, a_i, b_i, soit au moyen des variables t, x_i, a_i [1]. Imaginons qu'on prenne d'abord pour variables indépendantes t, a_i et b_i. Posons

$$U = \sum_{k=1}^{k=n} p_k \frac{\partial H}{\partial p_k} - H$$

et considérons la fonction

$$V = \sum_{k=1}^{k=n} a_k b_k + \int_{t_0}^{t} U \, dt.$$

---

[1] Jacobi prenait pour variables indépendantes $t, x_1, ..., x_n, b_1, b_2, ..., b_n$. C'est M. Mayer qui a fait remarquer, dans le travail cité plus haut, que ces $2n + 1$ quantités n'étaient pas nécessairement indépendantes. On pourra consulter sur ce sujet plusieurs articles de M. Darboux (*Comptes rendus*, t. LXXIX, p. 1458; t. LXXX, p. 100; *Bulletin des Sciences mathématiques et astronomiques*, 1re série, t. VIII, p. 249), où, suivant les indications de M. Bertrand, il montre que la modification de Mayer n'est pas indispensable.

Si on exprime cette fonction V au moyen des variables t, x_i, a_i, on aura une intégrale complète de l'équation (5). Nous désignerons par la lettre d une différentielle relative à un accroissement dt de la seule variable t, par δ une différentielle relative à des accroissements δa_i, δb_i des seules variables a_i, b_i et par Δ la différentielle totale, de telle sorte que l'on a

$$\Delta = d + \delta, \qquad \Delta V = dV + \delta V, \qquad \Delta x_i = dx_i + \delta x_i.$$

Calculons ΔV :

$$dV = U\,dt,$$

$$\delta V = \sum_{k=1}^{k=n} (a_k\,\delta b_k + b_k\,\delta a_k) + \int_{t_0}^{t} \delta U\,dt.$$

D'ailleurs

$$\delta U = \sum_{k=1}^{k=n} \delta p_k \frac{\partial H}{\partial p_k} + \sum_{k=1}^{k=n} p_k\,\delta \frac{\partial H}{\partial p_k}$$
$$- \sum_{k=1}^{k=n} \frac{\partial H}{\partial x_k}\,\delta x_k + \sum_{k=1}^{k=n} \frac{\partial H}{\partial p_k}\,\delta p_k.$$

Remplaçons $\dfrac{\partial H}{\partial x_k}$ et $\dfrac{\partial H}{\partial p_k}$ par leurs valeurs tirées des équations (6); il vient

$$\delta U = \sum_{k=1}^{k=n} p_k\,\delta \frac{dx_k}{dt} + \sum_{k=1}^{k=n} \frac{dp_k}{dt}\,\delta x_k,$$

et en remarquant que

$$\delta \frac{dx_k}{dt} = \frac{d}{dt}\,\delta x_k, \qquad \delta U = \frac{d}{dt}\left(\sum_{k=1}^{k=n} p_k\,\delta x_k \right).$$

On a donc

$$\int_{t_0}^{t} \delta U\,\delta t = \sum_{k=1}^{k=n} p_k\,\delta x_k - \sum_{k=1}^{k=n} a_k\,\delta b_k,$$

et, par suite,

$$\Delta V = \left\{ \sum_{k=1}^{k=n} p_k \frac{\partial H}{\partial p_k} - H \right\} dt + \sum_{k=1}^{k=n} p_k\,\delta x_k + \sum_{k=1}^{k=n} b_k\,\delta a_k,$$

ou, en réduisant et remplaçant $\dfrac{\partial H}{\partial p_k}\,dt$ par dx_k,

$$\Delta V = \sum_{k=1}^{k=n} (p_k\,\Delta x_k + b_k\,\Delta a_k) - H\,\Delta t,$$

car
$$\delta a_k = \Delta a_k, \quad dt = \Delta t, \quad \Delta x_k = dx_k + \delta x_k.$$

Cette relation entre les différentielles totales subsiste quelles que soient les variables indépendantes; on doit donc avoir, en supposant V exprimée au moyen de t, x_i, a_i,

$$\frac{\partial V}{\partial x_k} = p_k, \quad \frac{\partial V}{\partial a_k} = b_k, \quad \frac{\partial V}{\partial t} + H = 0.$$

Cette fonction V vérifie donc l'équation (5); d'ailleurs, pour $t = t_0$, elle doit se réduire à $a_1 x_1 + \ldots + a_n x_n$, et le déterminant I se réduit à l'unité. Par conséquent, $V + a_{n+1}$ est une intégrale complète.

L'intégration de l'équation (5) se ramène donc à celle du système canonique

$$\frac{dx_i}{dt} = \frac{\partial H}{\partial p_i}, \quad \frac{\partial p_i}{\partial t} = -\frac{\partial H}{\partial x_i}.$$

Toute intégrale Φ de ce système doit vérifier l'équation linéaire

$$(9) \qquad \frac{\partial \Phi}{\partial t} + (H, \Phi) = 0.$$

On aura des intégrales indépendantes de t de cette équation, dans le cas où H ne dépend pas de t, en cherchant les intégrales de l'équation

$$(H, \Phi) = 0.$$

C'est ce qui se présente dans les problèmes de mécanique lorsque la fonction des forces ne dépend pas du temps.

Prenons le cas général; si α et β sont *deux intégrales de l'équation* (9), (α, β) *est encore une intégrale*. La proposition a déjà été établie lorsque α et β ne contiennent pas t. Si α et β contiennent t, introduisons une nouvelle variable auxiliaire T correspondant à t comme p_i correspond à x_i. Posons

$$((\mathrm{F}, \Phi)) = (\mathrm{F}, \Phi) + \frac{\partial \mathrm{F}}{\partial \mathrm{T}}\frac{\partial \Phi}{\partial t} - \frac{\partial \mathrm{F}}{\partial t}\frac{\partial \Phi}{\partial \mathrm{T}},$$

et

$$\mathrm{H}_1 = \mathrm{H} + \mathrm{T}.$$

Considérons l'équation

$$((\mathrm{H}_1, \Phi)) = 0;$$

elle s'écrit

$$(H, \Phi) + \frac{\partial \Phi}{\partial t} - \frac{\partial H}{\partial t}\frac{\partial \Phi}{\partial T} = 0,$$

et se réduit à l'équation (9) si Φ ne dépend pas de T. Donc, si α et β
sont des intégrales de l'équation (9), on aura

$$((H_1, \alpha)) = 0, \quad ((H_1, \beta)) = 0,$$

et, par suite,

$$\Big(\big(H_1, ((\alpha, \beta))\big)\Big) = 0;$$

or

$$((\alpha, \beta)) = (\alpha, \beta),$$

et on a la relation qu'il fallait démontrer

$$\Big(\big(H_1, (\alpha, \beta)\big)\Big) = \big(H, (\alpha, \beta)\big) + \frac{\partial (\alpha, \beta)}{\partial t} = 0.$$

Supposons que les équations (6) soient les équations différentielles
d'un problème de mécanique, où t représente le temps; si $\alpha = $ Const.,
$\beta = $ Const. sont deux intégrales premières de ce système, l'expression (α, β) sera aussi une intégrale et, par conséquent, conservera
une valeur constante pendant toute la durée du mouvement. C'est
sous cette forme que Poisson [1] a obtenu son théorème.

REMARQUE. — Nous venons de montrer que de toute intégrale
complète de l'équation (5) on déduit l'intégrale générale du système (6), et réciproquement lorsqu'on connaît l'intégrale générale
du système (6) on a, par une seule quadrature, une intégrale complète
de l'équation (5). Mais l'intégrale complète que l'on obtient ainsi
n'est pas une intégrale quelconque, c'est l'intégrale complète qui,
pour $t = t_0$, se réduit à $a_1 x_1 + a_2 x_2 + \dots a_n x_n$. Il est aisé de
vérifier que lorsqu'on connaît déjà une intégrale complète quelconque
$\psi\ (t, x_1, x_2, \dots, x_n, c_1, c_2, \dots, c_n)$ de l'équation (5), la quadrature
précédente s'effectue immédiatement. En effet, l'intégrale générale
du système (6) sera donnée par les équations

$$\frac{\partial \psi}{\partial x_i} = p_i, \quad \frac{\partial \psi}{\partial c_i} = d_i, \qquad (i = 1, 2, \dots, n).$$

---

[1] *Journal de l'École polytechnique*, 15e cahier.

Soient a_i et b_i les valeurs initiales de p_i et x_i; posons

$$\psi_0 = \psi\,(t_0,\ b_1,\ b_2,\ ...,\ b_n,\ c_1,\ c_2,\ ...,\ c_n),$$

on devra avoir

$$\frac{\partial \psi_0}{\partial b_i} = a_i, \qquad \frac{\partial \psi_0}{\partial c_i} = d_i,$$

et alors l'intégrale cherchée sera donnée par la formule

$$V = \sum_{k=1}^{k=n} a_k b_k + \int_{t_0}^{t} \left\{ \sum_{k=1}^{k=n} p_k \frac{\partial H}{\partial p_k} - H \right\} dt,$$

ou

$$V = \sum_{k=1}^{k=n} a_k b_k + \int_{t_0}^{t} \left\{ \sum_{k=1}^{k=n} \frac{\partial \psi}{\partial x_k} \frac{d x_k}{d t} + \frac{\partial \psi}{\partial t} \right\} dt,$$

en prenant pour variables indépendantes t, c_i, d_i. On aura donc

$$V = \sum_{k=1}^{k=n} a_k b_k + \psi - \psi_0.$$

On en conclut [1] qu'étant donnée une intégrale complète quelconque ψ de l'équation (5), l'intégrale qui, pour $t = t_0$, se réduit à $a_1 x_1 + ... + a_n x_n$, a pour expression

$$V = \sum_{k=1}^{n} a_k b_k + \psi - \psi_0,$$

les constantes b_i, c_i se déduisant des équations

$$\frac{\partial \psi_0}{\partial b_i} = a_i, \qquad \frac{\partial \psi}{\partial c_i} = \frac{\partial \psi_0}{\partial c_i}, \qquad\qquad (i = 1,\ 2,\ ...,\ n).$$

---

[1] Mayer, *Mathematische Annalen*, t. VI, p. 167.

CHAPITRE VII

Méthode de Jacobi et Mayer.

57. Les méthodes précédentes, sauf celle de Lagrange et Charpit, ramènent l'intégration d'une équation aux dérivées partielles du premier ordre à l'intégration complète d'un système d'équations différentielles ordinaires. On doit à Jacobi une autre méthode dans laquelle on a à chercher successivement *une seule* intégrale de plusieurs systèmes complets. Jacobi était en possession des principes essentiels de cette nouvelle méthode dès 1836 [1]. Il l'a enseignée pendant longtemps à l'Université de Kœnigsberg, mais ce n'est qu'après sa mort qu'elle a été publiée par les soins de Clebsch, en 1862 [2]. Dans cet intervalle, la plupart des théorèmes de Jacobi avaient été retrouvés par différents géomètres, Liouville [3], Bour [4], Donkin [5], etc... En particulier, Bour a montré que la méthode de Jacobi s'étendait sans difficulté aux systèmes d'équations simultanées. Néanmoins, on a conservé à cette méthode le nom de méthode de Jacobi. Enfin, les travaux plus récents de M. Mayer sur les systèmes d'équations linéaires ont permis de diminuer beaucoup le nombre d'intégrations exigé par l'emploi de cette méthode.

---

[1] Voir une lettre du 29 novembre 1836, adressée à M. le professeur Encke, secrétaire de la classe des Sciences mathématiques de l'Académie de Berlin. *Journal de Crelle*, t. XVII, p. 80-82; *Gesammelte Werke*, t. IV, p. 41; *Journal de Liouville*, t. III, 1re série, p. 44.

[2] Jacobi, *Nova Methodus aequationes differentiales partiales primi ordinis inter numerum variabilium quemcunque propositas integrandi* (*Journal de Crelle*, t. LX, p. 1-181).
Voir aussi *Vorlesungen über Dynamik*; passim.

[3] Cours du Collège de France de 1853.

[4] Bour, *Sur l'intégration des équations différentielles partielles du premier et du second ordre* (*Journal de l'École polytechnique*, 39e cahier).

[5] Donkin, *Philosophical Transactions*, 1854.

58. Nous commencerons par généraliser la définition de l'intégrale complète de Lagrange. Considérons une équation

$$(1) \qquad V(z, x_1, x_2, ..., x_n, a_1, a_2, ..., a_{n-p+1}) = 0, \qquad (p > 1),$$

définissant une fonction z des variables $x_1, x_2, ..., x_n$ et de $(n - p + 1)$ paramètres arbitraires $a_1, a_2, ..., a_{n-p+1}$. Si nous considérons, dans cette équation, les paramètres comme des constantes, l'élimination de ces paramètres entre l'équation (1) et les équations

$$(2) \qquad \frac{\partial V}{\partial x_i} + \frac{\partial V}{\partial z} p_i = 0, \qquad (i = 1, 2, ..., n),$$

où on a posé $p_i = \dfrac{\partial z}{\partial x_i}$, donnera, *en général*, p relations distinctes seulement entre $z, x_1, x_2, ..., x_n, p_1, p_2, ..., p_n$

$$(3) \qquad \begin{cases} F_1(z, x_1, ..., x_n, p_1, ..., p_n) = 0, \\ \cdots\cdots\cdots\cdots\cdots\cdots\cdots\cdots\cdots \\ F_p(z, x_1, ..., x_n, p_1, ..., p_n) = 0, \end{cases}$$

et nous désignerons encore, comme précédemment, la fonction z définie par la relation (1) sous le nom d'*intégrale complète* du système d'équations aux dérivées partielles simultanées (3). Nous allons voir que, dans ce cas encore, la connaissance d'une intégrale complète du système (3) permet de trouver toutes les autres intégrales. En effet, les équations (3) provenant de l'élimination de $a_1, a_2, ...,$ a_{n-p+1} entre les équations (1) et (2), la recherche d'une intégrale commune revient à la recherche d'un système de fonctions $z, a_1, a_2,$ $..., a_{n-p+1}$ de $x_1, x_2, ..., x_n$ vérifiant les équations (1) et (2). On peut évidemment remplacer le système (1) et (2) par le système des deux équations (1) et (4),

$$(4) \qquad \frac{\partial V}{\partial a_1} da_1 + \frac{\partial V}{\partial a_2} da_2 + ... + \frac{\partial V}{\partial a_{n-p+1}} da_{n-p+1} = 0,$$

cette dernière équation étant obtenue en différentiant l'équation (1) et en tenant compte des équations (2). On peut satisfaire aux équations (1) et (4) de diverses manières :

1° En prenant

$$a_1 = C^{te}, \qquad ..., \qquad a_{n-p+1} = C^{te}$$

on retrouve l'*intégrale complète*.

$2°$ En prenant pour $z, a_1, ..., a_{n-p+1}$ des fonctions satisfaisant aux équations

$$V = 0,$$

$$\frac{\partial V}{\partial a_1} = 0, \quad ..., \quad \frac{\partial V}{\partial a_{n-p+1}} = 0.$$

L'élimination de $a_1, ..., a_{n-p+1}$ entre ces équations fournit une intégrale qui ne contient rien d'arbitraire et que nous appellerons *intégrale singulière*.

$3°$ Si l'une des quantités $\dfrac{\partial V}{\partial a_i}$ est différente de 0, il existera au moins une relation entre $a_1, a_2, ..., a_{n-p+1}$. Supposons qu'il y ait k relations distinctes entre $a_1, ..., a_{n-p+1}$ et k seulement

$$f_1(a_1, ..., a_{n-p+1}) = 0, \quad ..., \quad f_k(a_1, ..., a_{n-p+1}) = 0,$$

on devra pouvoir trouver k facteurs $\lambda_1, \lambda_2, ..., \lambda_k$, tels que l'on ait identiquement

$$\frac{\partial V}{\partial a_1} da_1 + ... + \frac{\partial V}{\partial a_{n-p+1}} da_{n-p+1} = \lambda_1 df_1 + ... + \lambda_k df_k,$$

c'est-à-dire

$$\begin{cases} \dfrac{\partial V}{\partial a_1} = \lambda_1 \dfrac{\partial f_1}{\partial a_1} + ... + \lambda_k \dfrac{\partial f_k}{\partial a_1}, \\ \quad .... \\ \dfrac{\partial V}{\partial a_{n-p+1}} = \lambda_1 \dfrac{\partial f_1}{\partial a_{n-p+1}} + ... + \lambda_k \dfrac{\partial f_k}{\partial a_{n-p+1}}. \end{cases}$$

En éliminant $a_1, ..., a_{n-p+1}, \lambda_1, ..., \lambda_k$ entre ces relations, l'équation (1) et les relations $f_1 = 0, ..., f_k = 0$, on aura une intégrale du système (3) dépendant de k fonctions arbitraires que nous nommerons *l'intégrale générale*.

59. Réciproquement, étant donné un système d'équations aux dérivées partielles simultanées, tel que (3), il n'existe pas nécessairement des intégrales communes à ces équations. Nous allons voir dans quelles conditions il en est ainsi, et comment on pourra les obtenir. Nous supposerons, avec Jacobi, que les équations ne contiennent pas la fonction inconnue; soit

$$(5) \qquad \begin{cases} F_1(x_1, ..., x_n, p_1, ..., p_n) = 0, \\ \cdots\cdots\cdots\cdots\cdots\cdots\cdots\cdots \\ F_\mu(x_1, ..., x_n, p_1, ..., p_n) = 0 \end{cases}$$

un système d'équations aux dérivées partielles du premier ordre, distinctes et algébriquement compatibles. Le problème de l'intégration peut être posé ainsi : Déterminer $n - \mu$ fonctions $\Phi_1, ..., \Phi_{n-\mu}$ de $x_1, ..., x_n, p_1, ..., p_n$, telles que les valeurs de $p_1, ..., p_n$, tirées du système d'équations

$$F_1 = 0, \quad ..., \quad F_\mu = 0, \qquad \Phi_1 = 0, \quad ..., \quad \Phi_{n-\mu} = 0$$

rendent l'expression

$$p_1\, dx_1 + p_2\, dx_2 + ... + p_n\, dx_n$$

différentielle exacte. Si $\Phi_1, ..., \Phi_{n-\mu}$ contiennent chacune une constante arbitraire, en effectuant la quadrature

$$z = \int p_1\, dx_1 + ... + p_n\, dx_n,$$

on introduira une nouvelle constante arbitraire et on aura une intégrale complète du système (5).

THÉORÈME. — *Si les deux équations* $F = 0$, $H = 0$ *ont une intégrale commune, cette intégrale vérifie l'équation*

$$(F, H) = 0,$$

qui est aussi du premier ordre.

En effet, supposons d'abord que $p_1, p_2, ..., p_n$ soient des fonctions quelconques de $x_1, x_2, ..., x_n$ satisfaisant aux équations

$$F = 0, \quad H = 0;$$

on aura, en différentiant la première par rapport à x_i,

$$\frac{\partial F}{\partial x_i} + \sum_{k=1}^{k=n} \frac{\partial F}{\partial p_k} \frac{\partial p_k}{\partial x_i} = 0.$$

Multiplions cette équation par $\dfrac{\partial H}{\partial p_i}$ et ajoutons toutes les équations analogues; il vient

$$\sum_{i=1}^{i=n} \frac{\partial F}{\partial x_i}\frac{\partial H}{\partial p_i} + \sum_{i=1}^{i=n}\sum_{k=1}^{k=n} \frac{\partial F}{\partial p_i}\frac{\partial H}{\partial p_k}\frac{\partial p_k}{\partial x_i} = 0.$$

Permutons H et F et remarquons que, dans la somme double, on peut permuter les indices i et k; nous aurons de même

$$\sum_{i=1}^{i=n} \frac{\partial F}{\partial p_i}\frac{\partial H}{\partial x_i} + \sum_{i=1}^{i=n}\sum_{k=1}^{k=n} \frac{\partial F}{\partial p_k}\frac{\partial H}{\partial p_i}\frac{\partial p_i}{\partial x_k} = 0.$$

Par suite, en retranchant membre à membre, il vient

$$(6)\qquad (H, F) + \sum_{i=1}^{i=n}\sum_{k=1}^{k=n} \frac{\partial F}{\partial p_k}\frac{\partial H}{\partial p_i}\left(\frac{\partial p_k}{\partial x_i} - \frac{\partial p_i}{\partial x_k}\right) = 0.$$

Si $p_1, p_2, \ldots, p_n$ sont les dérivées partielles d'une même fonction de $x_1, \ldots, x_n$, on a

$$\frac{\partial p_i}{\partial x_k} - \frac{\partial p_k}{\partial x_i} = 0,$$

quels que soient i et k et, par conséquent,

$$(H, F) = 0.$$

Nous voyons donc que toute intégrale du système (5) sera aussi une intégrale de toutes les équations telles que

$$(F_\alpha, F_\beta) = 0,$$

que l'on peut former en combinant deux à deux ces équations (5). On pourra donc adjoindre au système proposé celles de ces équations qui forment avec elles un système d'équations distinctes et, en continuant de la sorte, on arrivera nécessairement soit à un système d'équations distinctes en nombre supérieur à n qui, par suite, n'admet pas d'intégrales, soit à un système de m équations $(m \leqq n)$, tel que toutes les équations

$$(F_\alpha, F_\beta) = 0$$

soient identiquement vérifiées, ou soient des conséquences algébriques des précédentes.

On peut toujours s'arranger de façon à constater l'impossibilité du problème, ou à être ramené à un système tel que toutes les parenthèses (F_α, F_β) soient identiquement nulles. En effet, supposons qu'on ait un système de μ équations: résolvons ces équations par rapport à μ des quantités $p_1, p_2, ..., p_\mu$, ce qui doit toujours être possible, car sans cela l'élimination de $p_1, ..., p_\mu$ conduirait à une relation entre les variables indépendantes $x_1, x_2, ..., x_n$, et le système proposé serait évidemment incompatible. Soit

$$\begin{cases} p_1 - f_1\,(p_{\mu+1}, ..., p_n, x_1, ..., x_n) = 0, \\ \cdots\cdots\cdots\cdots\cdots\cdots\cdots\cdots\cdots\cdots\cdots\cdots \\ p_\mu - f_\mu\,(p_{\mu+1}, ..., p_n, x_1, ..., x_n) = 0 \end{cases}$$

le système ainsi obtenu; formons les parenthèses

$$(p_\alpha - f_\alpha, p_\beta - f_\beta) = 0;$$

les premiers membres de ces équations ne contiennent aucune des quantités $p_1, p_2, ..., p_\mu$; elles ne peuvent donc pas être des conséquences des précédentes et fournissent de nouvelles équations si les parenthèses ne sont pas *identiquement* nulles. En résolvant les nouvelles équations par rapport à certaines des quantités $p_{\mu+1}$, ..., p_n et en continuant de la sorte, nous arriverons finalement, si le système proposé n'est pas incompatible, à un système de m équations du premier ordre

$$F_1 = 0, \quad ..., \quad F_m = 0, \qquad (m \leqq n),$$

tel que toutes les parenthèses (F_α, F_β) soient *identiquement nulles.* Un tel système a été appelé par M. Lie *système en involution.* Nous dirons aussi souvent, pour abréger, que les fonctions $F_1, ..., F_m$ sont en involution.

La recherche des intégrales communes d'un système d'équations du premier ordre se ramène donc à la recherche des intégrales communes d'un système en involution.

60. On trouve immédiatement ces intégrales communes si $m = n$, ainsi qu'il résulte de la proposition suivante :

Théorème. — *Soit*

$$F_1 = 0, \quad ..., \quad F_n = 0,$$

un système en involution tel que le déterminant

$$R = \frac{D(F_1, \ldots, F_n)}{D(p_1, \ldots, p_n)}$$

ne soit pas identiquement nul. Si on résout les n équations

$$F_1 = a_1, \quad \ldots, \quad F_n = a_n,$$

par rapport à $p_1, p_2, \ldots, p_n$,

$$p_i = \psi_i(x_1, \ldots, x_n, a_1, \ldots, a_n), \qquad (i = 1, 2, \ldots, n),$$

les valeurs de $p_1, \ldots, p_n$ ainsi obtenues rendent l'expression

$$p_1 \, dx_1 + \ldots + p_n \, dx_n$$

différentielle exacte.

On aura, en effet,

$$(F_\alpha - a_\alpha, F_\beta - a_\beta) = (F_\alpha, F_\beta) = 0,$$

et, d'après un calcul fait plus haut (formule 6), les fonctions p_1, ..., p_n ainsi définies doivent vérifier les relations

$$\sum_{i=1}^{i=n} \sum_{k=1}^{k=n} \frac{\partial F_\alpha}{\partial p_i} \frac{\partial F_\beta}{\partial p_k} \left(\frac{\partial p_k}{\partial x_i} - \frac{\partial p_i}{\partial x_k} \right) = 0,$$

$$(\alpha, \beta = 1, 2, \ldots, n).$$

Prenons les n relations de cette espèce où l'indice β conserve la même valeur; elles peuvent s'écrire

$$\sum_{i=1}^{i=n} \frac{\partial F_\alpha}{\partial p_i} \sum_{k=1}^{k=n} \frac{\partial F_\beta}{\partial p_k} \left(\frac{\partial p_k}{\partial x_i} - \frac{\partial p_i}{\partial x_k} \right) = 0.$$

Si on prend pour inconnues les quantités

$$\sum_{k=1}^{k=n} \frac{\partial F_\beta}{\partial p_k} \left(\frac{\partial p_k}{\partial x_i} - \frac{\partial p_i}{\partial x_k} \right),$$

le déterminant des coefficients est précisément le déterminant R. Ce déterminant n'étant pas nul quand on le suppose exprimé au moyen de $x_1, \ldots, x_n, p_1, \ldots, p_n$, il en sera évidemment de même quand on y remplacera $p_1, ..., p_n$ par les valeurs

$$p_i = \psi_i (x_1, ..., x_n, a_1, ..., a_n),$$

car cette substitution revient à un simple changement de variables. On aura donc

$$\sum_{k=1}^{k=n} \frac{\partial F_2}{\partial p_k} \left(\frac{\partial p_k}{\partial x_i} - \frac{\partial p_i}{\partial x_k} \right) = 0,$$

et de ces nouvelles équations on déduira, en raisonnant comme tout à l'heure, les relations

$$\frac{\partial p_i}{\partial x_k} = \frac{\partial p_k}{\partial x_i},$$

Par suite l'expression

$$p_1 \, dx_1 + ... + p_n \, dx_n$$

est une différentielle exacte et la fonction

$$z = \Phi (x_1, ..., x_n, a_1, ..., a_{n+1}) = \int (p_1 \, dx_1 + ... + p_n \, dx_n) + a_{n+1}$$

est une intégrale commune aux équations

$$F_1 = a_1, \quad ..., \quad F_n = a_n;$$

le problème est donc résolu pour un système en involution de n équations.

Si dans la fonction Φ précédente, on attribue à $a_1, ..., a_m$ des valeurs déterminées, on a une intégrale commune des équations

$$F_1 = a_1, \quad ..., \quad F_m = a_m, \qquad (m < n),$$

qui contient encore $n - m + 1$ constantes arbitraires, $a_{m+1}, a_{m+2}, ..., a_{n+1}$; c'est donc une intégrale complète de ce système. D'ailleurs, c'est une véritable intégrale complète, car le système d'équations

$$z = \Phi, \quad p_1 = \frac{\partial \Phi}{\partial x_1}, \quad ..., \quad p_n = \frac{\partial \Phi}{\partial x_n},$$

est équivalent au système

$$z = \Phi, \; F_1 = a_1, \; F_2 = a_2, \; ..., \; F_m = a_m, \; F_{m+1} = a_{m+1}, \; ..., \; F_n = a_n,$$

et il est clair que l'on ne peut éliminer $a_{m+1}, ..., a_n, a_{n+1}$ entre les équations

$$z = \Phi, \quad F_{m+1} = a_{m+1}, \quad F_n = a_n.$$

Plus généralement, nous pourrons trouver une intégrale complète de tout système de la forme

$$\left\{ \begin{aligned} &\psi_1 (F_1, \ldots, F_n) = 0, \\ &\cdots\cdots\cdots\cdots\cdots\cdots \\ &\psi_h (F_1, \ldots, F_n) = 0, \end{aligned} \right.$$

si $F_1, \ldots, F_n$ forment un système en involution, car il suffira de poser

$$F_1 = a_1, \quad \ldots, \quad F_n = a_n,$$

les constantes $a_1, a_2, \ldots, a_n$ étant liées par les relations

$$\left\{ \begin{aligned} &\psi_1 (a_1, a_2, \ldots, a_n) = 0, \\ &\cdots\cdots\cdots\cdots\cdots\cdots \\ &\psi_h (a_1, a_2, \ldots, a_n) = 0, \end{aligned} \right.$$

pour avoir une intégrale complète du système proposé par une quadrature. Cette remarque s'appliquera, en particulier, chaque fois que F_1 ne dépend que de x_1 et p_1, F_2 de x_2 et p_2, etc..., F_n de x_n et p_n seulement.

61. Revenons au cas général. Nous pouvons conclure de ce qui précède que la recherche d'une intégrale complète du système en involution

$$F_1 = a_1, \quad F_2 = a_2, \quad \ldots, \quad F_m = a_m, \qquad (m < n),$$

est ramenée à la détermination de $n - m$ fonctions $F_{m+1}, \ldots, F_n$, formant avec les premières un système en involution et telles que le déterminant fonctionnel

$$\frac{D(F_1, \ldots, F_n)}{D(p_1, \ldots, p_n)}$$

ne soit pas identiquement nul.

La fonction F_{m+1}, par exemple, doit vérifier les m équations linéaires

$$(F_1, \Phi) = 0, \quad \ldots, \quad (F_m, \Phi) = 0;$$

ces m équations forment un *système complet*. En effet, on a l'identité

$$((F_\alpha, F_\beta), \Phi) + ((F_\beta, \Phi), F_\alpha) + ((\Phi, F_\alpha), F_\beta) = 0,$$

c'est-à-dire, puisque

$$(F_\alpha, F_\beta) = 0,$$

$$(F_\alpha, (F_\beta, \Phi)) - (F_\beta, (F_\alpha, \Phi)) = 0.$$

Posons

$$(F_\alpha, \Phi) = X_\alpha(\Phi),$$

$$(F_\beta, \Phi) = X_\beta(\Phi),$$

l'identité précédente devient

$$X_\alpha(X_\beta(\Phi)) - X_\beta(X_\alpha(\Phi)) = 0,$$

ce qui démontre bien la proposition. Supposons alors qu'on ait déterminé une intégrale F_{m+1} de ce système complet, qui soit distincte de $F_1, \ldots, F_m$, considérée comme fonction de $p_1, \ldots, p_n$; on cherchera ensuite une intégrale du système complet de $m + 1$ équations

$$(F_1, \Phi) = 0, \quad \ldots, \quad (F_m, \Phi) = 0, \quad (F_{m+1}, \Phi) = 0,$$

qui soit distincte de $F_1, \ldots, F_{m+1}$, en tant que fonction des p, et on continuera de la sorte. Enfin, quand on aura trouvé une intégrale du dernier système

$$(F_1, \Phi) = 0, \quad \ldots, \quad (F_{n-1}, \Phi) = 0,$$

on aura une intégrale complète par une quadrature. En appliquant la méthode de Mayer, la recherche d'une intégrale du premier système complet exigera une opération d'ordre $2n - 2m$, car nous avons un système complet de m équations à $2n$ variables indépendantes dont nous connaissons m intégrales $F_1, \ldots, F_m$. Nous aurons ensuite à faire successivement des opérations d'ordre $2n - 2m - 2$, $2n - 2m - 4, \ldots, 4, 2$ et enfin une quadrature. En particulier, pour intégrer une seule équation, il faudra faire successivement des opérations d'ordre $2n - 2, 2n - 4, \ldots, 4, 2$, tandis que la méthode de Cauchy exige que l'on fasse des opérations d'ordre $2n - 2$, $2n - 3, 2n - 4, \ldots, 3, 2, 1$. Dans la méthode de Cauchy, chaque intégrale nouvelle permet d'abaisser d'une unité l'ordre du système d'équations différentielles; avec la méthode de Jacobi et Mayer, chaque intégrale nouvelle permet d'abaisser de *deux* unités l'ordre du système d'équations différentielles dont on a à chercher une intégrale.

REMARQUE. — Dans la pratique, il arrive quelquefois qu'on peut simplifier les calculs précédents par différents artifices. Par exemple, étant donnée une équation de la forme

$$(A) \qquad F\,(x_1, x_2, \ldots, x_n,\, p_1, \ldots, p_n,\, \varphi_1, \ldots, \varphi_m) = 0,$$

où $\varphi_1, \ldots, \varphi_m$ désignent des fonctions de $x_1, x_2, \ldots, x_n,\, p_1, \ldots, p_n$; toute intégrale du système

$$(B) \qquad \begin{cases} \varphi_1 = a_1, \ldots, \varphi_m = a_m, \\ H = F\,(x_1, \ldots, x_n,\, p_1, \ldots, p_n,\, a_1, \ldots, a_m) = 0, \end{cases}$$

où $a_1, \ldots, a_m$ sont des constantes quelconques, satisfait évidemment à l'équation (A). Si ce système (B) est en involution, il admettra une intégrale complète avec $n - m$ constantes arbitraires et cette intégrale, dépendant en outre de $a_1, \ldots, a_m$, sera une intégrale complète de l'équation proposée. Pour que le système (B) soit en involution, il faut et il suffit que l'on ait

$$(\varphi_i, \varphi_k) = 0, \quad (H, \varphi_i) = 0.$$

C'est ce qui arrivera, par exemple, si $\varphi_1, \ldots, \varphi_m$, H ne renferment que des couples de variables différents (x_i, p_i). C'est à ce procédé que M. Imschenetsky [1] a donné le nom de *séparation des variables*. Prenons, par exemple, l'équation

$$F = \frac{p_1^2}{x_1} + p_2 x_2 \left(\frac{p_3}{x_1} + p_3\right) + x_2^2 x_3 p_2^2 - p_1^2 x_4 = 0;$$

posons

$$p_1^2 x_4 = a_1, \quad p_2 x_2 = a_2,$$

$$H = \frac{p_1^2}{x_1} + a_1 \frac{p_3}{x_1} + a_2 p_3 + a_2^2 x_3 - a_1 = 0,$$

et nous avons un système en involution. Nous pourrons opérer avec ce système comme avec la première équation. Posons pour cela

$$\frac{p_1^2}{x_1} + a_2 \frac{p_3}{x_1} = a_3,$$

$$a_2 p_3 + a_2^2 x_3 - a_1 + a_3 = 0,$$

<hr>

[1] Imschenetsky, *Sur l'intégration des équations aux dérivées partielles du premier ordre*, p. 77.

on tire de là

$$p_1 = \frac{-a_4 \pm \sqrt{a_4^2 + 4a_3 x_1}}{2}, \quad p_2 = \frac{a_2}{x_2}, \quad p_3 = \frac{a_1 - a_4 - a_3^{\frac{1}{2}} x_3}{a_2}, \quad p_4 = \frac{\sqrt{a_1}}{\sqrt{x_4}}.$$

Une quadrature facile donne une intégrale complète

$$z = \frac{a_0}{2} x_1 \pm \frac{1}{12 a_3}(a_4^2 + 4a_3 x_1)^{\frac{3}{2}} + a_2 \mathrm{L} x_2 + \frac{a_1 - a_3}{a_2} x_3 - \frac{a_3 x_3^2}{2} + 2\sqrt{a_1}\sqrt{x_4} + a_5.$$

62. Les paragraphes précédents contiennent l'exposition de la méthode de Jacobi sous sa forme générale. Nous allons maintenant faire connaître la marche même des opérations suivie par Jacobi.

Lemme. — *Soient H_1, H_2, ..., H_μ μ fonctions distinctes de x_1, x_2, ..., x_n, p_1, p_2, ..., p_n et telles que le déterminant*

$$\frac{\mathrm{D}\,(H_1, \ldots, H_\mu)}{\mathrm{D}\,(p_1, \ldots, p_\mu)}$$

soit différent de 0; si on tire des équations

$$H_1 = a_1, \quad \ldots, \quad H_\mu = a_\mu$$

$p_1, p_2, \ldots, p_\mu$ *en fonction des autres variables,*

$$p_i = \psi_i\,(p_{\mu+1}, \ldots, p_n, x_1, \ldots, x_n), \qquad (i = 1, 2, \ldots, \mu),$$

et si on a identiquement

$$(H_i, H_k) = 0, \qquad (i, k = 1, 2, \ldots, \mu),$$

on a aussi identiquement

$$(p_i - \psi_i, p_k - \psi_k) = 0.$$

On pourrait déduire ce résultat de ce qui précède; nous allons en donner une démonstration directe. Les fonctions $\psi_1, \ldots, \psi_\mu$, satisfaisant à l'équation $H_x = a_x$, on en déduit, en différentiant par rapport à x_i,

$$\frac{\partial H_x}{\partial x_i} + \sum_{k=1}^{k=\mu} \frac{\partial H_x}{\partial p_k}\frac{\partial \psi_k}{\partial x_i} = 0.$$

ou, comme $\dfrac{\partial \psi_k}{\partial x_i} = \dfrac{\partial (\psi_k - p_k)}{\partial x_i}$,

$$\frac{\partial H_\alpha}{\partial x_i} = \sum_{k=1}^{k=\mu} \frac{\partial H_\alpha}{\partial p_k} \frac{\partial (p_k - \psi_k)}{\partial x_i}, \qquad (i = 1, 2, \ldots, n).$$

On trouve de même

$$\frac{\partial H_\alpha}{\partial p_i} = \sum_{k=1}^{k=\mu} \frac{\partial H_\alpha}{\partial p_k} \frac{\partial (p_k - \psi_k)}{\partial p_i},$$
$$(i = \mu + 1, \mu + 2, \ldots, n),$$

et il est évident que cette relation est encore exacte pour

$$i = 1, 2, \ldots, \mu.$$

Écrivons les relations analogues pour H_β, formons l'expression

$$\frac{\partial H_\beta}{\partial p_i} \frac{\partial H_\alpha}{\partial x_i} - \frac{\partial H_\beta}{\partial x_i} \frac{\partial H_\alpha}{\partial p_i},$$

et sommons par rapport à i, il vient

$$0 = (H_\beta, H_\alpha) = \sum_{k=1}^{k=\mu} \sum_{h=1}^{h=\mu} \frac{\partial H_\alpha}{\partial p_k} \frac{\partial H_\beta}{\partial p_h} (p_k - \psi_k, p_k - \psi_k).$$

Le déterminant fonctionnel

$$\frac{D (F_1, \ldots, F_\mu)}{D (p_1, \ldots, p_\mu)}$$

étant différent de zéro, on en conclut, comme plus haut, que l'on doit avoir

$$(p_k - \psi_k, p_k - \psi_k) = 0.$$

Cela posé, considérons le système en involution

$$(7) \quad p_1 - \psi_1 = 0, \quad p_2 - \psi_2 = 0, \quad \ldots, \quad p_m - \psi_m = 0,$$

où $\psi_1, \psi_2, \ldots, \psi_m$ désignent des fonctions de $p_{m+1}, \ldots, p_n, x_1, x_2,$ $\ldots, x_n$. D'après la méthode générale, on cherchera d'abord une intégrale du système

$$(p_1 - \psi_1, f) = 0, \quad \ldots, \quad (p_m - \psi_m, f) = 0,$$

qui s'écrit

$$(8) \quad \begin{cases} \dfrac{\partial f}{\partial x_1} + \displaystyle\sum_{k=m+1}^{n} \left(\dfrac{\partial \psi_1}{\partial x_k} \dfrac{\partial f}{\partial p_k} - \dfrac{\partial \psi_1}{\partial p_k} \dfrac{\partial f}{\partial x_k} \right) + \displaystyle\sum_{k=1}^{m} \dfrac{\partial \psi_1}{\partial x_k} \dfrac{\partial f}{\partial p_k} = 0, \\[2mm] \cdots\cdots\cdots\cdots\cdots\cdots\cdots\cdots\cdots\cdots\cdots\cdots \\[2mm] \dfrac{\partial f}{\partial x_m} + \displaystyle\sum_{k=m+1}^{n} \left(\dfrac{\partial \psi_m}{\partial x_k} \dfrac{\partial f}{\partial p_k} - \dfrac{\partial \psi_m}{\partial p_k} \dfrac{\partial f}{\partial x_k} \right) + \displaystyle\sum_{k=1}^{m} \dfrac{\partial \psi_m}{\partial x_k} \dfrac{\partial f}{\partial p_k} = 0. \end{cases}$$

C'est un système jacobien où les coefficients ne contiennent pas $p_1, p_2, \ldots, p_m$; nous aurons donc encore un système jacobien en lui adjoignant les équations

$$\frac{\partial f}{\partial p_1} = 0, \quad \frac{\partial f}{\partial p_2} = 0, \quad \ldots, \quad \frac{\partial f}{\partial p_m} = 0,$$

et le système (8) prend la forme

$$(8') \qquad \frac{\partial f}{\partial x_i} + \sum_{k=m+1}^{n} \left\{ \frac{\partial \psi_i}{\partial x_k} \frac{\partial f}{\partial p_k} - \frac{\partial \psi_i}{\partial p_k} \frac{\partial f}{\partial x_k} \right\} = 0,$$
$$(i = 1, 2, \ldots, m).$$

Il ne contient que les $2n - m$ variables

$$x_1, \ldots, x_n, \quad p_{m+1}, \ldots, p_n.$$

Soit $f_1(p_{m+1}, \ldots, p_n, x_1, \ldots, x_n)$ une intégrale de ce système; nous adjoindrons l'équation $f_1 = a_1$ au système (7) et, en la résolvant par rapport à p_{m+1},

$$p_{m+1} = \varpi_{m+1}(p_{m+2}, \ldots, p_n, x_1, \ldots, x_n, a_1),$$

nous aurons à considérer le système

$$p_1 - \varpi_1 = 0, \quad p_2 - \varpi_2 = 0, \quad \ldots, \quad p_m - \varpi_m = 0, \quad p_{m+1} - \varpi_{m+1} = 0,$$

où $\varpi_1, \varpi_2, \ldots, \varpi_m$ désignent ce que deviennent $\psi_1, \psi_2, \ldots, \psi_m$ quand on y remplace p_{m+1} par ϖ_{m+1}. Ce système sera également en involution, d'après le lemme précédent, et on aura à chercher ensuite une intégrale du système jacobien de $m + 1$ équations à $2n - m - 1$ variables

$$(p_1 - \varpi_1, f) = 0, \quad \ldots, \quad (p_{m+1} - \varpi_{m+1}, f) = 0,$$

et ainsi de suite. On arrivera enfin à un système d'équations donnant les valeurs de toutes les dérivées

$$p_1 - \Pi_1 = 0, \quad \ldots, \quad p_n - \Pi_n = 0,$$

et tel que l'on ait

$$(p_i - \Pi_i, p_k - \Pi_k) = 0,$$

c'est-à-dire

$$\frac{\partial \Pi_i}{\partial x_k} - \frac{\partial \Pi_k}{\partial x_i} = 0,$$

et, par une quadrature, on aura une intégrale du système proposé dépendant de $n - m + 1$ constantes arbitraires, c'est-à-dire une intégrale complète de ce système.

En suivant la marche que nous venons d'indiquer, on a *immédiatement* des systèmes jacobiens réduits au plus petit nombre de variables possible.

Exemple. — Considérons le système

$$F_1 = p_1 p_4 - x_2 x_3 = 0,$$
$$F_2 = p_2 p_3 - x_1 x_4 = 0.$$

Formons (F_1, F_2) :

$$(F_1, F_2) = - p_4 x_4 + p_3 x_3 + p_2 x_2 - p_1 x_1 = 0.$$

Cette nouvelle équation est distincte des deux précédentes. Le système de ces trois équations est équivalent au suivant :

$$p_1 = \frac{x_2 x_3}{p_4}, \quad p_2 = \frac{x_1 x_4}{p_3},$$
$$p_4 = \frac{p_3^2 x_3 + x_1 x_2 x_4 \pm (p_3^2 x_3 - x_1 x_2 x_4)}{2 p_3 x_4}.$$

Considérons en particulier le système que l'on obtient en prenant le signe (—) dans la dernière équation, il s'écrit

$$p_1 - \frac{x_2 x_3}{p_4} = 0, \quad p_2 - \frac{x_4 p_4}{x_2} = 0, \quad p_3 - \frac{x_1 x_2}{p_4} = 0.$$

C'est un système en involution, il est aisé de s'en assurer. Nous avons alors à chercher une intégrale du système linéaire jacobien

$$\left\{ \begin{aligned}
&\frac{\partial f}{\partial x_1} + \frac{x_2 x_3}{p_4^2}\,\frac{\partial f}{\partial x_4} = 0, \\
&\frac{\partial f}{\partial x_2} - \frac{x_3}{x_4}\,\frac{\partial f}{\partial x_4} + \frac{p_4}{x_2}\,\frac{\partial f}{\partial p_4} = 0, \\
&\frac{\partial f}{\partial x_3} + \frac{x_1 x_2}{p_4^2}\,\frac{\partial f}{\partial x_4} = 0.
\end{aligned} \right.$$

Appliquons la méthode de Jacobi à ce système (§ 34). La première et la dernière équation admettent l'intégrale évidente $f = p_4$ et, en la substituant dans la seconde, le résultat est $\dfrac{p_4}{x_2}$; cherchons donc une intégrale de la seconde de la forme $f = \theta\,(p_4,\ x_2)$; θ devra satisfaire à l'équation

$$\frac{\partial \theta}{\partial x_2} + \frac{\partial \theta}{\partial p_4}\,\frac{p_4}{x_2} = 0,$$

c'est-à-dire

$$x_2 \frac{\partial \theta}{\partial x_2} + p_4 \frac{\partial \theta}{\partial p_4} = 0.$$

Le système

$$\frac{dx_2}{x_2} = \frac{dp_4}{p_4}$$

a pour intégrale $\dfrac{p_4}{x_2} = a$; par suite, on a

$$p_4 = ax_2, \quad p_1 = \frac{x_3}{a}, \quad p_2 = ax_4, \quad p_3 = \frac{x_1}{a},$$

ce qui donne l'intégrale complète

$$z = \frac{x_1 x_3}{a} + a\, x_2 x_4 + b.$$

63. Nous avons vu, dans ce qui précède, que l'intégration d'un système en involution

$$F_1 = 0, \quad \ldots, \quad F_m = 0,$$

se ramenait à la détermination de fonctions F_{m+1}, F_{m+2}, …, F_n des variables x_1, x_2, …, x_n, p_1, …, p_n, formant avec celles-ci un système en involution et telles que le déterminant

$$R = \frac{D\,(F_1, F_2, \ldots, F_n)}{D\,(p_1, p_2, \ldots, p_n)}$$

soit différent de zéro. M. Mayer [1] a montré que cette dernière restriction n'était pas nécessaire. Il s'appuie pour cela sur les remarques suivantes :

1° Considérons μ équations

$$F_1 = a_1, \quad \ldots, \quad F_\mu = a_\mu,$$

formant un système en involution, et telles que

$$\frac{D\,(F_1, \ldots, F_\mu)}{D\,(p_1, \ldots, p_\mu)} \lessgtr 0.$$

On pourra les résoudre par rapport à $p_1, \ldots, p_\mu$ et les mettre sous la forme

$$p_1 = \psi_1, \quad \ldots, \quad p_\mu = \psi_\mu.$$

Soit H une fonction de x_i, p_i telle que l'on ait

$$(F_i, H) = 0, \qquad (i = 1, 2, \ldots, \mu),$$

et Φ ce que devient cette fonction quand on y remplace $p_1, \ldots, p_\mu$ respectivement par $\psi_1, \ldots, \psi_\mu$, je dis qu'on aura

$$(p_i - \psi_i, \Phi) = 0, \qquad (i = 1, 2, \ldots, \mu).$$

En effet, on

$$\frac{\partial \Phi}{\partial x_i} = \frac{\partial H}{\partial x_i} + \sum_{k=1}^{k=\mu} \frac{\partial H}{\partial p_k} \frac{\partial \psi_k}{\partial x_i},$$

ce qui s'écrit

$$\frac{\partial H}{\partial x_i} = \frac{\partial \Phi}{\partial x_i} + \sum_{k=1}^{k=\mu} \frac{\partial H}{\partial p_k} \frac{\partial\,(p_k - \psi_k)}{\partial x_i},$$

et, de même,

$$\frac{\partial H}{\partial p_i} = \frac{\partial \Phi}{\partial p_i} + \sum_{k=1}^{k=\mu} \frac{\partial H}{\partial p_k} \frac{\partial\,(p_k - \psi_k)}{\partial p_i}.$$

[1] Mayer, *Ueber eine Erweiterung der Lie'schen Integrationsmethode* (Mathematische Annalen, t. VIII, p. 313).

D'ailleurs,

$$\frac{\partial F_x}{\partial x_i} = \sum_{h=1}^{h=\mu} \frac{\partial F_x}{\partial p_h}\frac{\partial (p_h - \psi_h)}{\partial x_i},$$

$$\frac{\partial F_x}{\partial p_i} = \sum_{h=1}^{h=\mu} \frac{\partial F_x}{\partial p_h}\frac{\partial (p_h - \psi_h)}{\partial p_i},$$

donc

$$(F_x, H) = \sum_{h=1}^{h=\mu} \frac{\partial F_x}{\partial p_h}(p_h - \psi_h, \Phi) + \sum_{h=1}^{h=\mu}\sum_{k=1}^{k=\mu}\frac{\partial F_x}{\partial p_h}\frac{\partial H}{\partial p_k}(p_h - \psi_h, p_k - \psi_k).$$

Puisque, par hypothèse, on a

$$(F_x, F_\beta) = 0, \quad (F_x, H) = 0,$$

on en conclut d'abord que l'on a (§ 62)

$$(p_k - \psi_k, p_h - \psi_h) = 0,$$

et, par suite, on aura aussi

$$\sum_{h=1}^{h=\mu} \frac{\partial F_x}{\partial p_h}(p_h - \psi_h, \Phi) = 0, \qquad (x = 1, 2, ..., \mu),$$

et enfin

$$(p_h - \psi_h, \Phi) = 0, \qquad (h = 1, 2, ..., \mu).$$

2° Supposons qu'on ait trouvé des fonctions $F_{m+1}, ..., F_n$ telles que si on les joint aux fonctions $F_1, ..., F_m$, on ait un système en involution

$$F_1 = a_1, \quad ..., \quad F_m = a_m, \quad F_{m+1} = a_{m+1}, \quad ..., \quad F_n = a_n,$$

et supposons qu'on ne puisse résoudre ce système par rapport à $p_1, p_2, ..., p_n$. Imaginons, pour fixer les idées, qu'on puisse résoudre les μ équations

$$F_1 = a_1, \quad ..., \quad F_\mu = a_\mu, \qquad (\mu \geqq m),$$

par rapport à $p_1, p_2, ..., p_\mu$

$$p_1 - \psi_1 = 0, \quad ..., \quad p_\mu - \psi_\mu = 0,$$

et qu'en portant les valeurs de $p_1, ..., p_\mu$ dans $F_{\mu+1}, ..., F_n$, ces équations deviennent

$$\Phi_{\mu+1} = a_{\mu+1}, \quad ..., \quad \Phi_n = a_n,$$

les fonctions $\Phi_{\mu+1}, \ldots, \Phi_n$, ne contenant aucune des quantités $p_{\mu+1}, \ldots, p_n$. Ces dernières équations pourront être résolues par rapport à $x_{\mu+1}, \ldots, x_n$. On a, en effet, en vertu de ce qui précède,

$$(p_i - \psi_i, \Phi_k) = 0;$$

les fonctions Φ_k satisfont par conséquent à un système jacobien résolu par rapport à $\dfrac{\partial \Phi}{\partial x_1}, \ldots, \dfrac{\partial \Phi}{\partial x_\mu}$; elles sont donc distinctes, considérées comme fonctions de $x_{\mu+1}, \ldots, x_n$ (§ 27). On en conclut qu'étant *donné un système quelconque en involution de n équations distinctes, on peut toujours choisir un système de variables $x_{\mu+1}, \ldots, x_n$ tel qu'on puisse résoudre ce système d'équations par rapport à*

$$p_1, \ldots, p_\mu, \quad x_{\mu+1}, \ldots, x_n.$$

Cela posé, imaginons que l'on fasse le changement de variables suivant. Prenons pour nouvelles variables indépendantes $x_1, \ldots, x_\mu$, que nous appellerons $x'_1, \ldots, x'_\mu$, et $p_{\mu+1}, \ldots, p_n$ que nous remplacerons par $x'_{\mu+1}, \ldots, x'_n$, et pour nouvelle fonction

$$z' = z - p_{\mu+1}\, x_{\mu+1} - \ldots - p_n x_n,$$

on aura

$$\begin{aligned}
dz' &= dz - p_{\mu+1}\, dx_{\mu+1} - \ldots - p_n\, dx_n \\
&\qquad - dp_{\mu+1}\, x_{\mu+1} - \ldots - dp_n\, x_n, \\
&= p_1\, dx'_1 + p_2\, dx'_2 + \ldots + p_\mu\, dx'_\mu \\
&\qquad - x_{\mu+1}\, dx'_{\mu+1} - \ldots - x_n\, dx'_n,
\end{aligned}$$

on en conclut qu'il faudra poser

$$p_1 = p'_1, \quad \ldots, \quad p_\mu = p'_\mu, \quad x_{\mu+1} = -p'_{\mu+1}, \quad \ldots, \quad x_n = -p'_n,$$

$p'_1, \ldots, p'_n$ désignant les dérivées de z' par rapport à $x'_1, \ldots, x'_n$. Le système proposé, par ce changement de variables, sera remplacé par le système

$$F'_1 = a_1, \quad \ldots, \quad F'_n = a_n,$$

qui sera en involution, car on aura identiquement

$$(F_i, F_k) = (F'_i, F'_k),$$

et, de plus, pourra être résolu par rapport à $p'_1, p'_2, \ldots, p'_n$. On saura donc trouver une intégrale complète du système $F'_1 = a_1, \ldots, F'_n = a_n$, et la transformation inverse donnera une intégrale complète du système proposé. Il est à remarquer, d'ailleurs, qu'en appliquant la méthode de Jacobi comme nous l'avons exposée (§ 62), ce cas ne se présentera pas.

Le même raisonnement prouve que, si on a un système en involution de μ équations distinctes ($\mu < n$), on peut toujours, par la transformation précédente, le ramener à un système en involution de μ équations pouvant être résolues par rapport à μ des quantités p.

64. Considérons une seule équation aux dérivées partielles du premier ordre

$$F_1 = a_1,$$

ne contenant pas la fonction inconnue z. Nous avons vu qu'à une quadrature près son intégration est équivalente à celle de l'équation linéaire

$$(F_1, \Phi) = 0$$

à $2n$ variables. D'autre part, nous savons aussi, d'après ce qui précède, que si $F_1, F_2, \ldots, F_n$ sont des fonctions distinctes telles que l'on ait

$$(F_1, F_i) = 0, \quad (F_i, F_k) = 0, \qquad (i, k = 2, \ldots, n),$$

on a une intégrale complète de $F_1 = a$, et, par suite, l'intégrale générale de $(F_1, \Phi) = 0$ par une quadrature; nous pouvons donc énoncer le théorème suivant :

THÉORÈME. — *Si on connaît, outre l'intégrale* F_1, $(n-1)$ *intégrales distinctes* $F_2, F_3, \ldots, F_n$ *de l'équation* $(F_1, \Phi) = 0$ *satisfaisant aux conditions*

$$(F_i, F_k) = 0, \qquad (i, k = 2, \ldots, n),$$

on aura l'intégrale générale de cette équation par une seule quadrature.

Ce théorème porte souvent le nom de *théorème de Liouville* [1].

---

[1] *Journal de Liouville*, 1ʳᵉ série, t. XX, p. 137.

65. La méthode de Jacobi et Mayer s'étend, sans modification essentielle, aux systèmes d'équations où figure la fonction inconnue z. Il suffit de remplacer les parenthèses par les expressions $[U, V]$ définies plus haut. Étant donné un système d'équations

$$(9) \qquad \Pi_1 = 0, \quad \dots, \quad \Pi_m = 0,$$

entre $z, x_1, \dots, x_n, p_1, \dots, p_n$, le problème de l'intégration pourra être posé ainsi : Trouver $n - m + 1$ autres fonctions $\Pi_{m+1}, \dots, \Pi_n$, Π_{n+1}, telles que les valeurs de $z, p_1, \dots, p_n$ déduites des $n+1$ équations

$$\Pi_1 = 0, \quad \dots, \quad \Pi_m = 0, \quad \dots, \quad \Pi_{n+1} = 0,$$

vérifient les relations

$$\frac{\partial z}{\partial x_i} = p_i, \qquad \frac{\partial p_i}{\partial x_k} = \frac{\partial p_k}{\partial x_i}.$$

Si chacune des fonctions $\Pi_{m+1}, \dots, \Pi_n, \Pi_{n+1}$ contient une constante arbitraire, on aura une intégrale complète.

THÉORÈME. — *Si une fonction z satisfait aux deux équations*

$$F = 0, \quad H = 0,$$

elle satisfait aussi à l'équation du premier ordre

$$[F, H] = 0.$$

Supposons d'abord que $z, p_1, \dots, p_n$ soient des fonctions quelconques de $x_1, \dots, x_n$ vérifiant ces deux équations. On aura

$$\frac{\partial F}{\partial x_i} + \frac{\partial F}{\partial z} p_i + \frac{\partial F}{\partial z}\left(\frac{\partial z}{\partial x_i} - p_i\right) + \sum_{k=1}^{k=n} \frac{\partial F}{\partial p_k}\frac{\partial p_k}{\partial x_i} = 0,$$

ou, en posant

$$\frac{d}{dx_i} = \frac{\partial}{\partial x_i} + p_i \frac{\partial}{\partial z},$$

$$\frac{dF}{dx_i} + \frac{\partial F}{\partial z}\left(\frac{\partial z}{\partial x_i} - p_i\right) + \sum_{k=1}^{k=n} \frac{\partial F}{\partial p_k}\frac{\partial p_k}{\partial x_i} = 0.$$

Multiplions par $\dfrac{\partial H}{\partial p_i}$ et sommons par rapport à i, puis permutons H

et F ainsi que les indices i et k dans la somme double; en retranchant
les deux équations obtenues, on parvient à la relation

$$(10)\quad\left\{\begin{aligned}&[\mathrm{H},\mathrm{F}]+\sum_{i=1}^{i=n}\left(\frac{\partial \mathrm{F}}{\partial z}\frac{\partial \mathrm{H}}{\partial p_i}-\frac{\partial \mathrm{H}}{\partial z}\frac{\partial \mathrm{F}}{\partial p_i}\right)\left(\frac{\partial z}{\partial x_i}-p_i\right)\\[1mm]&+\sum_{i=1}^{i=n}\sum_{k=1}^{k=n}\frac{\partial \mathrm{F}}{\partial p_k}\frac{\partial \mathrm{H}}{\partial p_i}\left(\frac{\partial p_k}{\partial x_i}-\frac{\partial p_i}{\partial x_k}\right)=0.\end{aligned}\right.$$

Si z désigne une intégrale commune aux équations $\mathrm{H}=0$, $\mathrm{F}=0$
et $p_1, \ldots, p_n$ ses dérivées, on a

$$\frac{\partial z}{\partial x_i}-p_i=0,\quad \frac{\partial p_k}{\partial x_i}-\frac{\partial p_i}{\partial x_k}=0,$$

$$(i,\ k=1,\ 2,\ \ldots,\ n),$$

et, par suite,

$$[\mathrm{H},\mathrm{F}]=0.$$

On pourra donc adjoindre au système (9) toutes les équations

$$[\mathrm{H}_i,\mathrm{H}_k]=0,\qquad (i,\ k=1,\ 2,\ \ldots,\ m),$$

qui ne sont pas des conséquences algébriques des premières, et
recommencer les opérations sur ce nouveau système. Mais on peut
toujours conduire les calculs de façon à arriver soit à un système
incompatible, soit à un système en involution, c'est-à-dire à un
système pour lequel tous les crochets sont *identiquement* nuls.
Résolvons, en effet, les m équations (9) par rapport à z et $(m-1)$
des dérivées, ce qui doit être possible, car, sans cela, du système
proposé on pourrait déduire une ou plusieurs équations ne contenant
ni z ni ses dérivées. Soient

$$z=\psi,\quad p_1=\psi_1,\quad \ldots,\quad p_{m-1}=\psi_{m-1}$$

ces équations résolues; $\psi,\ \psi_1,\ \ldots,\ \psi_{m-1}$ ne dépendent que de $p_m,\ \ldots,$
$p_n,\ x_1,\ \ldots,\ x_n$. Le système

$$(11)\left\{\begin{aligned}&z-\psi-x_1(p_1-\psi_1)-\ldots-x_{m-1}(p_{m-1}-\psi_{m-1})=0,\\&p_1-\psi_1=0,\quad \ldots,\quad p_{m-1}-\psi_{m-1}=0\end{aligned}\right.$$

sera équivalent au système (9), et il est aisé de voir que tous les crochets

$$[p_i - \psi_i, p_k - \psi_k]$$

et

$$[z - \phi - x_1(p_1 - \psi_1) - \ldots - x_{n-1}(p_{n-1} - \psi_{n-1}), p_i - \psi_i]$$

ne contiennent aucune des quantités z, p_1, ..., p_{n-1}. Les équations que l'on obtient en égalant ces crochets à 0 ne pourront donc être des conséquences des précédentes que si elles sont identiquement vérifiées. En continuant de la sorte, on arrivera donc soit à un système incompatible, soit à un système en involution.

THÉORÈME. — *Soit*

$$H_1 = a_1, \quad H_2 = a_2, \quad \ldots \quad H_{n+1} = a_{n+1}$$

un système en involution de $(n + 1)$ *équations, tel que le déterminant fonctionnel*

$$\frac{D(H_1, H_2, \ldots, H_{n+1})}{D(z, p_1, \ldots, p_n)}$$

ne soit pas nul ; les valeurs de z, p_1, ..., p_n *tirées de ces équations satisfont aux relations*

$$\frac{\partial z}{\partial x_i} = p_i, \quad \frac{\partial p_i}{\partial x_k} = \frac{\partial p_k}{\partial x_i}, \qquad (i, k = 1, 2, \ldots, n).$$

En effet, les équations (10) deviennent ici, puisque $[H_\alpha, H_\beta] = 0$,

$$\sum_{i=1}^{i=n}\left(\frac{\partial H_\alpha}{\partial z}\frac{\partial H_\beta}{\partial p_i} - \frac{\partial H_\alpha}{\partial p_i}\frac{\partial H_\beta}{\partial z}\right)\left(\frac{\partial z}{\partial x_i} - p_i\right)$$
$$+ \sum_{i=1}^{i=n}\sum_{k=1}^{k=n}\frac{\partial H_\alpha}{\partial p_k}\frac{\partial H_\beta}{\partial p_i}\left(\frac{\partial p_k}{\partial x_i} - \frac{\partial p_i}{\partial x_k}\right) = 0,$$

et on en conclut, par un raisonnement tout pareil à celui qui a déjà été employé (§ 60), que l'on a

$$\frac{\partial z}{\partial x_i} - p_i = 0, \quad \frac{\partial p_k}{\partial x_i} - \frac{\partial p_i}{\partial x_k} = 0.$$

La valeur de z tirée de ces équations est donc une intégrale du système qu'elles forment. En particulier, z sera une intégrale du système

$$H_1 = a_1, \quad \ldots, \quad H_m = a_m, \qquad (m < n + 1)$$

tiré du précédent. D'ailleurs, comme z contient les $(n - m + 1)$ constantes arbitraires $a_{m+1}, \ldots, a_{n+1}$, c'est une intégrale complète de ce système.

Pour intégrer le système en *involution*

$$H_1 = 0, \quad H_2 = 0, \quad \ldots, \quad H_m = 0,$$

on est donc ramené à déterminer $(n - m + 1)$ fonctions $H_{m+1}, \ldots, H_{n+1}$ qui forment avec ce système un système en involution. Pour cela, considérons le système d'équations linéaires

$$[H_1, \Phi] = 0, \quad [H_2, \Phi] = 0, \quad \ldots, \quad [H_m, \Phi] = 0.$$

On a, comme nous l'avons vu (§ 55),

$$\big[[H_i, H_k], \Phi\big] + \big[[H_k, \Phi], H_i\big] + \big[[\Phi, H_i], H_k\big]$$
$$= - \frac{\partial \Phi}{\partial z} [H_i, H_k] - \frac{\partial H_i}{\partial z} [H_k, \Phi] - \frac{\partial H_k}{\partial z} [\Phi, H_i].$$

Posons

$$[H_i, \Phi] = X (\Phi),$$
$$[H_k, \Phi] = Y (\Phi),$$

l'identité précédente devient, puisque $[H_i, H_k] = 0$,

$$Y \big(X (\Phi)\big) - X \big(Y (\Phi)\big) = - \frac{\partial H_i}{\partial z} Y (\Phi) + \frac{\partial H_k}{\partial z} X (\Phi).$$

Ceci nous prouve que les équations linéaires $[H_i, \Phi] = 0$ forment un *système complet*. Pour trouver une intégrale de ce système de m équations à $2n + 1$ variables, dont on connaît m intégrales, on aura à effectuer une opération d'ordre $2n - 2m + 1$. Soit H_{m+1} une intégrale de ce système; on cherchera ensuite une intégrale du système

$$[H_1, \Phi] = 0, \quad \ldots, \quad [H_{m+1}, \Phi] = 0,$$

et ainsi de suite. On aura ainsi à faire successivement des opérations d'ordre

$$2n - 2m + 1, \quad 2n - 2m - 1, \quad \ldots, \quad 5, 3, 1.$$

EXEMPLE. — Considérons le système

$$F(p, q, z - px - qy) = 0, \quad F_1(p, q, z - px - qy) = 0;$$

on reconnaît aussitôt que les trois équations

$$p = a_1, \quad q = a_2, \quad z - px - qy = a_3$$

forment un système en involution. On aura donc une intégrale complète du système proposé $z = a_1 x + a_2 y + a_3$, pourvu que les constantes a_1, a_2, a_3 vérifient les deux relations

$$F(a_1, a_2, a_3) = 0, \quad F_1(a_1, a_2, a_3) = 0.$$

Du reste, la théorie géométrique de ce système est très facile à faire; on a une intégrale de chacune des deux équations en prenant les plans tangents à deux surfaces Σ_1, Σ_2 respectivement. Tout plan tangent commun à ces deux surfaces donnera donc une intégrale complète du système proposé. L'intégrale générale se confond ici avec l'intégrale complète et il y a une intégrale singulière, la développable circonscrite aux deux surfaces Σ_1 et Σ_2.

REMARQUE. — Comme dans le cas précédent, on pourrait montrer qu'il n'est pas nécessaire de pouvoir résoudre les équations

$$H_1 = a_1, \quad \ldots, \quad H_{n+1} = a_{n+1},$$

par rapport à z, p_1, p_2, ..., p_n. Il suffit que ces $n + 1$ fonctions soient distinctes. On remarque d'abord que si on a un système en involution de $n + 1$ équations distinctes, l'une au moins de ces équations contiendra z; autrement, on aurait un système complet de n équations à $2n$ variables admettant $n + 1$ intégrales distinctes. Tirant z de l'une de ces équations et portant dans les autres, on sera conduit à un système en involution $F_1 = 0$, ..., $F_n = 0$, ne contenant pas z; le raisonnement s'achève comme au § 63.

66. Supposons qu'on veuille intégrer une seule équation

$$H_1 = a_1.$$

L'intégration de cette équation revient à celle de l'équation linéaire

$$[H_1, \Phi] = 0.$$

Or, si nous pouvons déterminer n intégrales distinctes $H_1, \ldots, H_{n+1}$ de cette équation, telles que tous les crochets

$$[H_i, H_k], \qquad (i, k = 1, 2, \ldots, n+1)$$

soient nuls, nous venons de voir que l'intégrale générale s'obtiendra par des opérations *algébriques*. Ceci fournit une généralisation du théorème de Liouville.

Théorème. — *Si on connaît n intégrales distinctes* $H_2, \ldots, H_{n+1}$, *différentes de* H_1, *de l'équation linéaire*

$$[H_1, \Phi] = 0,$$

satisfaisant aux relations

$$[H_i, H_k] = 0, \qquad (i, k = 2, 3, \ldots, n+1),$$

on aura l'intégrale générale de cette équation par des opérations algébriques.

67. Si, en appliquant la méthode précédente à un système en involution de m équations, on est arrivé à un système en involution de n équations

$$H_1 = a_1, \quad \ldots, \quad H_n = a_n,$$

tel que le déterminant fonctionnel $\dfrac{D(H_1, \ldots, H_n)}{D(p_1, \ldots, p_n)}$ ne soit pas identiquement nul, au lieu de chercher la dernière fonction H_{n+1}, on peut résoudre ces n équations par rapport à $p_1, \ldots, p_n$ et les valeurs ainsi obtenues rendent l'équation

$$dz = p_1 \, dx_1 + \ldots + p_n \, dx_n$$

complètement intégrable. En effet, des équations $H_\alpha = 0$, $H_\beta = 0$, on déduit, par un calcul tout pareil aux précédents, la relation

$$[H_\alpha, H_\beta] + \sum_{i=1}^{n} \sum_{k=1}^{n} \frac{\partial H_\alpha}{\partial p_i} \frac{\partial H_\beta}{\partial p_k} \left(\frac{dp_k}{dx_i} - \frac{dp_i}{dx_k} \right) = 0,$$

et ces relations nous donnent, puisque $[H_\alpha, H_\beta] = 0$,

$$\frac{dp_k}{dx_i} = \frac{dp_i}{dx_k}, \qquad (i, k = 1, 2, \ldots, n).$$

On reconnaît sous cette forme la généralisation immédiate de la méthode de Lagrange et Charpit.

REMARQUE. — Si on applique la méthode de Jacobi et Mayer, sous sa forme générale, à une équation $F_1 = 0$, on obtient non seulement une intégrale complète de l'équation proposée, mais une intégrale complète de l'équation plus générale $F_1 = a_1$, où a_1 est une constante quelconque. Il semble donc que cette méthode est moins directe que celle de Cauchy; mais il est facile de lever la difficulté. En effet, dans toute équation du premier ordre, on peut introduire une constante arbitraire sans compliquer l'intégration. Si par exemple l'équation contient z, il n'y aura qu'à changer z en $z + a$; si l'équation ne contient pas z, on changera z en $z + a x_1$, ce qui revient à remplacer p_1 par $p_1 + a$. De même, si on a un système en involution tel que

$$z - \psi - (p_1 - \psi_1) x_1 - \ldots - (p_{m-1} - \psi_{m-1}) x_{m-1} = 0,$$
$$p_1 - \psi_1 = 0, \quad \ldots, \quad p_{m-1} - \psi_{m-1} = 0,$$

où $\psi, \psi_1, \ldots, \psi_{m-1}$ sont des fonctions de $p_m, \ldots, p_n, x_1, \ldots, x_n$, en changeant z en $z + a + a_1 x_1 + \ldots + a_{m-1} x_{m-1}$, on sera conduit à un nouveau système en involution contenant n constantes arbitraires

$$z + a - \psi - x_1 (p_1 - \psi_1) - \ldots - x_{m-1} (p_{m-1} - \psi_{m-1}) = 0,$$
$$p_1 + a_1 - \psi_1 = 0, \quad \ldots, \quad p_{m-1} + a_{m-1} - \psi_{m-1} = 0.$$

Cette remarque nous sera très utile dans la suite.

Exercices.

Appliquer la méthode de Jacobi aux équations suivantes :

1° $p_1 + (3x_2 + 2x_1) p_2 + (4x_2 + 5x_1) p_3$
$$+ [x_4 + x_2 (p_2 - p_3)] p_4 + \frac{x_3 p_4^2}{p_2} = 0;$$
(IMSCHENETSKY.)

2° $(x_2 p_1 + x_1 p_2) x_3 + p_4 (p_1 - p_3)[p_1^2 + (p_2 + x_1)(p_4 + x_2) p_4] = a_1;$
(IMSCHENETSKY.)

3° $\quad x_1^2(p_1 + p_2) + 2x_1 x_2 p_2 + bp_2 \log\left(-\frac{p_2}{p_1}\right) - bp_2 \log x_1^2 + ap_2 = 0;$

(Ampère.)

4° $\quad z = f(p_1, p_2, \ldots, p_n);$

5° $\quad (x_2 p_1 + x_1 p_2) x_3 + ap_2(p_1 - p_2) - 1 = 0;$

6° $\quad p_1 x_1^2 = p_2^2 + ap_3^2;$

7° $\quad x_1 p_1^2 + x_2 p_2^2 + x_3 p_3^2 = p_1 p_2 p_3;$

8° $\quad p_1^2 + p_2^2 + p_3^2 = x_1^2 + x_1 x_2 + x_2^2 + x_1 x_3 + x_2 x_3 + x_3^2;$

9° $\quad p_1 + \tfrac{1}{2} p_2^2 + p_2 x_1 x_2 + p_3 x_1 x_3 = 0;$

10° $\quad x_1 + \tfrac{1}{2} x_2^2 + x_2 p_1 p_3 + x_3 p_1 p_2 = 0;$

11° $\quad p_1 p_2 p_3 = p_1 x_1 + p_2 x_2 + p_3 x_3;$

12° $\quad x_2 p_1 + x_1 p_2 + (p_1 - p_2)(p_3 + x_2)(p_3 + x_3) = 1;$

13° $\quad p_1 p_2 p_3 + x_1 x_2 x_3(x_1 p_1 + x_2 p_2 + x_3 p_3) = x_2 x_3 p_2 p_3$
$$+\, x_3 x_1 p_3 p_1 + x_1 x_2 p_1 p_2;$$

14° $\quad a_1(x_2 p_3 - x_3 p_2)^2 + a_2(x_3 p_1 - x_1 p_3)^2 + a_3(x_1 p_2 - x_2 p_1)^2 = 1.$

(Schläfli.)

CHAPITRE VIII

Méthode de Lie.

68. On doit à M. Lie [1] une nouvelle méthode d'intégration qui se rattache de la façon la plus naturelle aux méthodes précédentes, dont elle est en quelque sorte la synthèse. M. Lie a été conduit à cette méthode par la théorie générale des caractéristiques. Nous allons donner, dans ce chapitre, une démonstration, due à Mayer [2], du théorème fondamental de Lie.

Considérons un système en involution ne contenant pas la fonction inconnue V

$$
(1)\quad
\begin{cases}
\dfrac{\partial V}{\partial x_1} = F_1\left(x_1, x_2, \ldots, x_n, \dfrac{\partial V}{\partial x_{m+1}}, \ldots, \dfrac{\partial V}{\partial x_n}\right),\\[2mm]
\dfrac{\partial V}{\partial x_2} = F_2\left(x_1, x_3, \ldots, x_n, \dfrac{\partial V}{\partial x_{m+1}}, \ldots, \dfrac{\partial V}{\partial x_n}\right),\\[1mm]
\cdots\cdots\cdots\cdots\cdots\cdots\cdots\cdots\cdots\cdots\cdots\cdots\\[1mm]
\dfrac{\partial V}{\partial x_m} = F_m\left(x_1, x_2, \ldots, x_n, \dfrac{\partial V}{\partial x_{m+1}}, \ldots, \dfrac{\partial V}{\partial x_n}\right).
\end{cases}
$$

Ce système étant en involution, on a identiquement, en remplaçant $\dfrac{\partial V}{\partial x_i}$ par p_i,

$$
(p_i - F_i, p_k - F_k) = 0, \qquad (i, k = 1, 2, \ldots, m).
$$

Pour intégrer ce système par la méthode de Jacobi et Mayer, il

---

[1] Lie, *Allgemeine Theorie der partiellen Differentialgleichungen erster Ordnung* (*Mathematische Annalen*, t. IX, p. 245-296).

[2] Mayer, *Directe Ableitung der Character-Fundamentaltheoreme durch die Methoden Cauchy* (*Mathematische Annalen*, t. VI, p. 192-196).

faudra commencer par chercher une intégrale, indépendante de $p_1, \ldots, p_m$, du système jacobien

$$(p_1 - F_1, f) = 0, \quad \ldots, \quad (p_m - F_m, f) = 0,$$

qui, développé, s'écrit

$$(2) \quad \begin{cases} \dfrac{\partial f}{\partial x_1} + \displaystyle\sum_{m+1}^{n} \left\{ \dfrac{\partial F_1}{\partial x_k} \dfrac{\partial f}{\partial p_k} - \dfrac{\partial F_1}{\partial p_k} \dfrac{\partial f}{\partial x_k} \right\} = 0, \\[2mm] \cdots\cdots\cdots\cdots\cdots\cdots\cdots\cdots\cdots\cdots \\[2mm] \dfrac{\partial f}{\partial x_m} + \displaystyle\sum_{m+1}^{n} \left\{ \dfrac{\partial F_m}{\partial x_k} \dfrac{\partial f}{\partial p_k} - \dfrac{\partial F_m}{\partial p_k} \dfrac{\partial f}{\partial x_k} \right\} = 0. \end{cases}$$

Imaginons qu'on applique à ce système la méthode de Mayer (§ 30) ; on posera

$$x_1 = x_1^0 + t, \quad x_2 = x_2^0 + t y_2, \quad \ldots, \quad x_m = x_m^0 + t y_m,$$

$t, y_2, \ldots, y_m$ désignant les nouvelles variables, et on sera ramené à chercher une intégrale du nouveau système jacobien

$$(3) \quad \begin{cases} \dfrac{\partial f}{\partial t} + \displaystyle\sum_{m+1}^{n} \left(\dfrac{\partial \mathscr{F}}{\partial x_k} \dfrac{\partial f}{\partial p_k} - \dfrac{\partial \mathscr{F}}{\partial p_k} \dfrac{\partial f}{\partial x_k} \right) = 0, \\[2mm] \dfrac{\partial f}{\partial y_2} + t \displaystyle\sum_{m+1}^{n} \left(\dfrac{\partial H_2}{\partial x_k} \dfrac{\partial f}{\partial p_k} - \dfrac{\partial H_2}{\partial p_k} \dfrac{\partial f}{\partial x_k} \right) = 0, \\[2mm] \cdots\cdots\cdots\cdots\cdots\cdots\cdots\cdots\cdots\cdots \\[2mm] \dfrac{\partial f}{\partial y_m} + t \displaystyle\sum_{m+1}^{n} \left(\dfrac{\partial H_m}{\partial x_k} \dfrac{\partial f}{\partial p_k} - \dfrac{\partial H_m}{\partial p_k} \dfrac{\partial f}{\partial x_k} \right) = 0, \end{cases}$$

où H_1, H_2, $\ldots$, H_m désignent ce que deviennent F_1, F_2, $\ldots$, F_m par le changement de variables précédent, et où on a posé

$$\mathscr{F} = H_1 + y_2 H_2 + \ldots + y_m H_m.$$

Nous savons que pour avoir une intégrale du système (3), il suffit d'avoir une intégrale de la première équation de ce système.

Faisons le même changement de variables dans les équations (4), elles prendront la forme

$$(4) \quad \frac{\partial V}{\partial t} = \mathscr{F}, \quad \frac{\partial V}{\partial y_2} = t H_2, \quad \ldots, \quad \frac{\partial V}{\partial y_m} = t H_m,$$

et on voit immédiatement que le système jacobien (3) joue le même rôle, par rapport au système (4), que le système (2) par rapport au système (1). Il suit de là que, soit que l'on veuille intégrer le système en involution (4), soit que l'on veuille intégrer l'équation unique

$$\frac{\partial V}{\partial t} = \mathcal{F},$$

la première opération à effectuer sera la même dans les deux cas : on aura à chercher une intégrale de l'équation linéaire

$$(p_1 - \mathcal{F}, f) = 0,$$

qui est la première des équations (3). Mais l'analogie entre les deux problèmes ne s'arrête pas là. Nous allons montrer en effet que, si on *a intégré l'équation à $n - m + 1$ variables*

$$\frac{\partial V}{\partial t} - \mathcal{F} = 0,$$

on en déduira immédiatement une intégrale complète du système (4).

D'une façon plus précise, nous allons montrer que l'intégrale de cette équation, qui, pour $t = 0$, se réduit à

$$a_{m+1} x_{m+1} + \ldots + a_n x_n,$$

vérifie les autres équations (4). Imaginons qu'on applique la première méthode de Jacobi à l'équation

$$\frac{\partial V}{\partial t} = \mathcal{F} (t, y_2, \ldots, y_m, x_{m+1}, \ldots, x_n, p_{m+1}, \ldots, p_n);$$

on intégrera le système d'équations différentielles

$$(5) \quad \frac{dx_k}{dt} = -\frac{\partial \mathcal{F}}{\partial p_k}, \quad \frac{dp_k}{dt} = \frac{\partial \mathcal{F}}{\partial x_k}, \qquad (k = m + 1, \ldots n).$$

Soit

$$(6) \quad \begin{cases} x_k = \varphi_k (t, y_2, \ldots, y_m, a_{m+1}, \ldots, a_n, b_{m+1}, \ldots, b_n), \\ p_k = \psi_k (t, y_2, \ldots, y_m, a_{m+1}, \ldots, a_n, b_{m+1}, \ldots, b_n) \end{cases}$$

l'intégrale générale de ce système, où $a_{m+1}, \ldots, a_n, b_{m+1}, \ldots, b_n$

désignent les valeurs initiales de $p_{m+1}, \ldots, p_n, x_{m+1}, \ldots, x_n$, pour $t = 0$, l'expression

$$V = \sum_{m+1}^{n} a_k b_k + \int_0^t \left(\mathcal{F} - \sum_{m+1}^{n} p_k \frac{\partial \mathcal{F}}{\partial p_k} \right) dt$$

sera l'intégrale de l'équation $\dfrac{\partial V}{\partial t} = \mathcal{F}$, qui, pour $t = 0$, se réduit à $a_{m+1} x_{m+1} + \ldots + a_n x_n$, si on l'exprime au moyen des variables indépendantes t, x_i, a_i. Pour plus de clarté, désignons par W ce que devient la fonction V quand on y remplace $b_{m+1}, \ldots, b_n$ par leurs valeurs tirées des formules (6). Nous allons montrer que cette fonction W satisfait aux équations (4). On a, puisque V se déduit de W en y remplaçant $x_{m+1}, \ldots, x_n$ par les valeurs (6)

$$\frac{\partial V}{\partial y_i} = \frac{\partial W}{\partial y_i} + \sum_{m+1}^{n} \frac{\partial W}{\partial x_k} \frac{\partial x_k}{\partial y_i}.$$

D'ailleurs, V étant une fonction de t, y_i, a_k et b_k,

$$\frac{\partial V}{\partial y_i} = \int_0^t \left\{ \frac{\partial \mathcal{F}}{\partial y_i} + \sum_{m+1}^{n} \left(\frac{\partial \mathcal{F}}{\partial x_k} \frac{\partial x_k}{\partial y_i} - p_k \frac{\partial}{\partial y_i} \left(\frac{\partial \mathcal{F}}{\partial p_k} \right) \right) \right\} dt,$$

et, en tenant compte des équations (5),

$$\frac{\partial V}{\partial y_i} = \int_0^t \frac{\partial \mathcal{F}}{\partial y_i} dt + \int_0^t \sum_{m+1}^{n} \left(\frac{dp_k}{dt} \frac{\partial x_k}{\partial y_i} + p_k \frac{\partial^2 x_k}{\partial t \, \partial y_i} \right) dt$$
$$= \int_0^t \frac{\partial \mathcal{F}}{\partial y_i} dt + \sum_{m+1}^{n} \left[p_k \frac{\partial x_k}{\partial y_i} \right]_0^t.$$

Comme, pour $t = 0$, x_k se réduit à b_k, on en conclut que

$$\frac{\partial W}{\partial y_i} = \int_0^t \frac{\partial \mathcal{F}}{\partial y_i} dt + \sum_{m+1}^{n} \left(p_k - \frac{\partial W}{\partial x_k} \right) \frac{\partial x_k}{\partial y_i},$$

et, puisque W est une intégrale de la première des équations (4),

$$\frac{\partial W}{\partial x_k} = p_k;$$

il reste

$$\frac{\partial W}{\partial y_i} = \int_0^t \frac{\partial \mathcal{F}}{\partial y_i} dt.$$

D'un autre côté, puisque le système (4) est en involution, on a

$$(p_1 - \mathcal{F},\, p_i - t H_i) = 0,$$

ce qui s'écrit

$$\frac{\partial \mathcal{F}}{\partial y_i} - \frac{\partial f_i}{\partial t} + \sum_{k=m+1}^{k=n} \left\{ \frac{\partial f_i}{\partial x_k} \frac{\partial \mathcal{F}}{\partial p_k} - \frac{\partial \mathcal{F}}{\partial x_k} \frac{\partial f_i}{\partial p_k} \right\} = 0,$$

en posant

$$f_i = t H_i.$$

En remplaçant x_k et p_k par les expressions (6), qui sont les intégrales des équations (5), il vient

$$\frac{\partial \mathcal{F}}{\partial y_i} = \frac{\partial f_i}{\partial t} + \sum_{k=m+1}^{k=n} \left\{ \frac{\partial f_i}{\partial x_k} \frac{dx_k}{dt} + \frac{\partial f_i}{\partial p_k} \frac{dp_k}{dt} \right\} = \frac{df_i}{dt},$$

et on a la relation qu'il fallait démontrer

$$\frac{\partial W}{\partial y_i} = \int_0^t \frac{df_i}{dt}\, dt = [f_i]_0 = t H_i.$$

Nous pouvons donc énoncer la proposition générale suivante :

THÉORÈME. — *L'intégration d'un système en involution de m équations à n variables indépendantes se ramène à l'intégration d'une équation unique à n — m + 1 variables indépendantes.*

REMARQUE. — Dans la démonstration du théorème précédent, nous ne nous sommes servis que des relations

$$(p_1 - \mathcal{F},\, p_i - t H_i) = 0,$$

mais nous n'avons pas utilisé les autres équations

$$(p_i - t H_i,\, p_k - t H_k) = 0,$$

qui expriment que le système (4) est en involution. Cette conclusion peut sembler paradoxale, mais il est facile de voir que les dernières relations sont des conséquences des premières. En effet, de l'identité fondamentale

$$\big(p_1 - \mathcal{F},\, (p_i - t H_i,\, p_k - t H_k)\big) + \big(p_i - t H_i,\, (p_k - t H_k,\, p_1 - \mathcal{F})\big)$$
$$+ \big(p_k - t H_k,\, (p_1 - \mathcal{F},\, p_i - t H_i)\big) = 0,$$

on conclut que la parenthèse $(p_i - t\,\mathrm{H}_i,\ p_k - t\,\mathrm{H}_k)$ est une intégrale
de l'équation linéaire

$$(p_1 - \mathcal{F},\ f) = 0;$$

or, tous les termes de cette parenthèse contiennent t en facteur.
Cette intégrale doit donc s'annuler pour $t = 0$ et, d'après le théorème
général de Cauchy, l'équation linéaire précédente n'admet pas d'autre
intégrale que $f = 0$ qui soit nulle pour $t = 0$. Il faut donc que la
parenthèse soit identiquement nulle.

69. Le théorème fondamental de Lie permet de compléter sur un
point essentiel la méthode de Jacobi et Mayer. Supposons, en effet,
que dans l'application de cette méthode on arrive à un système en
involution tel que le système (1), pour lequel on sache intégrer
complètement le système jacobien correspondant (2). *L'intégration
du système* (1) *est alors ramenée à une quadrature.* En effet, si
on connaît l'intégrale générale du système (2), on aura aussi l'intégrale générale du système (3) et, en particulier, de la première
équation de ce système, ou, ce qui revient au même, des équations
différentielles

$$(5) \qquad \frac{dx_i}{dt} = -\frac{\partial \mathcal{F}}{\partial p_i}, \quad \frac{dp_k}{dt} = \frac{\partial \mathcal{F}}{\partial x_k}.$$

Or, nous venons de voir que, si on connaît l'intégrale générale de
ce système, on en déduit par une quadrature une intégrale complète
du système (4) et, par suite, du système (1).

On voit donc que, dans l'application de la méthode de Jacobi et
Mayer, on peut s'arrêter toutes les fois que l'on arrive à un système
jacobien que l'on sait intégrer complètement. Cette méthode comprend
à la fois la méthode de Cauchy et celle de Jacobi comme cas particulier.
L'intégration étant commencée par la méthode de Jacobi, on peut
s'arrêter quand on veut et ramener le système en involution obtenu
à une équation unique au moyen du théorème fondamental de Lie.

70. Voici maintenant la nouvelle méthode d'intégration que M. Lie
a déduite de son théorème. Le système en involution proposé étant
ramené à une équation unique à n variables indépendantes

$$(7) \qquad p_1 - f = 0,$$

on cherchera une intégrale de l'équation linéaire

$$(p_1 - f, \varphi) = 0.$$

Soit φ_1 cette intégrale; le système en involution

$$(8) \qquad p_1 - f = 0, \quad \varphi_1 = a_1,$$

peut, d'après ce qui précède, être ramené à une équation unique à $n - 1$ variables

$$(9) \qquad p_1^{(1)} - f^{(1)} = 0.$$

De toute intégrale complète de cette nouvelle équation, on peut, en effet, déduire par des opérations algébriques une intégrale complète du système (8) et, par suite, de l'équation (7). On cherchera ensuite une intégrale φ_2 de l'équation linéaire

$$(p_1^{(1)} - f^{(1)}, \varphi) = 0,$$

et on ramènera le système en involution

$$p_1^{(1)} - f^{(1)} = 0, \quad \varphi_2 = a_2,$$

à une équation unique à $n - 2$ variables

$$p_1^{(2)} - f^{(2)} = 0,$$

et ainsi de suite. Après $n - 1$ opérations de ce genre, on sera ramené à une équation

$$p_1^{(n-1)} - f^{(n-1)} = 0,$$

à une variable indépendante seulement. De l'intégrale générale de cette équation différentielle ordinaire, on déduira ensuite, en remontant de proche en proche, une intégrale complète de chacune des équations intermédiaires et, par suite, de l'équation (7).

Chaque intégrale nouvelle diminuant le nombre des variables indépendantes d'une unité, l'ordre de l'équation linéaire correspondante sera diminué de deux unités. On voit facilement, d'après cela, que la méthode de Lie exige le même nombre d'opérations que la méthode de Jacobi et Mayer. L'application de cette méthode donne encore lieu aux remarques suivantes :

1° On voit immédiatement qu'à chaque instant de l'opération ou

pourra abandonner la méthode de Lie et appliquer celle de Cauchy si
elle est plus avantageuse. Car, si on a obtenu une intégrale complète
de l'équation $p_1^{(k)} - f^{(k)} = 0$, on en déduira encore, en remontant
de proche en proche, une intégrale complète de chacune des équations
précédentes.

2° Si on a déterminé s intégrales distinctes $\psi_1, \ldots, \psi_s$ de l'équation

$$(p_1^{(k)} - f^{(k)}, \psi) = 0,$$

on pourra diminuer de s unités le nombre des variables indépendantes
pourvu que ces intégrales vérifient les relations

$$(\psi_i, \psi_k) = 0, \qquad (i, k = 1, 2, \ldots, s).$$

En effet, le théorème fondamental de Lie peut être généralisé comme
il suit : *Étant donné un système en involution de m équations à
n variables indépendantes*

$$F_1 = a_1, \quad \ldots, \quad F_m = a_m,$$

si on connaît s intégrales $F_{m+1}, \ldots, F_{m+s}$ du système complet

$$(F_1, \Phi) = 0, \quad \ldots, \quad (F_m, \Phi) = 0,$$

*formant avec $F_1, \ldots, F_m$ un système de $m + s$ fonctions distinctes
et telles que l'on ait*

$$(F_{m+i}, F_{m+k}) = 0, \qquad (i, k = 1, 2, \ldots, s),$$

*l'intégration du système proposé se ramène à l'intégration d'une
équation unique à $n - m - s + 1$ variables indépendantes* [1].

Pour avoir une intégrale complète du système proposé, il suffit
en effet d'avoir une intégrale complète du système en involution

$$F_1 = a_1, \quad \ldots, \quad F_m = a_m, \quad F_{m+1} = a_{m+1}, \quad \ldots, \quad F_{m+s} = a_{m+s};$$

si ces équations peuvent être résolues par rapport à $(m + s)$ des
variables p_i, la proposition est établie (§ 68); s'il n'en est pas ainsi,
on a vu au chapitre précédent qu'on pouvait toujours les résoudre
par rapport à μ des variables p et $s - \mu$ des variables x

$$p_{\alpha_1}, \quad \ldots, \quad p_{\alpha_\mu}, \quad x_{\beta_1}, \quad \ldots, \quad x_{\beta_{s-\mu}},$$

---

les nombres α_i et β_k étant différents. Par une transformation déjà employée (§ 63), on ramènera ce cas au précédent.

71. Nous indiquerons, en terminant, une autre méthode que l'on pourrait suivre pour établir le théorème fondamental de Lie, en le rattachant aux théorèmes généraux de Cauchy. Reprenons le système (1)

$$(1) \qquad \frac{\partial V}{\partial x_1} = F_1, \quad \dots, \quad \frac{\partial V}{\partial x_m} = F_m,$$

et supposons que les seconds membres de ces équations soient holomorphes au voisinage du point $x_1^0, x_2^0, \dots, x_n^0, p_{m+1}^0, \dots, p_n^0$. Soit, d'autre part, $\Phi(x_{m+1}, x_{m+2}, \dots, x_n)$ une fonction quelconque des variables $x_{m+1}, x_{m+2}, \dots, x_n$ holomorphe, dans le voisinage du point $x_{m+1}^0, x_{m+2}^0, \dots, x_n^0$ et telle que l'on ait

$$\frac{\partial \Phi_0}{\partial x_{m+1}^0} = p_{m+1}^0, \quad \dots, \quad \frac{\partial \Phi_0}{\partial x_n^0} = p_n^0.$$

Cherchons s'il existe une intégrale V des équations (1), holomorphe au voisinage du point $x_1^0, x_2^0, \dots, x_n^0$, et se réduisant à $\Phi(x_{m+1}, \dots, x_n)$ pour $x_1 = x_1^0, x_2 = x_2^0, \dots, x_m = x_m^0$. S'il existe une telle intégrale, on connaît les valeurs initiales de toutes les dérivées partielles de V où ne figure aucune des variables $x_1, x_2, \dots, x_m$. D'ailleurs, en différentiant les équations (1), on pourra exprimer toutes les autres dérivées partielles en fonction des précédentes. Mais, ici, il y aura plusieurs manières de calculer une même dérivée; ainsi, on pourra calculer de deux façons différentes $\dfrac{\partial^2 V}{\partial x_1 \, \partial x_2}$ en partant des deux équations $\dfrac{\partial V}{\partial x_1} = F_1$ et $\dfrac{\partial V}{\partial x_2} = F_2$. En écrivant que les deux expressions ainsi obtenues pour $\dfrac{\partial^2 V}{\partial x_1 \, \partial x_2}$ sont égales, on trouve la condition

$$(F_1 - F_1, p_2 - F_2) = 0,$$

qui est vérifiée puisque le système (1) est en involution. On voit alors aisément que, si le système est en involution, on n'obtiendra, par les dérivations, qu'*une seule* valeur bien déterminée pour chacune des dérivées. Si donc il existe une intégrale V satisfaisant aux conditions énoncées, il en existe une seule et les coefficients de son développement seront bien déterminés par les équations (1) jointes aux conditions initiales. Admettons que le développement ainsi obtenu soit convergent; nous pouvons énoncer la proposition suivante :

THÉORÈME. — *Étant donné un système en involution de m équations*

$$p_1 = F_1, \quad ..., \quad p_m = F_m,$$

où les fonctions $F_1, ..., F_m$ *sont holomorphes dans le voisinage des valeurs* $x_1^0, ..., x_n^0, p_{m+1}^0, ..., p_n^0$, *il existe une intégrale de ce système, holomorphe dans le domaine du point* $x_1^0, ..., x_n^0$, *et se réduisant pour* $x_1 = x_1^0, ..., x_m = x_m^0$ *à une fonction arbitraire*

$$\Phi(x_{m+1}, ..., x_n),$$

holomorphe pour

$$x_{m+1} = x_{m+1}^0, \quad ..., \quad x_n = x_n^0,$$

$p_{m+1}^0, ..., p_n^0$ *désignant les dérivées*

$$\frac{\partial \Phi_0}{\partial x_{m+1}^0}, \quad ..., \quad \frac{\partial \Phi_0}{\partial x_n^0}.$$

La convergence de ce développement se démontrerait sans doute aisément par les méthodes de Mme de Kowalewski. Le théorème sera d'ailleurs établi plus loin par d'autres considérations.

Cela posé, faisons dans le système (1) le changement de variables

$$x_1 = x_1^0 + t, \quad x_2 = x_2^0 + t y_2, \quad ..., \quad x_m = x_m^0 + t y_m;$$

on obtient un système équivalent

$$(9) \quad \begin{cases} \dfrac{\partial V}{\partial t} = F_1 + y_2 F_2 + ... + y_m F_m, \\[2mm] \dfrac{\partial V}{\partial y_2} = t F_2, \quad ..., \quad \dfrac{\partial V}{\partial y_m} = t F_m; \end{cases}$$

d'après ce qui précède, ce système admet une intégrale qui, pour $t = 0$, se réduit à $\Phi(x_{m+1}, ..., x_n)$. Or la première équation de ce système admet une seule intégrale satisfaisant à cette condition. Par consé-

...quent, toute intégrale de l'équation

$$(10) \qquad \frac{\partial V}{\partial t} = F_1 + y_2 F_2 + \ldots + y_m F_m$$

qui, pour $t = 0$, se réduit à une fonction des seules variables $x_{m+1}, \ldots, x_n$, vérifie aussi les autres équations du système (9). C'est la généralisation de la proposition établie pour les systèmes jacobiens (§ 30).

Pour avoir l'intégrale considérée par Mayer, il suffit de prendre l'intégrale de l'équation (10) qui, pour $t = 0$, se réduit à

$$a_{m+1} x_{m+1} + \ldots + a_n x_n$$

CHAPITRE IX

Étude géométrique des équations à trois variables.
Courbes intégrales. Solutions singulières ([1]).

72. Reprenons une équation aux dérivées partielles du premier ordre entre une fonction z et deux variables indépendantes x et y

$$F(x, y, z, p, q) = 0.$$

Une telle équation exprime une relation entre un point d'une surface et le plan tangent en ce point, ou, ce qui revient au même, entre un point d'une surface et la normale en ce point. Soient x, y, z les coordonnées d'un point M d'une surface intégrale; les équations de la normale en ce point sont

$$\frac{X - x}{p} = \frac{Y - y}{q} = \frac{Z - z}{-1},$$

et, par suite, on voit immédiatement que les normales à toutes les surfaces intégrales qui passent au point M engendrent un cône (N) ayant pour équation

$$F\left(x, y, z, -\frac{X - x}{Z - z}, -\frac{Y - y}{Z - z}\right) = 0.$$

Les plans tangents aux surfaces intégrales qui passent en un point M enveloppent par conséquent un cône (T) qui est le cône supplémen-

---

([1]) Le contenu de ce chapitre est extrait presque complètement du Mémoire de M. Darboux sur les *Solutions singulières*, etc. On pourra consulter aussi un important Mémoire de M. Lie, *Ueber Complexe, insbesondere Linien- und Kugel-Complexe, mit Anwendung auf die Theorie partieller Differentialgleichungen* (*Mathematische Annalen*, t. V, p. 145), et l'ouvrage célèbre de Monge, *Application de l'Analyse à la Géométrie*.

taire du cône (N). Donc, *si l'on considère les surfaces satisfaisant à une équation aux dérivées partielles du premier ordre, pour chaque surface passant par un point de l'espace, la normale doit se trouver sur un cône (N) relatif à ce point, ou, ce qui revient au même, le plan tangent doit toucher un cône (T) supplémentaire du cône (N).* En particulier, si le cône (N) se composait d'un système de plans, le cône (T) se réduirait à un système de droites et l'équation $F = 0$ se décomposerait en plusieurs équations linéaires.

De même, considérons toutes les surfaces intégrales tangentes à un plan donné P

$$z = \alpha x + \beta y + \gamma;$$

au point de contact, on devra avoir

$$\alpha = p, \quad \beta = q,$$

par suite, les coordonnées du point de contact vérifieront les deux équations

$$F(x, y, z, \alpha, \beta) = 0,$$
$$z = \alpha x + \beta y + \gamma,$$

qui définissent une courbe (C) située dans le plan donné. Donc, *si l'on considère les surfaces intégrales tangentes à un plan P, les points de contact sont situés sur une certaine courbe (C) de ce plan.*

A chaque point de l'espace correspond ainsi un cône (T) ayant son sommet en ce point et, à chaque plan, une courbe (C) située dans ce plan. D'ailleurs, on peut établir entre les courbes et les cônes une liaison géométrique indépendante de toute intégrale. Il est clair, en effet, que la courbe (C) située dans un plan P est le lieu des points M de ce plan pour lesquels le cône (T) est tangent au plan P. De même, le cône (T) relatif à un point M est l'enveloppe des plans P pour lesquels la courbe (C) passe au point M. On pourra donc déduire les courbes (C) des cônes (T) et inversement.

Les deux propriétés précédentes se transforment l'une dans l'autre quand on soumet les surfaces intégrales à une transformation par polaires réciproques. Prenons, par exemple, la première, d'après laquelle toutes les surfaces passant en M doivent toucher un cône (T); aux surfaces passant en M correspondent des surfaces tangentes à un

plan P, et au cône (T) une certaine courbe du plan P. On voit, par
conséquent, que, si des surfaces satisfont à une même équation aux
dérivées partielles du premier ordre, il en sera de même de leurs
transformées par polaires réciproques. Ceci explique le succès de la
transformation de Legendre qui consiste à prendre pour nouvelles
variables

$$p, q, \quad u = px + qy - z;$$

on aura

$$du = p\,dx + q\,dy + x\,dp + y\,dq - dz,$$

c'est-à-dire

$$du = x\,dp + y\,dq;$$

par suite, si on prend p et q pour variables indépendantes, il vient

$$x = \frac{\partial u}{\partial p}, \quad y = \frac{\partial u}{\partial q}.$$

Les formules de transformation sont, par conséquent,

$$x = \frac{\partial u}{\partial p}, \quad y = \frac{\partial u}{\partial q}, \quad z = p\,\frac{\partial u}{\partial p} + q\,\frac{\partial u}{\partial q} - u,$$

et l'équation du premier ordre

$$F(x, y, z, p, q) = 0$$

se change en une nouvelle équation du premier ordre

$$F\left(\frac{\partial u}{\partial p}, \frac{\partial u}{\partial q}, p\,\frac{\partial u}{\partial p} + q\,\frac{\partial u}{\partial q} - u, p, q\right) = 0.$$

On reconnaît immédiatement que p, q, u sont les coordonnées du
pôle du plan tangent

$$Z - z = p(X - x) + q(Y - y)$$

par rapport au paraboloïde

$$2Z = X^2 + Y^2,$$

de sorte que la transformation précédente revient bien à une transformation par polaires réciproques.

Remarque. — Si les courbes (C) sont des droites pour l'équation primitive, les cônes (T) seront composés d'un système de droites dans l'équation transformée qui, par suite, se décomposera en plusieurs équations linéaires. Ainsi, par exemple, considérons une équation de la forme

$$f(p, q, y) = 0.$$

Les courbes (C) sont données par les relations

$$\begin{cases} z = \alpha x + \beta y + \gamma, \\ f(\alpha, \beta, y) = 0; \end{cases}$$

ce sont donc des droites parallèles au plan des xz. La transformation de Legendre conduit à l'équation

$$f\left(p, q, \frac{\partial u}{\partial q}\right) = 0,$$

que l'on peut traiter comme une équation différentielle ordinaire. De même, prenons l'équation

$$x f_1(p, q, z - px - qy) + y f_2(p, q, z - px - qy)$$
$$+ f_3(p, q, z - px - qy) = 0.$$

Les équations des courbes (C) sont

$$z = \alpha x + \beta y + \gamma,$$
$$x f_1(\alpha, \beta, \gamma) + y f_2(\alpha, \beta, \gamma) + f_3(\alpha, \beta, \gamma) = 0;$$

ce sont donc des droites. La transformation de Legendre nous conduit en effet à l'équation

$$\frac{\partial u}{\partial p} f_1(p, q, u) + \frac{\partial u}{\partial q} f_2(p, q, u) + f_3(p, q, u) = 0,$$

qui est l'équation linéaire la plus générale.

Il est aisé dans bien des cas de se rendre compte de la position du cône (T) et de la courbe (C). Ainsi, dans le cas de l'équation de Clairaut généralisée, nous avons vu que l'intégrale complète était formée par l'ensemble des plans tangents à une certaine surface non développable (Σ); le cône (T), relatif à un point M, est évidemment le cône circonscrit à (Σ) et ayant le point M pour sommet; il n'y a pas lieu de considérer la courbe (C), sauf dans le cas où le plan donné est tangent à (Σ), et alors elle est indéterminée. Prenons encore l'équation du premier ordre qui admet pour intégrale complète les sphères passant par un point O et tangentes à un plan. On voit aisément que toutes celles de ces sphères qui passent en un point M enveloppent un cône (T) de révolution et que les courbes (C) sont des cercles. Pour le voir, il suffit d'effectuer une transformation par rayons vecteurs réciproques en prenant le point O pour pôle de la transformation.

73. Soient

$$(1) \qquad \mathrm{F}(x, y, z, p, q) = 0$$

une équation à trois variables et

$$(2) \qquad \mathrm{V}(x, y, z, a, b) = 0$$

une intégrale complète de cette équation. Nous savons que, l'intégrale singulière mise à part, toutes les intégrales de l'équation (1) s'obtiendront en posant $b = \varphi(a)$ et en éliminant a entre les deux équations

$$(3) \qquad \mathrm{V} = 0, \quad \frac{\partial \mathrm{V}}{\partial a} + \varphi'(a) \frac{\partial \mathrm{V}}{\partial b} = 0,$$

ou, en d'autres termes, en associant les courbes du complexe

$$(4) \qquad \mathrm{V} = 0, \quad \frac{\partial \mathrm{V}}{\partial a} + c \frac{\partial \mathrm{V}}{\partial b} = 0$$

suivant une loi convenable.

Sur toute intégrale complète, il y a une infinité de courbes caractéristiques (4), correspondant aux différentes valeurs de c. Mais par tout point d'une telle surface passe *une seule* courbe caractéristique, comme on le voit immédiatement d'après les équations (4). Soit M un point d'une intégrale complète S; la caractéristique C située sur S et qui passe au point M n'est autre chose que la limite de l'intersection de la surface S avec une intégrale complète S' infiniment voisine, lorsque S' se rapproche de S suivant une loi quelconque, mais de telle façon que cette intersection limite passe au point M. En particulier, si la surface S' se rapproche de S en passant constamment

par le point M, la limite de l'intersection des deux plans tangents
en M aux surfaces S et S' est évidemment la génératrice de contact
du plan tangent en M à la surface S avec le cône (T) correspondant
au point M. Donc, étant donnée une surface intégrale quelconque et
une caractéristique C située sur cette surface, comme il existe toujours
une intégrale complète tangente à cette surface tout le long de C, on
peut énoncer la proposition suivante : *Les courbes caractéristiques
sont des courbes tracées sur une surface intégrale et tangentes
en chacun de leurs points à la génératrice G de contact du
cône (T) correspondant avec le plan tangent à la surface en ce
point.* D'ailleurs, comme en chaque point d'une surface intégrale
il passe une seule courbe possédant la propriété précédente, on
en conclut que les courbes caractéristiques sont les seules courbes
jouissant de cette propriété. La définition précédente des caractéristiques a l'avantage d'être indépendante de toute intégrale complète.

Le lieu des caractéristiques passant en un point M peut être
considéré comme l'enveloppe des intégrales complètes qui passent en
ce point; ce lieu est donc une surface intégrale (§ 19).

Soient M un point, P un plan passant en M et tangent au cône (T)
correspondant, S l'intégrale complète tangente au plan P au point M,
toute surface intégrale tangente en M au plan P pourra être considérée comme l'enveloppe d'une suite simplement infinie d'intégrales
complètes parmi lesquelles se trouvera la surface S. La surface
intégrale sera donc tangente à S tout le long de la caractéristique
issue de M. On en conclut que *si deux surfaces intégrales sont
tangentes à un même plan en un même point M, elles sont
tangentes tout le long de la caractéristique issue du point M, et
tangentes au plan tangent commun à ces deux surfaces.*

Ceci nous conduit à associer aux courbes caractéristiques les *développables caractéristiques*, c'est-à-dire les développables circonscrites
aux surfaces intégrales le long d'une caractéristique. La caractéristique
étant représentée par les équations

$$V = 0, \quad \frac{\partial V}{\partial a} + c\,\frac{\partial V}{\partial b} = 0,$$

les valeurs de p et de q relatives au plan tangent à la développable caractéristique seront fournies par les relations

$$\frac{\partial V}{\partial x} + p\,\frac{\partial V}{\partial z} = 0, \quad \frac{\partial V}{\partial y} + q\,\frac{\partial V}{\partial z} = 0,$$

qui ne dépendent que de a et de b. De même qu'une courbe caractéristique peut être considérée comme la limite de l'intersection de deux intégrales complètes infiniment voisines, une développable caractéristique peut être considérée comme la limite de la développable circonscrite à deux intégrales complètes infiniment voisines.

Prenons, par exemple, deux intégrales voisines S, S' tangentes à un plan P en deux points m, m' de la courbe (C); la droite $m\,m'$ est une génératrice de la surface développable circonscrite à S et S'. Si m' se rapproche indéfiniment du point m, la droite $m\,m'$ a pour limite la tangente mt à la courbe (C) en m et la surface développable circonscrite à S et S' a pour limite la développable caractéristique passant par la caractéristique issue de m et tangente au plan P. On en conclut que les génératrices de contact des développables caractéristiques, tangentes à un plan P, avec ce plan, sont les tangentes à la courbe (C) relative à ce plan. Ce théorème est précisément la proposition corrélative de la proposition établie plus haut, d'après laquelle les tangentes aux courbes caractéristiques issues d'un point engendrent le cône (T) relatif à ce point. A toute propriété des courbes caractéristiques correspond, par la méthode des polaires réciproques, une propriété des développables caractéristiques. Ainsi, les courbes caractéristiques qui passent en un point engendrent une surface intégrale; on en conclut que les développables caractéristiques tangentes à un plan enveloppent une surface intégrale. Cette surface n'est autre chose que l'enveloppe des intégrales complètes tangentes au plan P, ou le lieu des caractéristiques tangentes à ce plan en tous les points de la courbe (C).

Le théorème établi plus haut peut être généralisé comme il suit : *Si deux surfaces intégrales ont un contact d'ordre m en un point, elles ont un contact du même ordre tout le long de la courbe caractéristique issue de ce point et tangente en ce point au plan tangent commun à ces deux surfaces.* En effet, soit S une surface intégrale obtenue en éliminant a entre les deux équations

$$V = 0, \quad \frac{\partial V}{\partial a} + f'(a) \frac{\partial V}{\partial b} = 0,$$

où

$$b = f(a).$$

Considérons la caractéristique correspondant à la valeur a_0 du paramètre a, les valeurs de p et q en un point x, y, z de cette caractéristique seront données par les formules

$$\frac{\partial V}{\partial x} + p \frac{\partial V}{\partial z} = 0, \quad \frac{\partial V}{\partial y} + q \frac{\partial U}{\partial z} = 0,$$

et, par suite, ne dépendent que de a et $f(a)$; en différentiant ces équations, on verra que les valeurs des dérivées secondes r, s, t ne dépendent que de a, $f(a)$, $f'(a)$, $f''(a)$; d'une manière générale, les dérivées jusqu'à l'ordre m de z par rapport à x et à y ne dépendent que des m premières dérivées de $f(a)$.

Soit alors S' la surface intégrale obtenue en prenant $b = \varphi(a)$; pour que les deux surfaces aient un contact d'ordre m en un point de la caractéristique, il faudra avoir

$$\varphi(a_0) = f(a_0),$$
$$\varphi'(a_0) = f'(a_0),$$
$$\dots\dots\dots\dots$$
$$\varphi^m(a_0) = f^m(a_0),$$

et, par suite, si les conditions sont vérifiées en un point de la caractéristique, elles seront vérifiées tout le long de la caractéristique; d'où résulte la proposition énoncée.

74. Pour terminer ces considérations sur les caractéristiques, nous allons montrer comment on peut retrouver leurs équations différentielles en exprimant que ce sont des courbes situées sur une surface intégrale et tangentes en chacun de leurs points à la génératrice de contact du plan tangent en ce point avec le cône (T) correspondant. L'équation du plan tangent au cône (T) relatif à un point x, y, z est

$$Z - z = p(X - x) + q(Y - y),$$

où p et q sont liés par la relation

$$F(x, y, z, p, q) = 0.$$

La génératrice de contact de ce plan avec le cône (T) a donc pour équations

$$\frac{X - x}{P} = \frac{Y - y}{Q} = \frac{Z - z}{Pp + Qq}.$$

Pour que la caractéristique soit tangente à cette droite, il faudra d'abord que l'on ait

$$(5) \qquad \frac{dx}{P} = \frac{dy}{Q} = \frac{dz}{Pp + Qq} = dt,$$

en désignant par dt la valeur commune des rapports. Pour avoir dp et dq, rappelons-nous que la courbe est située sur une surface intégrale. De l'équation

$$F(x, y, z, p, q) = 0,$$

on déduit

$$X + Zp + Pr + Qs = 0,$$
$$Y + Zq + Ps + Qt = 0,$$

en posant

$$r = \frac{\partial^2 z}{\partial x^2}, \quad s = \frac{\partial^2 z}{\partial x \, \partial y}, \quad t = \frac{\partial^2 z}{\partial y^2}.$$

Remplaçons dans ces expressions P et Q par leurs valeurs tirées de (5); il vient

$$(X + Zp) \, dt + r \, dx + s \, dy = 0,$$
$$(Y + Zq) \, dt + s \, dx + t \, dy = 0,$$

ce qui s'écrit

$$(X + Zp) \, dt + dp = 0,$$
$$(Y + Zq) \, dt + dq = 0,$$

relations qui donnent dp et dq.

75. Appliquons les considérations précédentes à la recherche des surfaces intégrales satisfaisant à des conditions géométriques déterminées.

Proposons-nous, par exemple, de trouver une intégrale passant par une courbe C donnée, non située sur l'intégrale singulière et n'étant pas une courbe caractéristique. Soit S l'intégrale cherchée et m un point de la courbe C; en m il passe une intégrale complète tangente à S; d'ailleurs, le plan tangent en m passe par la tangente mt à la courbe C en m et est tangent au cône (T) correspondant au point m. Donc, voici comment on obtiendra l'intégrale S : par mt on mène un plan tangent au cône (T) relatif au point m; on fait ainsi correspondre à chaque point m un plan P, puis on cherche l'intégrale complète passant en m et tangente au plan P; l'intégrale S sera l'enveloppe de toutes ces intégrales complètes lorsque le point m décrit la courbe C. Si on peut mener plusieurs plans tangents au cône (T) par mt, on aura plusieurs nappes de surfaces intégrales passant par (C). Soit G la génératrice de contact du plan P avec le cône (T), la surface S est aussi le lieu de la caractéristique issue de m et tangente à G quand m décrit la courbe C.

Traduisons analytiquement cette construction. Soient x_0, y_0, z_0 les coordonnées de m, p_0, q_0 les coefficients angulaires du plan P. On devra avoir d'abord

$$F(x_0, y_0, z_0, p_0, q_0) = 0,$$

puisque le plan P est tangent au cône (T) de sommet x_0, y_0, z_0. Soit u le paramètre variable dont dépendent les coordonnées d'un point de la courbe C; pour que le plan P passe par la tangente mt, il faudra que l'on ait aussi

$$\frac{\partial z_0}{\partial u} = p_0 \frac{\partial x_0}{\partial u} + q_0 \frac{\partial y_0}{\partial u}.$$

De sorte que la construction géométrique indiquée plus haut revient à prendre le lieu des caractéristiques issues des éléments $(x_0, y_0, z_0, p_0, q_0)$ qui vérifient les relations précédentes. On retrouve précisément la méthode de Cauchy (§ 48). Nous avons vu que la valeur de z était développable pourvu que la quantité

$$P_0 \frac{\partial y_0}{\partial u} - Q_0 \frac{\partial x_0}{\partial u}$$

ne soit pas nulle. Mais le raisonnement ne s'applique plus si cette expression est nulle pour un point de la courbe C; il est aisé de s'en rendre compte. Les cosinus directeurs de mt sont proportionnels à $\dfrac{dx_0}{du}$, $\dfrac{dy_0}{du}$, $\dfrac{dz_0}{du}$, ceux de la génératrice G à P_0, Q_0, $P_0 p_0 + Q_0 q_0$; si donc l'expression précédente était nulle, mt coïnciderait avec G. Supposons qu'en un point particulier m de la courbe C, mt soit une génératrice du cône (T); en un point infiniment voisin m' pris sur C, on peut mener par la tangente $m't'$ deux plans tangents à (T) infiniment voisins, qui coïncident quand m' vient en m. A chacun de ces plans tangents correspond une nappe de surface intégrale passant par C, et ces deux nappes viennent se raccorder au point m qui doit être, par conséquent, un point singulier de la surface intégrale.

Un cas particulier intéressant est celui où la courbe C est tangente en chacun de ses points au cône (T) correspondant; on obtiendra une intégrale passant par cette courbe en prenant le lieu des caractéristiques tangentes à C.

Si la courbe C était située sur l'intégrale singulière, il y aurait deux intégrales répondant à la question, tangentes l'une à l'autre; d'abord l'intégrale singulière, et ensuite l'enveloppe des intégrales complètes tangentes à l'intégrale singulière tout le long de la courbe C. Enfin, si la courbe C est une courbe caractéristique, il y aura, nous l'avons vu, une infinité d'intégrales répondant à la question.

Proposons-nous, de même, de trouver une intégrale tangente à une surface donnée (Σ) qui n'est pas elle-même une surface intégrale. On cherchera pour cela une courbe C située sur la surface donnée et telle que (Σ) soit tangente en chacun de ses points au cône (T) correspondant. L'intégrale demandée sera l'enveloppe des intégrales complètes tangentes à la surface Σ le long de la courbe C. Si la surface (Σ) était elle-même une surface intégrale, il y aurait évidemment une infinité de solutions.

75.ᵉ Courbes intégrales. — Les courbes caractéristiques d'une équation du premier ordre sont tangentes en chacun de leurs points à une génératrice du cône (T) relatif à ce point. Mais ce ne sont pas les courbes les plus générales jouissant de cette propriété; en effet, si

$$\varphi\left(x, y, z, \frac{Z - z}{X - x}, \frac{Y - y}{X - x}\right) = 0$$

est l'équation du cône (T) de sommet (x, y, z), pour qu'une courbe possède la propriété précédente, il faut et il suffit que les coordonnées x, y, z vérifient l'équation unique

$$\varphi\left(x, y, z, \frac{dz}{dx}, \frac{dy}{dx}\right) = 0.$$

La solution générale de cette équation comporte une fonction arbitraire, car si on pose

$$z = \psi(x),$$

$\psi(x)$ étant une fonction arbitraire de x, on a pour déterminer y une équation différentielle du premier ordre

$$\varphi\left(x, y, \psi(x), \psi'(x), \frac{dy}{dx}\right) = 0.$$

Nous appellerons *courbes intégrales* les courbes satisfaisant à cette condition.

Monge [1] a montré que, si on sait intégrer une équation aux dérivées partielles du premier ordre, on a immédiatement les courbes intégrales. Considérons, en effet, les courbes dont les équations sont

$$V = 0, \quad \frac{\partial V}{\partial a} + \varphi'(a)\frac{\partial V}{\partial b} = 0,$$

où on a posé $b = \varphi(a)$, ces courbes ont une enveloppe que l'on obtient en éliminant le paramètre a entre les trois équations

$$(6) \quad \begin{cases} V = 0, \quad \dfrac{\partial V}{\partial a} + \varphi'(a)\dfrac{\partial V}{\partial b} = 0, \\[2mm] \dfrac{\partial^2 V}{\partial a^2} + 2\dfrac{\partial^2 V}{\partial a\,\partial b}\varphi'(a) + \dfrac{\partial^2 V}{\partial b^2}[\varphi'(a)]^2 + \dfrac{\partial V}{\partial b}\varphi''(a) = 0, \end{cases}$$

et cette enveloppe est évidemment une courbe intégrale. D'un autre côté, on a vu au paragraphe précédent que les caractéristiques tangentes à une courbe intégrale engendrent une surface intégrale. Les formules (6) représentent donc toutes les courbes intégrales. Ces formules dépendent bien d'une fonction arbitraire φ; mais il est à remarquer qu'en général, quelle que soit la fonction φ, elles ne

---

[1] *Mémoires de l'Académie des Sciences*, 1784.

donneront jamais les caractéristiques. La courbe intégrale (6) n'est autre chose que l'enveloppe des courbes caractéristiques situées sur la surface intégrale définie par les deux équations

$$V = 0, \quad \frac{\partial V}{\partial a} + \varphi'(a) \frac{\partial V}{\partial b} = 0;$$

par analogie avec le cas des surfaces développables, on l'appelle encore l'*arête de rebroussement* de la surface. M. Darboux a d'ailleurs montré que c'est bien effectivement une arête de rebroussement de la surface, c'est-à-dire une ligne suivant laquelle deux nappes de la surface se raccordent. Ce qui précède nous montre, en outre, que la condition nécessaire et suffisante pour qu'une infinité simple de caractéristiques engendre une surface intégrale est que ces caractéristiques aient une enveloppe.

EXEMPLE. — Considérons l'équation du premier ordre qui admet pour intégrale complète les plans

$$(1 - a^2) x + k(1 + a^2) z + 2ay + b = 0,$$

qui sont les plans parallèles aux plans tangents du cône

$$x^2 + y^2 = k^2 z^2;$$

les caractéristiques sont les parallèles aux génératrices de ce cône et les courbes intégrales vérifient l'équation

$$dx^2 + dy^2 = k^2 dz^2.$$

Pour avoir ces courbes, je pose $b = 4 f(a)$, et les formules (6) deviennent

$$\left\{ \begin{aligned} &(1 - a^2) x + k(1 + a^2) z + 2ay + 4f(a) = 0, \\ &- ax + kaz + y + 2f'(a) = 0, \\ &- x + kz + 2f''(a) = 0. \end{aligned} \right.$$

On en tire

$$\left\{ \begin{aligned} x &= (1 - a^2) f''(a) + 2a f'(a) - 2f(a), \\ y &= 2a f''(a) - 2 f'(a), \\ kz &= - (1 + a^2) f''(a) + 2a f'(a) - 2f(a). \end{aligned} \right.$$

Ces équations, comme il est aisé de s'en rendre compte, ne peuvent pas représenter les parallèles aux génératrices du cône. Si on prend $k = 1$, ces formules donnent les coordonnées d'un point d'une courbe plane et l'arc de cette courbe exprimés au moyen d'un paramètre sans aucune quadrature. Si on prend $k^2 = -1$, on a les courbes dites *courbes minima* qui satisfont à la relation

$$dx^2 + dy^2 + dz^2 = 0,$$

et qui jouent un rôle si important dans la théorie des surfaces minima.

77. Dans le tome V des *Mathematische Annalen*, M. Sophus Lie a signalé un certain nombre de propriétés des courbes intégrales. Une des plus curieuses est la suivante : *Toute courbe intégrale a un contact du second ordre avec les surfaces intégrales qui lui sont tangentes* [1].

Soient, en effet,

$$(7) \qquad F(x, y, z, p, q) = 0$$

une équation du premier ordre et

$$z = \varphi(x, y)$$

une surface intégrale S de cette équation. Soit M un point de cette surface, P le plan tangent en M, G la génératrice de contact du plan P avec le cône (T) relatif au point M, et I une courbe intégrale passant en M et tangente à la droite G. La courbe I satisfait au système d'équations différentielles

$$(8) \qquad \frac{dx}{P} = \frac{dy}{Q} = \frac{dz}{Pp + Qq} = dt,$$

où p et q désignent des fonctions de x et y définies par la rela-

---

[1] D'une manière générale, si une courbe intégrale a un contact d'ordre n avec une caractéristique, elle a un contact d'ordre $(n + 1)$ avec toute surface intégrale passant par cette caractéristique. Étant donnée une équation quelconque du premier ordre, il y aura, d'une manière normale, des courbes intégrales ayant en chacun de leurs points un contact du second ordre avec la caractéristique tangente et par suite un contact du troisième ordre avec les surfaces intégrales qui leur sont tangentes. (Darboux, *loc. cit.*, p. 45.)

tion (7) jointe à une autre relation de *forme arbitraire*

$$(9) \qquad \Phi (x, y, z, p, q) = 0,$$

qui dépend de la courbe intégrale considérée. Soient d^2x, d^2y, d^2z les différentielles secondes de x, y, z relatives à un déplacement sur la courbe I, on aura

$$dz = p\, dx + q\, dy,$$
$$d^2z - p\, d^2x - q\, d^2y = dp\, dx + dq\, dy.$$

et par suite,

$$d^2z - p\, d^2x - q\, d^2y = \{ P\, dp + Q\, dq \}\, dt.$$

Puisque p, q satisfont à la relation (7), on a

$$X\, dx + Y\, dy + Z\, dz + P\, dp + Q\, dq = 0,$$

d'où

$$d^2z - p\, d^2x - q\, d^2y = - \{ X\, dx + Y\, dy + Z\, dz \}\, dt.$$

Soient, d'autre part, r, s, t les dérivées secondes de z pour un point de la surface S, on aura

$$\begin{cases} X + pZ + Pr + Qs = 0, \\ Y + qZ + Ps + Qt = 0, \end{cases}$$

ou

$$(X + pZ)\, dt + r\, dx + s\, dy = 0,$$
$$(Y + qZ)\, dt + s\, dx + t\, dy = 0,$$

en remplaçant P, Q par leurs valeurs tirées des équations (8). On en conclut, en multipliant les deux relations par dx et dy respectivement et en les ajoutant,

$$dt\{ X\, dx + Y\, dy + Z\, dz \} + r\, dx^2 + 2s\, dx\, dy + t\, dy^2 = 0.$$

On a donc les *deux* relations suivantes :

$$\begin{cases} dz - p\, dx - q\, dy = 0, \\ d^2z - p\, d^2x - q\, d^2y - r\, dx^2 - 2s\, dx\, dy - t\, dy^2 = 0. \end{cases}$$

Ces deux équations expriment qu'il y a un contact du second ordre entre la courbe I et la surface S au point M ; car, si on pose

$$\bar{z} = z - \varphi (x, y),$$

z, x, y étant supposées remplacées par les coordonnées d'un point
de la courbe I, ces deux relations expriment que l'on a, pour le
point M,

$$d\mathfrak{F} = 0, \quad d^2\mathfrak{F} = 0.$$

On tire de cette proposition des conséquences intéressantes. Considérons un complexe de courbes

$$\begin{cases} f(x, y, z, a, b, c) = 0, \\ f_1(x, y, z, a, b, c) = 0. \end{cases}$$

Par chaque point de l'espace il passe une infinité de courbes de ce
complexe, dont les tangentes forment un cône (T) ayant le sommet
en ce point. Les surfaces tangentes en chacun de leurs points au
cône (T) correspondant vérifient une équation aux dérivées partielles
du premier ordre, dont les courbes du complexe sont des courbes
intégrales; d'ailleurs il est évident qu'il existe une infinité de complexes conduisant à la même équation aux dérivées partielles. Prenons, en particulier, un complexe de droites; le cône (T) sera dans
ce cas le cône formé par l'ensemble des droites qui passent en un
point. Soient S une surface intégrale, M un point de cette surface et
MT la tangente en ce point à la courbe caractéristique située sur la
surface qui passe en M; MT, étant une courbe intégrale, d'après ce
que nous venons de dire, aura un contact du second ordre avec la
surface S. Les caractéristiques sont donc des courbes telles qu'en
chacun de leurs points la tangente a un contact du second ordre
avec la surface S : ce sont par conséquent des *lignes asymptotiques*
de la surface. Il y a un autre cas où les caractéristiques sont des
lignes asymptotiques des surfaces intégrales; c'est celui des équations
linéaires dont les caractéristiques forment une congruence de droites.
M. Lie a d'ailleurs montré que les deux cas que nous venons de citer
sont les seuls où cette circonstance se présente.

Revenons au cas précédent; les différentielles dx, dy, dz sont les
mêmes pour la courbe intégrale I tangente en M à la caractéristique C
et pour la courbe C elle-même. Puisque la caractéristique est une
ligne asymptotique de la surface S, on a

$$r\,dx^2 + 2s\,dx\,dy + t\,dy^2 = 0;$$

par suite, on a pour la courbe I

$$d^2z - p\, d^2x - q\, d^2y = 0,$$

relation qui exprime que le plan tangent au cône (T)

$$Z - z = p\,(X - x) + q\,(Y - y)$$

est le plan osculateur à la courbe I au point M. On peut donc énoncer la proposition suivante : *Lorsque les tangentes d'une courbe appartiennent à un complexe de droites, le plan osculateur en un point de cette courbe est le plan tangent au cône du complexe suivant la tangente à la courbe en ce point.*

73. Étant donné un complexe quelconque de courbes dans l'espace, il est évident, d'après ce qui précède, qu'il n'existe pas, *en général,* d'équation aux dérivées partielles du premier ordre dont ces courbes soient les caractéristiques. En effet, à ce complexe de courbes correspond un système de cônes (T) et par suite une équation aux dérivées partielles bien déterminée

$$(10) \qquad\qquad F\,(x,\, y,\, z,\, p,\, q) = 0,$$

dont les courbes proposées seront simplement, en général, des courbes intégrales.

Mais on peut donner des courbes caractéristiques une propriété géométrique, indépendante de toute surface intégrale, qui les distingue des autres courbes intégrales. A tout complexe de courbes correspond un système de cônes (T) et, par suite, un système de courbes planes (C). En chaque point M d'une des courbes du complexe précédent menons le plan tangent P au cône (T) suivant la tangente à cette courbe. Quand on se déplace sur cette courbe, ce plan P enveloppe une surface développable; *pour que la courbe considérée soit une caractéristique, il faut et il suffit que la génératrice de cette surface développable qui passe en M soit précisément la tangente en M à la courbe* (C) *du plan* P. D'après ce qu'on a vu plus haut sur les développables caractéristiques, cette propriété appartient bien aux courbes caractéristiques. Elle n'appartient pas à d'autres courbes intégrales, car, si on l'exprime analytiquement, on est conduit précisément aux équations différentielles des caractéristiques.

Pour toute courbe intégrale on a d'abord

$$(11) \qquad \frac{dx}{\dfrac{\partial F}{\partial p}} = \frac{dy}{\dfrac{\partial F}{\partial q}} = \frac{dz}{p\,\dfrac{\partial F}{\partial p} + q\,\dfrac{\partial F}{\partial q}}.$$

Le plan tangent au cône (T) suivant la tangente à cette courbe a pour équation

$$Z - z = p\,(X - x) + q\,(Y - y),$$

et la génératrice de contact de ce plan avec son enveloppe s'obtiendra en joignant à l'équation précédente la relation

$$- dz = dp\,(X - x) + dq\,(Y - y) - p\,dx - q\,dy,$$

c'est-à-dire

$$dp\,(X - x) + dq\,(Y - y) = 0.$$

Cherchons de même la tangente à la courbe (C) du plan P, représentée par les équations

$$F (X, Y, Z, p, q) = 0,$$
$$Z - z = p\,(X - x) + q\,(Y - y),$$

X, Y, Z désignant les coordonnées courantes. La tangente à cette courbe au point (x, y, z) sera définie par les deux relations

$$\frac{\partial F}{\partial x}\,dX + \frac{\partial F}{\partial y}\,dY + \frac{\partial F}{\partial z}\,dZ = 0,$$
$$dZ = p\,dX + q\,dY,$$

d'où on tire

$$\left(\frac{\partial F}{\partial x} + p\,\frac{\partial F}{\partial z}\right) dX + \left(\frac{\partial F}{\partial y} + q\,\frac{\partial F}{\partial z}\right) dY = 0.$$

Pour que cette tangente coïncide avec la génératrice précédente, il faudra que l'on ait

$$\frac{dp}{\dfrac{\partial F}{\partial x} + p\,\dfrac{\partial F}{\partial z}} = \frac{dq}{\dfrac{\partial F}{\partial y} + q\,\dfrac{\partial F}{\partial z}};$$

ces relations, jointes aux formules (11) et à l'équation $dF = 0$, conduisent précisément aux équations différentielles des caractéristiques.

79. Solutions singulières. — Soit

$$(12) \qquad \mathrm{V}(x, y, z, a, b) = 0$$

une intégrale complète d'une équation du premier ordre ; supposons que ces surfaces admettent une enveloppe définie par l'équation (12) jointe aux équations

$$(13) \qquad \frac{\partial \mathrm{V}}{\partial a} = 0, \qquad \frac{\partial \mathrm{V}}{\partial b} = 0,$$

et qu'elles touchent cette enveloppe en un point ou en un nombre fini de points. A tout système de valeurs des paramètres a et b correspond un point M de cette enveloppe Σ où cette enveloppe est touchée par la surface V correspondante. En tout point $\mathrm{M}(a_0, b_0)$ de Σ passe une infinité de caractéristiques tangentes à Σ, car si on considère la caractéristique définie par les équations

$$\mathrm{V}(x, y, z, a_0, b_0) = 0, \qquad \frac{\partial \mathrm{V}}{\partial a_0} + c\,\frac{\partial \mathrm{V}}{\partial b_0} = 0,$$

cette caractéristique passe au point M, quel que soit c, et est évidemment tangente en ce point à Σ. A toute direction de tangente à la surface Σ au point M correspond un système de valeurs des différentielles da et db qui définissent cette direction. Soient C et C' deux courbes tracées sur la surface Σ et passant au point M, da, db ; δa, δb les différentielles correspondant respectivement aux tangentes en M à C et C'. L'intégrale complète tangente à Σ en un point M', infiniment voisin de M, situé sur C', coupe l'intégrale complète, tangente à Σ en M, suivant la caractéristique que l'on obtient en prenant pour la constante c la valeur $c = \dfrac{\delta b}{\delta a}$. Cherchons la relation qui doit exister entre les différentielles db, da, δb, δa pour que cette caractéristique soit tangente à la courbe C au point M. Les différentielles dx, dy, dz relatives à un déplacement le long de C sont données par les relations

$$(14) \quad \left\{ \begin{aligned} &\frac{\partial \mathrm{V}}{\partial x}\,dx + \frac{\partial \mathrm{V}}{\partial y}\,dy + \frac{\partial \mathrm{V}}{\partial z}\,dz = 0, \\[2mm] &\frac{\partial^2 \mathrm{V}}{\partial a\,\partial x}\,dx + \frac{\partial^2 \mathrm{V}}{\partial a\,\partial y}\,dy + \frac{\partial^2 \mathrm{V}}{\partial a\,\partial z}\,dz + \frac{\partial^2 \mathrm{V}}{\partial a^2}\,da + \frac{\partial^2 \mathrm{V}}{\partial a\,\partial b}\,db = 0, \\[2mm] &\frac{\partial^2 \mathrm{V}}{\partial b\,\partial x}\,dx + \frac{\partial^2 \mathrm{V}}{\partial b\,\partial y}\,dy + \frac{\partial^2 \mathrm{V}}{\partial b\,\partial z}\,dz + \frac{\partial^2 \mathrm{V}}{\partial a\,\partial b}\,da + \frac{\partial^2 \mathrm{V}}{\partial b^2}\,db = 0. \end{aligned} \right.$$

Pour un déplacement le long de la caractéristique on a

$$(15) \quad \left\{ \begin{array}{l} \dfrac{\partial V}{\partial x}\, dx + \dfrac{\partial V}{\partial y}\, dy + \dfrac{\partial V}{\partial z}\, dz = 0, \\[2ex] \dfrac{\partial^2 V}{\partial a\, \partial x}\, dx + \dfrac{\partial^2 V}{\partial a\, \partial y}\, dy + \dfrac{\partial^2 V}{\partial a\, \partial z}\, dz \\[2ex] \qquad + \dfrac{\delta b}{\delta a}\left[\dfrac{\partial^2 V}{\partial b\, \partial x}\, dx + \dfrac{\partial^2 V}{\partial b\, \partial y}\, dy + \dfrac{\partial^2 V}{\partial b\, \partial z}\, dz \right] = 0. \end{array} \right.$$

Les valeurs de dx, dy, dz tirées des formules (14) et (15) devront être les mêmes, ce qui donne la relation

$$\dfrac{\partial^2 V}{\partial a^2}\, da\, \delta a + \dfrac{\partial^2 V}{\partial a\, \partial b}\, [da\, \delta b + db\, \delta a] + \dfrac{\partial^2 V}{\partial b^2}\, db\, \delta b = 0.$$

Cette relation fait correspondre à toute tangente $M\mu$ issue du point M une autre tangente $M\mu'$ et, comme elle est symétrique par rapport aux différentielles d et δ, cette correspondance est réciproque. On définit ainsi sur la surface Σ un système de lignes analogues aux lignes conjuguées sur une surface quelconque. Pour que les deux tangentes correspondantes se confondent, il faut avoir

$$\dfrac{\partial^2 V}{\partial a^2}\, da^2 + 2\, \dfrac{\partial^2 V}{\partial a\, \partial b}\, da\, db + \dfrac{\partial^2 V}{\partial b^2}\, db^2 = 0,$$

et on a ainsi deux séries de lignes, tracées sur la surface Σ, analogues aux lignes asymptotiques. La théorie qu'on vient d'indiquer se réduit d'ailleurs à la théorie ordinaire des lignes conjuguées si l'intégrale complète est un plan.

Remarque. — Dans ce qui précède, nous avons supposé implicitement que la relation

$$\left(\dfrac{\partial^2 V}{\partial a\, \partial b} \right)^2 - \dfrac{\partial^2 V}{\partial a^2}\, \dfrac{\partial^2 V}{\partial b^2} = 0$$

n'était pas satisfaite, car, si elle avait lieu, le rapport $\dfrac{da}{db}$, qui est donné par la formule

$$\dfrac{db}{da} = - \dfrac{\dfrac{\partial^2 V}{\partial a\, \partial b}\, \dfrac{\delta b}{\delta a} + \dfrac{\partial^2 V}{\partial a^2}}{\dfrac{\partial^2 V}{\partial b^2}\, \dfrac{\delta b}{\delta a} + \dfrac{\partial^2 V}{\partial a\, \partial b}},$$

serait indépendant de $\dfrac{\partial a}{\partial b}$. Dans ce cas, toutes les caractéristiques passant en M seraient tangentes; ce serait un cas analogue à celui des surfaces développables où la caractéristique du plan tangent est toujours la génératrice. Considérons, par exemple, une surface quelconque (Σ), un des systèmes de lignes de courbure de cette surface, et toutes les sphères tangentes à la surface et ayant pour centres les centres de courbure principaux correspondant au système de lignes de courbure considéré. Imaginons qu'on ait formé l'équation du premier ordre qui admet ce système de sphères pour intégrale complète, (Σ) sera la solution singulière de cette équation. Soient M un point quelconque de la surface (Σ), C la ligne de courbure du système considéré qui passe en M, MT la tangente à cette ligne de courbure, O le centre de courbure correspondant, S la sphère de centre O tangente en M à (Σ), MT' la tangente à la seconde ligne de courbure qui passe en M. Prenons sur (Σ) un point M' infiniment voisin de M; soient O' le centre de courbure principal correspondant et S' la sphère de centre O' tangente en M'. Les deux sphères S et S' se coupent suivant un cercle c dont le plan est perpendiculaire à OO'. A la limite, la droite OO' est située dans le plan tangent en O à la surface lieu des centres de courbure principaux, c'est-à-dire dans le plan MOT'. La tangente à la caractéristique est donc la droite MT, de quelque façon que le point M' se rapproche indéfiniment du point M.

80. L'intégrale singulière de Lagrange possède donc les trois propriétés suivantes : 1° elle est l'enveloppe de toutes les autres intégrales; 2° par chaque point de cette surface, il passe une *infinité* de caractéristiques qui lui sont *tangentes*; 3° par toute courbe de cette surface passent *deux* intégrales tangentes, cette surface elle-même et l'enveloppe de toutes les intégrales complètes qui lui sont tangentes le long de cette courbe.

Ces deux dernières propriétés permettent facilement de déduire la solution singulière de l'équation aux dérivées partielles elle-même.

1° Soit

$$F(x, y, z, p, q) = 0$$

une équation du premier ordre, x_0, y_0, z_0, p_0, q_0 un élément quelconque de l'intégrale singulière (Σ) de Lagrange; il faudra que le système d'équations différentielles

$$\frac{dx}{\mathrm{P}} = \frac{dy}{\mathrm{Q}} = \frac{dz}{\mathrm{P}p + \mathrm{Q}q} = \frac{-\,dp}{\mathrm{X} + p\mathrm{Z}} = \frac{-\,dq}{\mathrm{Y} + q\mathrm{Z}}$$

admette une infinité d'intégrales correspondant aux valeurs initiales x_0, y_0, z_0, p_0, q_0. Il faut évidemment pour cela que cet élément annule tous les dénominateurs, car si, par exemple, P_0 était différent de 0, on en tirerait pour $\dfrac{dy}{dx}$, $\dfrac{dz}{dx}$, $\dfrac{dp}{dx}$, $\dfrac{dq}{dx}$ un seul système de valeurs finies et bien déterminées dans le voisinage de ces valeurs initiales et, par suite, un seul système de valeurs pour y, z, p, q. Donc tout élément de (Σ) doit satisfaire à la fois aux cinq équations

$$\mathrm{F} = 0, \quad \mathrm{P} = 0, \quad \mathrm{Q} = 0, \quad \mathrm{X} + p\mathrm{Z} = 0, \quad \mathrm{Y} + q\mathrm{Z} = 0.$$

2° Servons-nous de même de la troisième propriété de l'intégrale singulière. Soit C la courbe d'intersection de (Σ) par un plan parallèle au plan des yz, ayant pour équations

$$x = x_0, \quad z = \varphi(y).$$

Tous les éléments x, y, z, p, q de la surface (Σ), le long de la courbe C, sont bien déterminés; en particulier, on aura $q = \varphi'(y)$. Si ces éléments n'annulaient pas P, on pourrait résoudre l'équation $\mathrm{F} = 0$ par rapport à p et la mettre sous la forme

$$p = \psi(x, y, z, q),$$

$\psi(x, y, z, q)$ étant une fonction développable, et alors, en vertu du théorème de Cauchy, il existerait une fonction z, et *une seule*, qui satisferait à cette équation et qui, pour $x = x_0$, se réduirait à $\varphi(y)$. Si donc il passe *deux* intégrales tangentes l'une à l'autre par la courbe C, il faut nécessairement que tous les éléments de (Σ) annulent P. On verrait de même, en coupant la surface (Σ) par un plan parallèle au plan des zx, qu'il faut avoir $\mathrm{Q} = 0$. L'intégrale (Σ) doit donc satisfaire aux trois équations

$$(16) \qquad\qquad \mathrm{F} = 0, \quad \mathrm{P} = 0, \quad \mathrm{Q} = 0.$$

On en conclut aisément, comme nous l'avons vu (§ 14), qu'elle satisfait aussi aux équations

$$(17) \qquad X + pZ = 0, \quad Y + qZ = 0.$$

L'intégrale singulière de Lagrange satisfait donc aux équations qui ont été prises plus haut pour définition des intégrales singulières.

81. S'il existe une intégrale singulière

$$R(x, y, z) = 0,$$

pour tous les points de cette surface les cinq équations

$$F = 0, \quad P = 0, \quad Q = 0, \quad X + pZ = 0, \quad Y + qZ = 0$$

admettront une solution commune en p et q. Réciproquement, s'il existe une surface telle que, pour tout point de cette surface, les cinq équations précédentes admettent une solution commune en p et q, cette surface est une intégrale singulière. En effet, pour tout déplacement sur cette surface, on aura

$$X\,dx + Y\,dy + Z\,dz + P\,dp + Q\,dq = 0,$$

ou, en tenant compte de ces relations,

$$Z(dz - p\,dx - q\,dy) = 0.$$

Si Z n'est pas nul pour ces valeurs de p et q, on en conclut que p et q sont les coefficients angulaires du plan tangent à la surface considérée, qui est, par suite, une intégrale singulière. Mais si Z est nul, le raisonnement ne s'applique plus.

Toute intégrale singulière d'une équation aux dérivées partielles

$$F(x, y, z, p, q) = 0$$

devant vérifier les cinq équations (16) et (17), il semble, d'après cela, qu'une équation F = 0 prise au hasard n'admettra pas d'intégrale singulière, puisque cinq équations ne déterminent, en général, qu'un nombre fini de systèmes de valeurs pour cinq variables. Cependant, comme ces cinq équations ont été obtenues avec les dérivées partielles d'une même fonction, ce point pourrait donner lieu à quelque incertitude.

On peut rendre le raisonnement plus précis. Si la fonction F n'a pas été prise d'une façon particulière, l'élimination de p et de q entre les trois équations

$$F = 0, \quad P = 0, \quad Q = 0$$

conduira à une certaine relation $R(x, y, z) = 0$ qui donnera l'intégrale singulière de l'équation $F = 0$, si elle existe. Prenons maintenant l'équation

$$F(x, y, z, p + a, q + b) = 0,$$

où a et b désignent des fonctions quelconques de x, y, z. L'élimination de p et de q entre cette équation et les relations

$$\frac{\partial F(x, y, z, p + a, q + b)}{\partial p} = 0, \qquad \frac{\partial F(x, y, z, p + a, q + b)}{\partial q} = 0$$

conduira évidemment au même résultat,

$$R(x, y, z) = 0.$$

Il est clair que la surface représentée par cette équation ne peut satisfaire à l'équation précédente, quels que soient a et b. On conclut de là qu'*une équation aux dérivées partielles prise au hasard ou formée directement d'une manière quelconque n'admet pas d'une façon normale d'intégrale singulière.*

Les conclusions qui précèdent paraissent être en désaccord avec la théorie de Lagrange. En effet, il semble, d'après ce que nous avons dit, qu'en prenant l'enveloppe d'une intégrale complète $V(x, y, z, a, b) = 0$, on a toujours une intégrale singulière. Ce désaccord n'est qu'apparent, car le raisonnement de Lagrange suppose que l'intégrale complète a *effectivement* une enveloppe ou, en d'autres termes, que les fonctions V, $\dfrac{\partial V}{\partial a}$, $\dfrac{\partial V}{\partial b}$ satisfont aux conditions de continuité qu'exige la théorie des enveloppes, ce qui n'arrivera pas nécessairement.

Les théorèmes généraux de Cauchy nous apprennent bien qu'il existe une infinité d'intégrales complètes holomorphes dans un certain domaine, mais rien ne prouve que ces intégrales complètes seront continues dans une étendue suffisante pour qu'on puisse leur appliquer la théorie des enveloppes. Nous pouvons même affirmer, d'après ce qui précède, qu'il n'en sera pas généralement ainsi,

82. Étudions maintenant d'un peu plus près les diverses circonstances où l'équation du premier ordre

$$F(x, y, z, p, q) = 0$$

admet une intégrale singulière. Nous avons vu dans les paragraphes précédents que cette intégrale satisfait aux cinq équations (16) et (17). Supposons donc qu'il existe une intégrale singulière (Σ) et soit M un point de cette surface. Les équations de la normale M N en M (x, y, z) à (Σ) sont

$$\frac{X - x}{p} = \frac{Y - y}{q} = \frac{Z - z}{-1}$$

où p et q satisfont aux équations (16) et (17). L'équation du cône des normales, relatif au point M, est

$$F\left(x, y, z, -\frac{X - x}{Z - z}, -\frac{Y - y}{Z - z}\right) = 0,$$

et les relations

$$P = 0, \quad Q = 0$$

expriment que la normale à la surface (Σ) est une génératrice double du cône des normales relatif au point M. Donc, *pour qu'une intégrale soit singulière, il faut et il suffit que la normale en chaque point soit une génératrice double du cône* (N) *relatif à ce point.*

En général, le cône (N) relatif à un point *quelconque* de l'espace n'admettra pas de génératrice double. Pour savoir s'il existe une intégrale singulière, on cherchera donc d'abord le lieu des points de l'espace pour lesquels le cône des normales correspondant admet une droite double. Ce lieu s'obtiendra en éliminant p et q entre les équations (16). Soit R $(x, y, z) = 0$ le résultat de cette élimination. Pour que cette surface soit une intégrale singulière, il faudra en outre que la normale en chaque point soit précisément la droite double correspondante, ce qui serait exprimé, il est aisé de le voir, par les relations

$$X + pZ = 0, \quad Y + qZ = 0,$$

p, q, — 1 étant les paramètres directeurs de la droite double.

Si le cône des normales relatif à un point *quelconque* de l'espace a toujours une génératrice double, les équations (16) ne seront pas distinctes et l'élimination de p et de q entre ces équations conduira à une identité. Soient A, B, C les paramètres directeurs de la génératrice double du cône relatif à un point quelconque M. A, B, C seront des fonctions connues de x, y, z, définies par les équations (16). S'il existe une solution singulière, elle devra satisfaire à la relation

$$(18) \qquad A\,dx + B\,dy + C\,dz = 0,$$

c'est-à-dire que z devra vérifier les équations

$$\frac{\partial z}{\partial x} = -\frac{A}{C}, \qquad \frac{\partial z}{\partial y} = -\frac{B}{C}.$$

En écrivant que l'on a

$$\frac{\partial^2 z}{\partial x\,\partial y} = \frac{\partial^2 z}{\partial y\,\partial x},$$

on est conduit à la relation

$$(19)\quad \frac{\partial}{\partial y}\left(-\frac{A}{C}\right) + \left(-\frac{B}{C}\right)\frac{\partial}{\partial z}\left(-\frac{A}{C}\right) = \frac{\partial}{\partial x}\left(-\frac{B}{C}\right) + \left(-\frac{A}{C}\right)\frac{\partial}{\partial z}\left(-\frac{B}{C}\right)$$

Si cette équation n'est pas *identiquement* vérifiée, elle fournira une relation $\psi(x, y, z) = 0$. Si la fonction z définie par cette relation satisfait à l'équation aux différentielles totales, elle fournira une intégrale singulière; sinon, il n'y aura pas d'intégrale singulière. Si la condition d'intégrabilité (19) est vérifiée *identiquement*, l'équation aux différentielles totales (18) admettra une intégrale

$$\varphi(x\,y\,z) = c,$$

dépendant d'une constante arbitraire c, et il y aura une infinité d'intégrales singulières.

Pratiquement voici la marche à suivre pour rechercher les intégrales singulières : on éliminera p et q entre les trois équations (16).

1° Si cette élimination conduit à une relation

$$R(x, y, z) = 0,$$

qui n'est pas *vérifiée identiquement*, on examinera si la fonction z définie par cette relation satisfait aux trois équations

$$F = 0, \qquad P = 0, \qquad Q = 0.$$

S'il en est ainsi, elle donne une intégrale singulière; dans le cas contraire, il n'en existe pas.

2° Si l'élimination de p et q entre les trois équations

$$\mathrm{F} = 0, \quad \mathrm{P} = 0, \quad \mathrm{Q} = 0,$$

conduit à une identité, on cherchera directement, par l'application de la méthode générale, s'il existe des intégrales communes à ces trois équations.

EXEMPLE I. — Considérons l'équation

$$\mathrm{F} = pq - z = 0;$$

on a

$$\mathrm{P} = q, \quad \mathrm{Q} = p.$$

Donc $z = 0$ est une intégrale singulière. En effet, l'équation du cône des normales est

$$\frac{(\mathrm{X} - x)(\mathrm{Y} - y)}{(\mathrm{Z} - z)^2} = z.$$

Pour $z = 0$, ce cône se décompose en deux plans $\mathrm{X} - x = 0$, $\mathrm{Y} - y = 0$ dont l'intersection est perpendiculaire au plan $z = 0$. D'ailleurs, nous avons vu ($\S$ 41) que

$$z = (x - a)(y - b)$$

est une intégrale complète formée de paraboloïdes hyperboliques tangents au plan des xy.

EXEMPLE II. — Soit

$$\mathrm{F} = pq - z + ax + by = 0, \qquad ab \gtreqless 0;$$

on a

$$\mathrm{P} = q, \quad \mathrm{Q} = p.$$

L'élimination de p et q entre $\mathrm{F} = 0$, $\mathrm{P} = 0$, $\mathrm{Q} = 0$ donne

$$z = ax + by,$$

qui ne satisfait pas à l'équation proposée; il n'y a donc pas d'intégrale singulière.

EXEMPLE III. — Soit encore

$$F = \left(z - \frac{p^2}{2}\right)^2 - \frac{q^3}{3} = 0.$$

Il faut lui adjoindre les deux équations

$$P = -2p\left(z - \frac{p^2}{2}\right) = 0, \quad Q = -\frac{q^2}{3} = 0;$$

ces deux équations se décomposent en deux systèmes :

1°
$$p = 0, \quad q = 0,$$

qui donne l'intégrale singulière $z = 0$;

2°
$$z - \frac{p^2}{2} = 0, \quad q = 0.$$

Les valeurs de p et q tirées de ce système vérifient l'équation $F = 0$. Cherchons si ces deux équations admettent des intégrales communes. La seconde équation nous montre que z ne dépend pas de y; z doit alors satisfaire à la relation

$$2z - \left(\frac{dz}{dx}\right)^2 = 0,$$

d'où on tire, en intégrant,

$$z = \frac{(x - a)^2}{2}.$$

À ce second système correspond une infinité de solutions singulières.

Une intégrale complète de l'équation proposée est

$$z = \frac{(x - a)^2}{2} + \frac{(y - b)^3}{3}.$$

En appliquant le procédé de Lagrange, on trouve, en éliminant a et b entre cette équation et les deux équations

$$x - a = 0, \quad y - b = 0,$$

l'intégrale singulière

$$z = 0.$$

L'intégrale singulière $z = \dfrac{(x - a)^2}{2}$ rentre dans l'intégrale générale de Lagrange. On l'obtient en prenant l'enveloppe des intégrales complètes pour lesquelles a est une constante et b seule varie. D'une manière générale, chaque fois qu'une équation du premier ordre est de la forme

$$a\,\mathrm{F}_1^m + b\,\mathrm{F}_2^n + c\,\mathrm{F}_3^p = 0,$$

où m, n, p sont des nombres entiers supérieurs à un, on aura des intégrales singulières en cherchant les intégrales communes aux équations

$$\mathrm{F}_1 = 0, \quad \mathrm{F}_2 = 0, \quad \mathrm{F}_3 = 0.$$

83. Étant donnée une équation différentielle ordinaire du premier ordre

$$\mathrm{F}(x, y, y') = 0,$$

on sait que l'élimination de y' entre cette équation et la relation

$$\frac{\partial \mathrm{F}}{\partial y'} = 0$$

conduit à une équation

$$\mathrm{R}(x, y) = 0,$$

qui représente, *en général*, un lieu de points de rebroussement pour les courbes intégrales [1]. M. Darboux a démontré un théorème tout à fait analogue pour les équations aux dérivées partielles du premier ordre. *Si* $\mathrm{R}(x, y, z) = 0$ *est le résultat de l'élimination de p et q entre les trois équations*

$$\mathrm{F} = 0, \quad \mathrm{P} = 0, \quad \mathrm{Q} = 0,$$

la surface $\mathrm{R}(x, y, z) = 0$ *est,* EN GÉNÉRAL, *le lieu des points de rebroussement des courbes caractéristiques.*

Il est évident, d'abord, que cette surface, étant le lieu des sommets des cônes (N) qui ont une droite double, est indépendante du choix des axes. Cela posé, prenons pour origine un point de la surface et pour axe des z la droite double correspondante. On devra avoir $\mathrm{F} = 0$ pour

$$x = y = z = p = q = 0;$$

---

[1] Darboux, *Bulletin des Sciences mathématiques et astronomiques*, t. IV, 1re série, p. 158.

F est donc de la forme

$$F = ax + by + cz + p(a'x + b'y + c'z) + q(a''x + b''y + c''z)$$
$$+ \frac{Ap^2}{2} + Bpq + \frac{Cq^2}{2} + \varphi(x, y, z, p, q),$$

$\varphi(x, y, z, p, q)$ ne contenant que des termes d'un degré au moins égal au second. F ne contient pas de termes du premier degré en p et q, puisque P et Q doivent aussi s'annuler pour $x = y = z = p = q = 0$. On a alors

$$P = a'x + b'y + c'z + Ap + Bq + \frac{\partial \varphi}{\partial p},$$

$$Q = a''x + b''y + c''z + Bp + Cq + \frac{\partial \varphi}{\partial q},$$

$$X = a + a'p + a''q + \frac{\partial \varphi}{\partial x},$$

$$Y = b + b'p + b''q + \frac{\partial \varphi}{\partial y},$$

$$Z = c + c'p + c''q + \frac{\partial \varphi}{\partial z}.$$

Les équations différentielles des caractéristiques sont donc

$$\frac{dx}{dt} = a'x + b'y + c'z + Ap + Bq + \frac{\partial \varphi}{\partial p},$$

$$\frac{dy}{dt} = a''x + b''y + c''z + Bp + Cq + \frac{\partial \varphi}{\partial q},$$

$$\frac{dz}{dt} = p(a'x + b'y + c'z) + q(a''x + b''y + c''z) + Ap^2 + 2Bpq$$
$$+ Cq^2 + p\frac{\partial \varphi}{\partial p} + q\frac{\partial \varphi}{\partial q},$$

$$-\frac{dp}{dt} = a + a'p + a''q + p(c + c'p + c''q) + \frac{\partial \varphi}{\partial x} + p\frac{\partial \varphi}{\partial z},$$

$$-\frac{dq}{dt} = b + b'p + b''q + q(c + c'p + c''q) + \frac{\partial \varphi}{\partial y} + q\frac{\partial \varphi}{\partial z}.$$

Étudions la caractéristique qui correspond aux valeurs initiales $x = y = z = p = q = 0$ et supposons, ce qui est permis, que la valeur initiale de t soit $t = 0$. Les quantités $X + pZ$, $Y + qZ$ se réduisent respectivement à a et b pour l'origine. Nous supposerons que la normale à l'origine à la surface $R(x, y, z) = 0$ n'est pas l'axe des z, ce qui est bien le cas puisque, par hypothèse, cette surface n'est pas une intégrale singulière. Alors, une au moins des quantités a et b sera différente de zéro. Soit, par exemple, $a \gtrless 0$; les deux dernières équations différentielles donnent, en intégrant,

$$p = -at + \dots, \quad q = -bt + \dots,$$

on voit par suite que, pour $t = 0$, x, y, z, $\dfrac{dx}{dt}$, $\dfrac{dy}{dt}$, $\dfrac{dz}{dt}$ et $\dfrac{d^2z}{dt^2}$ s'annulent et que $\dfrac{d^2x}{dt^2}$, $\dfrac{d^2y}{dt^2}$ se réduisent respectivement à

$$A\left(\frac{dp}{dt}\right)_0 + B\left(\frac{dq}{dt}\right)_0, \quad B\left(\frac{dp}{dt}\right)_0 + C\left(\frac{dq}{dt}\right)_0,$$

c'est-à-dire à

$$-(Aa + Bb), \quad -(Ba + Cb).$$

Les développements de x, y, z suivant les puissances croissantes de t commencent donc de la façon suivante :

$$\begin{cases} x = -\dfrac{1}{2}(Aa + Bb)\, t^2 + \dots, \\[2mm] y = -\dfrac{1}{2}(Ba + Cb)\, t^2 + \dots, \\[2mm] z = \dfrac{1}{3}(Aa^2 + 2Bab + Cb^2)\, t^3 + \dots. \end{cases}$$

On en conclut que, si on prend x comme variable indépendante, les développements de y et z suivant les puissances croissantes de x commenceront de la façon suivante :

$$\begin{cases} y = hx + \dots \\ z = h' x^{\frac{3}{2}} + \dots. \end{cases}$$

Ce qui montre bien que la caractéristique qui est tangente à l'origine au plan des xy a, en ce point, un point de rebroussement. Par chaque point de la surface $R(x, y, z) = 0$ il passe donc une caractéristique déterminée, ayant un rebroussement en ce point.

84. Les propriétés de l'intégrale singulière de Lagrange ont été établies (§ 79) en admettant l'existence d'une enveloppe pour les intégrales complètes. Nous allons suivre maintenant une méthode plus rigoureuse en nous servant uniquement de l'équation aux dérivées partielles elle-même. Supposons que les trois équations

$$F = 0, \quad P = 0, \quad Q = 0$$

admettent une intégrale commune. Prenons pour origine un point de l'intégrale singulière, pour axe des z la normale en ce point et soit

$$z = \varphi(x, y)$$

l'équation de la surface. Si on pose

$$z = \varphi(x, y) + z',$$

cette transformation n'altère pas les relations de contact et elle change une intégrale singulière en une intégrale singulière de la nouvelle équation. On peut donc supposer que la solution singulière est le plan des xy. Nous admettrons en outre que cette solution ne satisfait pas à la relation $Z = 0$, de sorte qu'on puisse mettre l'équation proposée sous la forme

$$(20) \qquad\qquad F = z - \varpi(x, y, p, q) = 0,$$

$\varpi(x, y, p, q)$ étant une fonction holomorphe dans le voisinage des valeurs

$$x = y = p = q = 0.$$

D'ailleurs, les équations

$$F = 0, \quad P = 0, \quad Q = 0$$

devant être satisfaites par les valeurs $z = 0, p = 0, q = 0$, l'équation proposée sera de la forme

$$z = \frac{A p^2}{2} + B p q + \frac{C q^2}{2} + \psi(x, y, p, q),$$

où tous les termes de ψ sont, au moins, du second degré en p et q. Étudions les courbes caractéristiques tangentes à l'élément

$$x = y = z = p = q = 0.$$

Les équations différentielles des caractéristiques sont ici

$$\frac{dx}{P} = \frac{dy}{Q} = \frac{dz}{Pp + Qq} = \frac{-dp}{X - p} = \frac{-dq}{Y - q},$$

où on a posé

$$P = \frac{\partial \varpi}{\partial p}, \quad Q = \frac{\partial \varpi}{\partial q}, \quad X = \frac{\partial \varpi}{\partial x}, \quad Y = \frac{\partial \varpi}{\partial y}.$$

Pour l'élément initial, tous les dénominateurs sont nuls et, par suite, les valeurs initiales des rapports $\frac{dy}{dx}, \dots, \frac{dq}{dx}$ sont indéterminées. Pour lever cette indétermination, introduisons une variable auxiliaire u en représentant la valeur commune de tous ces rapports par $\frac{du}{u}$ et faisons le changement de variables suivant :

$$p = p'u, \quad q = q'u.$$

En remarquant que u^2 sera en facteur dans $\varpi(x, y, p, q)$, on peut poser

$$\varpi(x, y, p, q) = u^2 \varpi'(x, y, p', q'),$$

$$\frac{\partial \varpi'}{\partial x} = X', \quad \frac{\partial \varpi'}{\partial y} = Y', \quad \frac{\partial \varpi'}{\partial p'} = P', \quad \frac{\partial \varpi'}{\partial q'} = Q'.$$

On aura

$$X = u^2 X', \quad Y = u^2 Y',$$

$$P = u^2 P' \frac{\partial p'}{\partial p} = u P', \quad Q = u Q'.$$

Les équations différentielles des caractéristiques deviennent alors

$$\begin{cases} \dfrac{dx}{du} = P', \quad \dfrac{dy}{du} = Q', \quad \dfrac{dz}{du} = u\left\{p'P' + q'Q'\right\}, \\[2mm] \dfrac{dp'}{du} = -X', \quad \dfrac{dq'}{du} = -Y', \end{cases}$$

et, pour l'élément initial, les seconds membres ne sont pas tous nuls. Nous pouvons choisir *arbitrairement* les valeurs initiales de p' et q', car, quelles que soient ces valeurs, on aura toujours $p = 0$, $q = 0$ pour $u = 0$. Soient α et β ces valeurs initiales; on a

$$P' = A p' + B q' + \dots,$$
$$Q' = B p' + C q' + \dots,$$

et, par suite, les valeurs initiales de P' et Q' sont $A\alpha + B\beta$ et

$B\alpha + C\beta$. On en conclut que les développements de x et y ordonnés suivant les puissances croissantes de u commencent de la façon suivante :

$$
\left\{
\begin{aligned}
x &= (A\alpha + B\beta)\, u + \ldots,\\
y &= (B\alpha + C\beta)\, u + \ldots,\\
z &= k u^2 + \ldots.
\end{aligned}
\right.
$$

Ceci nous montre qu'il existe non seulement une caractéristique tangente en chaque point à la solution singulière, mais bien une *infinité*. Toutes ces caractéristiques paraissent dépendre de deux paramètres arbitraires, mais en réalité elles ne dépendent que du rapport $\dfrac{\alpha}{\beta}$, car les équations différentielles ne changent pas si on remplace u par $h u$, h étant une constante quelconque. Le coefficient angulaire de la tangente à la caractéristique à l'origine dans le plan des xy est

$$
\frac{B\alpha + C\beta}{A\alpha + B\beta}.
$$

Si donc $B^2 - AC$ n'est pas nul, cette tangente peut prendre toutes les positions possibles dans le plan des xy autour de l'origine et il existe une caractéristique tangente à toute droite passant par l'origine dans le plan des xy.

Soient

$$
x_0 = \varphi(v), \quad y_0 = \psi(v), \quad z_0 = 0
$$

les équations d'une courbe quelconque située sur la surface singulière $z = 0$. Par tout point de cette courbe passent une infinité de caractéristiques tangentes au plan des xy. Comment faut-il associer ces caractéristiques pour qu'elles forment une surface intégrale? Soit

$$
\left\{
\begin{aligned}
x &= f_1\left(x_0, y_0, \frac{\beta}{\alpha}, u\right),\\
y &= f_2\left(x_0, y_0, \frac{\beta}{\alpha}, u\right),\\
z &= f_3\left(x_0, \ldots \right),\\
p &= f_4\left(x_0, \ldots \right),\\
q &= f_5\left(x_0, \ldots \right),
\end{aligned}
\right.
$$

l'intégrale générale des équations différentielles des caractéristiques.
Nous savons que ces fonctions vérifient l'équation

$$\varpi(x, y, p, q) - z = 0.$$

De plus, on a

$$\frac{\partial z}{\partial u} = p\,\frac{\partial x}{\partial u} + q\,\frac{\partial y}{\partial u}.$$

Pour que l'on ait une intégrale, il suffira que l'on ait

$$\frac{\partial z}{\partial v} = p\,\frac{\partial x}{\partial v} + q\,\frac{\partial y}{\partial v}.$$

Posons

$$U = \frac{\partial z}{\partial v} - p\,\frac{\partial x}{\partial v} - q\,\frac{\partial y}{\partial v};$$

on a

$$\frac{\partial U}{\partial u} = \frac{\partial^2 z}{\partial u\,\partial v} - p\,\frac{\partial^2 x}{\partial u\,\partial v} - q\,\frac{\partial^2 y}{\partial u\,\partial v} - \frac{\partial p}{\partial u}\frac{\partial x}{\partial v} - \frac{\partial q}{\partial u}\frac{\partial y}{\partial v}.$$

D'ailleurs, puisque

$$\frac{\partial^2 z}{\partial u\,\partial v} - p\,\frac{\partial^2 x}{\partial u\,\partial v} - q\,\frac{\partial^2 y}{\partial u\,\partial v} = \frac{\partial p}{\partial v}\frac{\partial x}{\partial u} + \frac{\partial q}{\partial v}\frac{\partial y}{\partial u},$$

il vient

$$\frac{\partial U}{\partial u} = \frac{\partial p}{\partial v}\frac{\partial x}{\partial u} + \frac{\partial q}{\partial v}\frac{\partial y}{\partial u} - \frac{\partial p}{\partial u}\frac{\partial x}{\partial v} - \frac{\partial q}{\partial u}\frac{\partial y}{\partial v}.$$

Remplaçons dans cette expression $\dfrac{\partial x}{\partial u}$, $\dfrac{\partial y}{\partial u}$, $\dfrac{\partial p}{\partial u}$, $\dfrac{\partial q}{\partial u}$ par P, Q, $- (X - p)$, $- (Y - q)$ et il vient

$$\frac{\partial U}{\partial u} = \frac{1}{u}\left\{ P\,\frac{\partial p}{\partial v} + Q\,\frac{\partial q}{\partial v} + X\,\frac{\partial x}{\partial v} + Y\,\frac{\partial y}{\partial v} - p\,\frac{\partial x}{\partial v} - q\,\frac{\partial y}{\partial v} \right\},$$

d'où, en tenant compte de la relation $\varpi(x, y, p, q) = z$,

$$(21) \qquad \frac{\partial U}{\partial u} = \frac{1}{u}\,U$$

et

$$U = U_0\, e^{\int_a^u \frac{du}{u}}.$$

Comme U_0 est toujours nul pour les valeurs initiales $x^0 = 0$, $p^0 = 0$, $q^0 = 0$, il semblerait d'après cela qu'en associant les caractéristiques tangentes au plan des xy suivant une loi arbitraire, on obtient toujours une intégrale. Mais nous sommes ici dans un cas où l'objection de M. Bertrand s'applique, car le facteur $e^{\int_0^z \frac{dz}{\alpha}}$ est infini. Donc pour que U soit nul, il ne suffit pas que U_0 le soit. En intégrant l'équation (21), il vient

$$U = C\alpha.$$

Pour que U soit nul, il faut donc avoir $C = 0$. Or,

$$C = \left(\frac{\partial U}{\partial u}\right)_0,$$

ou encore

$$C = -\left(\frac{\partial p}{\partial u}\right)_0 \frac{dx_0}{\partial v} - \left(\frac{\partial q}{\partial v}\right)_0 \frac{\partial y_0}{\partial v}.$$

Les développements de p et de q commencent par des termes de la forme

$$p = \alpha v + \ldots, \qquad q = \beta v + \ldots$$

La condition $C = 0$ prend donc la forme

$$\alpha \frac{dx_0}{\partial v} + \beta \frac{\partial y_0}{\partial v} = 0.$$

Cette condition détermine la valeur du rapport $\frac{\alpha}{\beta}$ tout le long de la courbe donnée. Il existe donc une intégrale différente de $z = 0$ et tangente à l'intégrale singulière le long d'une courbe quelconque tracée sur cette surface.

La condition précédente est vérifiée, en particulier, si on prend $x_0 = C^{te}$, $y_0 = C^{te}$. On en conclut que toutes les caractéristiques qui passent par un point de la surface singulière engendrent une surface intégrale, tangente en ce point à la surface singulière. Cette intégrale joue le même rôle que l'intégrale complète dans la théorie de Lagrange. Nous retrouvons ainsi, par une voie plus rigoureuse, les propriétés fondamentales que nous avions reconnues plus haut à l'intégrale singulière.

Remarque. — Si dans l'équation

$$z = \varpi (x, y, p, q)$$

on fait la substitution

$$z = z'^{\lambda},$$

z'^{λ} se met en facteur et la nouvelle équation n'admet plus la solution $z' = 0$, qui se trouve ainsi éliminée de l'équation.

Nous n'avons examiné, dans ce qui précède, que les hypothèses les plus générales où Z et $B' - AC$ ne sont pas nuls. Pour une étude plus complète, nous renverrons au Mémoire de M. Darboux.

85. Nous terminerons ces considérations sur les intégrales singulières en les appliquant aux équations qui se décomposent en plusieurs équations linéaires. Soit

$$(22) \qquad\qquad F (x, y, z, p, q) = 0$$

une équation du premier ordre où F désigne une fonction décomposable en n facteurs linéaires en p, q

$$F = (u_1 p + v_1 q - w_1) (u_2 p + v_2 q - w_2) \ldots (u_n p + v_n q - w_n).$$

Le cône (T) relatif à un point quelconque M de l'espace se compose des n droites $D_1, D_2, \ldots, D_n$ qui passent en ce point et ont pour paramètres directeurs $u_1, v_1, w_1; u_2, v_2, w_2; \ldots; u_n, v_n, w_n$. Car l'équation (22) exprime que le plan tangent à une surface intégrale qui passe en M contient une de ces n droites. Les courbes caractéristiques forment, dans ce cas, non plus un complexe, mais seulement une *congruence*, car par tout point de l'espace il en passe n seulement. Ceci semble en contradiction avec les résultats généraux que nous avons trouvés plus haut. Mais il est aisé de se rendre compte que si, au lieu de considérer les courbes caractéristiques seules, on considère l'ensemble formé par une courbe et une développable caractéristique, cet ensemble dépend de *trois* paramètres arbitraires. En effet, soient

$$f (x, y, z) = a, \qquad \varphi (x, y, z) = b$$

les équations de la congruence formée par les courbes caractéristiques. Pour avoir une surface intégrale, on établit entre les deux paramètres une relation $a = \Pi(b)$ et l'équation

$$f = \Pi(\varphi)$$

donne une surface intégrale. L'équation du plan tangent à cette surface au point x, y, z est

$$(X - x)\frac{\partial f}{\partial x} + (Y - y)\frac{\partial f}{\partial y} + (Z - z)\frac{\partial f}{\partial z}$$
$$= c\left\{(X - x)\frac{\partial \varphi}{\partial x} + (Y - y)\frac{\partial \varphi}{\partial y} + (Z - z)\frac{\partial \varphi}{\partial z}\right\},$$

en posant

$$c = \frac{\partial \Pi}{\partial \varphi}.$$

Cette équation peut s'écrire

$$(23)\qquad \frac{(X - x)\dfrac{\partial f}{\partial x} + (Y - y)\dfrac{\partial f}{\partial y} + (Z - z)\dfrac{\partial f}{\partial z}}{(X - x)\dfrac{\partial \varphi}{\partial x} + (Y - y)\dfrac{\partial \varphi}{\partial y} + (Z - z)\dfrac{\partial \varphi}{\partial z}} = c.$$

On voit que le plan tangent ne dépend que du paramètre c. La forme même de l'équation (23) nous montre que si on considère un point M d'une courbe caractéristique C, par laquelle passent quatre surfaces intégrales S_1, S_2, S_3, S_4, le rapport anharmonique des quatre plans tangents à ces quatre surfaces au point M est égal au rapport anharmonique des quatre valeurs correspondantes de c. Tout le long d'une courbe caractéristique c gardant la même valeur, on en conclut que le rapport anharmonique des quatre plans tangents est indépendant de la position du point M sur la courbe C. Si donc on se donne trois surfaces intégrales S_1, S_2, S_3, passant par la caractéristique C et le plan tangent en un point de C à la quatrième surface S_4, le plan tangent à S_4 en tous les autres points de C sera déterminé. Donc à chaque valeur de c correspond une développable caractéristique passant par la courbe C. A toute caractéristique on peut associer une infinité de développables caractéristiques dépendant d'un paramètre c.

Cherchons les solutions singulières de l'équation (22). Le cône des normales se compose dans ce cas du système des plans P_1, P_2, ..., P_n perpendiculaires aux droites D_1, D_2, ..., D_n. Si les droites D_1, D_2, ..., D_n

sont *distinctes*, les seules droites doubles du cône des normales sont
les intersections des plans $P_1, P_2, \ldots, P_n$, pris deux à deux. Pour qu'une
intégrale soit singulière, il faut que le plan tangent en chaque point
soit perpendiculaire à l'une de ces droites d'intersection, c'est-à-dire
contienne *deux* des droites $D_1, D_2, \ldots, D_n$. Ce plan tangent sera par
exemple le plan $M D_1 D_2$; il sera donc parfaitement déterminé. En
général, il n'y aura pas d'intégrale singulière de cette nature, car les
plans $M D_1 D_2$ sont parfaitement déterminés quand on se donne le
point M, et il n'y aura pas en général, comme nous l'avons vu, de
surface tangente en chacun de ces points au plan $M D_1 D_2$ correspondant; une telle intégrale rentre d'ailleurs dans l'intégrale générale:
elle s'en distingue seulement en ce qu'elle admet un double mode
de génération par les courbes de la congruence.

Si deux des droites $D_1, D_2, \ldots, D_n$ sont confondues, par exemple
D_1 et D_2, toute droite située dans le plan P_1 sera une génératrice
double du cône des normales. On cherchera donc le lieu des points
de l'espace pour lesquels deux des droites $D_1, D_2, \ldots, D_n$ sont confondues et, si ce lieu est tel qu'en chaque point la droite double correspondante soit située dans le plan tangent, ce lieu sera une intégrale
singulière.

Il est aisé de voir que, si la congruence des courbes caractéristiques
admet une surface focale, cette surface focale sera une intégrale
singulière de la seconde catégorie. Soient, en effet,

$$f(x, y, z, a, b) = 0, \qquad \varphi(x, y, z, a, b) = 0$$

les équations de la congruence. On obtient la surface focale en
adjoignant à celles-ci l'équation

$$\frac{D(f, \varphi)}{D(a, b)} = 0.$$

Soit alors x, y, z un point de cette surface. Pour tout déplacement
sur cette surface on aura

$$\frac{\partial f}{\partial x}\, dx + \frac{\partial f}{\partial y}\, dy + \frac{\partial f}{\partial z}\, dz + \frac{\partial f}{\partial a}\, da + \frac{\partial f}{\partial b}\, db = 0,$$

$$\frac{\partial \varphi}{\partial x}\, dx + \frac{\partial \varphi}{\partial y}\, dy + \frac{\partial \varphi}{\partial z}\, dz + \frac{\partial \varphi}{\partial a}\, da + \frac{\partial \varphi}{\partial b}\, db = 0,$$

ou, en éliminant da, db entre ces deux équations, ce qui est possible puisque

$$\frac{D(f, \varphi)}{D(a, b)} = 0,$$

on a

$$\frac{\partial z}{\partial b}\left\{\frac{\partial f}{\partial x}\,dx + \frac{\partial f}{\partial y}\,dy + \frac{\partial f}{\partial z}\,dz\right\} - \frac{\partial f}{\partial b}\left\{\frac{\partial z}{\partial x}\,dx + \frac{\partial \varphi}{\partial y}\,dy + \frac{\partial z}{\partial z}\,dz\right\} = 0.$$

Cette relation est vérifiée, en particulier, pour tout déplacement sur la courbe de la congruence qui passe en ce point, car pour cette courbe on a

$$\frac{\partial f}{\partial x}\,dx + \frac{\partial f}{\partial y}\,dy + \frac{\partial f}{\partial z}\,dz = 0,$$

$$\frac{\partial z}{\partial x}\,dx + \frac{\partial \varphi}{\partial y}\,dy + \frac{\partial z}{\partial z}\,dz = 0.$$

Le plan tangent à la surface focale contient donc la tangente à la caractéristique. Cette surface focale est donc une intégrale de l'équation linéaire. D'ailleurs, c'est une intégrale singulière, car, pour tout point de cette surface, deux des courbes de la congruence sont venues se confondre et, par conséquent, les m droites D ne seront pas distinctes.

EXEMPLE I. — Considérons l'équation

$$(24) \qquad (pz - x)^2 - q^2(x^2 + z^2 - 1) = 0,$$

qui peut s'écrire

$$pz - x = \pm\, q\,\sqrt{x^2 + z^2 - 1}.$$

Les caractéristiques satisfont au système d'équations différentielles

$$\frac{dx}{x} = \frac{dz}{z} = \frac{dy}{\pm\,\sqrt{x^2 + z^2 - 1}},$$

dont on a immédiatement une intégrale première

$$z = ax.$$

Les caractéristiques sont donc des courbes planes dont le plan passe par Oy. Par tout point de l'espace, il passe deux caractéristiques situées dans le plan déterminé par ce point et l'axe des y. Les plans passant par Oy sont donc des intégrales singulières de la première catégorie. Pour avoir les intégrales de la seconde catégorie, cherchons le lieu des points pour lesquels deux droites D sont confondues. Ce lieu est le cylindre

$$x^2 + z^2 - 1 = 0,$$

et la fonction

$$z = \sqrt{1 - x^2},$$

définie par cette équation, ne satisfait pas à l'équation (24). Il n'y a donc pas d'intégrale singulière de la seconde catégorie. Il est aisé de vérifier que les caractéristiques sont données par les deux équations

$$\left\{ \begin{array}{l} z = ax, \\ y = \sqrt{x^2 + z^2 - 1} - \text{arc tg} \sqrt{x^2 + z^2 - 1} + b, \end{array} \right.$$

et que le cylindre

$$x^2 + z^2 - 1 = 0$$

est le lieu des points de rebroussement de ces caractéristiques.

EXEMPLE II. — Soit l'équation

$$[y(x^2 + z^2 - 1) + qxy]^2 = q^2(1 - z^2)(x^2 + y^2 + z^2 - 1).$$

Cette équation exprime que, si on coupe le plan tangent au point (x, y, z) par le plan $Z = z$, la droite d'intersection est tangente à la sphère

$$x^2 + y^2 + z^2 - 1 = 0.$$

Les caractéristiques sont donc des droites parallèles au plan des xy et tangentes à la sphère. Tout plan $z = h$ est une intégrale singulière de la première catégorie et la sphère elle-même est une intégrale singulière de la seconde catégorie (§ 18).

REMARQUE. — Étant donnée une congruence de courbes

$$f(x, y, z, a, b) = 0, \qquad \varphi(x, y, z, a, b) = 0,$$

la surface obtenue en joignant à ces équations la relation

$$\frac{D(f, \varphi)}{D(a, b)} = 0,$$

ou surface focale de la congruence, est tangente, comme on sait, à chacune des courbes de cette congruence. Il semblerait, d'après cela, que toute équation aux dérivées partielles du premier ordre qui se décompose en plusieurs équations linéaires doit admettre une intégrale singulière, la surface focale de la congruence formée par les courbes caractéristiques. Mais l'existence de cette surface focale est évidemment subordonnée à certaines conditions de continuité pour les fonctions f et φ, conditions qui se trouvent remplies dans la théorie ordinaire des congruences, où l'on suppose, en général, ces fonctions algébriques. Mais si ces courbes sont définies par leurs équations différentielles

$$F(x, y, z, y', z') = 0, \quad \Phi(x, y, z, y', z') = 0,$$

où

$$y' = \frac{dy}{dx}, \quad z' = \frac{dz}{dx},$$

les fonctions F et Φ étant quelconques, les courbes intégrales n'admettent plus d'une façon normale de surface focale et la surface obtenue en éliminant y' et z' entre les trois équations

$$F = 0, \quad \Phi = 0, \quad \frac{D(F, \Phi)}{D(y', z')} = 0,$$

est, *en général*, le lieu des points de rebroussement des courbes intégrales [1].

Exercices.

1. Trouver les surfaces dont le plan tangent en chaque point M fait un angle constant avec la droite qui joint le point M à un point fixe O.

2. Trouver les surfaces dont les normales sont tangentes à une sphère.

(Monge.)

3. Trouver les surfaces dont les normales sont tangentes à un cône de révolution.

(Monge.)

---

[1] Voir, pour la démonstration, *American Journal of Mathematics*, vol. XI, p. 202.

4. Si les caractéristiques d'une équation non linéaire sont des lignes droites, ces droites sont les tangentes d'une surface non développable et l'équation est de la forme $F(p, q, z - px - qy) = 0$.

5. Trouver toutes les équations dont les caractéristiques sont situées sur des sphères concentriques.

6. Trouver toutes les équations pour lesquelles les développables caractéristiques sont des cylindres ayant leurs génératrices parallèles à un plan fixe. En déduire les équations pour lesquelles les développables caractéristiques sont des cônes ayant leurs sommets sur une droite fixe.

(Monge.)

7. Les caractéristiques de l'équation

$$\left(\frac{\partial H}{\partial x} p + \frac{\partial H}{\partial y} q - \frac{\partial H}{\partial z}\right)^2$$
$$= (1 + p^2 + q^2)\left(\left(\frac{\partial H}{\partial x}\right)^2 + \left(\frac{\partial H}{\partial y}\right)^2 + \left(\frac{\partial H}{\partial z}\right)^2 - 1\right),$$

où H est une fonction de x, y, z, sont des lignes géodésiques des surfaces intégrales.

(Sophus Lie.)

8. On appelle complexe tétraédral tout complexe formé de droites qui coupent les quatre faces d'un tétraèdre en quatre points dont le rapport anharmonique est constant. Trouver les surfaces tangentes en chacun de leurs points au cône du complexe tétraédral qui a son sommet en ce point.

Étant donnés deux complexes tétraédraux ayant même tétraèdre fondamental, les équations aux dérivées partielles correspondantes admettent une infinité d'intégrales communes.

(Sophus Lie.)

CHAPITRE X

Théorie générale de Lie.

86. Dans une série de Mémoires publiés dans les recueils de l'Académie de Christiania et dans les *Mathematische Annalen*, M. Sophus Lie a repris la théorie des équations aux dérivées partielles du premier ordre à un nouveau point de vue très général [1]. Ces recherches sont basées sur une définition nouvelle de l'intégrale, dont on a déjà dit quelques mots (§ 50), mais qui mérite d'être étudiée en détail.*

Considérons d'abord une équation différentielle du premier ordre

$$(1) \qquad f(x, y, p) = 0, \quad \text{où} \quad p = \frac{dy}{dx}.$$

Nous appellerons *élément* (x, y, p) l'ensemble d'un point x, y et d'une droite de coefficient angulaire p passant par ce point, et *intégrale* [2] de l'équation (1) tout système *simplement infini* d'éléments, c'est-à-dire dépendant d'un seul paramètre variable, vérifiant l'équation (1) et la relation

$$(2) \qquad dy = p\, dx.$$

Soit

$$x = \varphi_1(u), \quad y = \varphi_2(u), \quad p = \psi(u),$$

une telle intégrale; si φ_1 et φ_2 ne sont pas des constantes, la relation (2)

---

[1] Voir en particulier les Mémoires suivants : *Zur Theorie der partieller Differentialgleichungen, insbesondere über eine Classification derselben* (Nachrichten de Goettingue, 1872). — *Allgemeine Theorie der partiellen Differentialgleichungen erster Ordnung* (Mathematische Annalen, t. IX, p. 245-296; ibid., t. XI, p. 464-557).

[2] Clebsch, *Leçons sur la Géométrie*, traduction Benoist, t. III, p. 252.

exprime que p est le coefficient angulaire de la tangente à la courbe C, lieu du point x, y, dont on obtient l'équation en éliminant u entre les deux équations

$$x = \varphi_1(u), \quad y = \varphi_2(u).$$

Soit $F(x, y) = 0$ l'équation de cette courbe. La fonction y de x définie par cette équation sera une intégrale au sens ordinaire du mot. Un élément de l'intégrale est formé par un point de la courbe C et la tangente en ce point, et l'intégrale se compose de la courbe C et de l'ensemble de ses tangentes.

Mais on satisfait aussi à l'équation (2) en prenant $x = x_0$, $y = y_0$, x_0, y_0 étant constants, $p = u$. Si donc l'équation (1) est vérifiée pour $x = x_0$, $y = y_0$, *quel que soit p*, les formules

$$x = x_0, \quad y = y_0, \quad p = u$$

représenteront encore une intégrale, d'après la nouvelle définition. Cette intégrale se compose, comme on le voit, du point M de coordonnées x_0, y_0, et de toutes les droites qui passent par ce point.

Cette extension de la définition de l'intégrale permet d'expliquer certaines anomalies qui se présentent dans la théorie des équations différentielles. Supposons, par exemple, qu'une équation différentielle admette pour intégrale une droite Δ, et transformons cette équation par polaires réciproques. À toute intégrale de l'équation proposée correspondra une intégrale de l'équation transformée : à la droite Δ correspondra un point. Il semble donc, au premier abord, que l'intégrale correspondant à Δ disparaît. Avec la définition nouvelle, ceci s'explique : à la droite Δ correspond un point P ; à tout point M situé sur Δ correspond une droite D passant par P. Quand M décrit la droite Δ, la droite D tourne autour du point P : on voit donc qu'à l'intégrale Δ correspond une intégrale composée du point P et de toutes les droites qui y passent.

Ainsi, considérons l'équation de Clairaut

$$(A) \qquad y - px = f(p).$$

Si on fait la transformation de Legendre

$$p = X, \quad y - px = Y,$$

on trouve l'équation

$$(B) \qquad Y = f(X),$$

équation qui ne contient plus de dérivée et qui, par conséquent, n'admet qu'une solution, tandis que l'équation (A) en admet une infinité. Ce paradoxe s'explique en remarquant que l'intégrale générale de l'équation (A) se compose de toutes les tangentes à une certaine courbe C qui est elle-même une intégrale singulière. A la courbe C correspond, par la transformation par polaires réciproques, une courbe C′ représentée par l'équation (B) elle-même, et l'intégrale générale de cette équation se composera d'un point quelconque de la courbe C′ et de toutes les droites qui y passent. La courbe C′ est, d'ailleurs, une intégrale singulière.

87. Soit maintenant

$$(3) \qquad F(x, y, z, p, q) = 0$$

une équation aux dérivées partielles du premier ordre. Nous appellerons *intégrale* tout système *doublement infini* d'éléments vérifiant la relation (3) et la relation

$$(4) \qquad dz = p\,dx + q\,dy,$$

un élément étant toujours représenté géométriquement par l'ensemble d'un point (x, y, z) et d'un plan de coefficients angulaires p, q passant par ce point. Soit

$$x = f_1(u, v), \quad y = f_2(u, v), \quad z = f_3(u, v),$$
$$p = \varphi_1(u, v), \quad q = \varphi_2(u, v)$$

un tel système. Supposons d'abord que les trois déterminants

$$\frac{D(f_1, f_2)}{D(u, v)}, \quad \frac{D(f_2, f_3)}{D(u, v)}, \quad \frac{D(f_3, f_1)}{D(u, v)}$$

ne soient pas nuls à la fois. Alors, l'élimination de u et v entre les trois équations

$$(5) \qquad x = f_1, \quad y = f_2, \quad z = f_3$$

conduira à *une seule relation*

$$z = \varphi(x, y).$$

et la relation (4) prouve que l'on aura

$$p = \frac{\partial \psi}{\partial x}, \quad q = \frac{\partial \psi}{\partial y}.$$

On trouve bien, dans ce cas, une intégrale au sens ordinaire du mot. Un élément quelconque de l'intégrale se compose d'un point de la surface $z = \psi$ et du plan tangent en ce point.

Si les trois déterminants précédents sont nuls à la fois, l'élimination de u et v entre les trois équations (5) conduira *au moins à deux* relations distinctes entre z, x, y. Supposons d'abord qu'elle conduise à deux relations seulement. On pourra alors choisir les paramètres u et v de façon que x, y, z ne dépendent que d'un seul paramètre

$$x = F_1(u), \quad y = F_2(u), \quad z = F_3(u).$$

et la relation (4) devient

$$\frac{\partial z}{\partial u} = p\,\frac{\partial x}{\partial u} + q\,\frac{\partial y}{\partial u}.$$

Les coordonnées du point (x, y, z) ne dépendant que d'une seule variable indépendante u, ce point décrit une courbe C et la relation précédente montre que le plan de coefficients angulaires p, q doit contenir la tangente à cette courbe. Un élément de l'intégrale se compose d'un point de la courbe C et d'un plan passant par la tangente en ce point. Un pareil système d'éléments est bien doublement infini, mais il ne conduit plus à une intégrale proprement dite.

Enfin, si les équations (5) conduisent à trois relations distinctes entre x, y, z, on en déduit pour ces variables des valeurs déterminées

$$x = x_0, \quad y = y_0, \quad z = z_0,$$

et la relation (4) est identiquement vérifiée. Un élément de l'intégrale se compose du point M (x_0, y_0, z_0) et d'un plan quelconque passant par ce point; ce système est encore doublement indéterminé.

Considérons, par exemple, l'équation de Clairault généralisée

$$z = px + qy + f(p, q).$$

La transformation de Legendre

$$p = X, \quad q = Y, \quad z - px - qy = Z$$

conduit à l'équation

$$Z = f(X, Y),$$

qui ne contient plus de dérivées. L'équation de Clairaut admet comme intégrale complète l'ensemble des plans tangents à une certaine surface non développable Σ. A cette surface Σ la transformation par polaires réciproques fait correspondre une nouvelle surface Σ'. A l'intégrale complète précédente correspond une intégrale formée d'un point quelconque de Σ' et de tous les plans qui y passent. L'intégrale générale se composera d'une courbe arbitraire située sur Σ' et de l'ensemble des plans tangents à cette courbe. Elle correspond à une développable circonscrite à Σ. Enfin, la surface Σ' elle-même, qui est la seule intégrale proprement dite, est une intégrale singulière.

83. La définition de Lie a donc l'avantage de donner plus de généralité à la théorie. C'est aussi ce qu'on reconnaît en reprenant la méthode de la variation des constantes. Soit

$$V(x, y, z, a, b) = 0$$

une intégrale complète de l'équation (3), qui sera obtenue en éliminant a et b entre les relations

$$(6) \qquad V = 0, \quad \frac{\partial V}{\partial x} + p \frac{\partial V}{\partial z} = 0, \quad \frac{\partial V}{\partial y} + q \frac{\partial V}{\partial z} = 0.$$

On reconnaît comme plus haut (§ 39) que le système des équations (3) et (4) peut être remplacé par le système des équations (4) et (6), où on regarde z, x, y, p, q, a, b comme des fonctions à déterminer de deux variables indépendantes. Du système (6) on déduit ensuite

$$\frac{\partial V}{\partial a} da + \frac{\partial V}{\partial b} db = 0,$$

et on obtient la solution générale de cette équation en posant

$$b = \varphi(a), \quad \frac{\partial V}{\partial a} + \frac{\partial V}{\partial b} \varphi'(a) = 0,$$

$\varphi(a)$ désignant une fonction arbitraire de a. Les trois équations

$$(7) \qquad V = 0, \quad \frac{\partial V}{\partial a} + \frac{\partial V}{\partial b} \varphi'(a) = 0, \quad b = \varphi(a)$$

permettront d'exprimer x, y, z, a, b en fonction de deux paramètres
arbitraires et les dernières équations (6) donneront ensuite p et q.
Nous avons supposé, dans la théorie générale, que l'élimination de
a et b entre les trois équations (7) conduisait à une seule relation
entre x, y, z; s'il en est ainsi, cette relation donnera une intégrale
proprement dite. Mais il peut se faire que, pour certaines formes
particulières de la fonction φ, l'élimination de a et b conduise à
plusieurs relations entre x, y, z. Les raisonnements que l'on vient
de faire prouvent que l'on obtiendra toujours [1], sauf les cas d'incom-
patibilité, une intégrale au sens de Lie.

Prenons, par exemple, l'équation

$$z - px - qy = 0,$$

qui admet l'intégrale complète

$$z = ax + by;$$

on aura l'intégrale générale en lui adjoignant les deux équations

$$b = \varphi(a), \quad x + y\,\varphi'(a) = 0.$$

Si on pose

$$\varphi(a) = ma,$$

on est conduit aux trois équations

$$z = a(x + my), \quad b = ma, \quad x + my = 0.$$

L'élimination de a et de b donne donc les deux relations

$$z = 0, \quad x + my = 0;$$

on obtient une intégrale qui se compose de l'ensemble d'une droite
et des plans qui la contiennent.

REMARQUE. — Dans le cas des équations linéaires il y a toujours
une infinité d'intégrales de la seconde catégorie. Soit, en effet,

$$Pp + Qq = R$$

---

[1] Il faut encore laisser de côté les cas exceptionnels où l'élimination de a et b entre les
équations (6) et (7) conduirait à plus de trois relations entre x, y, z, p, q.

une équation linéaire et C une courbe caractéristique satisfaisant au système d'équations différentielles

$$\frac{dx}{P} = \frac{dy}{Q} = \frac{dz}{R}.$$

Soient x, y, z un point de la courbe C et p, q les coefficients angulaires d'un plan passant par la tangente en ce point. On aura

$$dz = p\,dx + q\,dy,$$

et, par suite,

$$R = pP + qQ.$$

Donc, l'ensemble formé par une courbe caractéristique et les plans qui passent par ses tangentes est une intégrale de la seconde catégorie. Les courbes caractéristiques dépendant de deux constantes arbitraires, on voit que toute équation linéaire admet une intégrale complète de cette catégorie.

89. L'extension de la définition précédente au cas général nous conduit à traiter d'abord le problème préliminaire suivant :

Résoudre de la façon la plus générale l'équation aux différentielles totales

$$(8) \qquad dz - p_1\,dx_1 - \ldots - p_n\,dx_n = 0,$$

c'est-à-dire trouver tous les systèmes de relations entre les variables z, x_i, p_i, qui entraînent entre les différentielles totales la relation (8).

Cette égalité exige qu'il existe *au moins une* relation entre les variables z, x_1, x_2, ..., x_n. Supposons, d'une manière générale, qu'il y ait k relations distinctes entre z, x_1, x_2, ..., x_n, dont une au moins contiendra z, et résolvons-les par rapport à z, x_1, x_2, ..., x_{k-1},

$$(9) \qquad \begin{cases} z = \varphi(x_k,\, x_{k+1},\, \ldots,\, x_n), \\ x_1 = \psi_1(x_k,\, x_{k+1},\, \ldots,\, x_n), \\ \cdots\cdots\cdots\cdots\cdots\cdots\cdots\cdots \\ x_{k-1} = \psi_{k-1}(x_k,\, x_{k+1},\, \ldots,\, x_n). \end{cases}$$

Portons les valeurs de dz, dx_1, ..., dx_{k-1} dans l'équation (8) et écrivons que les coefficients des différentielles dx_k, dx_{k+1}, ..., dx_n

sont nuls, il viendra

$$(10)\quad\begin{cases}\dfrac{\partial \psi}{\partial x_2} - p_1 \dfrac{\partial \psi_1}{\partial x_2} - \ldots - p_{k-1} \dfrac{\partial \psi_{k-1}}{\partial x_2} - p_k = 0,\\[2mm]\cdots\cdots\cdots\cdots\cdots\cdots\cdots\cdots\cdots\cdots\cdots\cdots\cdots\\[2mm]\dfrac{\partial \psi}{\partial x_n} - p_1 \dfrac{\partial \psi_1}{\partial x_n} - \ldots - p_{k-1} \dfrac{\partial \psi_{k-1}}{\partial x_n} - p_k = 0.\end{cases}$$

Réciproquement, les $(n + 1)$ équations (9) et (10) entraînent la relation (8). On est donc conduit à la conclusion suivante :

Si on a, entre les différentielles des $2n + 1$ variables z, x_i, p_i, la relation (8), *il existe au moins $n + 1$ relations distinctes entre ces variables et, s'il n'en existe pas davantage, il suffit, pour les avoir toutes, de connaître celles qui sont indépendantes de $p_1, \ldots, p_n$.*

Désignons, d'une manière générale, par M toute multiplicité composée d'éléments satisfaisant à la relation (8). L'ordre d'une telle multiplicité est au plus égal à n, et la multiplicité la plus générale M_n est représentée par les équations (9) et (10), où les fonctions ψ, ψ_1, ψ_{k-1} sont arbitraires. On obtiendra une multiplicité M_q $(q < n)$ en ajoutant aux équations (9) et (10) $n - q$ relations quelconques et il est clair, d'après ce qui précède, qu'on aura ainsi toutes les multiplicités M_q.

Nous emploierons encore, pour abréger, les expressions suivantes, empruntées à la géométrie. Considérons z, x_1, ..., x_n comme les coordonnées d'un point dans l'espace à $(n + 1)$ dimensions; nous appellerons *multiplicité ponctuelle* tout ensemble de points dont les coordonnées vérifient un certain nombre de relations. Une multiplicité ponctuelle, d'ordre r, P, sera définie par $n + 1 - r$ relations

$$\varphi_1 (z, x_1, \ldots, x_n) = 0, \quad \ldots, \quad \varphi_{n+1-r} (z, x_1, \ldots, x_n) = 0.$$

Un *plan* sera une multiplicité ponctuelle à n dimensions représentée par une équation linéaire telle que

$$Z - z = p_1 (X_1 - x_1) + \ldots + p_n (X_n - x_n),$$

et $p_1, \ldots, p_n$ seront les *coefficients angulaires* de ce plan. Nous dirons que ce plan est *tangent* au point $(z, x_1, ..., x_n)$ à une multiplicité ponctuelle passant par ce point si on a, pour tout déplacement sur cette multiplicité,

$$dz - p_1\, dx_1 - ... - p_n\, dx_n = 0.$$

Sur une multiplicité d'ordre r, z, x_1, ..., x_n sont fonctions de r variables indépendantes et, par suite, le plan tangent en un point est $n - r$ fois indéterminé. Cela posé, les équations (9) définissent une certaine multiplicité ponctuelle P_{n-1+r} et la multiplicité M_n correspondante, représentée par les équations (9) et (10), se compose de cette multiplicité ponctuelle P_{n-1+r} et de l'ensemble de ses plans tangents, chaque élément étant formé d'un point de P_{n-1+r} associé à un des plans tangents en ce point. Toutes les fois que cela sera utile, on indiquera par un indice supérieur l'ordre de la multiplicité ponctuelle d'où une multiplicité M_n est dérivée; d'une manière plus générale, on représentera par $M_q^{q'}$ une multiplicité M d'ordre q, lorsque les coordonnées z, x_1, ..., x_n seront fonctions de q' variables indépendantes. Avec cette notation, une surface et l'ensemble de ses plans tangents sera représentée par M_2^2, une courbe et l'ensemble de ses plans tangents par M_1^1, un point et tous les plans qui y passent par M_0^0, une courbe et un système simplement infini de plans tangents à cette courbe par M_1^1, un point et les plans tangents d'un cône ayant ce point pour sommet par M_1^0.

90. Considérons un système de q équations aux dérivées partielles du premier ordre

$$(11) \quad \begin{cases} F_1(z, x_1, ..., x_n, p_1, ..., p_n) = 0, \\ \cdots\cdots\cdots\cdots\cdots\cdots\cdots\cdots\cdots \\ F_q(z, x_1, ..., x_n, p_1, ..., p_n) = 0. \end{cases}$$

Nous appellerons *intégrale* de ce système toute multiplicité M_n dont les éléments vérifient les relations (11). Pour qu'une telle intégrale soit une intégrale au sens ordinaire du mot, il faut qu'elle provienne d'une multiplicité ponctuelle à n dimensions, c'est-à-dire que ce soit une multiplicité M_n^n. Le problème de l'intégration revient alors à déterminer $n + 1 - q$ relations nouvelles qui, jointes aux q équations (11), donnent entre les différentielles totales la relation (8).

Cette définition donne lieu aux remarques suivantes :

1° On peut toujours, par un changement de variables convenable, ramener une intégrale *quelconque* à une intégrale proprement dite. En effet, considérons une intégrale quelconque définie par les relations (9) et (10). Toutes les variables pourront s'exprimer au moyen des variables $p_1, p_2, \ldots, p_{k-1}, x_k, \ldots, x_n$. Posons

$$x'_1 = p_1, \quad \ldots, \quad x'_{k-1} = p_{k-1}, \quad x'_k = x_k, \quad \ldots, \quad x'_n = x_n,$$
$$p'_1 = -x_1, \quad \ldots, \quad p'_{k-1} = -x_{k-1}, \quad p'_k = p_k, \quad \ldots, \quad p'_n = p_n,$$
$$z' = z - p_1 x_1 - \ldots - p_{k-1} x_{k-1};$$

la relation (8) devient

$$dz' = p'_1 \, dx'_1 + \ldots + p'_n \, dx'_n,$$

et toute équation de la forme

$$F(z, x_1, \ldots, x_n, p_1, \ldots, p_n) = 0$$

se change en une nouvelle équation de même forme

$$F_1(z', x'_1, \ldots, x'_n, p'_1, \ldots, p'_n) = 0.$$

Toute intégrale de la première équation $F = 0$ donnera donc, par la transformation précédente, une intégrale de la seconde équation $F_1 = 0$. En particulier, si on applique cette transformation à l'intégrale représentée par les équations (9) et (10), il est clair qu'il y aura une seule relation entre $z', x'_1, \ldots, x'_n$; la fonction z' sera donc une intégrale proprement dite de l'équation du premier ordre

$$F\left(z' - x'_1 \frac{\partial z'}{\partial x'_1} - \ldots - x'_{k-1} \frac{\partial z'}{\partial x'_{k-1}},\right.$$
$$\left. -\frac{\partial z'}{\partial x'_1} - \ldots - \frac{\partial z'}{\partial x'_{k-1}}, x'_k, \ldots, x'_n; x'_1, \ldots, x'_{k-1}, \frac{\partial z'}{\partial x'_k}, \ldots, \frac{\partial z'}{\partial x'_n}\right) = 0.$$

2° Si les q équations (11) ne renferment pas les variables $p_1, \ldots, p_n$, on obtient immédiatement toutes les intégrales communes. Il suffit d'ajouter aux équations (11) s équations arbitraires entre z, $x_1, \ldots, x_n$ ($q + s \leqq n + 1$) et de prendre la multiplicité M_s déduite de la multiplicité ponctuelle ainsi obtenue.

3° On peut trouver, *sans intégration*, toutes les multiplicités M dont l'ordre est inférieur à n et dont les éléments vérifient une équation $F = 0$. En effet, pour former une multiplicité M_{n-q} vérifiant $F = 0$, prenons une multiplicité *quelconque* M_n; si les éléments de M_n ne vérifient pas $F = 0$, en ajoutant l'équation $F = 0$ aux équations qui définissent M_n on aura une multiplicité M_{n-1}; si tous les éléments de M_n vérifient $F = 0$, il suffira d'adjoindre aux équations de M_n une équation arbitraire $\varphi = 0$.

Plus généralement, on a, *sans intégration*, toutes les multiplicités M d'ordre inférieur ou égal à $n - q$ vérifiant les équations (11). Prenons, en effet, une multiplicité quelconque M_n et adjoignons-lui les équations (11) : en général, on aura ainsi une multiplicité M_{n-q}; si cette multiplicité était d'ordre $n - q + k$, il suffirait de lui adjoindre k relations arbitraires pour avoir une multiplicité M_{n-q}.

91. La définition de Lie permet de généraliser la théorie des intégrales complètes. Considérons une multiplicité ponctuelle

$$\left\{ \begin{aligned} &f_1(z, x_1, x_2, ..., x_n, a_1, ..., a_h) = 0, \\ & \\ &f_k(z, x_1, x_2, ..., x_n, a_1, ..., a_h) = 0, \end{aligned} \right.$$

d'ordre $n + 1 - k$, dépendant de h paramètres arbitraires $a_1, a_2,$ ..., a_h ($h \leq n$). De cette multiplicité ponctuelle on déduit une multiplicité M_n bien déterminée, définie par $n + 1$ équations qui contiennent les h paramètres $a_1, ..., a_h$. L'élimination de ces h paramètres conduira en général à $n + 1 - h$ relations distinctes entre $z, x_1,$ ..., $x_n, p_1, ..., p_n$, et nous allons voir qu'on pourra obtenir l'intégrale générale de ce système d'équations simultanées au moyen des fonctions $f_1, ..., f_k$.

Supposons [1] les équations de la multiplicité ponctuelle résolues par rapport à $z, x_1, x_2, ..., x_{k-1}$:

$$(12) \quad \left\{ \begin{aligned} z &= \psi(x_k, x_{k+1}, ..., x_n, a_1, ..., a_h), \\ x_1 &= \psi_1(x_k, x_{k+1}, ..., x_n, a_1, ..., a_h), \\ & \\ x_{k-1} &= \psi_{k-1}(x_k, x_{k+1}, ..., x_n, a_1, ..., a_h); \end{aligned} \right.$$

pour avoir la multiplicité M_n à laquelle elle appartient, il faut

---

[1] C'est uniquement pour simplifier les calculs que nous faisons cette hypothèse; le raisonnement s'étend de lui-même au cas où les équations ne sont pas résolues, comme on le verra au chapitre suivant.

adjoindre à ces équations les suivantes :

$$(13)\quad\begin{cases}\dfrac{\partial \psi}{\partial x_2}-p_1\dfrac{\partial \psi_1}{\partial x_2}-\ldots-p_{k-1}\dfrac{\partial \psi_{k-1}}{\partial x_k}-p_k=0,\\[2mm]\cdots\cdots\cdots\cdots\cdots\cdots\cdots\cdots\cdots\cdots\cdots\cdots\cdots\\[2mm]\dfrac{\partial \psi}{\partial x_n}-p_1\dfrac{\partial \psi_1}{\partial x_n}-\ldots-p_{k-1}\dfrac{\partial \psi_{k-1}}{\partial x_n}-p_n=0.\end{cases}$$

L'élimination de $a_1, a_2, \ldots, a_k$ donnera, par hypothèse, $(n+1-h)$ relations distinctes seulement

$$(14)\quad\begin{cases}\mathrm{F}_1\,(z,\ x_1,\ \ldots,\ x_n,\ p_1,\ \ldots,\ p_n)=0,\\[1mm]\cdots\cdots\cdots\cdots\cdots\cdots\cdots\cdots\cdots\cdots\cdots\\[1mm]\mathrm{F}_{n+1-h}\,(z,\ x_1,\ \ldots,\ x_n,\ p_1,\ \ldots,\ p_n)=0.\end{cases}$$

Le système des équations (8) et (14) peut donc être remplacé par le système des équations (8), (12) et (13), pourvu qu'on regarde dans ces dernières $a_1, \ldots, a_k$ comme des inconnues à déterminer. Des équations (12) et (13) on tire, en différentiant,

$$dz - p_1\,dx_1 - \ldots - p_n\,dx_n = b_1\,da_1 + \ldots + b_k\,da_k,$$

où on a posé

$$b_i = \frac{\partial \psi}{\partial a_i} - p_1\frac{\partial \psi_1}{\partial a_i} - \ldots - p_{k-1}\frac{\partial \psi_{k-1}}{\partial a_i}.$$

On est donc ramené à la recherche des solutions communes aux équations (12), (13) et (15)

$$(15)\qquad\qquad b_1\,da_1 + \ldots + b_k\,da_k = 0.$$

On peut satisfaire à l'équation (15) de plusieurs manières :

1° En prenant

$$a_1 = \mathrm{C}^{te}, \quad a_2 = \mathrm{C}^{te}, \quad \ldots, \quad a_k = \mathrm{C}^{te},$$

on retrouve alors l'intégrale d'où on est parti, que nous appellerons l'*intégrale complète*.

2° En posant

$$b_1 = 0, \quad \ldots, \quad b_k = 0.$$

L'élimination de $a_1, \ldots, a_k$ entre ces équations et les relations (12) et (13) conduit à une solution qui sera encore appelée *intégrale singulière*.

3° Si toutes les quantités b_i ne sont pas nulles à la fois, l'équation (15) exprime qu'il y a au moins une relation entre les variables $a_1, ..., a_h$. Supposons qu'il y ait l relations ($l < h$)

$$(16) \quad \begin{cases} a_1 = \varpi_1 (a_{l+1}, ..., a_h), \\ \cdots\cdots\cdots\cdots\cdots\cdots\cdots\cdots \\ a_l = \varpi_l (a_{l+1}, ..., a_h), \end{cases}$$

en portant ces valeurs de $a_1, ..., a_l$ dans l'équation (15), il vient

$$(17) \quad \begin{cases} b_1 \dfrac{\partial \varpi_1}{\partial a_{l+1}} + ... + b_l \dfrac{\partial \varpi_l}{\partial a_{l+1}} + b_{l+1} = 0, \\ \cdots\cdots\cdots\cdots\cdots\cdots\cdots\cdots \\ b_1 \dfrac{\partial \varpi_1}{\partial a_h} + ... + b_l \dfrac{\partial \varpi_l}{\partial a_h} + b_h = 0. \end{cases}$$

Les équations (12), (13), (16) et (17) sont au nombre de $n + 1 + h$ et contiennent $2n + 1 + h$ variables; il reste donc bien n variables indépendantes. L'intégrale, ainsi obtenue, qui dépend des fonctions arbitraires $\varpi_1, ..., \varpi_l$, est l'intégrale générale.

CAS PARTICULIERS. — 1° $h = n$, $k = 1$. On retrouve la théorie de l'intégrale complète de Lagrange.

2° $h = n$, $k = n$. Considérons la courbe

$$\begin{cases} z = \psi (x_n, a_1, ..., a_n), \\ x_1 = \psi_1 (x_n, a_1, ..., a_n), \\ \cdots\cdots\cdots\cdots\cdots\cdots\cdots\cdots \\ x_{n-1} = \psi_{n-1} (x_n, a_1, ..., a_n). \end{cases}$$

Pour appliquer la méthode générale, il faut éliminer $a_1, a_2, ..., a_n$ entre ces équations et la relation

$$\frac{\partial \psi}{\partial x_n} - p_1 \frac{\partial \psi_1}{\partial x_n} - ... - p_{n-1} \frac{\partial \psi_{n-1}}{\partial x_n} - p_n = 0.$$

On trouve donc une équation linéaire, et la méthode d'intégration que l'on déduit de ce qui précède est identique à la méthode du chapitre II. Nous voyons ainsi que les équations linéaires sont caractérisées par cette propriété d'admettre une intégrale complète représentée par n équations entre les variables $z, x_1, ..., x_n$ où, si l'on veut, formée par des courbes et l'ensemble de leurs plans tangents.

Dans le cas de $n = 2$, nous avons ainsi deux catégories d'équations, les équations générales et les équations linéaires. Si n est supérieur à 2, nous aurons en outre $n - 2$ catégories d'équations intermédiaires, qui disparaissent pour $n = 2$, obtenues au moyen d'une intégrale complète représentée par $2, 3, ..., n - 1$ équations entre $z, x_1, ..., x_n$. Supposons, par exemple, qu'on prenne $n - 1$ relations entre ces variables,

$$z = \varphi\,(x_{n-1}, x_n, a_1, ..., a_n), \quad x_1 = \psi_1\,(x_{n-1}, ...), \quad ...,$$
$$x_{n-2} = \psi_{n-2}\,(x_{n-1}, ...),$$

on obtiendra l'équation aux dérivées partielles correspondantes en éliminant $a_1, ..., a_n$ entre ces relations et les suivantes

$$\frac{\partial \varphi}{\partial x_{n-1}} - p_1 \frac{\partial \psi_1}{\partial x_{n-1}} - ... - p_{n-2} \frac{\partial \psi_{n-2}}{\partial x_{n-1}} - p_{n-1} = 0,$$

$$\frac{\partial \varphi}{\partial x_n} - p_1 \frac{\partial \psi_1}{\partial x_n} - ... - p_{n-2} \frac{\partial \psi_{n-2}}{\partial x_n} - p_n = 0.$$

Si on tire $a_1, ..., a_{n-2}$, des premières équations et qu'on les porte dans les deux dernières, on aura deux équations linéaires entre lesquelles il faudra encore éliminer a_n. Remarquons que ces deux équations linéaires ne sont pas quelconques; elles admettent une intégrale complète commune dépendant des $n - 1$ constantes arbitraires $a_1, ..., a_{n-1}$. De même l'équation provenant de h relations entre $z, x_1, ..., x_n$ s'obtiendra en éliminant $n - h$ constantes entre $n - h + 1$ équations linéaires qui admettent une intégrale commune dépendant de h constantes arbitraires. On a donné à ces équations le nom d'équations *semi-linéaires*. On aura de même des systèmes d'équations semi-linéaires en partant d'une intégrale complète représentée par plusieurs équations entre $z, x_1, ..., x_n$ et dépendant de moins de n paramètres arbitraires.

92. Étant donnée une équation

$$F\,(z, x_i, p_i) = 0,$$

nous appellerons encore caractéristique tout système simplement infini d'éléments satisfaisant aux équations différentielles

$$\frac{dx_i}{\mathrm{P}_i} = \frac{-\,dp_k}{X_k + p_k Z} = \frac{dz}{\mathrm{P}_1 p_1 + \ldots + \mathrm{P}_n p_n} = dt, \qquad (i, k = 1, 2, \ldots, n).$$

Il est aisé de montrer que *toute intégrale* est un lieu de caractéristiques. Nous avons donné deux démonstrations de cette proposition dans le cas de l'intégrale ordinaire. La démonstration basée sur la considération de l'intégrale complète (§ 52) s'applique mot pour mot aux intégrales nouvelles de M. Lie. Le seul emprunt que l'on fasse à la théorie générale est le suivant : toute équation du premier ordre admet une intégrale complète, représentée par *une seule équation entre* z, x_1, ..., x_n. La seconde démonstration que nous avons donnée (§ 54) ne s'applique qu'aux intégrales ordinaires; mais il suffit de faire la transformation indiquée (§ 90) pour être ramené à ce cas, car cette transformation ne change pas le système d'équations différentielles des caractéristiques, comme il est aisé de s'en rendre compte.

Soient

$$\left\{ \begin{aligned} x_i &= f_i\,(t, z^0, x_i^0, p_i^0), \\ z &= f\,(t, z^0, x_i^0, p_i^0), \qquad (i, k = 1, 2, \ldots, n), \\ p_k &= \varphi_k\,(t, z^0, x_i^0, p_i^0), \end{aligned} \right.$$

les équations de la caractéristique issue de l'élément z^0, x_i^0, p_i^0, vérifiant la relation

$$\mathrm{F}\,(z^0, x_i^0, p_i^0) = 0.$$

Ces valeurs initiales étant des fonctions de ν variables indépendantes u_1, ..., u_ν, on a, d'après un calcul déjà fait (p. 117),

$$\mathrm{F}\,(z, x_i, p_i) = \mathrm{F}\,(z^0, x_i^0, p_i^0) = 0,$$

$$dz - p_1\,dx_1 - \ldots - p_n\,dx_n = (dz^0 - p_1^0\,dx_1^0 - \ldots - p_n^0\,dx_n^0)\,\varepsilon^{-\int_0^t Z\,dt}$$

la lettre d désignant les différentielles quand t, u_1, ..., u_ν varient, ce qui peut s'énoncer ainsi : *Si on considère une multiplicité* M, *dont tous les éléments vérifient la relation* F = 0, *le lieu des caractéristiques issues des éléments de* M, *est une multiplicité* M_1, *en général d'ordre* $\nu + 1$, *dont tous les éléments vérifient la même relation.*

L'intégration est donc ramenée à la détermination des multiplicités

M_{n-1}, dont les éléments vérifient la relation $F = 0$, ce qui se fait sans aucune intégration (§ 90). Il y aura encore exception pour les intégrales qui vérifient les relations $X_i + p_i Z = 0$, $P_i = 0$, que nous appellerons toujours intégrales singulières.

93. Considérons maintenant un système de μ équations du premier ordre

$$(18) \qquad F_1 = 0, \quad F_2 = 0, \quad ..., \quad F_\mu = 0,$$

que nous supposons, bien entendu, distinctes et algébriquement compatibles.

Théorème. — *Lorsque deux équations du premier ordre*

$$F = 0, \quad H = 0$$

ont une intégrale commune, cette intégrale vérifie l'équation

$$[F, H] = 0.$$

La démonstration donnée plus haut (§ 65) ne s'applique qu'aux intégrales proprement dites; la suivante est générale.

Soient M_n une intégrale commune et z, x_i, p_i un élément de cette intégrale. Par cet élément passe une courbe caractéristique de $F = 0$ située sur M_n, et dont tous les éléments vérifient, par suite, les deux équations

$$F = 0, \quad H = 0.$$

Le long de cette caractéristique on a

$$\frac{dx_i}{\dfrac{\partial F}{\partial p_i}} = \frac{dz}{p_1 \dfrac{\partial F}{\partial p_1} + ... + p_n \dfrac{\partial F}{\partial p_n}} = \frac{- dp_k}{\dfrac{\partial F}{\partial x_k} + p_k \dfrac{\partial F}{\partial z}} = dt,$$

ainsi que

$$dH = \frac{\partial H}{\partial z}\, dz + \sum_1^n \frac{\partial H}{\partial x_i}\, dx_i + \sum_1^n \frac{\partial H}{\partial p_k}\, dp_k = 0.$$

En remplaçant dz, dx_i, dp_k par leurs valeurs dans la seconde équation, on trouve que tous les éléments de cette caractéristique vérifient la relation

$$[F, H] = 0,$$

et, par suite, tous les éléments de M_s vérifient cette relation puisque nous avons pris un élément arbitraire de M_s comme élément initial. Il est clair que la proposition est encore vraie si M_s est une intégrale singulière de $F = 0$.

Ceci nous montre que nous pourrons adjoindre au système (18) toutes celles des équations

$$[F_i, F_k] = 0, \qquad (i, k = 1, 2, \ldots, s),$$

qui sont distinctes des premières. Mais on pourra toujours s'arranger de façon qu'en continuant de la sorte on arrive soit à un système incompatible, soit à un système en involution. Supposons, en effet, qu'on puisse résoudre certaines de ces équations par rapport à z, p_1, $\ldots$, p_s et qu'en portant ces valeurs dans les autres équations on obtienne des relations ne contenant plus que des quantités x. Je dis que ces relations seront résolubles par rapport à $\mu - s - 1$ des quantités x_{s+1}, x_{s+2}, $\ldots$, x_μ. En effet, supposons que cela ne soit pas : on pourrait alors tirer de ces relations une équation ne contenant que x_1, $\ldots$, x_s, telle que

$$x_1 = \psi(x_2, x_3, \ldots, x_s).$$

En portant cette valeur de x_1 dans l'équation qui donne p_1, on aurait

$$p_1 = \varphi(x_1, \ldots, x_s, p_{s+1}, \ldots, p_\mu).$$

Formons l'équation

$$[p_1 - \varphi, x_1 - \psi] = 0,$$

elle se réduit à

$$1 = 0 ;$$

le système proposé serait par conséquent incompatible. Supposons donc qu'on ait résolu les dernières relations par rapport à x_{s+1}, x_{s+2}, $\ldots$, $x_{\mu-1}$; le système (18) prendra alors la forme

$$\left\{ \begin{aligned} z &= f(x_1, x_2, \ldots, x_s, x_\mu, \ldots, x_\mu, p_{s+1}, \ldots, p_\mu), \\ p_i &= f_i(x_1, x_2, \ldots, x_s, x_\mu, \ldots, x_\mu, p_{s+1}, \ldots, p_\mu), \\ x_{s+h} &= \varphi_h(x_1, x_2, \ldots, x_s, x_\mu, \ldots, x_\mu), \end{aligned} \right.$$

$$(i = 1, 2, \ldots, s), \qquad (h = 1, 2, \ldots, \mu - s - 1),$$

et nous pourrons le remplacer par le système équivalent

$$(19) \quad \begin{cases} z - f - x_1(p_1 - f_1) - \ldots - x_s(p_s - f_s) = 0, \\ p_1 - f_1 = 0, \quad \ldots, \quad p_s - f_s = 0, \\ x_{s+1} - \varphi_1 = 0, \quad \ldots, \quad x_{2k-s} - \varphi_{2k-s-1} = 0. \end{cases}$$

Si on forme les crochets de ce nouveau système, on constate qu'ils ne contiennent aucune des variables z, $p_1, \ldots, p_s$, $x_{s+1}, \ldots, x_{2k-s}$. Si donc ces crochets ne sont pas *identiquement* nuls, ils ne pourront pas donner des équations qui soient des conséquences des précédentes. On résoudra, comme précédemment, les nouvelles équations par rapport à un certain nombre des variables qu'elles contiennent et, en continuant de la sorte, on arrivera soit à un système incompatible, soit à un système pour lequel tous les crochets sont identiquement nuls, c'est-à-dire à un système *en involution*.

94. Soit donc

$$(20) \quad F_1 = 0, \quad F_2 = 0, \quad \ldots, \quad F_m = 0$$

un système *en involution* de m équations distinctes. Supposons qu'il existe une intégrale commune M_n et soit e un élément de cette intégrale. Par e passe une courbe caractéristique C_1 de $F_1 = 0$ dont tous les éléments sont situés sur M_n. Soit alors e' un élément de C_1 : par e' passe, de même, une caractéristique C_2 de $F_2 = 0$ et l'ensemble de toutes les caractéristiques C_2 issues des divers éléments e' de C_1 forme une multiplicité M_2 située sur M_n. En continuant de la sorte, on arrivera finalement à une multiplicité M'_m située sur M_n, passant par l'élément e, obtenue par la superposition successive des caractéristiques des m équations (20). Nous désignerons cette multiplicité M'_m sous le nom de *multiplicité caractéristique* du système (20) et nous pourrons énoncer le théorème suivant :

THÉORÈME. — *Toute intégrale qui passe par un élément e contient la multiplicité caractéristique M'_m issue de cet élément.*

Voici comment les multiplicités caractéristiques seront définies analytiquement. Considérons le système complet d'équations linéaires suivant :

$$(21) \quad [F_1, \Phi] = 0, \quad \ldots, \quad [F_m, \Phi] = 0.$$

Je dis que, si Φ_1, Φ_2, ..., $\Phi_{2n-2m+1}$ sont $(2n - 2m + 1)$ intégrales distinctes et différentes de F_1, ..., F_m, le système d'équations

$$(22) \quad F_1 = 0, \quad ..., \quad F_m = 0, \quad \Phi_1 = C_1, \quad ..., \quad \Phi_{2n-2m+1} = C_{2n-2m+1},$$

où C_1, ..., $C_{2n-2m+1}$ désignent des constantes arbitraires, représente les multiplicités caractéristiques. En effet, les équations (22) définissent une multiplicité à m dimensions composée de courbes caractéristiques de chacune des équations (20) (§ 38), car les courbes caractéristiques de l'équation $F_i = 0$ sont identiques aux caractéristiques de l'équation linéaire

$$[F_i, \Phi] = 0.$$

D'ailleurs, par tout élément z^0, x_i^0, p_i^0 pris sur une intégrale, c'est-à-dire satisfaisant aux relations

$$F_1^0 = 0, \quad ..., \quad F_m^0 = 0,$$

il passe une multiplicité (22) dont les équations sont

$$(23) \quad F_1 = 0, \quad ..., \quad F_m = 0, \quad \Phi_1 = \Phi_1^0, \quad ..., \quad \Phi_{2n-2m+1} = \Phi_{2n-2m+1}^0.$$

Ceci suffit à prouver l'identité des multiplicités caractéristiques avec les multiplicités (22). Puisque toute intégrale est un lieu de multiplicités caractéristiques, il suffira d'associer convenablement ces multiplicités caractéristiques (22) pour avoir toutes les intégrales. Appelons *multiplicité intégrale* toute multiplicité M, dont les éléments vérifient les équations (20); nous avons alors le théorème suivant :

THÉORÈME. — *L'ensemble des caractéristiques de l'équation* $F_1 = 0$, *issues des divers éléments d'une multiplicité intégrale* M_{ν}, *forme une nouvelle multiplicité intégrale* $M_{\nu+1}$.

Il est d'abord évident (§ 92) que $M_{\nu+1}$ sera une intégrale de $F_1 = 0$; d'ailleurs, puisqu'on a

$$[F_1, F_i] = 0, \quad (i = 2, 3, ..., m),$$

tous les éléments d'une caractéristique de $F_1 = 0$ vérifient l'équation $F_i = C^{te}$ et, comme tous les éléments de M_{ν} satisfont à $F_i = 0$, on en conclut que tous les éléments de $M_{\nu+1}$ satisfont aussi à $F_i = 0$.

Cela posé, soit M_{n-m} une multiplicité intégrale du système (20) :

l'ensemble des courbes caractéristiques de $F_1 = 0$ issues des divers éléments de M_{n-m} formera encore une multiplicité intégrale M_{n-m+1}; de même, toutes les caractéristiques de $F_2 = 0$ issues des éléments de M_{n-m+1} formeront une multiplicité intégrale M_{n-m+2} et, en continuant de la sorte, on arrivera finalement à une intégrale M_n. Ceci revient à dire que *le lieu des multiplicités caractéristiques M'_m, issues des divers éléments de la multiplicité intégrale M_{n-m}, forme une intégrale M_n du système* (20). D'ailleurs, il est clair que toute intégrale M_n s'obtiendra par le procédé qui vient d'être indiqué, car si on prend sur M_n une multiplicité à $n-m$ dimensions, ce sera une multiplicité intégrale M_{n-m} et les multiplicités caractéristiques issues de tous les éléments de M_{n-m} donneront évidemment M_n. On voit donc que toute intégrale du système (20) sera représentée par les équations (23) où z^0, x_i^0, p_i^0 désignent des fonctions de $n-m$ variables indépendantes vérifiant les relations

$$(24) \quad F_1^0 = 0, \quad ..., \quad F_m^0 = 0, \quad \delta z^0 - p_1^0 \delta x_1^0 - ... - p_n^0 \delta x_n^0 = 0.$$

La détermination de l'intégrale générale des équations (20) *revient donc à trouver la multiplicité intégrale M_{n-m} la plus générale,* et ce problème, comme nous l'avons vu, n'exige aucune intégration (§ 90).

95. On satisfait aux équations (24) en prenant pour z^0, x_i^0 des *constantes* et pour p_i^0 des fonctions de $(n-m)$ variables satisfaisant aux équations $F_i^0 = 0$. *Le lieu des multiplicités caractéristiques issues d'un point est donc une intégrale.* Ce sera, d'ailleurs, une intégrale complète du système (20), si on donne à m des constantes z^0, x_i^0 des valeurs déterminées.

Comme application de la théorie générale, proposons-nous de déterminer une intégrale, au sens ordinaire du mot, qui, pour des valeurs données de $x_1, ..., x_m$, se réduise à une fonction donnée de $x_{m+1}, ..., x_n$. Remarquons d'abord que les équations de la multiplicité caractéristique issue d'un élément peuvent être mises sous une forme plus commode pour la discussion. Soit z^0, x_i^0, p_i^0 un élément tel que pour cet élément le déterminant

$$\frac{D(F_1, F_2, ..., F_m)}{D(p_1, p_2, ..., p_m)}$$

soit différent de 0. On pourra alors, dans le domaine de cet élément, résoudre les m équations (21) par rapport à $\dfrac{\partial \Phi}{\partial x_1}$, ..., $\dfrac{\partial \Phi}{\partial x_m}$, et on remplacera le système complet (21) par un système jacobien, résolu par rapport à $\dfrac{\partial \Phi}{\partial x_1}$, ..., $\dfrac{\partial \Phi}{\partial x_m}$. Ce système jacobien, comme nous savons, admettra un système d'intégrales holomorphes dans le voisinage de z^0, x_i^0, p_k^0 qui, pour $x_1 = x_1^0$, ..., $x_m = x_m^0$ se réduiront à z, x_{m+1}, ..., x_n, p_1, ..., p_n. En égalant ces intégrales à z^0, x_{m+1}^0, ..., p_n^0 et résolvant les équations ainsi obtenues par rapport à z, x_{m+1}, ..., p_n, on aura les équations de la multiplicité caractéristique sous la forme suivante, x_1, ..., x_m désignant les variables indépendantes :

$$(25) \quad \begin{cases} x_{m+i} = f_i(x_1, \ldots, x_m, z^0, x_k^0, p_k^0), \\ z = f(x_1, \ldots, x_m, z^0, x_k^0, p_k^0), \\ p_k = \varphi_k(x_1, \ldots, x_m, z^0, x_k^0, p_k^0), \end{cases}$$

$$(i = 1, 2, \ldots, n - m), \qquad (k = 1, 2, \ldots, n).$$

Pour trouver l'intégrale qui, pour $x_1 = a_1$, $x_2 = a_2$, ..., $x_m = a_m$, se réduit à une fonction holomorphe $\Phi(x_{m+1}, \ldots, x_n)$ dans le domaine du point a_{m+1}, ..., a_n, nous prendrons comme variables x_{m+1}^0, ..., x_n^0. Nous aurons alors les valeurs initiales suivantes :

$$x_1^0 = a_1, \quad \ldots, \quad x_m^0 = a_m, \quad x_{m+1}^0 = u_{m+1}, \quad \ldots, \quad x_n^0 = u_n,$$

$$z^0 = \Phi(u_{m+1}, \ldots, u_n), \quad p_{m+1}^0 = \frac{\partial \Phi}{\partial u_{m+1}}, \quad \ldots, \quad p_n^0 = \frac{\partial \Phi}{\partial u_n},$$

et les valeurs de p_1^0, ..., p_m^0 se déduiront des équations $F_1^0 = 0$, ..., $F_m^0 = 0$; nous supposons que pour ces valeurs le déterminant $\dfrac{D(F_1, \ldots, F_m)}{D(p_1, \ldots, p_m)}$ est différent de zéro.

L'intégrale cherchée sera représentée par les équations (25) où les variables indépendantes sont x_1, ..., x_m, u_{m+1}, ..., u_n. Le déterminant fonctionnel

$$\frac{D(x_{m+1}, \ldots, x_n)}{D(u_{m+1}, \ldots, u_n)}$$

se réduit à l'unité pour

$$x_1 = a_1, \quad \ldots, \quad x_m = a_m, \quad u_{m+1} = u_{m+1}, \quad \ldots, \quad u_n = u_n.$$

car x_{m+i} se réduit à a_{m+i} pour $x_1 = a_1$, ..., $x_m = a_m$. On pourra donc résoudre les équations $x_{m+i} = f_i$ par rapport à u_{m+1}, ..., u_n et en portant ces valeurs dans l'expression de z, on en tirera pour z une fonction holomorphe de x_1, ..., x_n dans le domaine du point a_1, ..., a_n. La proposition précédente donne, comme cas particulier, le théorème énoncé à la page 179 (§ 71).

96. La méthode d'intégration précédente est une généralisation directe de la méthode de Cauchy. Elle conduit d'ailleurs aisément à la méthode de Jacobi sous sa forme générale (§ 65).

Considérons, en effet, un système de n équations en involution

$$F_1 = 0, \quad F_2 = 0, \quad ..., \quad F_n = 0.$$

Dans ce cas, les multiplicités caractéristiques sont à n dimensions et se confondent avec les intégrales elles-mêmes. Il suffira donc de trouver la dernière intégrale du système complet

$$[F_1, \Phi] = 0, \quad ..., \quad [F_n, \Phi] = 0.$$

On conclut de là que, si on a un système en involution de $n + 1$ équations distinctes F_1, ..., F_{n+1}, les équations

$$F_1 = a_1, \quad ..., \quad F_n = a_n, \quad F_{n+1} = a_{n+1}$$

représentent une intégrale commune de ce système de $n + 1$ équations. Cette intégrale, si on y regarde a_{m+1}, ..., a_{n+1} comme des constantes arbitraires, est une intégrale complète du système des m équations

$$F_1 = a_1, \quad ..., \quad F_m = a_m;$$

par conséquent, l'intégration de ce système est ramenée à la détermination de $n - m + 1$ fonctions F_{m+1}, ..., F_{n+1}, formant avec les premières un système en involution de $n + 1$ fonctions distinctes. On voit de plus, d'après ce qui précède, qu'il n'est pas nécessaire de pouvoir résoudre les $(n + 1)$ équations $F_i = a_i$ par rapport à z, p_1, ..., p_n; nous n'avions fait qu'indiquer rapidement comment on pouvait se débarrasser directement de cette restriction.

On peut même aller plus loin; si, en appliquant la méthode de

Jacobi au système en involution

$$(26) \qquad F_1 = a_1, \quad \dots, \quad F_m = a_m,$$

on arrive à un système en involution

$$F_1 = a_1, \quad \dots, \quad F_m = a_m, \quad F_{m+1} = a_{m+1}, \quad \dots, \quad F_{m+i} = a_{m+i}$$

dont on puisse déterminer les caractéristiques, c'est-à-dire tel qu'on puisse intégrer le système complet

$$[F_1, \Phi] = 0, \quad \dots, \quad [F_{m+i}, \Phi] = 0,$$

le problème sera résolu, car une intégrale complète du dernier système contenant en outre les constantes $a_{m+1}, \dots, a_{m+i}$ donnera évidemment une intégrale complète du système proposé. L'intégration étant commencée par la méthode de Jacobi, on pourra, à chaque instant de l'opération, abandonner cette méthode et appliquer celle des caractéristiques si elle est plus avantageuse. La remarque avait déjà été faite (§ 69), mais seulement pour les équations où z ne figure pas.

La théorie générale des *multiplicités caractéristiques* permet, comme on voit, de déduire d'un même point de vue les différentes méthodes d'intégration.

97. Pour simplifier la théorie générale, nous avons laissé de côté certains détails sur lesquels il est utile de revenir. En définitive, toute la théorie repose sur cette proposition fondamentale que toutes les intégrales d'un système en involution de m équations qui ont un élément commun en ont ∞^m de communs. Examinons sous quelles conditions précises ce théorème est exact. Soient

$$F_1 = 0, \quad \dots, \quad F_m = 0$$

un système en involution de m équations distinctes et

$$[F_1, \Phi] = 0, \quad \dots, \quad [F_m, \Phi] = 0$$

le système complet correspondant. Je dis d'abord que les m équations de ce système sont linéairement distinctes; pour qu'il en fût autrement, il faudrait que tous les déterminants d'ordre m contenus dans le tableau rectangulaire

$$
(T) \qquad
\begin{vmatrix}
\dfrac{dF_1}{dx_1} & \cdots & \dfrac{dF_1}{dx_n} & \dfrac{\partial F_1}{\partial p_1} & \cdots & \dfrac{\partial F_1}{\partial p_n} \\
\cdots & \cdots & \cdots & \cdots & \cdots & \cdots \\
\cdots & \cdots & \cdots & \cdots & \cdots & \cdots \\
\dfrac{dF_m}{dx_1} & \cdots & \dfrac{dF_m}{dx_n} & \dfrac{\partial F_m}{\partial p_1} & \cdots & \dfrac{\partial F_m}{\partial p_n}
\end{vmatrix}
$$

soient nuls identiquement. S'il en était ainsi, des m équations

$$
dF_i - \frac{\partial F_i}{\partial z} (dz - p_1\, dx_1 - \ldots - p_n\, dx_n)
$$
$$
= \frac{dF_i}{dx_1}\, dx_1 + \ldots + \frac{dF_i}{dx_n}\, dx_n + \frac{\partial F_i}{\partial p_1}\, dp_1 + \ldots + \frac{\partial F_i}{\partial p_n}\, dp_n.
$$
$$
(i = 1, 2, \ldots, m),
$$

on pourrait déduire une relation linéaire entre les premiers membres

$$
\lambda_1\, dF_1 + \ldots + \lambda_m\, dF_m - \mu\, (dz - p_1\, dx_1 - \ldots - p_n\, dx_n) = 0,
$$

$\lambda_1, \ldots, \lambda_m, \mu$ n'étant pas tous nuls. Or, une telle relation est impossible; si μ était nul, on en déduirait que les fonctions $F_1, \ldots, F_m$ ne sont pas distinctes, contrairement à l'hypothèse. Si μ n'est pas nul, des relations $F_1 = a_1, \ldots, F_m = a_m$, où $a_1, \ldots, a_m$ sont des constantes quelconques, on déduirait

$$
dz - p_1\, dx_1 - \ldots - p_n\, dx_n = 0,
$$

ce qui est évidemment absurde puisque cette dernière relation exige, nous l'avons vu (§ 89), $n + 1$ relations distinctes au moins entre les variables z, x_i, p_i. Nous laissons de côté le cas où $m = n + 1$, pour lequel la question ne se présente pas [1].

Il pourrait se faire que tous ces déterminants, sans être identiquement nuls, soient nuls en tenant compte des relations $F_1 = 0$, ..., $F_m = 0$. C'est ce qui arriverait, par exemple, pour une seule équation dont le premier membre serait un carré parfait. Cette circonstance pourrait se présenter si le système n'avait pas été mis

---

[1] Si $m = n + 1$, tous les déterminants d'ordre m du tableau doivent être nuls, et le système $[F_1, \Phi] = 0$, ..., $[F_{n+1}, \Phi] = 0$ doit se réduire à n équations. Autrement on aurait un système complet de $(n + 1)$ équations à $(2n + 1)$ variables admettant $(n + 1)$ intégrales distinctes.

sous la forme la plus simple, mais il n'en sera pas ainsi si le système a été mis sous la forme (19). Nous laisserons de côté ce cas exceptionnel.

Cela posé, soit z^0, x_i^0, p_k^0 un élément pour lequel tous les déterminants précédents ne soient pas nuls; par exemple, supposons que

$$\frac{D\,(F_1, \ldots, F_m)}{D\,(p_1, \ldots, p_m)}$$

soit différent de zéro. On pourra résoudre les m équations du système complet par rapport à $\dfrac{\partial \Phi}{\partial x_1}, \ldots, \dfrac{\partial \Phi}{\partial x_m}$ et le transformer en un système jacobien

$$(27) \begin{cases} \dfrac{\partial \Phi}{\partial x_1} + a_{m+1}^1 \dfrac{\partial \Phi}{\partial x_{m+1}} + \ldots + a_n^1 \dfrac{\partial \Phi}{\partial x_n} + b^1 \dfrac{\partial \Phi}{\partial z} + c_1^1 \dfrac{\partial \Phi}{\partial p_1} + \ldots + c_n^1 \dfrac{\partial \Phi}{\partial p_n} = 0 \\ \cdots\cdots\cdots\cdots\cdots\cdots\cdots\cdots\cdots\cdots\cdots\cdots\cdots\cdots\cdots \\ \dfrac{\partial \Phi}{\partial x_m} + a_{m+1}^m \dfrac{\partial \Phi}{\partial x_{m+1}} + \ldots + a_n^m \dfrac{\partial \Phi}{\partial x_n} + b^m \dfrac{\partial \Phi}{\partial z} + c_1^m \dfrac{\partial \Phi}{\partial p_1} + \ldots + c_n^m \dfrac{\partial \Phi}{\partial p_n} = 0 \end{cases}$$

les coefficients a, b, c étant holomorphes dans le voisinage des valeurs z^0, x_i^0, p_k^0. Ce système jacobien peut, à son tour, être remplacé par un système d'équations aux différentielles totales

$$(28) \begin{cases} dx_{m+1} = a_{m+1}^1 \, dx_1 + \ldots + a_{m+1}^m \, dx_m \\ \cdots\cdots\cdots\cdots\cdots\cdots\cdots \\ dx_n = a_n^1 \, dx_1 + \ldots + a_n^m \, dx_m \\ dz = b^1 \, dx_1 + \ldots + b^m \, dx_m \\ dp_1 = c_1^1 \, dx_1 + \ldots + c_1^m \, dx_m \\ \cdots\cdots\cdots\cdots\cdots\cdots\cdots \\ dp_n = c_n^1 \, dx_1 + \ldots + c_n^m \, dx_m \end{cases}$$

Il existe un système d'intégrales de ces équations correspondant aux valeurs initiales z^0, x_i^0, p_k^0 :

$$x_{m+1} = \varphi_1(x_1, \ldots, x_m; z^0, x_i^0, p_k^0), \quad \ldots, \quad p_n = \psi_n(x_1, \ldots, x_m; z^0, x_i^0, p_k^0);$$

et, d'après les relations établies entre les systèmes jacobiens et les systèmes absolument intégrables d'équations aux différentielles totales (§ 35), les équations précédentes représentent précisément la multiplicité caractéristique issue de l'élément z^0, x_i^0, p_k^0. Cette multiplicité est bien à m dimensions, puisque $x_1, \ldots, x_m$ sont des variables indépendantes. Les raisonnements faits plus haut deviennent

alors parfaitement rigoureux et on peut affirmer que toute intégrale
du système proposé qui contient l'élément z^0, x_i^0, p_i^0, en contient
une multiplicité d'ordre m, issue de celui-là.

L'application de la méthode générale donne encore lieu aux
remarques suivantes :

I. — L'intégration du système en involution proposé

$$F_1 = 0, \quad \dots, \quad F_m = 0$$

est ramenée à l'intégration du système d'équations aux différentielles
totales (28); d'après la manière même dont on a obtenu ce nouveau
système, il admet les intégrales premières

$$F_1 = a_1, \quad \dots, \quad F_m = a_m,$$

dont on peut se servir pour diminuer de m unités le nombre des
fonctions inconnues. Si on obtient l'intégrale générale de ce système
complètement intégrable (28), on aura intégré par là même toutes les
équations (26), où a_1, ..., a_m sont des constantes quelconques. Mais
si on veut intégrer seulement les équations proposées (20), on pourra
profiter de cette circonstance en faisant $a_1 = a_2 = \dots = a_m = 0$
dans la transformation précédente. Dans le cas où le système proposé
est de la forme (19), les deux systèmes (20) et (26) sont équivalents;
mais si le système en involution proposé est quelconque, son intégration constitue, en général, un problème plus simple que celle du
système (20).

II. — Étant donné un système en involution de m équations
linéaires par rapport aux variables p_i, on voit facilement que les
coefficients a et b dans les équations (27) et (28) ne dépendent que de
z, x_1, ..., x_m. De tout point $(z^0, x_1^0, \dots, x_m^0)$ il part donc une infinité
de multiplicités caractéristiques, mais toutes ces multiplicités caractéristiques ont en commun une multiplicité ponctuelle d'ordre m que
l'on obtiendrait en intégrant le système complètement intégrable

$$\left\{ \begin{aligned} dx_{m+1} &= a_{m+1}^1 \, dx_1 + \dots + a_{m+1}^m \, dx_m \\ &\dots\dots\dots\dots\dots\dots\dots\dots\dots\dots \\ dx_n &= a_n^1 \, dx_1 + \dots + a_n^m \, dx_m \\ dz &= b^1 \, dx_1 + \dots + b^m \, dx_m. \end{aligned} \right.$$

Soit P_0 cette multiplicité ponctuelle; l'intégrale, lieu des multiplicités caractéristiques issues du point $(x^0, x_1^0, ..., x_n^0)$, se composera nécessairement de la multiplicité P_0 et de l'ensemble de ses plans tangents. Ceci nous explique pourquoi, dans l'intégration des systèmes d'équations linéaires, on n'a pas besoin de tenir compte des termes en $p_1, ..., p_n$ dans les équations différentielles des caractéristiques.

Tout système en involution de m équations linéaires admet, par conséquent, une intégrale complète représentée par $n + 1 - m$ relations entre les variables x, x_i; si les équations de ce système dépendent en outre de $m - 1$ constantes arbitraires, l'élimination de ces paramètres conduira à une équation semi-linéaire (§ 91).

III. — Si tous les déterminants obtenus en prenant m colonnes dans le tableau (T) sont nuls pour les coordonnées x^0, x_i^0, p_i^0 d'un élément, le théorème fondamental peut être en défaut pour cet élément. Considérons, par exemple, le système en involution de deux équations

$$F_1(p, q, z - px - qy) = 0, \quad F_2(p, q, z - px - qy) = 0$$

dont la première exprime que le plan

$$Z - z = p(X - x) + q(Y - y)$$

est tangent à une certaine surface non développable Σ_1, tandis que la seconde exprime que le même plan est tangent à une autre surface non développable Σ_2. Soient P un plan tangent commun à ces deux surfaces, M et M' les points de contact et m un point du plan P. Supposons d'abord que le point m ne soit pas situé sur la droite MM'; de l'élément formé par le point m et le plan P part une caractéristique de la première équation, à savoir la droite Mm; d'un point quelconque m' de cette droite Mm part une caractéristique de la seconde équation, la droite $M'm'$. L'ensemble des droites $M'm'$ forme une multiplicité caractéristique à deux dimensions, le plan P lui-même. Si, au contraire, le point m est sur la droite MM', les droites mM, $m'M'$ se réduisent toutes à la droite MM'; la multiplicité caractéristique se réduit à une multiplicité à une dimension. Pour un point m pris sur la droite MM', les cônes (T) et (T') relatifs aux deux équations seront tangents suivant la droite MM' et on vérifie immédiatement que tous les déterminants d'ordre 2 du tableau rectangulaire sont nuls.

La théorie générale ne s'applique donc pas aux intégrales pour lesquelles tous les déterminants d'ordre m du tableau (T) sont nuls. Nous les appellerons *intégrales singulières*, nous réservant de montrer dans le chapitre suivant que les intégrales appelées plus haut singulières (§ 91) satisfont bien à ces conditions. Il est à remarquer que toute intégrale singulière d'une équation du système est une intégrale singulière pour le système; mais la réciproque n'est pas vraie. Ainsi, dans l'exemple de tout à l'heure, la développable circonscrite aux deux surfaces Σ_1 et Σ_2 est une intégrale singulière pour le système des deux équations, sans être une intégrale singulière d'aucune d'elles.

La recherche des intégrales singulières se ramenant à une question générale déjà traitée, la recherche des intégrales communes à plusieurs équations, nous ne nous y arrêterons pas davantage. Remarquons seulement qu'en se bornant, pour fixer les idées, au cas d'une seule équation, les raisonnements employés dans le cas de trois variables prouvent que, si la fonction F n'a pas été prise d'une façon particulière, l'équation $F = 0$ n'admet pas d'une manière normale d'intégrale singulière.

Pour traiter ce sujet plus complètement, il faudrait étudier les relations de contact des intégrales singulières avec les autres intégrales; ce point exige des discussions très délicates que l'on trouvera dans le beau Mémoire de M. Darboux, pour le cas d'une seule équation.

98. M. Sophus Lie a présenté la théorie générale sous une forme un peu différente, au moyen d'une notation nouvelle que nous allons faire connaître. Si dans les deux équations

$$F(z, x_1, \ldots, x_n, p_1, \ldots, p_n) = 0, \quad dz - p_1\, dx_1 - \ldots - p_n\, dx_n = 0,$$

on remplace z par x_{n+1}, p_1 par $-\dfrac{p_1}{p_{n+1}}, \ldots, p_n$ par $-\dfrac{p_n}{p_{n+1}}$, la relation $F = 0$ se change en une relation homogène et de degré zéro par rapport à $p_1, \ldots, p_{n+1}$ et la seconde équation devient

$$p_1\, dx_1 + p_2\, dx_2 + \ldots + p_{n+1}\, dx_{n+1} = 0.$$

Changeons n en $n-1$ et regardons $x_1, \ldots, x_n$ comme les coordonnées d'un point dans l'espace à n dimensions, et $p_1, \ldots, p_n$ comme les coordonnées *homogènes* d'un plan passant par ce point

$$p_1 (X_1 - x_1) + \ldots + p_n (X_n - x_n) = 0,$$

le problème de l'intégration pourra être posé ainsi : Étant données q relations $F_1 = 0, \ldots, F_q = 0$, homogènes par rapport aux p_i, trouver une suite $(n-1)$ fois infinie d'éléments vérifiant ces q équations ainsi que la relation

$$p_1 \, dx_1 + \ldots + p_n \, dx_n = 0.$$

La nouvelle notation a l'avantage d'être plus symétrique et elle permet en outre de tenir compte de certaines intégrales exceptionnelles qui disparaissent avec la définition ordinaire, comme un cylindre ayant ses génératrices parallèles à l'axe des z.

Étant donnée une relation homogène par rapport aux p_i, les équations différentielles des caractéristiques prennent la forme symétrique

$$\frac{dx_i}{\dfrac{\partial F}{\partial p_i}} = \frac{-dp_k}{\dfrac{\partial F}{\partial x_k}}, \qquad (i, k = 1, 2, \ldots, n),$$

et la détermination de ces caractéristiques revient à l'intégration des équations simultanées

$$(F, V) = 0, \qquad \sum_{i=1}^{n} p_i \frac{\partial V}{\partial p_i} = 0,$$

qui forment un système complet, comme il est aisé de s'en assurer, car la dernière équation peut s'écrire $[z, V] = 0$.

La recherche des intégrales communes à plusieurs équations revient à l'intégration d'un système en involution de la forme

$$\begin{cases} p_i = \varphi_i(x_1, \ldots, x_s, x_{s+1}, \ldots, x_n, p_{s+1}, \ldots, p_n), & (i=1, 2, \ldots, s); \\ x_k = \psi_k(x_1, \ldots, x_s, x_{s+1}, \ldots, x_n), & (k=s+1, \ldots, n); \end{cases}$$

la démonstration est la même que celle qui a été donnée plus haut. On peut simplifier ce système au moyen de la transformation suivante. Si on pose

$$x_k = X_k(x'_1, \ldots, x'_n), \qquad p_k = \sum_{i=1}^{n} p'_i \frac{dx'_i}{dx_k}, \qquad (k=1, 2, \ldots, n),$$

la relation

$$p_1\, dx_1 + \ldots + p_n\, dx_n = 0$$

devient

$$p_1'\, dx_1' + \ldots + p_n'\, dx_n' = 0.$$

et toute parenthèse $(F, \Phi)_{x,p}$ se change identiquement en $(F', \Phi')_{x',p'}$, F' et Φ' désignant ce que deviennent F et Φ par la substitution précédente. La vérification directe de ce théorème n'offre aucune difficulté; il apparaîtra plus loin comme corollaire de la théorie générale des transformations de contact.

Appliquons à notre système en involution la transformation

$$x_1' = x_1, \quad \ldots, \quad x_s' = x_s, \quad x_{s+1}' = x_{s+1} - \psi_{s1}, \quad \ldots,$$
$$x_{2s}' = x_{2s} - \psi_{ps}, \quad x_{k+1}' = x_{k+1}, \quad \ldots, \quad x_n' = x_n,$$

$$p_m = \sum_{i=1}^{p} p_i' \frac{dx_i'}{dx_m},$$

nous sommes conduits à un nouveau système en involution de la forme

$$p_i' - H_i = 0, \quad x_{s+i}' = 0, \quad \ldots, \quad x_{2s}' = 0, \qquad (i = 1, 2, \ldots, s).$$

Les parenthèses

$$(p_i' - H_i, x_k'), \qquad (i = 1, 2, \ldots, s; \; k = s + 1, \ldots, p),$$

étant nulles, on en conclut que le nouveau système ne contient pas $p_{s+1}', \ldots, p_{2s}'$. On arrive donc à un système en involution de la forme

$$p_1 = f_1, \quad \ldots, \quad p_s = f_s.$$

99. Puisque tout système se ramène à un système en involution de cette forme, il suffit de considérer un système

$$p_1 = f_1, \quad \ldots, \quad p_q = f_q,$$

où $f_1, \ldots, f_q$ sont des fonctions homogènes et du premier degré de $p_{q+1}, \ldots,$ telles que toutes les parenthèses

$$(p_i - f_i, \quad p_k - f_k)$$

soient identiquement nulles. Le théorème fondamental de Lie se déduit alors très aisément de la méthode de Mayer pour l'intégration des systèmes jacobiens. En effet, les multiplicités caractéristiques du système en involution précédent sont déterminées par l'intégration du système jacobien

$$(p_1 - f_1, \Phi) = 0, \quad \dots, \quad (p_q - f_q, \Phi) = 0.$$

Si on pose

$$x_1 = a_1 + t, \quad x_2 = a_2 + t y_2, \quad \dots, \quad x_q = a_q + t y_q,$$

ce système peut être remplacé (§ 30) par une équation unique

$$\frac{\partial \Phi}{\partial t} - (\mathcal{F}, \Phi) = 0,$$

où

$$\mathcal{F} = f_1 + y_2 f_2 + \dots + y_q f_q,$$

et l'intégration de cette équation linéaire revient à celle de l'équation à $n - q + 1$ variables

$$\frac{\partial V}{\partial t} - \mathcal{F}\left(t, y_2, \dots, y_q, x_{q+1}, \dots, x_n, \frac{\partial V}{\partial x_{q+1}}, \dots, \frac{\partial V}{\partial x_n}\right) = 0.$$

Le théorème fondamental de Lie se déduit donc du théorème spécial de Mayer pour les équations linéaires et homogènes. Inversement, si on applique le théorème de Lie aux équations linéaires, on est conduit aux mêmes résultats que par la méthode directe de Mayer [1].

---

[1] Mayer, *Die Lie'sche Integrationsmethode der partiellen Differentialgleichungen erster Ordnung* (Mathematische Annalen, t. VI, p. 162-192).

CHAPITRE XI

Transformations de contact [1].

100. Parmi les transformations des figures planes ou des figures dans l'espace, on a d'abord étudié celles qui font correspondre un point à un point et qui, par suite, sont définies par des formules de la forme

$$X = f(x, y, z), \quad Y = \varphi(x, y, z), \quad Z = \psi(x, y, z),$$

x, y, z étant les coordonnées d'un point de la première figure et X, Y, Z les coordonnées du point correspondant de la nouvelle figure. Nous désignerons une telle transformation sous le nom de transformation ponctuelle. Il est aisé de voir que ces transformations ne changent pas les relations de contact. En d'autres termes, si deux courbes ou deux surfaces sont tangentes, il en sera de même des courbes ou des surfaces transformées, et même la transformation conserve l'*ordre* du contact.

On connaît depuis longtemps d'autres modes de transformations que les précédents, qui jouissent de la même propriété. Telle est la transformation par polaires réciproques. A tout point M de l'une des figures ne correspond pas un point déterminé de l'autre figure, mais bien tous les points du plan polaire P du point M par rapport à la surface directrice du second degré Σ. Mais si l'on considère, avec le

---

[1] Auteurs à consulter : Lie, *Begründung einer Invarianten-Theorie der Berührungs-Transformationen* (Mathematische Annalen, t. VIII, p. 215-303; *Theorie der Transformationsgruppen* (Leipzig, Teubner). — Mayer, *Directe Begründung der Theorie der Berührungs-Transformationen* (Mathematische Annalen, t. VIII, p. 304-312). — Darboux, *Solutions singulières*, etc., 3e et 4e parties; *Sur le problème de Pfaff* (Bulletin des Sciences mathématiques, t. VI, 1re série).

point M, un plan π passant par ce point, il correspond au plan π un point m du plan P et toute surface tangente en M au plan π aura sa transformée par polaires réciproques qui sera tangente en m au plan P. Deux surfaces tangentes se changent donc en deux surfaces tangentes. De même, si sur la normale en M à une surface quelconque S on porte une longueur constante $MM' = l$, le point M' décrit une surface S' *parallèle* à la première. La position du point M' ne dépend pas seulement de la position du point M; elle dépend aussi de la direction du plan tangent en M à la surface S. Mais, si on considère deux surfaces S, S_1 tangentes en M, les surfaces parallèles seront tangentes en M' puisque, comme on sait, les plans tangents à deux surfaces parallèles en deux points correspondants sont parallèles. Il serait facile de multiplier les exemples. Parmi les transformations les plus simples jouissant de la propriété précédente, on peut citer encore la transformation dans laquelle on fait correspondre à un point d'une surface le pied de la perpendiculaire abaissée d'un point fixe sur le plan tangent en ce point.

101. Proposons-nous, d'une manière générale, de trouver toutes les transformations qui changent deux surfaces tangentes en deux surfaces tangentes, ou qui conservent les relations de contact. Soient x, y, z les coordonnées d'un point d'une surface, p, q les coefficients angulaires du plan tangent à cette surface, X, Y, Z les coordonnées du point correspondant de la surface transformée, P, Q les coefficients angulaires du plan tangent à cette nouvelle surface. Il est clair que X, Y, Z, P, Q ne doivent dépendre que de x, y, z, p, q; les formules de transformation auront donc la forme suivante :

$$(1) \begin{cases} X = f_1(x,y,z,p,q), \quad Y = f_2(x,y,z,p,q), \quad Z = f_3(x,y,z,p,q), \\ \quad P = \varphi_1(x,y,z,p,q), \qquad Q = \varphi_2(x,y,z,p,q). \end{cases}$$

Une pareille transformation fait correspondre un élément à un élément, mais elle ne conserve pas nécessairement le contact. Si le point (x, y, z) décrit une surface S, p et q étant les coefficients angulaires du plan tangent à cette surface, le point X, Y, Z décrira une autre surface S' et il faudra que P et Q soient les coefficients angulaires du plan tangent à cette nouvelle surface, ce qui n'aura évidemment pas lieu si les fonctions f et φ sont quelconques. Pour qu'il en soit ainsi, il faudra que l'on ait

$$dZ - P\,dX - Q\,dY = 0,$$

toutes les fois que l'on a

$$dz - p\,dx - q\,dy = 0,$$

et, comme la première expression est une fonction linéaire de dx, dy, dz, dp, dq, ceci ne pourra avoir lieu que si on a identiquement

$$dZ - P\,dX - Q\,dY = \rho\,(dz - p\,dx - q\,dy),$$

ρ étant une fonction quelconque de x, y, z, p, q, ne contenant pas les différentielles.

Plus généralement, étant données $(2n + 1)$ variables $z, x_1, ..., x_n$, $p_1, ..., p_n$ et un système de $(2n + 1)$ fonctions $Z, X_1, ..., X_n$, $P_1, ..., P_n$ de ces variables, on dira que la transformation

$$z' = Z, \quad x'_i = X_i, \quad p'_k = P_k, \qquad (i, k = 1, 2, ..., n),$$

est une *transformation de contact*, si les fonctions Z, X_i, P_k satisfont identiquement à une relation de la forme

$$dZ - P_1\,dX_1 - ... - P_n\,dX_n = \rho\,(dz - p_1\,dx_1 - ... - p_n\,dx_n),$$

ρ étant une fonction quelconque de $z, x_1, ..., x_n, p_1, ..., p_n$. Une transformation de cette nature change une multiplicité M en une autre multiplicité M, mais il faut remarquer que la multiplicité transformée ne sera pas nécessairement de même nature que la multiplicité donnée. Ainsi, une telle transformation pourra faire correspondre à l'ensemble d'une surface et de ses plans tangents l'ensemble d'une courbe et de ses plans tangents. Par exemple, la transformation par polaires réciproques appliquée à une surface développable donne une courbe et, appliquée à un plan, donne un point. Remarquons dès maintenant que, si on a deux multiplicités M_1^1 formées de deux courbes et de leurs plans tangents, pour que ces deux multiplicités aient un élément commun, il faut et il suffit que les courbes aient un point commun. Si donc une transformation de contact change des surfaces en des courbes, elle changera deux surfaces tangentes en deux courbes qui se coupent et inversement.

Il est clair que la transformation inverse d'une transformation de contact est une transformation de contact et que la suite de deux transformations de contact est encore une transformation de contact ; ces transformations forment donc un *groupe*.

102. Nous sommes donc conduits, pour déterminer toutes ces transformations, à résoudre l'équation aux différentielles totales

$$(2) \quad dZ - P_1\, dX_1 - \ldots - P_n\, dX_n = \rho\,(dz - p_1\, dx_1 - \ldots - p_n\, dx_n),$$

où Z, X_i, P_i, ρ sont des fonctions à déterminer des $2n+1$ variables z, x_i, p_i. Cette équation nous montre qu'il doit exister au moins une relation entre les variables Z, X_i, z, x_i, contenant Z et z. Supposons, pour prendre le cas général, qu'il existe h relations distinctes entre ces variables et h seulement

$$(3) \quad \begin{cases} \psi_1\,(Z,\, X_i,\, z,\, x_i) = 0, \\ \cdots\cdots\cdots\cdots\cdots\cdots \\ \psi_h\,(Z,\, X_i,\, z,\, x_i) = 0, \end{cases} \qquad (i = 1,\, 2,\, \ldots,\, n);$$

l'équation (2) devra être une conséquence des équations

$$d\psi_1 = 0, \quad \ldots, \quad d\psi_h = 0,$$

c'est-à-dire qu'on devra pouvoir trouver h coefficients $\lambda_1, \ldots, \lambda_h$ tels que l'on ait identiquement

$$dZ - P_1\, dX_1 - \ldots - P_n\, dX_n - \rho\,(dz - p_1\, dx_1 - \ldots - p_n\, dx_n)$$
$$= \lambda_1\, d\psi_1 + \ldots + \lambda_h\, d\psi_h.$$

Ceci entraîne les égalités suivantes :

$$(4) \quad \begin{cases} 1 = \lambda_1\, \dfrac{\partial \psi_1}{\partial Z} + \ldots + \lambda_h\, \dfrac{\partial \psi_h}{\partial Z}, \\[2ex] -P_i = \lambda_1\, \dfrac{\partial \psi_1}{\partial X_i} + \ldots + \lambda_h\, \dfrac{\partial \psi_h}{\partial X_i}, \\[2ex] -\rho = \lambda_1\, \dfrac{\partial \psi_1}{\partial z} + \ldots + \lambda_h\, \dfrac{\partial \psi_h}{\partial z}, \\[2ex] \rho p_i = \lambda_1\, \dfrac{\partial \psi_1}{\partial x_i} + \ldots + \lambda_h\, \dfrac{\partial \psi_h}{\partial x_i}, \end{cases} \qquad (i = 1,\, 2,\, \ldots,\, n).$$

Les égalités (3) et (4) sont au nombre de $2n+2+h$ et, en général, détermineront les $(2n + 2 + h)$ fonctions Z, X_i, P_i, λ_k, ρ en fonction de z, x_i, p_i.

De ces équations on peut tirer immédiatement le système

$$(5) \quad \begin{cases} \lambda_1 \dfrac{\partial \psi_1}{\partial x_i} + \ldots + \lambda_k \dfrac{\partial \psi_k}{\partial x_i} + p_i \left\{ \lambda_1 \dfrac{\partial \psi_1}{\partial z} + \ldots + \lambda_k \dfrac{\partial \psi_k}{\partial z} \right\} = 0, \\[2mm] 1 = \lambda_1 \dfrac{\partial \psi_1}{\partial Z} + \ldots + \lambda_k \dfrac{\partial \psi_k}{\partial Z}, \\[2mm] \psi_1 = 0, \quad \ldots, \quad \psi_k = 0, \qquad (i = 1, 2, \ldots, n), \end{cases}$$

de $n + h + 1$ équations qui ne contiennent que Z, X_1, $\ldots$, X_n, λ_1, $\ldots$, λ_k. On tirera de là les valeurs de Z, X_1, $\ldots$, X_n, λ_1, $\ldots$, λ_k et, en portant ces valeurs dans les autres équations, on aura les valeurs de P_1, $\ldots$, P_n et ρ.

Il n'y aurait exception que si les équations (5) étaient indéterminées ou incompatibles. On voit immédiatement que ces équations ne peuvent être indéterminées, mais il pourrait arriver qu'elles fussent incompatibles; cela arriverait si on pouvait éliminer Z, X_i, λ_k entre ces équations et on obtiendrait une relation de la forme

$$\varphi (z, x_i, p_k) = 0.$$

Ce cas exceptionnel écarté, on voit que les équations (3) définissent complètement une transformation de contact. Comme le nombre h peut prendre les valeurs 1, 2, $\ldots$, $n + 1$, on voit qu'on aura $(n + 1)$ catégories de transformations à considérer. Dans le cas limite où $h = n + 1$, les relations (3) déterminent complètement Z, X_1, $\ldots$, X_n, et on a une transformation ponctuelle. Un autre cas limite très important est celui où $h = 1$. On a alors une seule relation entre les variables Z, X_i, z, x_i,

$$\psi_1 (Z, X_i, z, x_i) = 0,$$

et l'équation (2) devra être équivalente à l'équation

$$d\psi_1 = 0.$$

Ceci donne les conditions

$$\frac{1}{\dfrac{\partial \psi_1}{\partial Z}} = \frac{-P_i}{\dfrac{\partial \psi_1}{\partial X_i}} = \frac{-\rho}{\dfrac{\partial \psi_1}{\partial z}} = \frac{\rho p_i}{\dfrac{\partial \psi_1}{\partial x_i}},$$

qui s'écrivent

$$\left\{ \begin{aligned} &\rho\,\frac{\partial \psi_i}{\partial Z} + \frac{\partial \psi_i}{\partial z} = 0, \\ &\frac{\partial \psi_i}{\partial Z}\,P_i + \frac{\partial \psi_i}{\partial X_i} = 0, \qquad (i = 1, 2, \ldots, n); \\ &\frac{\partial \psi_i}{\partial z}\,p_i + \frac{\partial \psi_i}{\partial x_i} = 0, \end{aligned} \right.$$

on tirera Z, X_i des équations

$$\psi_i = 0, \quad \frac{\partial \psi_i}{\partial z}\,p_i + \frac{\partial \psi_i}{\partial x_i} = 0,$$

à moins qu'on ne puisse éliminer Z, X_i entre ces équations et obtenir une relation de la forme

$$\varphi\,(z, x_i, p_i) = 0.$$

Mais alors les équations précédentes montrent que la relation $\psi_i = 0$, où on considère Z et X_i comme des constantes, donnerait une intégrale de l'équation $\varphi = 0$. Donc, pour que la fonction ψ_i fournisse une transformation de contact, il faut et il suffit que la relation $\psi_i = 0$, où on considère Z et X_i comme des constantes arbitraires, ne définisse pas une intégrale à $n + 1$ constantes d'une équation aux dérivées partielles du premier ordre. C'est ce qui aura lieu, en général, puisque cette fonction ψ_i contient $(n + 1)$ constantes.

EXEMPLE. — Prenons les relations

$$X_{\mu+1} = x_{\mu+1}, \quad \ldots, \quad X_n = x_n,$$
$$Z - z + X_1 x_1 + \ldots + X_\mu x_\mu = 0;$$

on devra avoir

$$dZ - P_1\,dX_1 - \ldots - P_n\,dX_n - \rho\,[dz - p_1\,dx_1 - \ldots - p_n\,dx_n]$$
$$= \lambda\,[dZ - dz + X_1\,dx_1 + x_1\,dX_1 - \ldots + X_\mu\,dx_\mu + x_\mu\,dX_\mu]$$
$$+ \lambda_{\mu+1}\,[dX_{\mu+1} - dx_{\mu+1}] + \ldots + \lambda_n\,[dX_n - dx_n];$$

on voit de suite que l'on a

$$\lambda = 1, \quad \rho = 1,$$
$$P_1 = -x_1, \quad \ldots, \quad P_\mu = -x_\mu, \quad X_1 = p_1, \quad \ldots, \quad X_\mu = p_\mu,$$

et, par suite,

$$Z = z - p_1 x_1 - \ldots - p_k x_{p_k},$$
$$P_{k+1} = p_{k+1}, \quad \ldots, \quad P_n = p_n.$$

Nous retrouvons une transformation que nous avons déjà employée plusieurs fois et qui comprend, comme cas particuliers, la transformation de Legendre et la transformation d'Ampère que l'on verra plus loin.

103. Considérons, en particulier, le cas de trois variables x, y, z. Dans ce cas, il y aura trois classes de transformations de contact, suivant qu'on établit 1, 2 ou 3 relations entre x, y, z, X, Y, Z. Le cas de trois relations conduit aux transformations ponctuelles.

Supposons qu'on parte d'une seule relation entre x, y, z, X, Y, Z,

$$\psi(X, Y, Z, x, y, z) = 0.$$

Il faudra adjoindre à cette équation, pour déterminer X, Y, Z, P, Q et p, les équations suivantes :

$$\frac{\partial \psi}{\partial Z} P + \frac{\partial \psi}{\partial X} = 0, \quad \frac{\partial \psi}{\partial Z} Q + \frac{\partial \psi}{\partial Y} = 0,$$

$$\frac{\partial \psi}{\partial z} p + \frac{\partial \psi}{\partial x} = 0, \quad \frac{\partial \psi}{\partial z} q + \frac{\partial \psi}{\partial y} = 0,$$

$$p \frac{\partial \psi}{\partial Z} + \frac{\partial \psi}{\partial z} = 0.$$

La transformation est complètement définie si on se donne la relation $\psi = 0$, appelée par Plücker *équation directrice*; X, Y, Z seront données par les formules

$$(A) \qquad \psi = 0, \quad \frac{\partial \psi}{\partial x} + p \frac{\partial \psi}{\partial z} = 0, \quad \frac{\partial \psi}{\partial y} + q \frac{\partial \psi}{\partial z} = 0.$$

La transformation ainsi obtenue peut être interprétée géométriquement comme il suit. Si on considère, dans l'équation $\psi = 0$, X, Y, Z comme des constantes, cette équation, où x, y, z sont les coordonnées courantes, représente une certaine surface Σ. De même, si dans $\psi = 0$ on considère x, y, z comme des constantes, cette équation représente une surface Σ'. A tout point X, Y, Z, l'équation $\psi = 0$ fait donc correspondre une surface Σ et à tout point x, y, z une surface Σ'. Cela posé, imaginons que le point (x, y, z) décrive une surface S; la surface correspondante S' décrite par le point X, Y, Z sera donnée par les formules (A) qui expriment que S' est l'enveloppe des surfaces Σ' relatives aux divers points de S. Il est aisé de voir que l'équation (A) exprime aussi que S' est le lieu des points X, Y, Z tels que la surface Σ correspondante soit tangente à S. Ces propriétés sont évidentes pour la transformation par polaires réciproques.

EXEMPLE I. — Soit

$$\psi = Xx + Yy - Z - z = 0;$$

on a

$$X - p = 0, \quad Y - q = 0, \quad x - P = 0, \quad y - Q = 0,$$

et, par suite,

$$Z = px + qy - z,$$

c'est la transformation de Legendre.

Plus généralement, supposons que la fonction ψ soit bilinéaire, de façon que les surfaces Σ et Σ' soient des plans,

$$\psi = X\,(ax + by + cz + d) + Y\,(a'x + b'y + c'z + d')$$
$$+ Z\,(a''x + b''y + c''z + d'') - (\alpha x + \beta y + \gamma z + \delta) = 0.$$

Effectuons d'abord la transformation homographique

$$\left\{ \begin{aligned}
x_1 &= \frac{ax + by + cz + d}{\alpha x + \beta y + \gamma z + \delta}, \\[4pt]
y_1 &= \frac{a'x + b'y + c'z + d'}{\alpha x + \beta y + \gamma z + \delta}, \\[4pt]
z_1 &= \frac{a''x + b''y + c''z + d''}{\alpha x + \beta y + \gamma z + \delta};
\end{aligned} \right.$$

ψ prendra alors la forme

$$Xx_1 + Yy_1 + Zz_1 - 1 = 0.$$

Lorsque le point (x, y, z) décrit une surface S, le point (x_1, y_1, z_1) décrit une surface S_1 homographique à la première. D'ailleurs, l'équation

$$Xx_1 + Yy_1 + Zz_1 - 1 = 0$$

représente le plan polaire du point (x_1, y_1, z_1) par rapport à la sphère

$$X^2 + Y^2 + Z^2 - 1 = 0.$$

L'enveloppe de Σ' est donc la transformée par polaires réciproques de S_1 par rapport à cette sphère. On conclut de là que, quand ψ est bilinéaire, la transformation est équivalente à une transformation homographique suivie d'une transformation par polaires réciproques.

EXEMPLE II. — Soit

$$\psi = (X - x)^2 + (Y - y)^2 + (Z - z)^2 - R^2 = 0.$$

Il faut lui adjoindre les relations

$$X - x + p\,(Z - z) = 0, \quad Y - y + q\,(Z - z) = 0,$$
$$X - x + P\,(Z - z) = 0, \quad Y - y + Q\,(Z - z) = 0;$$

ce qui donne

$$\begin{cases} P = p, \quad Q = q, \\[2mm] Z = z \pm \dfrac{R}{\sqrt{1 + p^2 + q^2}}, \\[3mm] X = x \mp \dfrac{Rp}{\sqrt{1 + p^2 + q^2}}, \quad Y = y \mp \dfrac{Rq}{\sqrt{1 + p^2 + q^2}}; \end{cases}$$

c'est la transformation par laquelle on passe d'une surface à une surface parallèle, ou *dilatation*. Les surfaces Σ et Σ' sont des sphères de rayon R ayant respectivement pour centres le point (X, Y, Z) et le point (x, y, z).

EXEMPLE III. — En prenant

$$\psi = X^2 + Y^2 + Z^2 - Xx - Yy - Zz = 0,$$

on retrouve la transformation par laquelle on passe d'une surface à sa polaire relativement à l'origine. La surface Σ est un plan et la surface Σ' une sphère.

104. Supposons maintenant qu'il existe deux relations entre X, Y, Z, x, y, z,

$$\psi_1 = 0, \quad \psi_2 = 0.$$

Il faudra leur adjoindre les équations

$$1 = \lambda_1 \frac{\partial \psi_1}{\partial Z} + \lambda_2 \frac{\partial \psi_2}{\partial Z},$$

$$-P = \lambda_1 \frac{\partial \psi_1}{\partial X} + \lambda_2 \frac{\partial \psi_2}{\partial X}, \quad -Q = \lambda_1 \frac{\partial \psi_1}{\partial Y} + \lambda_2 \frac{\partial \psi_2}{\partial Y},$$

$$-\rho = \lambda_1 \frac{\partial \psi_1}{\partial z} + \lambda_2 \frac{\partial \psi_2}{\partial z},$$

$$\rho p = \lambda_1 \frac{\partial \psi_1}{\partial x} + \lambda_2 \frac{\partial \psi_2}{\partial x}, \quad \rho q = \lambda_1 \frac{\partial \psi_1}{\partial y} + \lambda_2 \frac{\partial \psi_2}{\partial y}.$$

Il est aisé de tirer des trois dernières équations une relation ne contenant plus ρ, λ_1 et λ_2; en éliminant ρ on a, en effet,

$$\lambda_1 \left(\frac{\partial \psi_1}{\partial x} + p \frac{\partial \psi_1}{\partial z} \right) + \lambda_2 \left(\frac{\partial \psi_2}{\partial x} + p \frac{\partial \psi_2}{\partial z} \right) = 0,$$

$$\lambda_1 \left(\frac{\partial \psi_1}{\partial y} + q \frac{\partial \psi_1}{\partial z} \right) + \lambda_2 \left(\frac{\partial \psi_2}{\partial y} + q \frac{\partial \psi_2}{\partial z} \right) = 0;$$

comme λ_1 et λ_2 ne peuvent être nuls à la fois, d'après la première des relations écrites plus haut, on en conclut la nouvelle équation

$$\Delta = \begin{vmatrix} \dfrac{\partial \psi_1}{\partial x} + p \dfrac{\partial \psi_1}{\partial z}, & \dfrac{\partial \psi_2}{\partial x} + p \dfrac{\partial \psi_2}{\partial z} \\[2ex] \dfrac{\partial \psi_1}{\partial y} + q \dfrac{\partial \psi_1}{\partial z}, & \dfrac{\partial \psi_2}{\partial y} + q \dfrac{\partial \psi_2}{\partial z} \end{vmatrix} = 0,$$

qui, jointe aux équations

$$\psi_1 = 0, \quad \psi_2 = 0,$$

permettra de déterminer X, Y, Z.

On peut encore donner de ces équations une interprétation géométrique. Considérons, dans les équations $\psi_1 = 0$, $\psi_2 = 0$, X, Y, Z comme des constantes et x, y, z comme des coordonnées courantes. Ces équations définiront une certaine courbe C, lieu du point (x, y, z). En d'autres termes, ces équations font correspondre à tout point (X, Y, Z) une courbe C, et de même, à tout point (x, y, z) correspond une courbe C' représentée par les mêmes équations où on regarde X, Y, Z comme les coordonnées courantes. Lorsque le point (x, y, z) décrit une surface S, les courbes C' relatives aux divers points de S forment une congruence. L'équation $\Delta = 0$ détermine la *surface focale* de cette congruence, surface qui est la transformée S' de la surface S. On montrerait aussi que S' est le lieu des points X, Y, Z tels que les courbes C correspondantes soient tangentes à la surface S.

Pour avoir les transformations les plus simples de cette espèce, il est naturel de supposer que les courbes C et C' sont des droites.

EXEMPLE I. — Soit

$$\psi_1 = Y - y = 0, \quad \psi_2 = Z - z + Xx = 0,$$

on aura

$$\Delta = X - p = 0,$$

et, par suite,

$$X = p, \quad Y = y, \quad Z = z - px.$$

En écrivant que

$$dz - x\,dp - p\,dx - P\,dp - Q\,dy = dz - p\,dx - q\,dy,$$

on trouve

$$P = -x, \quad Q = q.$$

On a ainsi la transformation connue sous le nom de *transformation d'Ampère*.

EXEMPLE II. — M. Lie a donné un autre exemple remarquable où les courbes C et C' sont des droites, en partant des deux relations

$$\psi_1 = X + iY + z + xZ = 0,$$
$$\psi_2 = x(X - iY) + y - Z = 0.$$

A tout point (X, Y, Z) correspond une droite appartenant à un complexe linéaire et à tout point (x, y, z) une droite qui rencontre le cercle imaginaire de l'infini.

Calculons Δ; on trouve

$$\Delta = Z + p - q(X - iY) = 0;$$

on tire de là aisément les formules suivantes :

$$\left\{ \begin{aligned}
& X + iY = - z - x\,\frac{px + qy}{q - x}, \quad X - iY = \frac{y + p}{q - x}, \\
& Z = \frac{px + qy}{q - x}, \\
& P = \frac{qx - 1}{q + x}, \quad Q = - i\,\frac{1 + qx}{q + x}.
\end{aligned} \right.$$

Cette transformation change les lignes droites en sphères ou, d'une façon plus précise, fait correspondre au système doublement infini d'éléments formés d'un point d'une droite et d'un plan passant par cette droite le système doublement infini d'éléments formés par un point d'une sphère et le plan tangent en ce point. Soient, en effet,

$$\left\{ \begin{aligned}
& ax + by + cz + d = 0, \\
& a'x + b'y + c'z + d' = 0
\end{aligned} \right.$$

les équations d'une droite. La transformée est le lieu des points X, Y, Z tels que la courbe C correspondante rencontre cette droite, c'est donc la surface qui a pour équation

$$\begin{vmatrix}
a & b & c & d \\
a' & b' & c' & d' \\
Z & 0 & 1 & X + iY \\
X - iY & 1 & 0 & -Z
\end{vmatrix} = 0,$$

c'est-à-dire une sphère, comme il est aisé de le voir en développant le déterminant. A deux droites qui se coupent, cette transformation fait correspondre deux sphères tangentes. Aux tangentes asymptotiques d'une surface quelconque S correspondent les *sphères osculatrices* [1] de la transformée S' et aux *lignes asymptotiques* de S les *lignes de courbure* de la transformée S' [2].

---

[1] Deux surfaces tangentes en un point M sont dites osculatrices lorsque les deux tangentes en M à la courbe d'intersection sont confondues. Les sphères osculatrices à une surface en un point M sont les deux sphères tangentes en M qui ont pour centres les centres de courbure principaux.

[2] Pour plus de détails sur cette importante transformation, voir le Mémoire déjà cité de Lie (*Mathematische Annalen*, t. VI).

EXEMPLE III. — Soient

$$\psi_1 = X^2 + Y^2 + Z^2 - (x^2 + y^2 + z^2) = 0,$$
$$\psi_2 = Xx + Yy + Zz = 0;$$

les courbes C et C' sont alors des cercles. On a

$$\Delta = Z(py - qx) + X(y + qz) - Y(x + pz) = 0.$$

Cette équation $\Delta = 0$ représente un plan qui passe par la droite OM et par la normale MN à la surface en M. On conclut de là la construction suivante du point m correspondant au point M : dans le plan passant par OM et la normale MN à la surface, on mène la perpendiculaire Om à OM sur laquelle on prend une longueur Om = OM. C'est la transformation dite apsidale, qui permet de passer de l'ellipsoïde à la surface des ondes. Les fonctions ψ_1 et ψ_2 étant symétriques en x, y, z et X, Y, Z, on en conclut que la transformation est réciproque.

105. Les paragraphes précédents contiennent la détermination, sous forme finie, de toutes les transformations de contact. Mais on peut se proposer sur ces transformations bien d'autres problèmes. Par exemple, étant donnée une fonction Z des $2n + 1$ variables z, x_i, p_i, on peut se demander s'il existe d'autres fonctions X_i, P_i telles que les formules

$$z' = Z, \quad x_i' = X_i, \quad p_i' = P_i$$

définissent une transformation de contact. La solution de cette question et de bien d'autres analogues se déduit sans difficulté des théorèmes suivants qui sont fondamentaux dans cette théorie.

THÉORÈME [1]. — *Soient* Z, X_i, P_i $2n + 1$ *fonctions des* $2n + 1$ *variables* z, x_i, p_i, *dont les différentielles vérifient identiquement*

---

[1] Si on suppose connue la théorie générale des équations aux dérivées partielles du premier ordre, la proposition peut s'établir très aisément. En effet, de l'identité (6) on déduit que les relations

$$Z = a_i, \quad X_1 = a_1, \quad X_2 = a_2,$$

où a_i, a_1, ..., a_n sont des constantes quelconques, entraînent la relation $dz - p_1\,dx_1 - \ldots - p_n\,dx_n = 0$. Par conséquent les $(n + 1)$ fonctions Z, X_i sont distinctes (§ 89) et les équa-

la relation

$$(6)\quad dZ - P_1\,dX_1 - \ldots - P_n\,dX_n = \rho\,(dz - p_1\,dx_1 - \ldots - p_n\,dx_n),$$

où ρ est une fonction des variables z, x_i, p_k, qui n'est pas nulle ; ces $2n+1$ fonctions sont indépendantes et satisfont aux relations

$$[X_i, X_k] = 0, \qquad [Z, X_i] = 0, \qquad [X_i, P_k] = 0,$$
$$[X_i, P_i] = -\rho, \qquad [Z, P_i] = -\rho P_i, \qquad [P_i, P_k] = 0.$$

---

tions $[Z, X_i] = 0$, $[X_i, X_k] = 0$ doivent être des conséquences des précédentes, ce qui ne peut avoir lieu que si ces crochets sont identiquement nuls, puisqu'ils ne contiennent pas a, a_1, ..., a_n. D'un autre côté, la relation (6) peut s'écrire

$$d(Z - X_{\alpha_1}P_{\alpha_1} - \ldots - X_{\alpha_q}P_{\alpha_q}) + X_{\alpha_1}\,dP_{\alpha_1} + \ldots + X_{\alpha_q}\,dP_{\alpha_q} - P_{\alpha_{q+1}}\,dX_{\alpha_{q+1}} - \ldots - P_{\alpha_n}\,dX_{\alpha_n}$$
$$= \rho\,(dz - p_1\,dx_1 - \ldots - p_n\,dx_n),$$

où $\alpha_1, \ldots, \alpha_n$ sont les nombres 1, 2, ..., n, rangés dans un certain ordre. Cette identité est de même forme que la première, mais les fonctions Z, X_1, ..., X_n sont remplacées par

$$Z - X_{\alpha_1}P_{\alpha_1} - \ldots - X_{\alpha_q}P_{\alpha_q}, \quad P_{\alpha_1}, \ldots, P_{\alpha_q}, \quad X_{\alpha_{q+1}}, \ldots, X_{\alpha_n}.$$

On a donc

$$[P_i, P_k] = 0, \quad [P_i, X_k] = 0, \quad (i \neq k), \quad [P_i, Z] = P_i\,[P_i, X_i].$$

L'équation (6) peut encore s'écrire

$$d\left(Z - \frac{1}{\sqrt{S}}\right) - \sum_{i=1}^{n} P_i\,d\left(X_i + \frac{P_i}{\sqrt{S}}\right) = \rho\,(dz - p_1\,dx_1 - \ldots - p_n\,dx_n),$$

où $S = 1 + P_1^2 + \ldots + P_n^2$. On a par conséquent

$$\left[X_i + \frac{P_i}{\sqrt{S}},\quad X_k + \frac{P_k}{\sqrt{S}}\right] = 0,$$

ce qui donne

$$[P_1, X_1] = [P_2, X_2] = \ldots = [P_n, X_n].$$

Enfin, pour avoir la valeur du crochet $[X_i, P_i]$ écrivons la relation (6) sous la forme

$$dZ - P_1\,dX_1 - \ldots - P_n\,dX_n - \rho\,p_{n+1}\,dx_{n+1} = \rho\,(dz - p_1\,dx_1 - \ldots - p_{n+1}\,dx_{n+1}),$$

en introduisant un nouveau couple de variables x_{n+1}, p_{n+1}. Comme Z, X_i, P_k, ρ ne contiennent pas x_{n+1}, p_{n+1} on aura, d'après ce qui précède

$$[P_i, X_i] = [\rho\,p_{n+1}, x_{n+1}] = \rho.$$

On a ainsi les valeurs de tous les crochets. Il ne reste plus qu'à faire voir que les $2n+1$ fonctions Z, X_i, P_k sont indépendantes. Supposons qu'on ait une relation de la forme

$$P_1 = \varphi(Z, X_1, \ldots, X_n, P_2, \ldots, P_n);$$

on devrait avoir $[P_1, X_1] = \rho$ et des relations précédentes on déduit au contraire $[P_1, X_1] = 0$.

M. Lie a déduit ce théorème de la théorie du problème de Pfaff.
MM. Mayer et Darboux ont donné ensuite des démonstrations directes.
La démonstration suivante est celle de M. Darboux.

L'équation (6) peut être remplacée par les $2n + 1$ équations
suivantes :

$$(7) \qquad \frac{\partial Z}{\partial z} - \sum_{i=1}^{n} P_i \frac{\partial X_i}{\partial z} = p,$$

$$(8) \qquad \frac{\partial Z}{\partial x_k} - \sum_{i=1}^{n} P_i \frac{\partial X_i}{\partial x_k} = - p\, p_k,$$

$$(9) \qquad \frac{\partial Z}{\partial p_k} - \sum_{i=1}^{n} P_i \frac{\partial X_i}{\partial p_k} = 0, \quad (k = 1, 2, ..., n).$$

Employons toujours la notation

$$\frac{d}{dx_k} = \frac{\partial}{\partial x_k} + p_k \frac{\partial}{\partial z},$$

on pourra alors remplacer les relations (8) par les relations

$$(10) \qquad \frac{dZ}{dx_k} - \sum_{i=1}^{n} P_i \frac{dX_i}{dx_k} = 0,$$

obtenues en éliminant p entre les équations (7) et (8). Soit u une
fonction quelconque de $z,\ x_i,\ p_i$; en supposant que les différentielles
$dx_i,\ dz$ soient liées par la relation

$$dz = p_1\, dx_1 + ... + p_n\, dx_n,$$

on aura

$$du = \left(\frac{\partial u}{\partial x_1} + p_1 \frac{\partial u}{\partial z} \right) dx_1 + ... + \frac{\partial u}{\partial p_1} dp_1 + ... + \frac{\partial u}{\partial p_n} dp_n,$$

c'est-à-dire

$$du = \frac{du}{dx_1} dx_1 + ... + \frac{du}{dx_n} dx_n + \frac{\partial u}{\partial p_1} dp_1 + ... + \frac{\partial u}{\partial p_n} dp_n.$$

Appliquons cette formule aux fonctions X_i et P_i. Nous aurons

$$(11) \quad \begin{cases} dX_i = \dfrac{dX_i}{dx_1} dx_1 + ... + \dfrac{dX_i}{dx_n} dx_n + \dfrac{\partial X_i}{\partial p_1} dp_1 + ... + \dfrac{\partial X_i}{\partial p_n} dp_n, \\[2mm] dP_i = \dfrac{dP_i}{dx_1} dx_1 + ... + \dfrac{dP_i}{dx_n} dx_n + \dfrac{\partial P_i}{\partial p_1} dp_1 + ... + \dfrac{\partial P_i}{\partial p_n} dp_n. \end{cases}$$

Cela posé, imaginons un second système de différentielles que nous désignerons par la lettre δ et que nous emploierons en même temps que le premier; on aura d'abord

$$\delta Z - P_1\,\delta X_1 - \ldots - P_n\,\delta X_n = \rho\,(\delta z - p_1\,\delta x_1 - \ldots - p_n\,\delta x_n),$$

et, en différentiant cette relation dans le premier système d'accroissements, il vient

$$d\delta Z - dP_1\,\delta X_1 - \ldots - dP_n\,\delta X_n - P_1\,d\delta X_1 - \ldots - P_n\,d\delta X_n$$
$$= d\rho\,(\delta z - p_1\,\delta x_1 - \ldots - p_n\,\delta x_n)$$
$$+ \rho\,\big\{\,d\delta z - dp_1\,\delta x_1 - \ldots - dp_n\,\delta x_n - p_1\,d\delta x_1 - \ldots - p_n\,d\delta x_n\,\big\}.$$

Supposons toujours que l'on ait

$$dz = p_1\,dx_1 + \ldots + p_n\,dx_n,$$
$$\delta z = p_1\,\delta x_1 + \ldots + p_n\,\delta x_n,$$

permutons les différentielles d et δ dans la relation précédente et retranchons les deux relations ainsi obtenues; il viendra, en remarquant que les opérations $d\delta$ et δd sont équivalentes,

$$dX_1\,\delta P_1 - dP_1\,\delta X_1 + \ldots + dX_n\,\delta P_n - dP_n\,\delta X_n$$
$$= \rho\,[dx_1\,\delta p_1 - dp_1\,\delta x_1 + \ldots + dx_n\,\delta p_n - dp_n\,\delta x_n].$$

Écrivons que cette dernière relation a lieu, quels que soient les accroissements δx_i, δp_i, après y avoir remplacé δP_i, δX_i par leurs valeurs tirées des équations (11) où on aurait remplacé d par δ, il viendra

$$(12)\quad\begin{cases} \rho\,dx_i = \dfrac{\partial P_1}{\partial p_i}\,dX_1 - \dfrac{\partial X_1}{\partial p_i}\,dP_1 + \ldots + \dfrac{\partial P_n}{\partial p_i}\,dX_n - \dfrac{\partial X_n}{\partial p_i}\,dP_n, \\[2ex] -\rho\,dp_i = \dfrac{dP_1}{dx_i}\,dX_1 - \dfrac{dX_1}{dx_i}\,dP_1 + \ldots + \dfrac{dP_n}{dx_i}\,dX_n - \dfrac{dX_n}{dx_i}\,dP_n. \end{cases}$$

Les deux systèmes d'équations (11) et (12) doivent être équivalents; si on remplace dans le système (12) dX_i, dP_i par leurs valeurs tirées de (11), on doit aboutir à des identités. On en conclut, d'après un théorème bien connu sur les substitutions linéaires, que si Δ désigne le déterminant des coefficients de dx_i, dp_i dans les équations (11) et Δ' celui des coefficients de dX_i et dP_i dans les équations (12) résolues par rapport à dx_k et dp_k, on aura

$$\Delta \Delta' = 1.$$

Or,

$$\Delta = \begin{vmatrix} \dfrac{d\mathrm{X}_1}{dx_1}, & \dots, & \dfrac{d\mathrm{X}_1}{dx_n}, & \dfrac{\partial \mathrm{X}_1}{\partial p_1}, & \dots, & \dfrac{\partial \mathrm{X}_1}{\partial p_n} \\ \cdots\cdots\cdots\cdots\cdots\cdots\cdots \\ \dfrac{d\mathrm{P}_n}{dx_1}, & \dots, & \dfrac{d\mathrm{P}_n}{dx_n}, & \dfrac{\partial \mathrm{P}_n}{\partial p_1}, & \dots, & \dfrac{\partial \mathrm{P}_n}{\partial p_n} \end{vmatrix},$$

$$\Delta' = \frac{1}{\rho^{2n}} \begin{vmatrix} \dfrac{\partial \mathrm{P}_1}{\partial p_1}, & \dots, & \dfrac{\partial \mathrm{P}_n}{\partial p_1}, & -\dfrac{\partial \mathrm{X}_1}{\partial p_1}, & \dots, & -\dfrac{\partial \mathrm{X}_n}{\partial p_1} \\ \cdots\cdots\cdots\cdots\cdots\cdots\cdots \\ \dfrac{d\mathrm{P}_1}{dx_n}, & \dots, & \dfrac{d\mathrm{P}_n}{dx_n}, & -\dfrac{d\mathrm{X}_1}{dx_n}, & \dots, & -\dfrac{\partial \mathrm{X}_n}{dx_n} \end{vmatrix};$$

on voit facilement que le second déterminant se ramène au premier par une permutation convenable de lignes et de colonnes. Par conséquent,

$$\Delta' = \frac{\Delta}{\rho^{2n}},$$

d'où

$$\Delta' = \rho^{2n}, \quad \Delta = \pm\, \rho^n.$$

Considérons maintenant le déterminant fonctionnel de Z, X_i, P_i

$$\mathrm{I} = \frac{\mathrm{D}\,(\mathrm{Z}, \mathrm{X}_1, \dots, \mathrm{X}_n, \mathrm{P}_1, \dots, \mathrm{P}_n)}{\mathrm{D}\,(z, x_1, \dots, x_n, p_1, \dots, p_n)}$$

$$\mathrm{I} = \begin{vmatrix} \dfrac{\partial \mathrm{Z}}{\partial z}, & \dfrac{\partial \mathrm{Z}}{\partial x_1}, & \dots, & \dfrac{\partial \mathrm{Z}}{\partial x_n}, & \dfrac{\partial \mathrm{Z}}{\partial p_1}, & \dots, & \dfrac{\partial \mathrm{Z}}{\partial p_n} \\ \dfrac{\partial \mathrm{X}_1}{\partial z}, & \dfrac{\partial \mathrm{X}_1}{\partial x_1}, & \dots, & \dfrac{\partial \mathrm{X}_1}{\partial x_n}, & \dfrac{\partial \mathrm{X}_1}{\partial p_1}, & \dots, & \dfrac{\partial \mathrm{X}_1}{\partial p_n} \\ \cdots\cdots\cdots\cdots\cdots\cdots\cdots \\ \dfrac{\partial \mathrm{P}_n}{\partial z}, & \dfrac{\partial \mathrm{P}_n}{\partial x_1}, & \dots, & \dfrac{\partial \mathrm{P}_n}{\partial x_n}, & \dfrac{\partial \mathrm{P}_n}{\partial p_1}, & \dots, & \dfrac{\partial \mathrm{P}_n}{\partial p_n} \end{vmatrix}.$$

Ajoutons aux éléments de la deuxième colonne ceux de la première multipliés par p_1, etc..., aux éléments de la $(n + 1)^e$ ceux de la première multipliés par p_n; on trouve

$$I = \begin{vmatrix} \dfrac{\partial Z}{\partial z}, & \dfrac{dZ}{dx_1}, & \ldots, & \dfrac{dZ}{dx_n}, & \dfrac{\partial Z}{\partial p_1}, & \ldots, & \dfrac{\partial Z}{\partial p_n} \\[2mm] \dfrac{\partial X_1}{\partial z}, & \dfrac{dX_1}{dx_1}, & \ldots, & \dfrac{dX_1}{dx_n}, & \dfrac{\partial X_1}{\partial p_1}, & \ldots, & \dfrac{\partial X_1}{\partial p_n} \\[2mm] \cdots & \cdots & \cdots & \cdots & \cdots & \cdots & \cdots \\[2mm] \dfrac{\partial P_n}{\partial z}, & \dfrac{dP_n}{dx_1}, & \ldots, & \dfrac{dP_n}{dx_n}, & \dfrac{\partial P_n}{\partial p_1}, & \ldots, & \dfrac{\partial P_n}{\partial p_n} \end{vmatrix}.$$

Enfin, ajoutons à la première ligne les éléments de la seconde multipliés par $-P_1$, etc..., ceux de la $(n+1)^e$ multipliés par $-P_n$, il vient, en tenant compte des relations (7), (9) et (10),

$$I = \begin{vmatrix} \rho, & \ldots, & 0, & 0, & \ldots, & 0 \\ \dfrac{\partial X_1}{\partial z} & \cdots & \cdots & \cdots & \cdots & \cdots \\ \cdots & & & & & \\ \dfrac{\partial P_n}{\partial z} & & & \Delta & & \end{vmatrix} = \rho \Delta,$$

d'où

$$I = \pm \rho^{n+1}.$$

Comme ρ est différent de 0, on en conclut qu'il en est de même de I. Les fonctions Z, X_i, P_i sont donc *indépendantes* et on peut résoudre les équations

$$z' = Z, \quad x_i' = X_i, \quad P_i' = P_i,$$

par rapport à z, x_i, p_i.

Pour démontrer la seconde partie du théorème, remplaçons, dans la formule générale

$$du = \frac{du}{dx_1} dx_1 + \ldots + \frac{du}{dx_n} dx_n + \frac{\partial u}{\partial p_1} dp_1 + \ldots + \frac{\partial u}{\partial p_n} dp_n,$$

$dx_1, \ldots, dx_n, dp_1, \ldots, dp_n$ par leurs valeurs tirées des formules (12), il vient :

$$\rho\, du = [P_1, u]\, dX_1 + \ldots + [P_n, u]\, dX_n$$
$$- [X_1, u]\, dP_1 - \ldots - [X_n, u]\, dP_n.$$

Si on remplace u, dans cette formule, successivement par X_i, P_i et Z, en écrivant que les coefficients de dX_i et dP_i sont nuls puisque ces quantités sont arbitraires, d'après les formules (12), et en tenant compte de la relation

$$dZ = P_1\, dX_1 + \ldots + P_n\, dX_n,$$

on trouve précisément les relations qu'il s'agissait d'établir

$$[X_i, X_k] = 0, \quad [Z, X_i] = 0, \quad [P_i, P_k] = 0,$$
$$[X_i, P_i] = -\rho, \quad [Z, P_i] = -\rho\, P_i, \quad [X_i, P_k] = 0, \quad (i \gtrless k).$$

Il resterait, pour compléter ces relations, à calculer les crochets

$$[\rho, Z], \quad [\rho, X_i], \quad [\rho, P_i];$$

c'est ce qui se fait très aisément en appliquant la formule générale de Mayer

$$[[u, v], w] + [[v, w], u] + [[w, u], v]$$
$$= \frac{\partial w}{\partial z}\, [v, u] + \frac{\partial u}{\partial z}\, [w, v] + \frac{\partial v}{\partial z}\, [u, w]$$

à trois des fonctions Z, X_i, P_k. On trouve ainsi [1]

$$[\rho, Z] = \rho^2 - \rho\, \frac{\partial Z}{\partial z},$$

$$[\rho, X_i] = -\rho\, \frac{\partial X_i}{\partial z},$$

$$[\rho, P_i] = -\rho\, \frac{\partial P_i}{\partial z}.$$

106. *Réciproquement, étant données* $(n+1)$ *fonctions distinctes* $Z, X_1, \ldots, X_n$ *des variables* z, x_i, p_i, *vérifiant les relations*

$$[Z, X_i] = 0, \quad [X_i, X_k] = 0, \qquad (i, k = 1, 2, \ldots, n),$$

on peut toujours trouver, et d'une seule manière, n *fonctions* $P_1, P_2, \ldots, P_n$ *des mêmes variables, telles que l'on ait*

$$dZ - P_1\, dX_1 - \ldots - P_n\, dX_n = \rho\,(dz - p_1\, dx_1 - \ldots - p_n\, dx_n).$$

Nous allons montrer, à cet effet, que les $2n$ équations (9) et (10) sont compatibles et peuvent être résolues par rapport à $P_1, \ldots, P_n$. Je dis d'abord qu'il y en a certainement n parmi elles qui seront résolubles par rapport à $P_1, \ldots, P_n$. S'il n'en était pas ainsi, tous les déterminants d'ordre n qu'on pourrait tirer du tableau

$$\left| \begin{array}{ccccccc} \dfrac{dX_1}{dx_1}, & \ldots, & \dfrac{dX_1}{dx_n}, & \dfrac{\partial X_1}{\partial p_1}, & \ldots, & \dfrac{\partial X_1}{\partial p_n} \\ \hdotsfor{6} \\ \dfrac{dX_n}{dx_1}, & \ldots, & \dfrac{dX_n}{dx_n}, & \dfrac{\partial X_n}{\partial p_1}, & \ldots, & \dfrac{\partial X_n}{\partial p_n} \end{array} \right|$$

seraient identiquement nuls, ce qui est impossible si les n fonctions $X_1, \ldots, X_n$ sont distinctes (§ 97).

Il suffit donc de prouver que les valeurs de $P_1, \ldots, P_n$ tirées de ces n relations satisfont aux n autres. Posons

$$A_i = \frac{\partial Z}{\partial p_i} - \sum_{s=1}^{n} P_s \frac{\partial X_s}{\partial p_i},$$

$$B_k = \frac{dZ}{dx_k} - \sum_{s=1}^{n} P_s \frac{dX_s}{dx_k},$$

on aura entre les premiers membres des équations $A_i = 0$, $B_k = 0$ n relations linéaires distinctes

$$\sum_{k=1}^{n} \left\{ A_i \frac{dX_k}{dx_i} - B_k \frac{\partial X_i}{\partial p_k} \right\} = [Z, X_i] - \sum_{s=1}^{n} P_s [X_s, X_i] = 0,$$
$$(k = 1, 2, \ldots, n);$$

de sorte que n de ces équations sont des conséquences des n autres. Supposons, pour fixer les idées, que le déterminant

$$\left| \begin{array}{ccc} \dfrac{dX_1}{dx_1}, & \ldots, & \dfrac{dX_1}{dx_n} \\ \hdotsfor{3} \\ \dfrac{dX_n}{dx_1}, & \ldots, & \dfrac{dX_n}{dx_n} \end{array} \right|$$

soit différent de 0; on pourra alors tirer des équations (10) les valeurs de $P_1, \ldots, P_n$ et les relations précédentes prouvent que ces valeurs, qui annulent $B_1, \ldots, B_n$ annuleront aussi $A_1, \ldots, A_n$. La valeur de ρ sera fournie ensuite par l'équation (7).

Tout ceci nous permet maintenant de résoudre le problème que nous nous sommes proposé (§ 105). Étant donnée une fonction Z des variables z, x_i, p_i, on cherchera d'abord n fonctions X_1, ..., X_n des mêmes variables, formant avec Z un système en involution de $(n + 1)$ fonctions distinctes. Les équations (9) et (10) fourniront alors, par de simples opérations algébriques, des fonctions P_1, ..., P_n, telles que la transformation

$$z' = Z, \quad x'_i = X_i, \quad p'_i = P_i$$

soit une transformation de contact.

107. Étant données deux fonctions quelconques F, H des variables z, x_i, p_i, si on fait une transformation de contact en remplaçant les variables z, x_i, p_i par des fonctions de nouvelles variables z', x'_i, p'_i, les fonctions F et H se transformeront en de nouvelles fonctions F' et H' des variables z', x'_i, p'_i et le crochet $[F, H]_{z,x,p}$ se transformera, à un facteur près, dans le crochet $[F', H']_{z',x',p'}$ des fonctions F' et H' par rapport aux variables z', x'_i, p'_i. En d'autres termes, le crochet $[F, H]$ est un *invariant* relativement à toute transformation de contact.

Supposons que l'on ait entre les différentielles des fonctions z, x_i, p_i des variables nouvelles z', x'_i, p'_i la relation

$$dz - p_1\, dx_1 - \ldots - p_n\, dx_n = \rho\, (dz' - p'_1\, dx'_1 - \ldots - p'_n\, dx'_n).$$

Toutes les fois que le crochet $[F, H]$ sera nul, il en sera de même du crochet $[F', H']_{z',x',p'}$; en effet, lorsque $[F, H] = 0$, on peut trouver des fonctions H_1, ..., H_n, P_1, P_2, ..., P_n, telles que l'on ait identiquement

$$dF - P_1\, dH - P_2\, dH_1 - \ldots - P_n\, dH_n$$
$$= \lambda\, (dz - p_1\, dx_1 - \ldots - p_n\, dx_n).$$

En remplaçant, dans cette identité, z, x_i, p_i par leurs valeurs en fonction des nouvelles variables, elle deviendra

$$dF' - P'_1\, dH' - P'_2\, dH'_2 - \ldots - P'_n\, dH'_n$$
$$= \lambda'\rho\, (dz' - p'_1\, dx'_1 - \ldots - p'_n\, dx'_n),$$

et de là on conclut que le nouveau crochet est nul

$$[F', H']_{z'x'p'} = 0.$$

Les deux crochets $[F, H]$ et $[F', H']_{z'x'_i p'_i}$ s'annulant en même temps, ne doivent différer que par un facteur dépendant de la transformation seulement. Il est facile de calculer ce facteur, ce qui fournit en même temps une vérification du théorème. Remarquons pour cela que si on a deux fonctions

$$F(a_1, a_2, \ldots, a_q), \quad H(a_1, \ldots, a_q),$$

où $a_1, a_2, \ldots, a_q$ sont des fonctions quelconques de z, x_i, p_i, on aura

$$[F, H] = \sum_i \sum_k \frac{D(F, H)}{D(a_i, a_k)} [a_i, a_k].$$

Appliquons cette formule aux fonctions F, H, les variables intermédiaires étant ici z', x'_i, p'_k; il vient

$$\begin{aligned}[F, H] = \sum_i \frac{D(F', H')}{D(z', x'_i)} [z', x'_i] \\ + \sum_i \frac{D(F', H')}{D(z', p'_i)} [z', p'_i] + \sum_i \sum_k \frac{D(F', H')}{D(x'_i, x'_k)} [x'_i, x'_k] \\ + \sum_i \sum_k \frac{D(F', H')}{D(x'_i, p'_k)} [x'_i, p'_k] + \sum_i \sum_k \frac{D(F', H')}{D(p'_i, p'_k)} [p'_i, p'_k].\end{aligned}$$

En tenant compte des relations qui ont été établies (§ 105) entre les fonctions z', x'_i, p'_k des variables z, x_i, p_k, il reste

$$[F, H] = \frac{1}{\rho} \sum_i - \frac{D(F', H')}{D(z', p'_i)} p'_i - \frac{1}{\rho} \sum_i \frac{D(F', H')}{D(x'_i, p'_i)} = \frac{1}{\rho} [F', H']_{z'x'p'}.$$

Par conséquent,

$$[F', H']_{z'x'p'} = \rho \, [F, H]_{zxp}.$$

108. Parmi les conséquences de la théorie précédente, il convient de signaler dès à présent les suivantes :

Les intégrales de l'équation linéaire

$$[Z, F] = 0$$

sont Z, X_1, ..., X_n, $\dfrac{P_2}{P_1}$, ..., $\dfrac{P_n}{P_1}$; de même, les intégrales de l'équation linéaire

$$[X_i, F] = 0$$

sont Z, X_1, ..., X_n, P_1, ..., P_{i-1}, P_{i+1}, ..., P_n. Par conséquent, si on est parvenu à trouver n intégrales X_1, ..., X_n de l'équation linéaire $[Z, F] = 0$, formant avec Z un système de $n + 1$ fonctions distinctes telles que tous les crochets $[X_i, X_k]$ soient identiquement nuls, on aura les autres intégrales par des différentiations et la résolution d'un système d'équations du premier degré (§ 66).

Plus généralement, le système complet de μ équations

$$[X_1, F] = 0, \quad \ldots \quad [X_\mu, F] = 0$$

admet les $2n + 1 - \mu$ intégrales distinctes

$$Z, \quad X_1, \quad \ldots, \quad X_\mu, \quad P_{\mu+1}, \quad \ldots, \quad P_{2n};$$

donc, si on connaît $n + 1 - \mu$ intégrales de ce système complet Z, $X_{\mu+1}$, ..., X_n, *formant avec X_1, ..., X_μ un système de $n + 1$ fonctions distinctes en involution, on aura l'intégrale générale par des différentiations et la résolution d'un système d'équations du premier degré.*

109. Étant donnée une équation du premier ordre

$$(13) \qquad F(z, x_i, p_i) = 0,$$

si on remplace z, x_i, p_i par des fonctions de nouvelles variables z', x'_i, p'_i:

$$z = f(z', x'_i, p'_i), \quad x_i = f_i(z', x'_i, p'_i), \quad p_i = \pi_i(z', x'_i, p'_i),$$
$$(i, k = 1, 2, \ldots, n),$$

satisfaisant à la relation

$$dz - p_1\, dx_1 - \ldots - p_n\, dx_n = \rho\,(dz' - p'_1\, dx'_1 - \ldots - p'_n\, dx'_n),$$

l'équation proposée se change en une nouvelle équation du premier ordre

$$(14) \qquad V(z', x'_i, p'_i) = 0,$$

et, comme toute multiplicité M_n se change en une multiplicité M_n, toute intégrale de la première équation se change en une intégrale de la seconde et inversement; d'une intégrale complète de l'une d'elles on déduira une intégrale complète de l'autre. Tel est le sens qu'il faut attacher à la transformation qui a été employée à plusieurs reprises (§§ 63, 90).

Les caractéristiques se correspondent dans les deux équations; soient, en effet, $\Phi_1, \ldots, \Phi_{2n-1}$ les $2n-1$ intégrales distinctes, autres que F, de l'équation linéaire

$$[F, \Phi] = 0;$$

les caractéristiques de l'équation (13) sont représentées par les équations

$$F = 0, \quad \Phi_1 = C_1, \quad \ldots, \quad \Phi_{2n-1} = C_{2n-1};$$

après la transformation, ces équations deviennent

$$F_1 = 0, \quad \Phi'_1 = C_1, \quad \ldots, \quad \Phi'_{2n-1} = C_{2n-1},$$

et comme on avait $[F, \Phi]_{x,z,p} = 0$, on aura aussi $[F_1, \Phi'_1]_{x',z',p'} = 0$, de sorte que ces nouvelles relations donnent les caractéristiques de l'équation (14).

Les équations différentielles des caractéristiques étant

$$\frac{dx_i}{\dfrac{\partial F}{\partial p_i}} = \frac{-dp_i}{\dfrac{\partial F}{\partial x_i} + p_i \dfrac{\partial F}{\partial z}} = \frac{dz}{\dfrac{\partial F}{\partial p_1}p_1 + \ldots + \dfrac{\partial F}{\partial p_n}p_n}, \quad (i, k = 1, 2, \ldots, n),$$

on en conclut que, si on fait une transformation de contact qui change F en F_1, le système précédent se change en un nouveau système de même forme

$$\frac{dx'_i}{\dfrac{\partial F_1}{\partial p'_i}} = \frac{-dp'_i}{\dfrac{\partial F_1}{\partial x'_i} + p'_i \dfrac{\partial F_1}{\partial z'}} = \frac{dz'}{\dfrac{\partial F_1}{\partial p'_1}p'_1 + \ldots + \dfrac{\partial F_1}{\partial p'_n}p'_n}, \quad (i, k = 1, 2, \ldots, n),$$

où $F(z, x_i, p_i)$ est remplacé par $F_1(z', x'_i, p'_i)$.

D'une manière générale, toute transformation de contact change un système en involution de m équations en un système en involution de m équations; toute intégrale du premier système se change en une intégrale du nouveau système et les multiplicités caractéristiques se correspondent encore dans les deux systèmes.

Pour donner une application de cette propriété générale, considérons les équations aux dérivées partielles du premier ordre à trois variables, dont les caractéristiques sont des lignes asymptotiques (§ 77). Si on applique à ces équations la transformation de M. Lie (§ 104), on est conduit à des équations du premier ordre dont les caractéristiques sont des lignes de courbure. On trouve ainsi deux catégories d'équations jouissant de cette propriété : les unes admettent une intégrale complète composée de sphères; l'intégrale générale étant une enveloppe de sphères, il est clair que les caractéristiques sont des lignes de courbure. Les autres équations s'obtiennent en écrivant qu'il existe une relation entre les quatre paramètres d'une des sphères osculatrices en chaque point d'une surface intégrale ([1]).

110. Transformations en x,p. — Parmi les transformations de contact, il y a lieu de considérer plus particulièrement celles où les fonctions X_i, P_i ne contiennent pas la variable z; on les appelle, pour abréger, transformations en x,p. On obtient des transformations de cette espèce en partant d'un système quelconque de relations entre z, x_1, ..., x_n, Z, X_1, ..., X_n, où les variables Z et z ne figurent que dans la combinaison $Z - Az$, A étant une constante arbitraire. Soient, en effet,

$$Z - Az - \phi_1(x_1, ..., x_n, X_1, ..., X_n) = 0, \quad \phi_2 = 0, \quad ..., \quad \phi_i = 0,$$

un système de relations de cette forme, ϕ_i ne contenant que les variables x_i, X_i. Les équations qu'il faudra joindre à celles-là pour déterminer la transformation et qu'on tirera de l'identité

$$dZ - \sum P_i\, dX_i - z\left(dz - \sum p_i\, dx_i\right)$$
$$= \lambda_1\left[dZ - A\,dz - d\phi_1\right] + \lambda_2\, d\phi_2 + ... + \lambda_i\, d\phi_i,$$

donnent d'abord $\lambda_1 = 1$, $A = z$ et il reste l'identité

$$-\sum P_i\, dX_i + A \sum p_i\, dx_i = - d\phi_1 + \lambda_2\, d\phi_2 + ... + \lambda_i\, d\phi_i.$$

---

[1] Quand on écrit une relation entre les quatre paramètres d'une des sphères osculatrices, on est conduit à une équation du second ordre. Mais cette équation du second ordre admet une solution singulière du premier ordre, dont les intégrales donnent la véritable solution du problème. Voir Darboux, *Solutions singulières*, p. 224.

qui conduit à des relations ne contenant plus que les variables X_i, P_i, x_i, p_i, λ_1, ..., λ_k. On trouvera donc pour X_1, ..., X_n, P_1, ..., P_n, $Z - Az$ des fonctions de x_i, p_i seulement et la transformation ainsi obtenue sera bien une transformation en x, p.

On obtient ainsi toutes les transformations de cette espèce. Supposons, en effet, que dans l'identité (6) les fonctions X_i, P_i ne contiennent pas z; les formules (7), (8) et (9) deviennent

$$(7)' \qquad \frac{\partial Z}{\partial z} = \rho$$

$$(8)' \qquad \frac{\partial Z}{\partial x_i} - P_1 \frac{\partial X_1}{\partial x_i} - \dots - P_n \frac{\partial X_n}{\partial x_i} = - \rho\, p_i$$

$$(9)' \qquad \frac{\partial Z}{\partial p_k} - P_1 \frac{\partial X_1}{\partial p_k} - \dots - P_n \frac{\partial X_n}{\partial p_k} = 0, \qquad (i, k = 1, 2, \dots, n);$$

de la relation générale $[P_j, X_i] = \rho$ on conclut que ρ ne dépend pas de z et, par conséquent, Z sera de la forme

$$Z = \rho z + \Pi\,(x_1, \dots, x_n, p_1, \dots, p_n).$$

Remplaçons Z par cette valeur dans les équations (8)' et (9)'; il vient

$$\frac{\partial \rho}{\partial x_i}\, z = \varphi_i\,(x_1, \dots, x_n, p_1, \dots, p_n),$$

$$\frac{\partial \rho}{\partial p_k}\, z = \psi_k\,(x_1, \dots, x_n, p_1, \dots, p_n),$$

ce qui ne peut avoir lieu que si on a $\dfrac{\partial \rho}{\partial x_i} = 0$, $\dfrac{\partial \rho}{\partial p_k} = 0$. La fonction ρ se réduit donc à une constante A, différente de zéro, et Z est de la forme

$$Z = Az + \Pi\,(x_1, \dots, x_n, p_1, \dots, p_n).$$

Si on élimine p_1, ..., p_n entre les équations qui donnent X_1, ..., X_n, Z, il est clair que Z et z ne figureront dans les relations obtenues que dans la combinaison $Z - Az$. En rapprochant tous ces résultats du théorème général démontré au § 105, on peut donc énoncer la proposition suivante :

Si on a une identité de la forme

$$dZ - P_1\, dX_1 - \dots - P_n\, dX_n = \rho\,(dz - p_1\, dx_1 - \dots - p_n\, dx_n),$$

où ρ n'est pas nul et où les fonctions X_i, P_k *ne renferment pas la variable* z, ζ *se réduit à une constante* A *et* Z *est de la forme*

$$Z = A z + H (x_1, \ldots, x_n, p_1, \ldots, p_n);$$

de plus, les $2n$ *fonctions* X_i, P_k *sont indépendantes et on a les relations*

$$(X_i, X_k) = 0, \quad (X_i, P_k) = 0, \quad (P_i, X_i) = A, \quad (P_i, P_k) = 0,$$
$$[A z + H, X_i] = 0, \quad [A z + H, P_i] = - A P_i.$$

On peut toujours, sans restreindre la généralité, supposer $A = 1$, car cela revient à remplacer Z par $A Z$ et X_i par $A X_i$. Si on remplace en outre Z par $z - \Omega (x_1, \ldots, x_n, p_1, \ldots, p_n)$, on parvient à l'énoncé suivant :

Étant données $2n + 1$ *fonctions* Ω, X_i, P_k *des* $2n$ *variables indépendantes* x_i, p_k, *dont les différentielles totales vérifient la relation*

$$(15) \quad d\Omega + P_1 \, dX_1 + \ldots + P_n \, dX_n = p_1 \, dx_1 + \ldots + p_n \, dx_n,$$

les $2n$ *fonctions* X_i, P_k *sont indépendantes et on a les relations*

$$(16) \quad \begin{cases} (X_i, X_k) = 0, \quad (X_i, P_k) = 0, \quad (P_i, P_k) = 0, \quad (P_i, X_i) = 1, \\ [z - \Omega, X_i] = 0, \quad [z - \Omega, P_i] = - P_i. \end{cases}$$

111. Inversement, supposons que l'on connaisse n fonctions distinctes $X_1, \ldots, X_n$ des variables x_i, p_k, telles que toutes les parenthèses (X_i, X_j) soient nulles. Les équations linéaires

$$(17) \quad [X_1, \Phi] = 0, \quad \ldots \quad [X_n, \Phi] = 0$$

forment un système complet de n équations distinctes dont on connaît déjà n intégrales $X_1, \ldots, X_n$; ce système admettra donc une autre intégrale qui contiendra nécessairement z. Si on prend un nouveau système de variables indépendantes

$$z, y_1, \ldots, y_n, y_{n+1}, \ldots, y_{2n},$$

où $y_1 = X_1, \ldots, y_n = X_n, y_{n+1}, \ldots, y_{2n}$ étant des fonctions de x_i, p_k choisies arbitrairement, mais de façon à former avec $X_1, \ldots, X_n$ un système de $2n$ fonctions distinctes, le système complet précédent se change en un nouveau système complet où les coefficients seront encore indépendants de z. Ces nouvelles équations devant admettre comme intégrales y_1, y_2, ..., y_n ne contiendront pas de termes en $\dfrac{\partial \Phi}{\partial y_1}$, ..., $\dfrac{\partial \Phi}{\partial y_n}$. On pourra les résoudre par rapport à $\dfrac{\partial \Phi}{\partial y_{n+1}}$, ..., $\dfrac{\partial \Phi}{\partial y_{2n}}$, autrement on en tirerait $\dfrac{\partial \Phi}{\partial z} = 0$ et le système (17) n'admettrait pas d'intégrale contenant z, ce qui est impossible. Les équations (17) seront donc remplacées par des équations de la forme

$$\frac{\partial \Phi}{\partial y_{n+1}} + \Lambda_1 \frac{\partial \Phi}{\partial z} = 0, \quad \ldots, \quad \frac{\partial \Phi}{\partial y_{2n}} + \Lambda_n \frac{\partial \Phi}{\partial z} = 0,$$

où les coefficients Λ ne contiennent pas z. Pour qu'un tel système soit jacobien, il faudra que l'on ait

$$\frac{\partial \Lambda_k}{\partial y_{n+i}} = \frac{\partial \Lambda_i}{\partial y_{n+k}},$$

et, en posant $\Phi = z - \Omega$, on aura Ω par une quadrature. On peut donc obtenir par une quadrature une fonction Ω des variables x_i, p_i vérifiant les n équations $[z - \Omega, X_i] = 0$. Une fois Ω déterminé, les relations (8)' et (9)' détermineront, et d'une seule façon, les valeurs de P_1, ..., P_n. Le raisonnement est le même que celui qui a été fait plus haut (§ 109). On conclut de là la proposition suivante :

Étant données n fonctions distinctes X_1, ..., X_n des $2n$ variables x_i, p_i, satisfaisant aux relations $(X_i, X_k) = 0$, on peut toujours trouver des fonctions Ω, P_1, ..., P_n des mêmes variables donnant lieu à l'identité (15).

La fonction Ω s'obtient par une quadrature, et on a ensuite P_1, ..., P_n en résolvant un système d'équations du premier degré.

112. On peut faire encore une autre hypothèse. Supposons que l'on ait $2n$ fonctions X_1, ..., X_n, P_1, ..., P_n des $2n$ variables x_i, p_i satisfaisant aux relations

$$(X_i, X_k) = 0, \quad (P_i, P_k) = 0, \quad (X_i, P_k) = 0, \quad (P_i, X_i) = 1,$$
$$(i, k = 1, 2, ..., n).$$

Je dis d'abord que ces $2n$ fonctions sont distinctes. En effet, s'il existait une relation telle que

$$\Phi(X_1, ..., X_n, P_1, ..., P_n) = 0,$$

on en déduirait

$$(X_i, \Phi) = -\frac{\partial \Phi}{\partial P_i} = 0, \quad (P_i, \Phi) = \frac{\partial \Phi}{\partial X_i} = 0,$$

et la fonction Φ se réduirait à une constante. D'après ce qui précède, on pourra donc trouver des fonctions $V, \Pi_1, ..., \Pi_n$ donnant lieu à l'identité

$$dV + \Pi_1 dX_1 + ... + \Pi_n dX_n = p_1 dx_1 + ... + p_n dx_n;$$

la différence $P_i - \Pi_i$ sera, par conséquent, une intégrale commune des n équations linéaires

$$(X_1, f) = 0, \quad ..., \quad (X_n, f) = 0,$$

dont on connaît n intégrales distinctes $X_1, ..., X_n$. On aura donc

$$P_i = \Pi_i + W_i(X_1, ..., X_n),$$

et les relations $(P_i, P_k) = 0$ donnent ensuite

$$(\Pi_i + W_i, \Pi_k + W_k) = \frac{\partial W_i}{\partial X_k} - \frac{\partial W_k}{\partial X_i} = 0.$$

Il suit de là que l'expression

$$\sum_{i=1}^{n} P_i \, dX_i - \sum_{i=1}^{n} \Pi_i \, dX_i$$

est une différentielle exacte $dW = \Sigma \, W_i \, dX_i$, et ou a l'identité

$$d(V - W) + \sum_{i=1}^{n} P_i \, dX_i = \sum_{i=1}^{n} p_i \, dx_i.$$

On peut donc énoncer le théorème suivant :

Étant données $2n$ fonctions X_i, P_i des $2n$ variables indépendantes x_i, p_i satisfaisant aux relations

$$(18) \quad (X_i, X_k) = 0, \quad (X_i, P_k) = 0, \quad (P_i, P_k) = 0, \quad (P_k, X_i) = 1,$$
$$(i, k = 1, 2, ..., n).$$

ces $2n$ fonctions sont indépendantes et il existe une fonction Ω donnant lieu, avec les précédentes, à l'identité (15)

$$d\Omega + P_1 \, dX_1 + \ldots + P_n \, dX_n = p_1 \, dx_1 + \ldots + p_n \, dx_n.$$

Remarquons que la fonction Ω est déterminée, à une constante additive près, quand on connaît les fonctions X_i, P_k. On peut donc regarder une transformation en x, p comme entièrement définie quand on connaît les $2n$ fonctions X_i, P_k satisfaisant aux conditions (18).

113. Les transformations en x, p jouent le même rôle par rapport aux équations aux dérivées partielles où z n'entre pas, que les transformations de contact générales par rapport aux équations quelconques. Ainsi, étant données deux fonctions quelconques F, Φ des variables x_i, p_k, désignons par F', Φ' ce que deviennent ces fonctions après une transformation en x, p,

$$x'_i = X_i, \quad p'_k = P_k,$$

les fonctions X_i, P_k satisfaisant aux relations (18); on aura identiquement

$$(F', \Phi')_{x'p'} = (F, \Phi)_{xp}.$$

Toute équation du premier ordre, où z n'entre pas, se change en une équation de même forme et les équations différentielles des caractéristiques donnent, après la transformation, les équations différentielles des caractéristiques de la nouvelle équation.

Ceci s'applique en particulier aux systèmes canoniques. Étant donné le système d'équations différentielles

$$(19) \qquad \frac{dx_i}{dt} = \frac{\partial H}{\partial p_i}, \quad \frac{dp_k}{dt} = -\frac{\partial H}{\partial x_k}, \qquad (i, k = 1, 2, \ldots, n)$$

imaginons que l'on prenne un nouveau système de $2n$ variables

$$x'_i = X_i, \quad p'_k = P_k,$$

les fonctions X_i, P_k satisfaisant aux relations (18), et soit H' ce que devient la fonction H par cette substitution. Le système (19) est alors remplacé par un système de même forme

$$(19)' \qquad \frac{dx'_i}{dt} = \frac{\partial H'}{\partial p'_i}, \quad \frac{dp'_k}{dt} = -\frac{\partial H'}{\partial x'_k}, \qquad (i, k = 1, 2, \ldots, n).$$

Ce théorème était connu de Bour [1] et de Jacobi [2], qui en a fait d'importantes applications à la théorie des perturbations. Il se présente ici comme une conséquence des propriétés d'invariance du système des caractéristiques, relativement à une transformation de contact.

On verra de même que si on connaît n intégrales $f_1, \ldots, f_i, \ldots, f_r$ du système complet

$$(f_1, f) = 0, \quad \ldots, \quad (f_r, f) = 0, \quad \text{ou} \quad (f_i, f_k) = 0,$$

formant un système en involution, les autres intégrales de ce système s'obtiendront par une quadrature et des opérations algébriques.

114. Transformations homogènes. — Si dans l'identité (15) la fonction Ω se réduit à une constante, cette identité prend la forme

$$P_1 \, dX_1 + \ldots + P_n \, dX_n = p_1 \, dx_1 + \ldots + p_n \, dx_n,$$

et les dernières des relations (16) donnent

$$[z, X_i] = -\left(p_1 \frac{\partial X_i}{\partial p_1} + \ldots + p_n \frac{\partial X_i}{\partial p_n}\right) = 0,$$

$$[z, P_i] = -\left(p_1 \frac{\partial P_i}{\partial p_1} + \ldots + p_n \frac{\partial P_i}{\partial p_n}\right) = -P_i;$$

les fonctions X_i sont donc des fonctions homogènes de degré 0 et les P_i des fonctions homogènes de degré 1 des variables p_i. La proposition du § 110 peut alors s'énoncer ainsi :

Si $2n$ fonctions X_i, P_i des $2n$ variables x_i, p_i satisfont à l'identité

$$(20) \qquad P_1 \, dX_1 + \ldots + P_n \, dX_n = p_1 \, dx_1 + \ldots + p_n \, dx_n,$$

ces $2n$ fonctions sont indépendantes, X_i est une fonction homogène de degré 0 et P_i une fonction homogène de degré 1 des variables p_i, et on a

$$(21) \quad (X_i, X_k) = 0, \quad (X_i, P_k) = 0, \quad (P_i, P_k) = 0, \quad (P_i, X_i) = 1,$$
$$(i, k = 1, 2, \ldots, n).$$

L'identité (20) peut encore s'écrire

$$dZ - P_1 \, dX_1 - \ldots - P_n \, dX_n = dz - p_1 \, dx_1 - \ldots - p_n \, dx_n,$$

---

1. Mémoires des savants étrangers, t. XIV.
2. Zwei Vorlesungen, etc. Vorlesungen über Dynamik.

en posant $Z = z$. Le théorème précédent se déduit alors du théorème général du § 105 en supposant que dans l'identité précédente X_i et P_i ne contiennent pas z. La transformation de contact

$$z' = Z, \quad x_i' = X_i, \quad p_i' = P_i$$

change une fonction homogène de degré q des variables p_i' en une fonction homogène de degré q des variables p_i. Nous l'appellerons, pour abréger, *transformation homogène*.

Réciproquement, étant données n fonctions distinctes $X_1, \ldots, X_n$ des variables x_i, p_i, homogènes et de degré 0 par rapport aux p_i et satisfaisant aux relations $(X_i, X_k) = 0$, on peut toujours trouver, et d'une seule manière, n fonctions $P_1, \ldots, P_n$ des mêmes variables, telles que l'on ait l'identité

$$P_1\, dX_1 + \ldots + P_n\, dX_n = p_1\, dx_1 + \ldots + p_n\, dx_n.$$

On aura, en effet, pour déterminer $P_1, \ldots, P_n$, les $2n$ équations

$$A_k = P_1 \frac{\partial X_1}{\partial x_k} + \ldots + P_n \frac{\partial X_n}{\partial x_k} - p_k = 0,$$

$$B_k = P_1 \frac{\partial X_1}{\partial p_k} + \ldots + P_n \frac{\partial X_n}{\partial p_k} = 0,$$

$$(k = 1, 2, \ldots, n),$$

dont les premiers membres vérifient les n relations linéaires

$$\sum \left(A_k \frac{\partial X_k}{\partial p_k} - B_k \frac{\partial X_k}{\partial x_k} \right) = \sum P_i (X_h, X_i) - \sum p_k \frac{\partial X_k}{\partial p_k} = 0,$$

$$(h = 1, 2, \ldots, n).$$

Les fonctions $X_1, \ldots, X_n$ étant distinctes, on pourra toujours résoudre n de ces équations par rapport à $P_1, \ldots, P_n$ et les valeurs ainsi obtenues satisfont aux n dernières. (Voir § 106.)

Étant données $2n$ fonctions X_i, P_i des variables x_i, p_i satisfaisant aux relations

$$(X_i, X_k) = 0, \quad (X_i, P_i) = 0, \quad (P_i, P_k) = 0, \quad (P_i, X_i) = 1,$$

$$(i, k = 1, 2, \ldots, n),$$

X_i *étant une fonction homogène de degré 0 et P_i une fonction homogène de degré 1 des variables p_i, on a identiquement*

$$P_1\, dX_1 + \ldots + P_n\, dX_n = p_1\, dx_1 + \ldots + p_n\, dx_n.$$

On démontrera d'abord, comme au § 113, que les fonctions X_i, P_i sont distinctes. Par suite, on pourra trouver n fonctions Π_1, ..., Π_n homogènes et de degré 1 par rapport aux p_i, donnant lieu à l'identité

$$\sum \Pi_i \, dX_i = \sum p_i \, dx_i.$$

La différence $P_i - \Pi_i$ sera une intégrale du système complet

$$(X_1, f) = 0, \quad ..., \quad (X_n, f) = 0,$$

et comme cette intégrale est homogène et de degré 1, elle sera forcément nulle, puisqu'elle ne peut être une fonction de X_1, ..., X_n.

115. De toute transformation homogène à $2n + 2$ variables (x_i, p_i), on peut déduire une transformation de contact générale à $2n + 1$ variables z, x_i, p_i. Supposons, en effet, qu'on ait une identité de la forme

$$(22) \quad Q_1 \, dY_1 + ... + Q_{n+1} \, dY_{n+1} = q_1 \, dy_1 + ... + q_{n+1} \, dy_{n+1};$$

posons

$$(23) \quad \left\{ \begin{array}{llll} Y_{n+1} = Z, & Y_1 = X_1, & ..., & Y_n = X_n \\ y_{n+1} = z, & y_1 = x_1, & ..., & y_n = x_n \\ -\dfrac{Q_1}{Q_{n+1}} = P_1, & ..., & -\dfrac{Q_n}{Q_{n+1}} = P_n, \\ -\dfrac{q_1}{q_{n+1}} = p_1, & ..., & -\dfrac{q_n}{q_{n+1}} = p_n, & \dfrac{q_{n+1}}{Q_{n+1}} = \rho; \end{array} \right.$$

Z, X_i, P_i, ρ seront des fonctions des seules variables z, x_i, p_i et la relation (22) devient

$$(24) \quad dZ - P_1 \, dX_1 - ... - P_n \, dX_n = \rho \, (dz - p_1 \, dx_1 - ... - p_n \, dx_n).$$

On aura donc bien une transformation de contact à $2n + 1$ variables z, x_i, p_i. Inversement, de l'identité (24) on peut remonter à l'identité (22) par la transformation (23). Donc, de la transformation de contact générale à $2n + 1$ variables (z, x_i, p_i) on déduit la transformation homogène générale à $2n + 2$ variables.

Posons encore

$$(F, \Phi)_{y,q} = \sum_{i=1}^{n+1} \left(\frac{\partial F}{\partial q_i} \frac{\partial \Phi}{\partial y_i} - \frac{\partial F}{\partial y_i} \frac{\partial \Phi}{\partial q_i} \right),$$

F et Φ étant deux fonctions quelconques de $y_1, \ldots, y_{n+1}, q_1, \ldots, q_{n+1}$.
Si F et Φ sont des fonctions homogènes de degré 0 des q, et si on pose

$$y_{n+1} = z, \qquad y_1 = x_1, \qquad \ldots, \qquad y_n = x_n$$

$$\frac{q_1}{q_{n+1}} = -p_1, \qquad \ldots, \qquad \frac{q_n}{q_{n+1}} = -p_n,$$

F et Φ deviennent des fonctions de z, x_i, p_i, et on vérifie immédiatement que l'on a

$$(F, \Phi)_{yq} = -\frac{1}{q_{n+1}} [F, \Phi]_{xp}.$$

Pour que les $2n+1$ fonctions $Q_1, \ldots, Q_{n+1}, Y_1, \ldots, Y_{n+1}$ des variables y_i, q_i vérifient l'identité (22), il faut et il suffit, on vient de le voir, que l'on ait les relations

$$q_1 \frac{\partial Y_i}{\partial q_1} + \ldots + q_{n+1} \frac{\partial Y_i}{\partial q_{n+1}} = 0, \qquad q_1 \frac{\partial Q_i}{\partial q_1} + \ldots + q_{n+1} \frac{\partial Q_i}{\partial q_{n+1}} = 0,$$

$$(Y_i, Y_k)_{yq} = 0, \qquad (Y_i, Q_k)_{yq} = 0, \qquad (Q_i, Q_k)_{yq} = 0, \qquad (Q_i, Y_i)_{yq} = 1,$$

$$(i, k = 1, 2, \ldots, n+1).$$

Si on effectue la transformation (23), l'identité (22) donne l'identité (24), Z, $X_1, \ldots, X_n$, $P_1, \ldots, P_n$, ρ désignant des fonctions des $2n+1$ variables z, x_i, p_i. Les relations $(Y_i, Y_k)_{yq} = 0$ fournissent les nouvelles relations

$$[Z, X_i] = 0, \qquad [X_i, X_k] = 0;$$

voyons ce que deviennent les autres. La relation $(Q_{n+1}, Y_{n+1})_{yq} = 1$, par exemple, peut s'écrire

$$\left(\frac{q_{n+1}}{\rho}, Y_{n+1} \right)_{yq} = 1,$$

ou

$$\frac{1}{\rho} \frac{\partial Z}{\partial z} + \frac{1}{\rho^2} [\rho, Z] = 1.$$

On déduira de même des autres relations qui ont lieu entre les Q, Y les équations nouvelles

$$[p_i, X_i] + \rho \frac{\partial X_i}{\partial z} = 0, \qquad [p, P_i] + \rho \frac{\partial P_i}{\partial z} = 0, \qquad [P_i, X_i] = p, \quad [P_i, X_k] = 0,$$

$$[P_i, Z] = \rho\, P_i, \qquad [P_i, P_k] = 0, \qquad (i, k = 1, 2, \ldots, n).$$

D'où on conclut le théorème suivant qui complète la proposition du § 107 :

Pour que $2n + 2$ fonctions $Z, X_1, ..., X_n, P_1, ..., P_n, \rho$ des $2n + 1$ variables $z, x_1, ..., x_n, p_1, ..., p_n$ vérifient identiquement la relation

$$dZ - P_1\, dX_1 - ... - P_n\, dX_n = \rho\,(dz - p_1\, dx_1 - ... - p_n\, dx_n),$$

il faut et il suffit que l'on ait

$$[P_i, P_k] = 0, \quad [P_i, X_k] = 0, \quad [X_i, X_k] = 0, \quad [P_i, X_i] = \rho,$$
$$[X_i, Z] = 0, \quad [P_i, Z] = \rho\, P_i, \quad \rho \gtrless 0,$$
$$[\rho, X_i] + \rho\,\frac{\partial X_i}{\partial z} = 0, \quad [\rho, P_i] + \rho\,\frac{\partial P_i}{\partial z} = 0, \quad [\rho, Z] + \rho\,\frac{\partial Z}{\partial z} - \rho^2 = 0,$$
$$(i, k = 1, 2, ..., n).$$

On reconnaît d'ailleurs aisément, en appliquant la formule générale de Mayer

$$[[u, v], w] + [[v, w], u] + [[w, u], v]$$
$$= \frac{\partial w}{\partial z}\,[v, u] + \frac{\partial u}{\partial z}\,[w, v] + \frac{\partial v}{\partial z}\,[u, w],$$

que les équations de la dernière ligne sont des conséquences des premières.

116. Applications de la théorie précédente. — Après cette étude sommaire des propriétés fondamentales des transformations de contact, nous allons appliquer les résultats obtenus à la théorie des équations aux dérivées partielles du premier ordre.

La méthode d'intégration de Jacobi se déduit immédiatement de ce qui précède, débarrassée de toutes ses restrictions. S'il s'agit, en effet, d'intégrer l'équation du premier ordre

$$(2) \qquad\qquad Z = a_0,$$

et si on a obtenu n fonctions $X_1, ..., X_n$ formant avec Z un système de $n + 1$ fonctions distinctes satisfaisant aux relations

$$[Z, X_i] = 0, \quad [X_i, X_k] = 0, \quad (i, k = 1, 2, ..., n),$$

on a vu qu'on pouvait trouver n fonctions $P_1, ..., P_n$ donnant lieu à l'identité

$$dZ - P_1 dX_1 - \ldots - P_n dX_n = \rho\,(dz - p_1 dx_1 - \ldots - p_n dx_n),$$

ρ n'étant pas nul. Les $n + 1$ équations

$$(26) \qquad Z = a_0, \quad X_1 = a_1, \quad \ldots, \quad X_n = a_n,$$

où a_1, ..., a_n sont des constantes arbitraires, entraînent donc la relation

$$(27) \qquad dz - p_1 dx_1 - \ldots - p_n dx_n = 0$$

et, par conséquent, fournissent une *intégrale complète* de l'équation (25). On peut d'ailleurs obtenir avec la même facilité l'intégrale générale. En effet, le système des équations (26) et (27) peut être remplacé par le système des deux équations

$$Z = a_0,$$
$$(28) \qquad P_1 dX_1 + \ldots + P_n dX_n = 0,$$

dont on obtient la solution générale par la méthode qui a déjà servi bien des fois. On satisfait à la relation (28) de plusieurs manières :

1° En posant $X_1 = a_1$, ..., $X_n = a_n$, ce qui donne une intégrale complète.

2° En établissant entre X_1, ..., X_n, h relations distinctes

$$(29) \qquad \phi_1 = 0, \quad \ldots, \quad \phi_h = 0,$$

et en écrivant que l'on a identiquement

$$P_1 dX_1 + \ldots + P_n dX_n = \lambda_1 d\phi_1 + \ldots + \lambda_h d\phi_h,$$

c'est-à-dire

$$(30) \qquad P_i = \lambda_1 \frac{d\phi_1}{dX_i} + \ldots + \lambda_h \frac{d\phi_h}{dX_i}, \qquad (i = 1, 2, \ldots, n).$$

L'élimination de λ_1, ..., λ_h entre les $n + h + 1$ équations (25), (29) et (30) conduit à $n + 1$ relations entre z, x_i, p_i ; c'est l'intégrale *générale*.

3° On satisfait encore à l'équation (28) en prenant

$$(31) \qquad P_1 = 0, \quad \ldots, \quad P_n = 0.$$

L'intégrale définie par les équations (25) et (31) est une *intégrale singulière*. En effet, pour tous les éléments de cette intégrale, on doit avoir identiquement

$$dZ = \rho(dz - p_1\,dx_1 - \ldots - p_n\,dx_n),$$

c'est-à-dire

$$\frac{\partial Z}{\partial z} = \rho, \quad \frac{\partial Z}{\partial p_i} = 0, \quad \frac{\partial Z}{\partial x_i} = -\rho\,p_i \quad (i = 1, 2, \ldots, n);$$

et, par suite,

$$\frac{\partial Z}{\partial p_i} = 0, \qquad \frac{\partial Z}{\partial x_i} + p_i\frac{\partial Z}{\partial z} = 0,$$

ce qui est bien la définition des intégrales singulières (§ 14). Il est clair d'ailleurs que cette solution singulière n'existera qu'autant que les équations qui la définissent ne deviennent pas incompatibles.

117. Ce procédé s'étend de lui-même aux systèmes en involution. Car les équations

$$Z = a_0, \quad X_1 = a_1, \quad \ldots, \quad X_{m-1} = a_{m-1}, \quad dz - \sum_{i=1}^{n} p_i\,dx_i = 0$$

sont équivalentes aux équations

$$Z = a_0, \quad X_1 = a_1, \quad \ldots, \quad X_{m-1} = a_{m-1},$$
$$P_m\,dX_m + \ldots + P_n\,dX_n = 0,$$

et on peut traiter comme tout à l'heure cette dernière relation. Si on prend

$$X_m = a_m, \quad \ldots, \quad X_n = a_n,$$

$a_m, \ldots, a_n$ étant des constantes arbitraires, on a une intégrale complète. Si on prend

$$P_m = 0, \quad \ldots, \quad P_n = 0,$$

l'intégrale ainsi obtenue satisfait à la définition des intégrales singulières (§ 97). On a, en effet, pour tous les éléments de cette intégrale, l'identité

$$dZ - P_1\,dX_1 - \ldots - P_{m-1}\,dX_{m-1} = \rho(dz - p_1\,dx_1 - \ldots - p_n\,dx_n),$$

c'est-à-dire

$$\frac{\partial Z}{\partial z} - P_1 \frac{\partial X_1}{\partial z} - \ldots - P_{m-1} \frac{\partial X_{m-1}}{\partial z} = \rho,$$

$$\frac{\partial Z}{\partial x_i} - P_1 \frac{\partial X_1}{\partial x_i} - \ldots - P_{m-1} \frac{\partial X_{m-1}}{\partial x_i} = -\rho p_i, \qquad (i = 1, 2, \ldots, n),$$

$$\frac{\partial Z}{\partial p_i} - P_1 \frac{\partial X_1}{\partial p_i} - \ldots - P_{m-1} \frac{\partial X_{m-1}}{\partial p_i} = 0,$$

ou encore

$$\left\{ \begin{array}{l} \dfrac{dZ}{dx_i} - P_1 \dfrac{dX_1}{dx_i} - \ldots - P_{m-1} \dfrac{dX_{m-1}}{dx_i} = 0, \\ \dfrac{\partial Z}{\partial p_i} - P_1 \dfrac{\partial X_1}{\partial p_i} - \ldots - P_{m-1} \dfrac{\partial X_{m-1}}{\partial p_i} = 0. \end{array} \right.$$

On a un système de $2n$ équations linéaires à $m - 1$ indéterminées $P_1, \ldots, P_{m-1}$. Pour que ce système soit compatible, il faut donc que tous les déterminants d'ordre m contenus dans le tableau rectangulaire

$$\left| \begin{array}{ccc} \dfrac{dZ}{dx_1}, & \ldots, & \dfrac{\partial Z}{\partial p_n} \\ \ldots & \ldots & \ldots \\ \dfrac{dX_{m-1}}{dx_1}, & \ldots, & \dfrac{\partial X_{m-1}}{\partial p_n} \end{array} \right|$$

soient nuls pour tous les éléments de l'intégrale considérée.

118. D'une manière générale, la connaissance d'une transformation de contact

$$z' = Z, \quad x'_i = X_i, \quad p'_k = P_k$$

permet de former une infinité de systèmes en involution dont on peut écrire immédiatement une intégrale complète. En effet, nous savons que les équations

$$Z = a_0, \quad X_i = a_i \quad (i = 1, 2, \ldots, n),$$

où $a_0, a_1, \ldots, a_n$ sont des constantes arbitraires, ont pour conséquence la relation

$$dz - p_1\, dx_1 - \ldots - p_n\, dx_n = 0$$

et, par suite, représentent toujours une multiplicité M_n. Par consé-

quent, les équations précédentes fournissent une intégrale complète
du système

$$\psi_1 (Z, X_1, ..., X_a) = 0, \quad ..., \quad \psi_b (Z, X_1, ..., X_a) = 0,$$

pourvu que l'on ait

$$\psi_1 (a_0, a_1, ..., a_a) = 0, \quad ..., \quad \psi_b (a_0, a_1, ..., a_a) = 0,$$

ce qui laisse bien subsister $a - b + 1$ constantes arbitraires.

Des remarques de cette nature avaient déjà été faites par Euler et
Lagrange au sujet de certaines classes d'équations différentielles,
analogues à l'équation de Clairaut, que l'on peut intégrer par des
différentiations. Ces équations sont précisément celles que l'on
obtient en partant d'une transformation de contact connue dans le
plan. Bornons-nous, pour fixer les idées, au cas de trois variables et
soient Z, X, Y trois fonctions distinctes de z, x, y donnant lieu à
l'identité

$$dZ - P\,dX - Q\,dY = \rho\,(dz - p\,dx - q\,dy);$$

soit, d'autre part,

$$(32) \qquad\qquad U = f(X, Y, Z) = 0$$

une équation du premier ordre. Intégrer cette équation, cela revient
à exprimer x, y, z, p, q en fonction de deux variables indépendantes
de telle façon que l'on ait la relation (32) et la relation

$$(33) \qquad\qquad dz - p\,dx - q\,dy = 0.$$

De l'équation (32) on tire

$$dU = \frac{\partial f}{\partial X}\,dX + \frac{\partial f}{\partial Y}\,dY + \frac{\partial f}{\partial Z}\,dZ = 0,$$

ou

$$dU = \left(\frac{\partial f}{\partial X} + P\,\frac{\partial f}{\partial Z}\right) dX + \left(\frac{\partial f}{\partial Y} + Q\,\frac{\partial f}{\partial Z}\right) dY$$
$$\qquad\qquad + \rho\,\frac{\partial f}{\partial Z}\,(dz - p\,dx - q\,dy) = 0,$$

et le système (32) et (33) peut être remplacé par le suivant :

$$\left\{ \begin{array}{ll} (32) & U = f(X, Y, Z) = 0, \\[2mm] (34) & \left(\dfrac{\partial f}{\partial X} + P\,\dfrac{\partial f}{\partial Z}\right) dX + \left(\dfrac{\partial f}{\partial Y} + Q\,\dfrac{\partial f}{\partial Z}\right) dY = 0. \end{array} \right.$$

On satisfait à ces équations de plusieurs manières :

1° En posant $X = a$, $Y = b$, $f(X, Y, Z) = 0$; c'est l'intégrale complète;

2° En établissant entre X et Y une relation de forme arbitraire

$$\varphi(X, Y) = 0$$

qui, jointe à l'équation (34), donne

$$\left(\frac{\partial f}{\partial X} + P\,\frac{\partial f}{\partial Z}\right)\frac{\partial \varphi}{\partial Y} - \frac{\partial \varphi}{\partial X}\left(\frac{\partial f}{\partial Y} + Q\,\frac{\partial f}{\partial Z}\right) = 0,$$

avec la relation $U = 0$, on a l'intégrale générale;

3° En prenant

$$U = 0, \qquad \frac{\partial f}{\partial X} + P\,\frac{\partial f}{\partial Z} = 0, \qquad \frac{\partial f}{\partial Y} + Q\,\frac{\partial f}{\partial Z} = 0.$$

Si ces trois équations sont compatibles, elles détermineront l'intégrale singulière.

L'équation (32) s'intègre donc par des différentiations et des éliminations. Mais on ne doit point considérer les équations de cette forme comme formant une classe particulière. Au contraire, il résulte de ce qui précède qu'étant donnée une équation *quelconque* du premier ordre $Z = 0$, on peut toujours trouver deux autres fonctions X et Y déterminant avec celle-ci une transformation de contact. Toute la difficulté du problème consiste précisément à trouver ces deux fonctions X et Y, tandis que, si l'équation est de la forme (32), la question est immédiatement résolue.

Quelques explications géométriques font bien comprendre la nature de ce procédé d'intégration. Imaginons que les fonctions X, Y, Z soient déduites d'une seule relation

$$(35) \qquad \varphi(x, y, z, X, Y, Z) = 0,$$

à laquelle il faudra joindre (§ 103) les équations

$$(36) \qquad \frac{\partial \varphi}{\partial x} + \frac{\partial \varphi}{\partial z}\,p = 0, \qquad \frac{\partial \varphi}{\partial y} + \frac{\partial \varphi}{\partial z}\,q = 0.$$

Considérons pour un moment X, Y, Z comme des paramètres, x, y, z comme des coordonnées courantes. On a ainsi une surface Σ dépendant de trois paramètres dont on peut disposer de façon qu'elle ait avec une surface donnée S en un point donné (x, y, z, p, q) un contact du premier ordre. Les valeurs des paramètres X, Y, Z seront précisément déterminées par les équations (35) et (36). Toute équation aux dérivées partielles du premier ordre telle que

$$(32) \qquad f(X, Y, Z) = 0$$

exprime donc la propriété suivante des surfaces intégrales : si l'on considère une de ces surfaces S et la surface Σ tangente à S en un de ses points, les trois paramètres dont dépend cette surface Σ satisfont à la relation (32). Or, il est clair que l'on a des surfaces satisfaisant à cette condition : 1° en prenant les surfaces Σ elles-mêmes pour lesquelles les trois paramètres vérifient l'équation (32); 2° en joignant à l'équation (32) une autre relation arbitraire $\varphi(X, Y, Z) = 0$ et en prenant l'enveloppe de la suite simplement infinie de surfaces Σ dont les paramètres satisfont à ces deux relations; 3° en prenant l'enveloppe de toutes les surfaces Σ dont les paramètres vérifient uniquement la relation (32). On retrouve ainsi les trois catégories d'intégrales, l'intégrale complète, l'intégrale générale et l'intégrale singulière.

On aurait une interprétation analogue si la transformation de contact était déduite de deux relations entre x, y, z, X, Y, Z.

Prenons, par exemple,

$$\varphi = (X - x)^2 + (Y - y)^2 + (Z - z)^2 - R^2,$$

on aura

$$X = x - \frac{Rp}{\sqrt{1 + p^2 + q^2}}, \quad Y = y - \frac{Rq}{\sqrt{1 + p^2 + q^2}}, \quad Z = z + \frac{R}{\sqrt{1 + p^2 + q^2}}.$$

La surface Σ est une sphère de rayon R ayant pour centre le point de coordonnées X, Y, Z. Toute équation de la forme

$$f\left(x - \frac{Rp}{\sqrt{1 + p^2 + q^2}}, \; y - \frac{Rq}{\sqrt{1 + p^2 + q^2}}, \; z + \frac{R}{\sqrt{1 + p^2 + q^2}} \right) = 0$$

exprime donc que la sphère de rayon R tangente en un point quelconque à la surface intégrale S a son centre sur une surface donnée S'. L'intégrale complète se composera d'une sphère de rayon R ayant pour centre un point quelconque de S'; l'intégrale générale s'obtiendra en prenant l'enveloppe de la sphère de rayon R dont le centre décrit une courbe quelconque de la surface S'. Enfin, on aura pour intégrale singulière la surface parallèle à S' obtenue en portant sur les normales à S' une longueur égale à R.

REMARQUE. — La méthode d'intégration précédente de l'équation $Z = 0$ revient au fond à déterminer une transformation de contact

$$z' = Z, \quad x'_i = X_i, \quad p'_k = P_k, \qquad (i, k = 1, 2, \ldots, n),$$

qui ramène cette équation à la forme $z' = 0$. Si on a deux équations $F = 0$, $F_1 = 0$, à un même nombre de variables, puisqu'on peut les ramener toutes les deux à la forme $z' = 0$, il suit de là qu'on peut toujours passer de l'une à l'autre par une transformation de contact. Donc, *une équation aux dérivées partielles du premier ordre n'a pas d'invariant, relativement au groupe des transformations de contact.*

De même, étant donnés deux systèmes en involution de m équations à un même nombre de variables, on peut toujours passer de l'un à l'autre par une transformation de contact.

119. Il nous reste à montrer la liaison intime qui existe entre la méthode de la variation des constantes et la théorie des transformations de contact. Considérons un système de $(m + 1)$ équations distinctes du premier ordre

$$(37) \quad F(z, x_i, p_i) = 0, \quad F_1(z, x_i, p_i) = 0, \quad \ldots, \quad F_m(z, x_i, p_i) = 0,$$

admettant une intégrale complète représentée par k relations entre $z, x_1, \ldots, x_n$, dépendant de $n - m$ constantes arbitraires,

$$(38) \quad \begin{cases} f_1(z, x_1, \ldots, x_n, a_{m+1}, \ldots, a_n) = 0, \\ \cdots\cdots\cdots\cdots\cdots\cdots\cdots\cdots\cdots\cdots \\ f_k(z, x_1, \ldots, x_n, a_{m+1}, \ldots, a_n) = 0. \end{cases}$$

On a déjà remarqué (§ 67) qu'on pouvait introduire dans le système (37) $m + 1$ constantes arbitraires nouvelles. Supposons, pour fixer les idées, que les équations (37) contiennent z, ce qui ne restreint évidemment pas la généralité; nous pouvons même supposer (§ 66) que ces équations puissent être résolues par rapport à $z, p_1, \ldots, p_m$.

... x_n. Si on change alors z en $z + a + a_1 x_1 + ... + a_n x_n$, x_{n+1} en $x_{n+1} + a_{n+1}$, ..., x_{2n} en $x_{2n} + q_...$, on introduit dans le système (37) ainsi que dans l'intégrale complète (38) $m + 1$ constantes arbitraires $a, a_1, ..., a_m$. Nous pouvons donc remplacer le système (37) par un nouveau système contenant $m + 1$ constantes

$$(39) \quad F(z, x_i, p_i, a, a_1, ..., a_m) = 0, \quad F_1 = 0, \quad ..., \quad F_m = 0,$$

et admettant une intégrale complète définie par h relations

$$(40) \quad f_1(z, x_1, ..., x_n, a, a_1, ..., a_m) = 0, \quad ..., \quad f_h = 0;$$

le système (39) n'étant pas au fond plus général que le système (37), c'est sur ce dernier système que nous raisonnerons. D'après la manière même dont nous avons obtenu les équations (39), on peut résoudre ces équations par rapport à $a, a_1, ..., a_m$; soient

$$(41) \quad a = \varphi(z, x_i, p_i), \quad a_1 = \varphi_1(z, x_i, p_i), \quad ..., \quad a_m = \varphi_m(z, x_i, p_i)$$

les valeurs ainsi obtenues. Le système (39) peut encore s'écrire

$$(39') \quad \varphi = \text{Const.}, \quad \varphi_1 = \text{Const.}, \quad ..., \quad \varphi_m = \text{Const.}$$

Soit P la multiplicité ponctuelle représentée par les équations (40). La multiplicité M correspondante s'obtiendra comme il suit : Quand on se déplace sur P, les coordonnées $z, x_1, ..., x_n$ sont liées par les seules relations (40); par conséquent, la relation

$$(42) \qquad dz - p_1 dx_1 - ... - p_n dx_n = 0$$

devra être une conséquence des relations $df_1 = 0, ..., df_h = 0$. Il faudra donc que l'on ait

$$dz - p_1 dx_1 - ... - p_n dx_n = \lambda_1 df_1 + ... + \lambda_h df_h,$$

c'est-à-dire

$$(43) \quad \begin{cases} 1 = \lambda_1 \dfrac{\partial f_1}{\partial z} + ... + \lambda_h \dfrac{\partial f_h}{\partial z}, \\ -p_i = \lambda_1 \dfrac{\partial f_1}{\partial x_i} + ... + \lambda_h \dfrac{\partial f_h}{\partial x_i}, \qquad (i = 1, 2, ..., n). \end{cases}$$

Les $(n + 1 + h)$ équations (40) et (43) permettent d'exprimer $z, x_i, p_i, \lambda_1, ..., \lambda_h$ en fonctions de n variables indépendantes; elles représentent donc la multiplicité M_n correspondante à P. Par hypothèse, l'élimination de $a_{m+1}, ..., a_n, \lambda_1, ..., \lambda_k$ entre les équations (40) et (43) conduit aux relations (39) seulement. Cela revient à dire que ces équations (40) et (43) peuvent être résolues par rapport à $a, a_1, ..., a_n, \lambda_1, ..., \lambda_k$, les valeurs de $a, a_1, ..., a_n$ étant données précisément par les relations (41). Soient

$$a_{m+1} = \varphi_{m+1}(z, x_i, p_i), \quad ..., \quad a_n = \varphi_n(z, x_i, p_i),$$

les valeurs obtenues pour $a_{m+1}, ..., a_n$. Introduisons n fonctions nouvelles $b_1, ..., b_n$, définies par les équations

$$(44) \quad \left(\lambda_1 \frac{\partial f_1}{\partial a} + ... + \lambda_k \frac{\partial f_k}{\partial a}\right) b_i + \lambda_1 \frac{\partial f_1}{\partial a_i} + ... + \lambda_k \frac{\partial f_k}{\partial a_i} = 0,$$
$$(i = 1, 2, ..., n).$$

Des équations (40) et (43) qui définissent les fonctions a_i, on tire, en différentiant et formant l'expression $\lambda_1 \, df_1 + ... + \lambda_k \, df_k$,

$$\left(\lambda_1 \frac{\partial f_1}{\partial a} + ... + \lambda_k \frac{\partial f_k}{\partial a}\right)(da - b_1 \, da_1 - ... - b_n \, da_n)$$
$$+ \left(\lambda_1 \frac{\partial f_1}{\partial z} + ... + \lambda_k \frac{\partial f_k}{\partial z}\right)(dz - p_1 \, dx_1 - ... - p_n \, dx_n) = 0.$$

En posant

$$(45) \quad \rho\left(\lambda_1 \frac{\partial f_1}{\partial a} + ... + \lambda_k \frac{\partial f_k}{\partial a}\right) + \lambda_1 \frac{\partial f_1}{\partial z} + ... + \lambda_k \frac{\partial f_k}{\partial z} = 0,$$

on aura

$$(46) \quad da - b_1 \, da_1 - ... - b_n \, da_n = \rho(dz - p_1 \, dx_1 - ... - p_n \, dx_n).$$

Nous retrouvons donc l'équation fondamentale des transformations de contact. Comme ρ n'est pas nul, on voit d'abord que les fonctions $a, a_1, ..., a_n, b_1, ..., b_n$ sont indépendantes et, par suite, on pourra exprimer z, x_i, p_i en fonction de a, a_i, b_i. Nous voyons en outre que les équations (39)′ forment un système en involution et le calcul précédent nous donne d'autres fonctions $a_{m+1}, ..., a_n$ formant avec celui-là un nouveau système en involution de $n + 1$ équations. Il conduit donc au but que l'on se propose d'obtenir quand on applique la méthode de Jacobi et Mayer.

Poursuivons l'étude de cette méthode. Le système des équations (39) et (42) peut être remplacé par le système équivalent

$$(47) \quad \begin{cases} \sigma = \text{Const.}, \quad a_1 = \text{Const.}, \quad ..., \quad a_m = \text{Const.} \\ b_{m+1}\, da_{m+1} + ... + b_n\, da_n = 0. \end{cases}$$

On satisfait à la dernière équation en prenant

$$a_{m+1} = \text{Const.}, \quad ..., \quad a_n = \text{Const.},$$

ce qui donne l'intégrale complète, ou en prenant

$$b_{m+1} = 0, \quad ..., \quad b_n = 0,$$

ce qui donne l'intégrale singulière. Pour avoir l'intégrale générale, établissons entre $a_{m+1}, ..., a_n$, l relations distinctes

$$(48) \quad \begin{cases} a_{m+1} = \psi_1(a_{m+l+1}, ..., a_n), \\ \cdots\cdots\cdots\cdots\cdots\cdots\cdots\cdots\cdots \\ a_{m+l} = \psi_l(a_{m+l+1}, ..., a_n), \end{cases}$$

auxquelles il faudra ajouter les relations

$$(49) \quad \begin{cases} b_{m+1}\, \dfrac{\partial \psi_1}{\partial a_{m+l+1}} + ... + b_{m+l}\, \dfrac{\partial \psi_l}{\partial a_{m+l+1}} + b_{m+l+1} = 0, \\ \cdots\cdots\cdots\cdots\cdots\cdots\cdots\cdots\cdots\cdots\cdots\cdots \\ b_{m+1}\, \dfrac{\partial \psi_1}{\partial a_n} + ... + b_{m+l}\, \dfrac{\partial \psi_l}{\partial a_n} + b_n = 0. \end{cases}$$

Les équations (39)', (48), (49) représentent l'intégrale générale. Elles donnent bien $n+1$ relations entre z, x_i, p_i et, comme les fonctions a, a_i, b_i sont distinctes, ces relations permettront, en général, d'exprimer z, x_i, p_i en fonction de $n+1$ variables indépendantes, si les fonctions ψ n'ont pas été prises d'une façon particulière.

La théorie générale des multiplicités caractéristiques, que nous avons établie directement, se déduit aisément des résultats précédents. Appelons multiplicité caractéristique la multiplicité à $n+1$ dimensions définie par les équations

$$(50) \quad a_1 = C^{te}, \quad ..., \quad a_n = C^{te}, \quad \frac{b_{m+2}}{b_{m+1}} = C^{te}, \quad ..., \quad \frac{b_n}{b_{m+1}} = C^{te},$$

les équations qui représentent l'intégrale générale ne dépendent que de $a_1, \ldots, a_m, \dfrac{b_{m+2}}{b_{m+1}}, \ldots, \dfrac{b_n}{b_{m+1}}$ et, par suite, toute intégrale qui contient un élément contient tous ceux de la multiplicité caractéristique issue de cet élément. Pour définir la multiplicité caractéristique en partant des équations (39)' elles-mêmes, il suffit de remarquer que $a_1, \ldots, a_m$, $\dfrac{b_{m+2}}{b_{m+1}}, \ldots, \dfrac{b_n}{b_{m+1}}$ sont les intégrales du système complet (§ 94)

$$[a, f] = 0, \quad [a_1, f] = 0, \quad \ldots, \quad [a_m, f] = 0.$$

Tous les éléments de la solution singulière

$$a = C^{te}, \quad a_1 = C^{te}, \quad \ldots, \quad a_m = C^{te}, \quad b_{m+1} = 0, \quad \ldots, \quad b_n = 0,$$

annulent tous les déterminants d'ordre $m + 1$ contenus dans le tableau rectangulaire (§ 117)

$$\left| \begin{array}{ccc} \dfrac{da}{dx_1}, & \ldots, & \dfrac{da}{dp_n} \\ \ldots & \ldots & \ldots \\ \dfrac{da_m}{dx_1}, & \ldots, & \dfrac{da_m}{dp_n} \end{array} \right|.$$

Or, si on désigne par $y_1, \ldots, y_{m+1}$, $m + 1$ quelconques des variables z, x_i, p_i, on a, d'une manière générale,

$$\frac{D(F, \ldots, F_m)}{D(y_1, \ldots, y_{m+1})} = \frac{D(F, \ldots, F_m)}{D(a, \ldots, a_m)} \frac{D(a, a_1, \ldots, a_m)}{D(y_1, \ldots, y_{m+1})};$$

par conséquent, tous les déterminants d'ordre $m + 1$ contenus dans le tableau rectangulaire

$$\left| \begin{array}{ccc} \dfrac{dF}{dx_1}, & \ldots, & \dfrac{\partial F}{\partial p_n} \\ \ldots & \ldots & \ldots \\ \dfrac{dF_m}{dx_1}, & \ldots, & \dfrac{\partial F_m}{\partial p_n} \end{array} \right|$$

seront nuls en même temps que les précédents. Il est donc prouvé, d'une manière générale, que les solutions que l'on est conduit à appeler *singulières* en généralisant la méthode de la variation des constantes satisfont bien aux équations que l'on est conduit, d'un autre côté, à prendre pour définition des intégrales singulières en généralisant la méthode de Cauchy (§ 97).

120. Les résultats précédents permettent de résoudre une question que nous avons laissée de côté, le passage d'une intégrale complète à une autre. Bornons-nous, pour fixer les idées, au cas d'une seule équation et supposons que la constante a ait été introduite en changeant z en $z + a$. La formule (46) devient

$$da - b_1\, da_1 - \ldots - b_n\, da_n = dz - p_1\, dx_1 - \ldots - p_n\, dx_n;$$

pour une autre intégrale complète, on aura de même

$$d\alpha - \beta_1\, d\alpha_1 - \ldots - \beta_n\, d\alpha_n = dz - p_1\, dx_1 - \ldots - p_n\, dx_n,$$

et, par suite,

$$(50) \qquad b_1\, da_1 + \ldots + b_n\, da_n = \beta_1\, d\alpha_1 + \ldots + \beta_n\, d\alpha_n.$$

Nous savons comment on obtient la solution générale de l'équation (50). Établissons entre $a_1, \ldots, a_n, \alpha_1, \ldots, \alpha_n$, $k - 1$ relations distinctes

$$(51) \qquad \begin{cases} \alpha_1 = f_1(\alpha_k, \ldots, \alpha_n, a_1, \ldots, a_n), \\ \ldots\ldots\ldots\ldots\ldots\ldots\ldots\ldots \\ \alpha_{k-1} = f_{k-1}(\alpha_k, \ldots, \alpha_n, a_1, \ldots, a_n). \end{cases}$$

En substituant les différentielles $d\alpha_1, \ldots, d\alpha_{k-1}$ dans l'identité (50), il vient

$$(52) \qquad \begin{cases} b_1 = \beta_1 \dfrac{\partial f_1}{\partial a_1} + \ldots + \beta_{k-1} \dfrac{\partial f_{k-1}}{\partial a_1}, \\ \ldots\ldots\ldots\ldots\ldots\ldots\ldots\ldots \\ b_n = \beta_1 \dfrac{\partial f_1}{\partial a_n} + \ldots + \beta_{k-1} \dfrac{\partial f_{k-1}}{\partial a_n}, \\ -\beta_k = \beta_1 \dfrac{\partial f_1}{\partial \alpha_k} + \ldots + \beta_{k-1} \dfrac{\partial f_{k-1}}{\partial \alpha_k}, \\ \ldots\ldots\ldots\ldots\ldots\ldots\ldots\ldots \\ -\beta_n = \beta_1 \dfrac{\partial f_1}{\partial \alpha_n} + \ldots + \beta_{k-1} \dfrac{\partial f_{k-1}}{\partial \alpha_n}. \end{cases}$$

Les équations (51) et (52) résolues donnent des résultats de la forme

$$(53) \qquad \begin{cases} \alpha_i = \varphi_i\left(a_1, \ldots, a_n, \dfrac{b_2}{b_1}, \ldots, \dfrac{b_n}{b_1}\right), \\ \beta_i = b_1 \psi_i\left(a_1, \ldots, a_n, \dfrac{b_2}{b_1}, \ldots, \dfrac{b_n}{b_1}\right). \end{cases}$$

Il est aisé de déduire de là que les différentes classes d'intégrales, obtenues en établissant une ou plusieurs relations entre $a_1, \ldots, a_n$, ne sont plus distinctes quand on part de la nouvelle intégrale complète. En effet, si on regarde $a_1, \ldots, a_n$ comme les coordonnées d'un point dans l'espace à n dimensions, la transformation précédente revient à une transformation de contact. Or, si l'on a dans l'espace à n dimensions une multiplicité M_{n-r}, déduite d'une multiplicité ponctuelle représentée par r relations entre $a_1, \ldots, a_n$, après la transformation, la multiplicité ponctuelle correspondante sera, en général, représentée par une seule relation entre $a_1, \ldots, a_n$, si la transformation n'est pas choisie d'une façon particulière. On voit donc qu'une classification des intégrales, basée sur le nombre des relations établies entre $a_1, \ldots, a_n$, serait illusoire; cette distinction tient au choix de l'intégrale complète, mais n'a rien d'essentiel pour l'équation aux dérivées partielles elle-même.

121. On peut rattacher à la théorie des transformations de contact une méthode d'intégration des équations simultanées, due à Korkine (1), et dont la démonstration directe exige de longs calculs. D'une manière générale, soit

$$(54) \qquad Y_1 = 0, \quad \ldots, \quad Y_n = 0$$

un système en involution. Supposons qu'on ait obtenu une intégrale complète de l'équation

$$Y_1 = a_1;$$

on pourra alors, nous venons de le voir (§ 119), déterminer par des calculs algébriques d'autres fonctions $Z, X_1, \ldots, X_n, P_1, \ldots, P_n$ telles que les formules

$$z' = Z, \quad x'_i = X_i, \quad p'_i = P_i \qquad (i, k = 1, 2, \ldots, n)$$

où $Y_1 = X_1$, définissent une transformation de contact. Par cette transformation, le système (54) se change en un nouveau système en involution

$$(55) \qquad x'_1 = 0, \quad Y_2 = 0, \quad \ldots, \quad Y_n = 0,$$

---

(1) Korkine, *Comptes rendus*, t. LXXIII, p. 1135. La première idée de cette méthode paraît due à Bour.

$Y_2, \ldots, Y_n$ étant des fonctions de x', q'_i, p'_i. Puisque ce système est en involution, on a identiquement

$$[q'_i, Y_i] = -\frac{\partial Y_i}{\partial p'_i} = 0.$$

Les fonctions Y_i ne contiennent donc pas p'_i et on est ramené à un système en involution de $n-1$ équations à $n-1$ variables $x'_1, \ldots, x'_n$.

Pour préciser davantage, supposons que les équations proposées

$$f_1 = 0, \quad \ldots, \quad f_n = 0$$

ne contiennent pas z et soit

$$z + a = F(x_1, x_2, \ldots, x_n; a_1, a_2, \ldots, a_n)$$

une intégrale complète de l'équation $f_1 = a_1$. Considérons la transformation de contact obtenue en partant de la relation

$$z + z' = F(x_1, x_2, \ldots, x_n; x'_1, x'_2, \ldots, x'_n);$$

il faudra joindre à cette relation les suivantes

$$p_i = \frac{\partial F}{\partial x_i}, \quad p'_i = \frac{\partial F}{\partial x'_i} \qquad (i = 1, 2, \ldots, n),$$

et ces équations définiront $x'_1, \ldots, x'_n, p'_1, \ldots, p'_n$ en fonction de x_i, p_i. Pour avoir x'_1 par exemple, il faudra éliminer $x'_2, \ldots, x'_n$ entre les n dernières équations; mais cette élimination conduit à la relation $x'_1 = f_1$. La première équation du nouveau système sera donc $x'_1 = 0$, et les autres équations

$$f_2 = 0, \quad \ldots, \quad f_n = 0$$

formeront un nouveau système en involution ne renfermant pas p'_1.

Des transformations analogues ont été employées par M. Mayer [1] pour démontrer la méthode de Lie.

---

[1] Mayer, *Ueber die Lie'sche Integrationsmethode der partiellen Differentialgleichungen erster Ordnung* (Mathematische Annalen, t. VI, p. 162-196).

CHAPITRE XII

Théorie des groupes. Méthode générale d'intégration [1].

122. Avant d'aborder la théorie des groupes, résumons les différentes méthodes d'intégration qui ont été établies. Nous supposerons désormais que z ne figure pas dans les équations qu'il s'agit d'intégrer. Soit

$$(1) \qquad f_1 = 0, \quad f_2 = 0, \quad ..., \quad f_m = 0, \qquad (m < n)$$

un système en involution de m équations distinctes. Pour intégrer par la méthode de Jacobi et Mayer, il faudra commencer par déterminer $n - m$ fonctions $f_{m+1}, ..., f_n$ des variables x_i, p_i, formant avec les précédentes un système en involution de n fonctions distinctes. Cela fait, si les équations

$$f_1 = a_1, \quad ..., \quad f_n = a_n$$

peuvent être résolues par rapport à $p_1, ..., p_n$, on aura une intégrale complète par une quadrature. S'il n'en est pas ainsi, on emploiera la méthode suivante qui est, au fond, équivalente à la première et qui s'applique à tous les cas; on déterminera, *par une quadrature*, une fonction Ω et des fonctions $P_1, ..., P_n$ des variables x_i, p_i, donnant lieu à l'identité

$$d(z - \Omega) - P_1 df_1 - ... - P_n df_n = dz - p_1 dx_1 - ... - p_n dx_n$$

et l'intégration sera terminée (§ 111, 147).

[1] Lie, *Begründung einer Invarianten-Theorie der Berührungs-Transformationen, Mathematische Annalen*, t. VIII, p. 215-303; 1875; t. XI, p. 464-557. — *Theorie der Transformations-Gruppen*, zweiter Abschnitt, p. 176-238.

Dans la méthode de Cauchy généralisée (94), on procède autrement. On est ramené, en effet, à intégrer le système complet

$$(2) \qquad [f_1, \Phi] = 0, \quad \ldots, \quad [f_m, \Phi] = 0;$$

supposons qu'on ait intégré le système complet

$$(3) \qquad (f_1, \Phi) = 0, \quad \ldots, \quad (f_m, \Phi) = 0,$$

c'est-à-dire qu'on ait trouvé les $2n - m$ intégrales du système (2) qui ne contiennent pas z. Ce système (2) admettra en outre une autre intégrale qui contiendra nécessairement z, et les considérations employées au § 111 montrent encore que cette dernière intégrale s'obtiendra par une quadrature. Ainsi, abstraction faite d'une quadrature finale, la différence des deux méthodes peut être caractérisée comme il suit. Dans la méthode de Cauchy, on cherche l'intégrale générale du système complet (3), tandis que, dans la méthode de Jacobi, on cherche seulement les $n - m$ intégrales de ce système qui forment avec $f_1, \ldots, f_m$ un nouveau système en involution.

Les deux méthodes peuvent être considérées, on l'a déjà remarqué plusieurs fois (§§ 64, 96), comme des cas particuliers d'une méthode plus générale. Supposons, en effet, qu'on ait obtenu un système en involution de $m + k$ équations, renfermant le système (1),

$$(4) \quad f_1 = 0, \quad \ldots \quad f_m = 0, \quad f_{m+1} = 0, \quad \ldots, \quad f_{m+k} = 0,$$

tel qu'on sache intégrer le système complet

$$(5) \qquad (f_1, \Phi) = 0, \quad \ldots \quad (f_{m+k}, \Phi) = 0;$$

on aura par une quadrature une intégrale complète des équations

$$f_1 = a_1, \quad \ldots \quad f_{m+k} = a_{m+k},$$

et, par suite, des équations (1). Le problème de l'intégration peut donc être posé ainsi : *Trouver un système en involution de $m + k$ équations distinctes comprenant les équations* (1)

$$f_1 = 0, \quad \ldots \quad f_m = 0, \quad f_{m+1} = 0, \quad \ldots, \quad f_{m+k} = 0, \quad (m + k \leq n),$$

et trouver ensuite l'intégrale générale du système complet

$$(f_1, \Phi) = 0, \quad \ldots \quad (f_{m+k}, \Phi) = 0.$$

Si $k = 0$, on a la méthode de Cauchy; si $k = n - m$, on a la méthode de Jacobi.

123. Cela posé, imaginons qu'on ait obtenu plusieurs intégrales $\varphi_1, \ldots, \varphi_k$, distinctes de $f_1, \ldots, f_m$, du système complet (S). D'après le théorème de Poisson, toutes les parenthèses (φ_i, φ_k) seront des intégrales du même système. Nous pouvons donc toujours supposer que les $m + h$ fonctions $f_1, \ldots, f_m, \varphi_1, \ldots, \varphi_h$ sont distinctes et que les parenthèses (φ_i, φ_k) s'expriment au moyen de ces fonctions elles-mêmes; car, s'il n'en était pas ainsi, on ajouterait ces parenthèses aux intégrales déjà obtenues et on recommencerait les mêmes opérations.

Plusieurs cas peuvent se présenter. Si $h = 2n - 2m$, l'intégration est terminée immédiatement par la méthode de Cauchy. Supposons $h < 2n - 2m$ et admettons de plus, pour fixer les idées, qu'aucune des parenthèses (φ_i, φ_k) n'est identiquement nulle. Si h est voisin de $2n - 2m$, il y aura avantage, en général, à terminer l'intégration par la méthode de Cauchy. Pour appliquer celle de Jacobi, il faudra adjoindre aux fonctions $f_1, \ldots, f_m$ une des intégrales déjà obtenues, φ_1 par exemple, et chercher une intégrale du système complet

$$(f_1, \Phi) = 0, \quad \ldots, \quad (f_m, \Phi) = 0, \quad (\varphi_1, \Phi) = 0.$$

En opérant ainsi, il semble que les autres intégrales $\varphi_2, \varphi_3, \ldots, \varphi_h$ ne servent plus à rien. Il est donc naturel de se demander si on ne pourrait pas, sans renoncer à la méthode de Jacobi, profiter de ces intégrales pour simplifier davantage l'intégration et quel est le meilleur moyen pour obtenir ce but. La réponse à cette question nous sera fournie par la *Théorie des groupes*, qui est due encore à M. Sophus Lie.

124. Soient $u_1, \ldots, u_r$ r fonctions distinctes des $2n$ variables $x_1, \ldots, x_n, p_1, \ldots, p_n$. On dit que ces fonctions forment un *groupe* si toutes les parenthèses (u_i, u_k) s'expriment au moyen des fonctions $u_1, u_2, \ldots, u_r$ seulement

$$(u_i, u_k) = f_{ik}(u_1, u_2, \ldots, u_r) \qquad (i, k = 1, 2, \ldots, r).$$

Le nombre entier r est l'*ordre* du groupe. Si toutes les fonctions f_{ik} sont identiquement nulles, le groupe se réduit à un système en involution. L'ordre d'un groupe est au plus égal à $2n$, de même que l'ordre d'un système en involution ne peut dépasser n.

Toute fonction de $u_1, u_2, ..., u_r$, telle que $F(u_1, ..., u_r)$, appartient au groupe $(u_1, ..., u_r)$. Étant données deux fonctions $F(u_1, ..., u_r)$ et $\Phi(u_1, ..., u_r)$, appartenant à un même groupe, il en est de même de la parenthèse (F, Φ). On a, en effet,

$$(F, \Phi) = \sum_i \sum_k \frac{\partial F}{\partial u_i} \frac{\partial \Phi}{\partial u_k} (u_i, u_k) = \sum_i \sum_k \frac{\partial F}{\partial u_i} \frac{\partial \Phi}{\partial u_k} f_{ik}(u_1, ..., u_r).$$

Il suit de là que, si on considère r fonctions distinctes quelconques $v_1, ..., v_r$, appartenant au groupe $(u_1, ..., u_r)$, ces r fonctions forment encore un groupe, puisque les parenthèses (v_i, v_k) s'expriment au moyen de $u_1, ..., u_r$ et, par suite, au moyen de $v_1, ..., v_r$. Nous ne considérerons pas les groupes $(u_1, ..., u_r)$ et $(v_1, ..., v_r)$ comme deux groupes distincts, mais comme deux *formes* d'un même groupe. Il est clair qu'un groupe déterminé est susceptible d'une infinité de formes différentes. On remarquera que si un groupe est en involution, toutes les formes possibles du groupe seront également en involution.

Donnons encore quelques définitions. Si les fonctions $u_1, ..., u_p$ d'un groupe d'ordre p appartiennent à un groupe d'ordre r $(u_1, ..., u_p, u_{p+1}, ..., u_r)$, on dit que le second groupe contient le premier ou que le premier est un *sous-groupe* du second. Une fonction v est dite en involution avec un groupe $(u_1, ..., u_r)$ si on a $(v, u_i) = 0$, quelle que soit la fonction u_i du groupe. Plus généralement, deux groupes $(u_1, ..., u_r)$ et $(v_1, ..., v_p)$ sont en involution l'un avec l'autre si on a

$$(u_i, v_k) = 0, \qquad (i = 1, 2, ..., r; \ k = 1, 2, ..., p);$$

deux fonctions quelconques u et v, appartenant respectivement à chacun des groupes, seront toujours en involution. De ces définitions découlent immédiatement un certain nombre de propriétés dont la démonstration n'offre aucune difficulté :

1° Si on a s fonctions $u_1, u_2, ..., u_s$, telles que toutes les parenthèses (u_i, u_k) s'expriment au moyen de ces fonctions elles-mêmes, elles appartiennent à un groupe dont l'ordre est au plus égal à s. Ce groupe sera d'ordre s si les s fonctions sont distinctes. Pour prendre le cas général, supposons qu'il existe q relations distinctes entre ces s fonctions; alors elles pourront toutes s'exprimer au moyen de $s - q$ d'entre elles, soit $u_1, u_2, ..., u_{s-q}$, qui seront indépendantes, et toutes les parenthèses (u_i, u_k) se réduiront elles-mêmes à des fonctions de $u_1, ..., u_{s-q}$. Donc ces $s - q$ fonctions déterminent un groupe d'ordre $s - q$.

2° Étant donnés deux groupes G et G', les fonctions qui appartiennent à la fois à ces deux groupes forment un troisième groupe. En effet, supposons que les deux groupes aient p fonctions distinctes communes $w_1, ..., w_p$. Toute parenthèse (w_i, w_k), devant appartenir à la fois aux deux groupes G et G', s'exprimera au moyen de $w_1, ..., w_p$.

3° Toute transformation de contact en x, p change un groupe d'ordre r $(u_1, ..., u_r)$ en un nouveau groupe d'ordre r $(u'_1, ..., u'_r)$ et chaque parenthèse $(u'_i, u'_k)_{x'p'}$ s'exprime au moyen de $u'_1, ..., u'_r$ comme $(u_i, u_k)_{xp}$ au moyen de $u_1, ..., u_r$. Soient

$$x'_i = X_i, \quad p'_i = P_i \qquad (i, k = 1, 2, ..., n),$$

les formules de transformation, X_i, P_i étant des fonctions de x_i, p_i qui vérifient les relations

$$(X_i, X_k) = 0, \quad (X_i, P_k) = 0, \quad (X_i, P_i) = -1, \quad (P_i, P_k) = 0;$$

$u_1, u_2, ..., u_r$ se changeant en $u'_1, u'_2, ..., u'_r$, on a vu qu'en avait identiquement

$$(u_i, u_k)_{xp} = (u'_i, u'_k)_{x'p'}.$$

Les relations

$$(u_i, u_k) = f_{ik}(u_1, ..., u_r)$$

deviennent donc

$$(u'_i, u'_k) = f_{ik}(u'_1, ..., u'_r).$$

En particulier, si $f_{ik} = 0$, on aura de même $(u'_i, u'_k) = 0$ (§ 117).

125. La théorie des groupes repose sur le théorème suivant qui est fondamental :

THÉORÈME. — *Si r fonctions distinctes $u_1, ..., u_r$ des $2n$ variables $x_1, ..., x_n, p_1, ..., p_n$ déterminent un groupe d'ordre r, les r équations linéaires*

$$(6) \qquad (u_1, f) = 0, \quad ..., \quad (u_r, f) = 0,$$

forment un système complet.

D'abord ces r équations sont distinctes. On s'est appuyé plusieurs fois sur cette propriété qui n'est qu'un cas particulier de la proposition démontrée au § 97. D'ailleurs, il est aisé de le vérifier; pour que ces r équations ne fussent pas distinctes, il faudrait que tous les déterminants d'ordre r contenus dans le tableau

$$\left| \begin{array}{ccc} \dfrac{\partial u_1}{\partial x_1}, & \cdots, & \dfrac{\partial u_1}{\partial p_n} \\ \cdots\cdots\cdots\cdots\cdots \\ \dfrac{\partial u_r}{\partial x_1}, & \cdots, & \dfrac{\partial u_r}{\partial p_n} \end{array} \right|$$

soient nuls en même temps, ce qui exigerait qu'il y eût une relation au moins entre $u_1, \ldots, u_r$, contrairement à l'hypothèse. Posons

$$(u_i, f) = \Lambda_i(f);$$

l'identité

$$\big((u_i, u_k), f\big) + \big((u_k, f), u_i\big) + \big((f, u_i), u_k\big) = 0$$

donne

$$\Lambda_i\big(\Lambda_k(f)\big) - \Lambda_k\big(\Lambda_i(f)\big) = \big((u_i, u_k), f\big);$$

ou, en remplaçant (u_i, u_k) par sa valeur $f_{ik}(u_1, \ldots, u_r)$,

$$\Lambda_i\big(\Lambda_k(f)\big) - \Lambda_k\big(\Lambda_i(f)\big) = \frac{\partial f_{ik}}{\partial u_1}\Lambda_1(f) + \ldots + \frac{\partial f_{ik}}{\partial u_r}\Lambda_r(f),$$

ce qui démontre la proposition.

REMARQUE. — La réciproque du théorème est exacte. Si on a r fonctions distinctes $\varphi_1, \ldots, \varphi_r$ des $2n$ variables x_i, p_i, pour que les r équations

$$(\varphi_1, f) = 0, \quad \ldots, \quad (\varphi_r, f) = 0$$

forment un système complet, il faut et il suffit que les r fonctions φ_i déterminent un groupe d'ordre r. En effet, d'après l'identité écrite plus haut, toute intégrale de ce système doit vérifier l'équation

$$\big((\varphi_i, \varphi_k), f\big) = 0;$$

si le système est complet, cette équation doit être une conséquence des premières, ce qui ne peut avoir lieu que si (φ_i, φ_k) est une fonction de $\varphi_1, \ldots, \varphi_r$.

Les équations (6) admettent $2n-r$ intégrales distinctes $v_1, v_2, ..., v_{2n-r}$, et toute autre intégrale s'exprime au moyen de celles-là. D'après le théorème de Poisson, les expressions (c_i, c_j) seront aussi des intégrales de (6) et, par suite, s'exprimeront au moyen de $v_1, ..., v_{2n-r}$. Ces $2n-r$ fonctions déterminent donc un groupe $(c_1, ..., c_{2n-r})$ d'ordre $2n-r$, dont toutes les fonctions sont en involution avec le groupe primitif. On l'appelle le *groupe polaire* du premier. Les équations

$$(v_1, f) = 0, \quad ..., \quad (v_{2n-r}, f) = 0$$

forment à leur tour un système complet qui admet les r intégrales distinctes $u_1, ..., u_r$ et dont, par conséquent, toutes les intégrales s'expriment au moyen de $u_1, ..., u_r$. Il y a donc réciprocité entre les deux groupes $(u_1, ..., u_r)$ et $(v_1, ..., v_{2n-r})$; chacun d'eux est le groupe polaire de l'autre. On les appelle pour cette raison *groupes réciproques*.

Le groupe polaire d'un groupe donné se composant des fonctions qui sont en involution avec ce groupe, il est clair que toute transformation de contact change deux groupes réciproques en deux groupes réciproques.

126. Une fonction U appartenant à un groupe $(u_1, ..., u_r)$ est dite une *fonction distinguée (ausgezeichnete)* de ce groupe, lorsqu'elle est en involution avec toutes les fonctions du groupe. Il suit de là que les fonctions distinguées d'un groupe sont les fonctions communes à ce groupe et à son groupe polaire; deux groupes polaires ont les mêmes fonctions distinguées, les fonctions communes à ces deux groupes. Soit $(v_1, v_2, ..., v_{2n-r})$ le groupe polaire du groupe proposé et $F(x, p)$ une fonction distinguée commune à ces deux groupes; $F(x, p)$ pourra s'exprimer comme fonction des u_i ou comme fonction des v_i seulement. Il en résultera donc une relation de la forme

$$F(x, p) = U(u_1, ..., u_r) = V(v_1, ..., v_{2n-r}).$$

S'il existe m fonctions distinguées, on aura ainsi m relations distinctes entre les fonctions des deux groupes

$$(7) \quad U_i(u_1, ..., u_r) = V_i(v_1, ..., v_{2n-r}) \qquad (i = 1, 2, ..., m).$$

Réciproquement, s'il existe m relations distinctes et m seulement entre les fonctions de deux groupes polaires, ces relations ont précisément la forme (7) et les fonctions distinguées sont au nombre de m. En effet, les $2n$ fonctions $u_1, \ldots, u_n, v_1, \ldots, v_{n-m}$ appartiendront alors à un groupe d'ordre $2n - m$. Ce groupe d'ordre $2n - m$ admet un groupe polaire d'ordre m, dont toutes les fonctions sont évidemment distinguées pour le groupe primitif.

127. Étant donné un groupe d'ordre r, il est important de savoir reconnaître combien il renferme de fonctions distinguées. Par définition, il existe autant de fonctions distinguées dans le groupe $(u_1, \ldots, u_r)$ qu'il y a d'intégrales distinctes du système complet

$$(8) \qquad (u_1, f) = 0, \quad \ldots, \quad (u_r, f) = 0,$$

qui se réduisent à des fonctions de $u_1, \ldots, u_r$ seulement. Posons

$$f = U(u_1, \ldots, u_r), \qquad (u_i, f) = A_i(f);$$

les équations (8) deviennent

$$(9) \quad \left\{ \begin{array}{l} A_1(U) = \dfrac{\partial U}{\partial u_1}(u_1, u_1) + \dfrac{\partial U}{\partial u_2}(u_1, u_2) + \ldots + \dfrac{\partial U}{\partial u_r}(u_1, u_r) = 0, \\ \ldots\ldots\ldots\ldots\ldots\ldots\ldots\ldots\ldots\ldots\ldots\ldots \\ A_r(U) = \dfrac{\partial U}{\partial u_1}(u_r, u_1) + \dfrac{\partial U}{\partial u_2}(u_r, u_2) + \ldots + \dfrac{\partial U}{\partial u_r}(u_r, u_r) = 0. \end{array} \right.$$

On a ainsi un système de r équations linéaires avec r variables indépendantes seulement $u_1, u_2, \ldots, u_r$, puisque, par hypothèse, les parenthèses (u_i, u_k) s'expriment au moyen de $u_1, u_2, \ldots, u_r$. Supposons que ces r équations se réduisent à $r - m$ équations distinctes, par exemple aux $r - m$ premières,

$$(10) \qquad A_1(U) = 0, \quad \ldots, \quad A_{r-m}(U) = 0;$$

les équations (10) forment un système complet. L'identité de Jacobi nous donne, en effet, en supposant $(u_i, u_k) = f_{ik}(u_1, \ldots, u_r)$,

$$A_i\big(A_k(U)\big) - A_k\big(A_i(U)\big) = \frac{\partial f_{ik}}{\partial u_1} A_1(U) + \ldots + \frac{\partial f_{ik}}{\partial u_r} A_r(U),$$

et, par suite, le premier membre pourra toujours s'exprimer linéairement au moyen de $A_1(U), \ldots, A_{r-m}(U)$.

On aura donc le nombre des fonctions distinguées en cherchant le nombre d'équations linéairement distinctes du système (9) ou, ce qui revient au même, l'ordre des premiers mineurs du déterminant

$$D = \begin{vmatrix} (u_1, u_1) & (u_1, u_2) & \ldots & (u_1, u_m) \\ (u_2, u_1) & (u_2, u_2) & \ldots & (u_2, u_m) \\ \ldots & \ldots & \ldots & \ldots \\ (u_m, u_1) & (u_m, u_2) & \ldots & (u_m, u_m) \end{vmatrix}$$

qui sont différents de zéro. *Si ce déterminant est nul, ainsi que tous ses mineurs d'ordre 1, 2, ..., (m — 1), sans que tous les mineurs d'ordre m soient nuls, les équations (9) se réduisent à (r — m) équations linéaires distinctes, et le groupe admet m fonctions distinguées distinctes.*

Une fois trouvé le nombre m des fonctions distinguées, la détermination de ces fonctions elles-mêmes exige l'intégration du système complet (10), c'est-à-dire les opérations m, m — 1, ..., 2, 1, si on applique la méthode de Mayer. Ces opérations se simplifient si on connaît déjà μ fonctions distinguées.

Si le déterminant D n'est pas nul, le groupe ne renfermera aucune fonction distinguée. Ce cas ne pourra se présenter si r est impair, car D est un déterminant gauche d'après les relations $(u_i, u_i) = 0$, $(u_i, u_k) + (u_k, u_i) = 0$. Donc, *tout groupe d'ordre impair renferme au moins une fonction distinguée.*

Soient U_1, U_2, ..., U_m les m fonctions distinguées distinctes d'un groupe $(u_1, ..., u_r)$. Quoique la détermination de ces fonctions exige en général des intégrations, on *peut toujours former un système d'équations linéaires*

$$(11) \qquad B_1(f) = 0, \quad ..., \quad B_m(f) = 0,$$

équivalent au système complet

$$(12) \qquad U_1(f) = 0, \quad ... \quad U_m(f) = 0.$$

Soit $(v_1, ..., v_{2n})$ le groupe polaire du groupe proposé; les équations (12) admettent les intégrales $u_1, ..., u_r$, $v_1, ..., v_{2n-r}$ qui se réduisent à $2n — m$ fonctions distinctes. Tout système de m équations linéaires distinctes admettant les mêmes intégrales sera nécessairement équivalent au système (12). Cela posé, les r équations

$$(u_1, f) = 0, \quad \dots, \quad (u_r, f) = 0$$

admettent les intégrales $c_1, \dots, c_{2n-m}$, et il en sera de même de toute équation

(13) $$\lambda_1 (u_1, f) + \dots + \lambda_r (u_r, f) = 0,$$

$\lambda_1, \dots, \lambda_r$ étant des coefficients quelconques. Cette nouvelle équation sera vérifiée pour $f = u_1, \dots, f = u_m$, pourvu que les coefficients $\lambda_1, \dots, \lambda_r$ vérifient les r relations

$$\lambda_1 (u_1, u_i) + \dots + \lambda_r (u_r, u_i) = 0, \qquad (i = 1, 2, \dots, r).$$

On a un système de r équations linéaires et homogènes dont le déterminant est précisément D. Par hypothèse, ce déterminant est nul, ainsi que tous ses mineurs d'ordre $m - 1$, sans que tous ses mineurs d'ordre m soient nuls. On pourra donc trouver m équations distinctes de la forme (13) admettant les intégrales $u_1, \dots, u_m$. Ces m équations

$$B_1 (f) = 0, \quad \dots, \quad B_m (f) = 0$$

admettent les intégrales $u_1, \dots, u_m, c_1, \dots, c_{2n-m}$, et, par conséquent, forment un système équivalent au système (12).

128. Parmi les formes en nombre infini d'un même groupe, il est naturel de prendre pour *forme canonique* celle pour laquelle les parenthèses $(u_i, u_k) = f_{ik} (u_1, \dots, u_r)$ ont les valeurs les plus simples possible. Si on considère d'abord un système en involution, toute autre forme du même groupe sera également en involution et le groupe est réduit de lui-même à la forme canonique. Il suffit donc de considérer un groupe différent d'un système en involution. Remarquons d'abord que, si ce groupe est d'ordre r, il renfermera au plus $r - 2$ fonctions distinguées distinctes. En effet, s'il en avait $r - 1$, $U_1, \dots, U_{r-1}$, on compléterait le groupe en ajoutant à celles-là une autre fonction V. On aurait alors les relations

$$(U_1, V) = 0, \quad \dots, \quad (U_{r-1}, V) = 0, \qquad (U_i, U_k) = 0,$$

et le groupe se réduirait à un système en involution.

Prenons donc un groupe $(u_1, \ldots, u_r)$ non en involution, et soit u_1 une fonction non distinguée du groupe, de telle façon que l'une au moins des expressions $(u_1, u_2), \ldots, (u_1, u_r)$ soit différente de zéro. On pourra trouver une autre fonction du groupe $F(u_1, \ldots, u_r)$ satisfaisant à la condition $(u_1, F) = 1$. En effet, cette condition développée s'écrit

$$(u_1, u_2)\frac{\partial F}{\partial u_2} + \ldots + (u_1, u_r)\frac{\partial F}{\partial u_r} = 1,$$

et on a pour déterminer F une équation linéaire dont le premier membre n'est pas identiquement nul. Prenons pour u_2 une intégrale de cette équation, de telle sorte que l'on ait

$$(u_1, u_2) = 1,$$

je dis qu'on pourra compléter le groupe avec $r - 2$ fonctions $u'_3, \ldots, u'_{r-2}$ vérifiant les relations

$$(u_1, F) = 0, \quad (u_2, F) = 0.$$

Si on suppose que F est une simple fonction de $u_1, \ldots, u_r$, ces équations s'écrivent

$$\left\{ \begin{aligned} &\frac{\partial F}{\partial u_2} + (u_1, u_3)\frac{\partial F}{\partial u_3} + \ldots + (u_1, u_r)\frac{\partial F}{\partial u_r} = 0, \\ &- \frac{\partial F}{\partial u_1} + (u_2, u_3)\frac{\partial F}{\partial u_3} + \ldots + (u_2, u_r)\frac{\partial F}{\partial u_r} = 0; \end{aligned} \right.$$

elles sont évidemment distinctes et forment un système complet, car

$$\big(u_1, (u_2, F)\big) - \big(u_2, (u_1, F)\big) = \big((u_1, u_2), F\big) = (1, F) = 0.$$

Soient $u'_3, \ldots, u'_{r-2}$, $r - 2$ solutions distinctes de ce système formant un groupe d'ordre $r - 2$. Les r fonctions $u_1, u_2, u'_3, \ldots, u'_{r-2}$ sont indépendantes; en effet, toute relation entre ces fonctions contiendrait nécessairement u_1 ou u_2, u_1 par exemple. Soit

$$\psi(u_1, u_2, u'_3, \ldots, u'_{r-2}) = 0$$

cette relation; on aurait

$$(u_2, \psi) = \frac{\partial \psi}{\partial u_1}(u_2, u_1) + \frac{\partial \psi}{\partial u'_3}(u_2, u'_3) + \ldots + \frac{\partial \psi}{\partial u'_{r-2}}(u_2, u'_{r-2}) = 0,$$

et le premier membre se réduit à $-\dfrac{\partial \psi}{\partial u_1}$.

On peut donc énoncer le théorème suivant :

Étant donné un groupe $(u_1, \ldots, u_r)$ non en involution, on peut toujours décomposer ce groupe en deux autres : un groupe de deux fonctions u_1, u_1, telles que $(u_1, u_1) = 1$, et un groupe de $r - 2$ fonctions $u'_1, u'_2, \ldots, u'_{r-2}$, en involution avec le premier [1].

Poursuivons la réduction. Si $u'_1, u'_2, \ldots, u'_{r-2}$ est un système en involution, le groupe proposé est ramené à la forme canonique

$$X_1, P_1, u'_1, \ldots, u'_{r-2},$$

où $X_1 = u_1$, $P_1 = u_1$, pour laquelle on a les relations

$$(P_1, X_1) = 1, \quad (P_1, u'_i) = 0, \quad (X_1, u'_i) = 0, \quad (u'_i, u'_j) = 0.$$

Si le groupe $(u'_1, u'_2, \ldots, u'_{r-2})$ n'est pas en involution, en lui appliquant le même procédé, on le décomposera en deux groupes

$$X_2, P_2, u''_1, \ldots, u''_{r-4};$$

si $(u''_1, \ldots, u''_{r-4})$ est en involution, le système proposé sera ramené à la forme canonique

$$X_1, P_1, X_2, P_2, u''_1, u''_2, \ldots, u''_{r-4},$$

pour laquelle toutes les parenthèses seront nulles, sauf (P_1, X_1) et (P_2, X_2), qui se réduiront à l'unité. Si $(u''_1, \ldots, u''_{r-4})$ n'est pas en involution, on recommencera les mêmes opérations, et, en continuant ainsi jusqu'à ce qu'on arrive à un système en involution, on voit qu'on peut toujours mettre un groupe sous la forme canonique

$$X_1, P_1, X_2, P_2, \ldots, X_q, P_q, X_{q+1}, \ldots, X_{r-q}.$$

---

[1] Considérons en particulier une équation linéaire $(x, f) = 0$, où x est une fonction connue de $x_1, \ldots, x_n, p_1, \ldots, p_n$ et f une fonction inconnue des mêmes variables. Les $2n - 2$ intégrales autres que x, de cette équation forment avec x un groupe d'ordre $2n - 1$. Soit x_1 une de ces intégrales; x_1 ne peut être une fonction distinguée, car les deux équations $(x, f) = 0$, $(x_1, f) = 0$ auraient $2n - 4$ intégrales communes. Par conséquent, on pourra compléter le système avec $2n - 2$ intégrales $x_1, \ldots, x_{2n-2}$, satisfaisant aux relations

$$(x_1, x_2) = 1, \quad (x_3, x_4) = 1, \quad \ldots \quad (x_{2n-3}, x_{2n-2}) = 1.$$

Voir *Mécanique analytique*, 3e et 4e éditions, Note de M. Bertrand. L'application répétée du théorème de Poisson aux deux intégrales x_1 et F $(x_1, x_2, \ldots, x_{2n-2})$ fournira $2n - 2$ intégrales distinctes, si la fonction F n'a pas été prise d'une façon particulière.

X_i, P_k étant des fonctions indépendantes telles que toutes les parenthèses (P_i, X_i) aient pour valeur l'unité, tandis que toutes les autres parenthèses sont nulles.

Un groupe étant réduit à la forme canonique, les équations qui déterminent les fonctions distinguées $H(X_1, \ldots, X_{q+m}, P_1, \ldots, P_q)$ prennent la forme

$$\frac{\partial H}{\partial P_i} = 0, \quad \frac{\partial H}{\partial X_i} = 0, \qquad (i = 1, 2, \ldots, q);$$

toute fonction distinguée se réduit donc à une simple fonction de $X_{q+1}, \ldots, X_{q+m}$. La différence entre le nombre des fonctions distinctes d'un groupe $(2q + m)$ et le nombre des fonctions distinguées m est donc toujours un nombre pair $2q$.

En réunissant tous ces résultats, on peut énoncer la proposition suivante :

Tout groupe de fonctions peut être ramené à la forme canonique

$$X_1, P_1, \ldots, X_q, P_q, X_{q+1}, \ldots, X_{q+m},$$

pour laquelle toutes les parenthèses sont nulles, sauf les parenthèses (P_i, X_i), *qui se réduisent à l'unité. Les fonctions distinguées du groupe sont les seules fonctions de* $X_{q+1}, \ldots, X_{q+m}$.

La différence entre l'ordre du groupe et le nombre des fonctions distinguées est un nombre pair.

129. Étant donné un groupe canonique d'ordre $2q + m < 2n$, on peut trouver d'autres groupes canoniques renfermant celui-là, en particulier des groupes d'ordre $2n$. Prenons d'abord un groupe

$$\text{(A)} \qquad P_1, P_2, \ldots, P_q, X_1, \ldots, X_q, X_{q+1}, \ldots, X_{q+m} \qquad (m > 0),$$

renfermant des fonctions distinguées. Supprimons une de ces fonctions distinguées, X_{q+1} par exemple, on a un nouveau groupe

$$\text{(B)} \qquad P_1, \ldots, P_q, X_1, \ldots, X_q, X_{q+2}, \ldots, X_{q+m},$$

dont le groupe polaire renfermera X_{q+1} et sera de la forme

$$\text{(C)} \qquad X_{q+1}, U_1, U_2, \ldots;$$

d'ailleurs, $X_{\gamma+1}$ n'est pas une fonction distinguée du groupe (C), puisqu'elle n'appartient pas au groupe (B). On pourra donc trouver dans (C) une autre fonction $P_{\gamma+1}$ telle que $(P_{\gamma+1}, X_{\gamma+1}) = 1$; $P_{\gamma+1}$ ne peut appartenir au groupe (A), car si on avait

$$P_{\gamma+1} = \varphi(P_1, ..., P_\gamma, X_1, ..., X_{\gamma+\alpha}),$$

on en déduirait $(X_{\gamma+1}, P_{\gamma+1}) = 0$. Par conséquent les fonctions

$$\text{(A)'} \qquad P_1, ..., P_\gamma, P_{\gamma+1}, X_2, ..., X_{\gamma+1}, ..., X_{\gamma+\alpha}$$

forment un nouveau groupe canonique (A)', renfermant le groupe (A), et ayant une fonction distinguée de moins.

En répétant les mêmes opérations sur le groupe (A)' et ainsi de suite autant de fois qu'il est nécessaire, on voit que tout groupe canonique est renfermé dans un autre groupe canonique qui n'admet pas de fonctions distinguées.

Prenons un groupe de cette espèce

$$P_1, P_2, ..., P_\gamma, X_1, ..., X_\gamma;$$

en lui ajoutant une fonction $X_{\gamma+1}$, du groupe polaire, on a un nouveau groupe renfermant une fonction distinguée

$$P_1, ..., P_\gamma, X_1, ..., X_\gamma, X_{\gamma+1},$$

que l'on peut compléter en ajoutant une fonction $P_{\gamma+1}$, de façon à avoir un groupe canonique de $2\gamma + 2$ termes

$$P_1, ..., P_{\gamma+1}, X_1, ..., X_{\gamma+1},$$

sans fonction distinguée. En continuant ainsi, on arrivera à un groupe canonique de $2n$ termes

$$P_1, ..., P_n, X_1, ..., X_n.$$

Donc, *étant donné un groupe canonique quelconque*

$$P_1, ..., P_\gamma, X_1, ..., X_{\gamma+\alpha},$$

on peut toujours trouver d'autres fonctions $P_{\gamma+1}, ..., P_n, X_{\gamma+\alpha+1}$

..., X_n *telles que les fonctions*

$$P_1, ..., P_n, P_{n+1}, ..., P_{2n}, X_1, ..., X_{n+1}, X_{n+2}, ..., X_{2n}$$

forment un groupe canonique de $2n$ termes.

130. Les résultats du paragraphe précédent permettent de résoudre une question qui est très importante dans la théorie des groupes. Étant donnés deux groupes de r fonctions $(u_1, ..., u_r)$ et $(v_1, ..., v_r)$, dans quels cas peut-on passer de l'un à l'autre par une transformation de contact? En termes plus précis, que faut-il pour qu'il existe une transformation de contact changeant $u_1, ..., u_r$ en de nouvelles fonctions $w_1, ..., w_r$, qui s'expriment au moyen de $v_1, ..., v_r$?

Il est évident d'abord que toute transformation de contact ne change pas le nombre des fonctions distinguées d'un groupe. Par conséquent, le problème ne sera possible que si les deux groupes ont le même nombre de fonctions distinguées. Cette condition nécessaire est d'ailleurs suffisante. En effet, soit

$$P_1, ..., P_q, X_1, ..., X_{q+m}$$

un groupe d'ordre $r = 2q + m$, avec m fonctions distinguées. Nous venons de voir qu'il existe toujours d'autres fonctions $P_{q+1}, ..., P_n$, $X_{q+m+1}, ..., X_n$ telles que

$$P_1, ..., P_n, X_1, ..., X_n$$

soit un groupe canonique. On aura donc les relations

$$(X_i, X_k) = 0, \quad (X_i, P_k) = 0, \quad (P_i, P_k) = 0, \quad (P_i, X_i) = 1,$$
$$(i, k = 1, 2, ..., n);$$

par suite (§ 112), on pourra trouver une autre fonction $\Omega(x_i, p_i)$ telle que les formules

$$z' = z - \Omega, \quad x_i' = X_i, \quad p_i' = P_i$$

définissent une transformation de contact. Par cette transformation, le groupe considéré sera ramené à la forme

$$P_1', ..., P_n', X_1', ..., X_{q+m}';$$

tout autre groupe du même ordre, ayant le même nombre m de

fonctions distinguées, pourra être ramené à cette même forme par
une autre transformation de contact et, par conséquent, on pourra
passer de l'un à l'autre par une transformation de contact.

Donc, *les seuls invariants d'un groupe relativement à toute
transformation de contact sont l'ordre du groupe et le nombre
des fonctions distinguées.*

131. Tout groupe à $2q + m$ termes, renfermant m fonctions
distinguées, pouvant être ramené à la forme canonique

$$P_1, ..., P_q, X_1, ..., X_q, X_{q+1}, ..., X_{q+m},$$

renferme un système en involution d'ordre $q + m$, le système X_1,
..., X_{q+m}. D'ailleurs, il ne peut contenir de système en involution
d'ordre supérieur à $q + m$. Soit, en effet, $\Phi_1, ..., \Phi_s$ un sous-groupe
en involution du groupe proposé; on a vu plus haut qu'on pouvait
trouver d'autres fonctions $X_{m+s+1}, ..., X_n, P_{q+1}, ..., P_q$ formant avec
le premier groupe un groupe canonique

$$P_1, ..., P_q, X_1, ..., X_n.$$

Les fonctions

$$\Phi_1, ..., \Phi_s, X_{n+s+1}, ..., X_n$$

formeront un système en involution dont l'ordre sera $s + n - q - m$.
On a, par conséquent,

$$s + n - q - m \leqq n, \quad \text{d'où} \quad s \leqq q + m.$$

REMARQUE. — Si l'ordre d'un groupe est supérieur à n, il est facile
d'avoir une limite supérieure du nombre m. Soit r l'ordre d'un
groupe G,

$$r = 2q + m = n + k;$$

G contient un système en involution d'ordre $m + q$. Donc, on a

$$m + q \leqq n, \quad \text{ou} \quad 2m + 2q \leqq 2n,$$

et, par suite, en retranchant les deux relations,

$$m \leqq n - k.$$

La détermination d'un système en involution d'ordre maximum $m + q$, contenu dans un groupe d'ordre $2q + m$ avec m fonctions distinguées, exige, en général, des intégrations. Soit $(u_1, \ldots, u_{2q+m})$ le groupe proposé. On commencera par déterminer m fonctions distinguées U_1, ..., U_m, ce qui exige les opérations m, $m-1$, ..., 3, 2, 1. Prenant ensuite une autre fonction non distinguée du groupe, u_1 par exemple, l'équation linéaire

$$(u_1, F) = 0,$$

où on remplace F par une fonction de $u_1, \ldots, u_{2q+m}$, est une équation linéaire à $2q + m$ variables, dont on connaît $m + 1$ intégrales u_1, U_1, ..., U_m. On aura une nouvelle intégrale w_1 par une opération d'ordre $2q - 2$. On considèrera ensuite le système complet

$$(u_1, F) = 0, \quad (w_1, F) = 0,$$

dont on connaît $m + 2$ intégrales u_1, w_1, U_1, ..., U_m, et ainsi de suite. En résumé, *on aura un système en involution d'ordre $q + m$, contenu dans le groupe proposé, par les opérations*

$$m, \quad m-1, \quad \ldots, \quad 3, 2, 1; \quad 2q-2, \quad 2q-4, \quad \ldots, \quad 4, 2.$$

132. Arrivons maintenant à l'objet essentiel de ce chapitre. Soit

$$(14) \qquad f_1 = C_1, \quad \ldots, \quad f_q = C_q$$

un système en involution, qu'il s'agit d'intégrer; supposons que l'on ait obtenu, par un moyen quelconque, un certain nombre d'intégrales $f_{q+1}, \ldots, f_r$, différentes de $f_1, \ldots, f_q$, du système complet

$$(15) \qquad (f_1, f) = 0, \quad \ldots, \quad (f_q, f) = 0.$$

Par exemple, s'il s'agit d'une équation unique $f_1 = 0$, provenant d'un problème de mécanique, les principes généraux de la mécanique feront souvent connaître un certain nombre d'intégrales, autres que f_1, de l'équation linéaire $(f_1, f) = 0$. Comment peut-on utiliser ces intégrales connues, pour simplifier l'intégration du système en involution proposé?

On peut toujours supposer que l'application du théorème de Poisson à deux quelconques des intégrales $f_{q+1}, \ldots, f_r$ ne donne pas d'intégrale distincte de $f_1, \ldots, f_r$. S'il n'en était pas ainsi, on ajouterait les nouvelles intégrales ainsi obtenues aux anciennes, et ainsi de suite.

Il suffit donc d'examiner le cas où les r fonctions $f_1, \ldots, f_q, \ldots, f_r$ forment un groupe. Si l'ordre r est égal à $2n - q$, on a immédiatement l'intégrale générale du système complet (15) et il suffira d'une quadrature (§ 122) pour avoir également l'intégrale générale du système en involution (14). Nous supposerons, par conséquent, $r < 2n - q$.

Le groupe $(f_1, \ldots, f_q, \ldots, f_r)$ contient les q fonctions distinguées $f_1, \ldots, f_q$, mais il peut en contenir d'autres. Pour plus de généralité, nous supposerons que ce groupe contient en outre m fonctions distinguées, distinctes de $f_1, \ldots, f_q$ $(m \geqq 0)$. On a vu plus haut (§ 127) comment on pourrait toujours déterminer le nombre entier m par des calculs élémentaires. On aura alors

$$r = q + m + 2\nu, \qquad \nu \geqq 0.$$

Ce groupe contiendra un système en involution d'ordre $q + m + \nu$

$$f_1, \ldots, f_q, \Omega_1, \ldots, \Omega_m, W_1, \ldots, W_\nu,$$

et, si on peut déterminer ce système, l'intégration du système en involution proposé sera ramenée à l'intégration d'un nouveau système en involution de $(q + m + \nu)$ équations, problème qui est évidemment plus simple que le proposé et qui n'exige que les opérations

$$2n - 2q - 2m - 2\nu, \quad 2n - 2 - 2q - 2m - 2\nu, \quad \ldots, \quad 4, 2,$$

et une quadrature, si on emploie la méthode de Jacobi et Mayer.

133. C'est une circonstance de ce genre qui se présente dans le problème des trois corps. Supposons, pour simplifier, que l'un des corps soit fixe. On est alors conduit à une équation aux dérivées partielles de la forme

$$H(x_1, \ldots, x_n, p_1, \ldots, p_n) = a,$$

et le principe des aires fait connaître trois intégrales F_1, F_2, F_3 de l'équation linéaire $(H, F) = 0$. Ces trois intégrales forment un groupe, car on a les relations

$$(F_1, F_2) = F_3, \quad (F_2, F_3) = F_1, \quad (F_3, F_1) = F_2;$$

ce groupe étant d'ordre 3, sans être en involution, ne peut contenir qu'une fonction distinguée. Pour l'obtenir, nous avons à considérer les trois équations

$$(F_1, \Phi) = \quad F_3 \frac{\partial \Phi}{\partial F_2} - F_2 \frac{\partial \Phi}{\partial F_3} = 0,$$

$$(F_2, \Phi) = -F_3 \frac{\partial \Phi}{\partial F_1} + F_1 \frac{\partial \Phi}{\partial F_3} = 0,$$

$$(F_3, \Phi) = \quad F_2 \frac{\partial \Phi}{\partial F_1} - F_1 \frac{\partial \Phi}{\partial F_2} = 0,$$

qui se réduisent à deux équations distinctes et qui admettent l'intégrale commune

$$\Phi = F_1^2 + F_2^2 + F_3^2.$$

Les trois équations

$$H = a, \quad F_3 = b, \quad F_1^2 + F_2^2 + F_3^2 = c$$

forment alors un système en involution et l'intégration d'un pareil système par la méthode de Jacobi et Mayer n'exige que les opérations 6, 4, 2, et une quadrature.

On arrive à un résultat tout pareil dans le cas général, où aucun des corps n'est supposé fixe (1). On a alors une équation du premier ordre à neuf variables

$$H\,(x_1, \ldots, x_4, p_1, \ldots, p_4) = a,$$

et les théorèmes généraux de la mécanique fournissent 8 intégrales distinctes de l'équation linéaire $(H, F) = 0$. Ces intégrales forment un groupe qui contient *deux* fonctions distinguées et qui renferme, par conséquent, un système en involution d'ordre 5. Les intégrations nécessaires pour déterminer ce système peuvent être effectuées et, en ajoutant l'équation $H = a$, on est conduit à un système en involution de six équations. Les opérations qu'il faudrait faire pour achever le problème sont donc du même ordre que dans le cas particulier examiné d'abord.

134. Au lieu de déterminer le système en involution d'ordre $q + m + v$ contenu dans le groupe $(f_1, \ldots, f_q, \ldots, f_s)$, on obtient

---

(1) Lie, *Mathematische Annalen*, t. VIII, p. 220.

des simplifications équivalentes en déterminant simplement les m fonctions distinguées, autres que $f_1, \ldots, f_q$. Soient $\Omega_1, \ldots, \Omega_m$ ces m fonctions distinguées et $\Phi_1, \ldots, \Phi_{2\nu}$ les 2ν fonctions qui complètent le groupe

$$f_1, \ldots, f_q, \Omega_1, \ldots, \Omega_m, \Phi_1, \ldots, \Phi_{2\nu}.$$

Considérons le système complet

$$(f_1, f) = 0, \quad \ldots, \quad (f_q, f) = 0, \quad (\Omega_1, f) = 0, \quad \ldots, \quad (\Phi_{2\nu}, f) = 0,$$

dont on connaît $m + q$ intégrales $f_1, \ldots, \Omega_m$; on en obtiendra une autre f_{q+1} par une opération d'ordre $2n - 2m - 2q - 2\nu$. Cette fonction f_{q+1} n'appartiendra pas au groupe, car elle serait une fonction distinguée dans ce groupe, c'est-à-dire une fonction de $f_1, \ldots, f_q, \Omega_1, \ldots, \Omega_m$ et, d'après la façon dont on opère, il ne pourra pas en être ainsi. On sera alors ramené à intégrer un système en involution

$$f_1 = C_1, \quad \ldots, \quad f_q = C_q, \quad f_{q+1} = C_{q+1}, \quad \Omega_1 = C'_1, \quad \ldots, \quad \Omega_m = C'_m,$$

connaissant les 2ν solutions $\Phi_1, \ldots, \Phi_{2\nu}$ du système complet

$$(f_1, f) = 0, \quad \ldots, \quad (f_{q+1}, f) = 0, \quad (\Omega_1, f) = 0, \quad \ldots, \quad (\Omega_m, f) = 0.$$

Nous opérerons de la même façon que tout à l'heure en considérant le système complet

$$(f_1, f) = 0, \quad \ldots, \quad (f_{q+1}, f) = 0, \quad (\Omega_1, f) = 0, \quad \ldots, \quad (\Phi_{2\nu}, f) = 0,$$

dont on connaît $m + q + 1$ intégrales. On en trouvera une autre par une opération d'ordre $2n - 2m - 2q - 2\nu - 2$. En continuant ainsi, on arrivera, par une opération d'ordre 2, à un système en involution

$$f_1 = 0, \quad \ldots, \quad f_\mu = 0, \quad \Omega_1 = 0, \quad \ldots, \quad \Omega_m = 0, \qquad \mu = n - m - \nu,$$

connaissant les 2ν solutions $\Phi_1, \ldots, \Phi_{2\nu}$ du système complet

$$(f_1, f) = 0, \quad \ldots, \quad (f_\mu, f) = 0, \quad (\Omega_1, f) = 0, \quad \ldots, \quad (\Omega_m, f) = 0.$$

L'intégration de ce système n'exige plus qu'une quadrature.

En résumé, pour intégrer un système en involution

$$f_1 = C_1, \quad \ldots, \quad f_q = C_q,$$

connaissant $2\gamma + m$ intégrales des équations $(f_i, f) = 0$, qui forment avec $f_0, ..., f_i$ un groupe possédant, outre $f_0, ..., f_i$, m fonctions distinguées, la méthode précédente exige les opérations

$$m, \quad m - 1, \quad ..., \quad 3, 2, 1,$$
$$2n - 2q - 2m - 2\gamma, \quad 2n - 2 - 2q - 2m - 2\gamma, \quad ..., \quad 6, 4, 2$$

La méthode de Cauchy généralisée exige les opérations

$$2n - 2q - m - 2\gamma, \quad 2n - 2q - m - 2\gamma - 1, \quad ..., \quad 3, 2, 1$$

Considérons en particulier le cas d'une seule équation

$$f_1(x_1, ..., x_n, p_1, ..., p_n) = C_1,$$

et soient $\Phi_1, ..., \Phi_{2\gamma + m}$ des intégrales connues de l'équation $(f_1, f) = 0$ qui forment avec f_1 un groupe renfermant m fonctions distinguées sans compter f_1. On a plusieurs cas à distinguer, suivant que le nombre $2\gamma + m$ est inférieur ou supérieur à n.

1° Soit $2\gamma + m < n - 1$; on aura aussi $m < n - 1$ et, par conséquent,

$$2\gamma + 2m < 2n - 2.$$

Les nombres

$$m, \quad m - 1, \quad ..., \quad 3, 2, 1,$$
$$2n - 2 - 2\gamma - 2m, \quad 2n - 4 - 2\gamma - 2m, \quad ...$$

seront respectivement plus petits que les nombres

$$2n - 2 - 2\gamma - m, \quad 2n - 3 - 2\gamma - m, \quad ..., \quad 3, 2, 1;$$

la nouvelle méthode est plus simple que celle de Cauchy.

2° Soit $2\gamma + m = n - 1$; si $\gamma = 0$, les fonctions $f_1, \Phi_1, ..., \Phi_{n-1}$ forment un système en involution et l'intégration est terminée immédiatement par la méthode de Jacobi. Si $\gamma > 0$, on aura $m \leq n - 3$, $2\gamma + 2m \leq 2n - 4$ et, par suite, $2n - 2\gamma - 2m - 2 > 0$. La méthode est encore plus simple que celle de Cauchy.

3° Soit $2\gamma + m \geq n$. On verra encore que la nouvelle méthode est plus simple que celle de Cauchy, à moins que l'on n'ait

$$2n - 2\gamma - 2m - 2 = 0;$$

dans ce cas, le groupe $(f_1, \Phi_1, ..., \Phi_{2\gamma+m})$ contient un système en involution d'ordre $γ + m + 1 = n$ et nous verrons plus loin qu'il suffit alors d'une quadrature pour achever l'intégration.

135. Les méthodes précédentes supposent que l'on a déterminé préalablement les fonctions distinguées du groupe $(f_1, ..., f_γ, ..., f_k)$. M. Lie est revenu sur ce sujet dans le tome XI des *Mathematische Annalen*, et a montré que cette détermination n'était pas nécessaire. La méthode générale à laquelle il est parvenu ainsi paraît atteindre le plus grand degré de simplification possible. Nous établirons d'abord un certain nombre de propositions préliminaires.

Soient $Z, X_1, ..., X_m, P_1, ..., P_m$, $2m + 1$ fonctions quelconques des $2n + 1$ variables indépendantes z, x_i, p_i, dont les différentielles satisfont à la relation

$$(16) \quad dZ - P_1 dX_1 - ... - P_m dX_m = \rho(dz - p_1 dx_1 - ... - p_n dx_n),$$

où ρ est une fonction des variables z, x_i, p_i qui n'est pas nulle. Le nombre entier m ne peut être inférieur à n, car, si on a entre les variables z, x_i, p_i les $m + 1$ relations

$$Z = a, \quad X_1 = a_1, \quad ..., \quad X_m = a_m,$$

où $a, a_1, ..., a_m$ sont des constantes quelconques, on aura entre les différentielles la relation

$$dz - p_1 dx_1 - ... - p_n dx_n = 0,$$

ce qui exige (§ 89) qu'il y ait au moins $n + 1$ équations distinctes entre les variables. On a examiné en détail, dans le chapitre précédent, le cas où $m = n$. Supposons maintenant $m \geq n$. Quelques-unes des démonstrations données au § 105 subsistent sans modification. Ainsi, en supposant que les différentielles $dz, dx_1, ..., dx_n$ soient liées par la relation

$$dz - p_1 dx_1 - ... - p_n dx_n = 0,$$

on aura d'abord

$$(17) \quad \begin{cases} dX_i = \dfrac{dX_i}{dx_1} dx_1 + ... + \dfrac{dX_i}{dx_n} dx_n + \dfrac{\partial X_i}{\partial p_1} dp_1 + ... + \dfrac{\partial X_i}{\partial p_n} dp_n, \\[2ex] dP_i = \dfrac{dP_i}{dx_1} dx_1 + ... + \dfrac{dP_i}{dx_n} dx_n + \dfrac{\partial P_i}{\partial p_1} dp_1 + ... + \dfrac{\partial P_i}{\partial p_n} dp_n, \end{cases}$$

$$(i = 1, 2, ..., m).$$

On démontrera ensuite, en reprenant les calculs qui ont été faits à la page 270, que l'on a encore

$$(18) \begin{cases} \rho\, dx_i = \dfrac{\partial P_1}{\partial p_i}\, dX_1 - \dfrac{\partial X_1}{\partial p_i}\, dP_1 + \ldots + \dfrac{\partial P_m}{\partial p_i}\, dX_m - \dfrac{\partial X_m}{\partial p_i}\, dP_m, \\[2mm] -\rho\, dp_i = \dfrac{d P_1}{d x_i}\, dX_1 - \dfrac{d X_1}{d x_i}\, dP_1 + \ldots + \dfrac{d P_m}{d x_i}\, dX_m - \dfrac{d X_m}{d x_i}\, dP_m, \end{cases}$$

u étant une fonction quelconque de z, x_i, p_i, si on remplace dx_i, dp_i par les valeurs précédentes dans la formule qui donne du

$$du = \frac{du}{dx_1}\, dx_1 + \ldots + \frac{du}{dx_n}\, dx_n + \frac{\partial u}{\partial p_1}\, dp_1 + \ldots + \frac{du}{\partial p_n}\, dp_n,$$

il vient

$$(19) \begin{cases} \rho\, du = [P_1, u]\, dX_1 + \ldots + [P_m, u]\, dX_m \\[2mm] \qquad\qquad - [X_1, u]\, dP_1 - \ldots - [X_m, u]\, dP_m. \end{cases}$$

Si m est plus grand que n, les $2m$ fonctions X_i, P_i ne sont plus indépendantes et on ne peut pas conclure de cette relation que les crochets $[X_i, X_k]$ et les analogues soient nuls en général.

136. Considérons maintenant une identité de la forme

$$(20)\quad dU + F_1\, df_1 + \ldots + F_r\, df_r = p_1\, dx_1 + \ldots + p_n\, dx_n \quad (r \geqq n),$$

où U, F_i, f_i sont des fonctions des $2n$ variables $x_1, \ldots, x_n, p_1, \ldots, p_n$. Cette identité peut se ramener à la forme (16) en l'écrivant

$$d(z - U) - F_1\, df_1 - \ldots - F_r\, df_r = dz - p_1\, dx_1 - \ldots - p_n\, dx_n,$$

et les formules (18) et (19) deviennent ici

$$(18)' \begin{cases} dx_i = \dfrac{\partial F_1}{\partial p_i}\, df_1 - \dfrac{\partial f_1}{\partial p_i}\, dF_1 + \ldots + \dfrac{\partial F_r}{\partial p_i}\, df_r - \dfrac{\partial f_r}{\partial p_i}\, dF_r, \\[2mm] -dp_i = \dfrac{\partial F_1}{\partial x_i}\, df_1 - \dfrac{\partial f_1}{\partial x_i}\, dF_1 + \ldots + \dfrac{\partial F_r}{\partial x_i}\, df_r - \dfrac{\partial f_r}{\partial x_i}\, dF_r, \end{cases}$$

et

$$(19)' \begin{cases} du = (F_1, u)\, df_1 + \ldots + (F_r, u)\, df_r \\[2mm] \qquad\qquad - (f_1, u)\, dF_1 - \ldots - (f_r, u)\, dF_r, \end{cases}$$

u étant une fonction quelconque des variables x_i, p_i.

Les équations $(18)'$ prouvent que, parmi les $2r$ fonctions F_i, f_i, il y en a toujours $2n$ d'indépendantes. S'il n'en était pas ainsi, tous les déterminants d'ordre $2n$ contenus dans le tableau rectangulaire

$$\left| \begin{array}{cccc} \dfrac{\partial F_1}{\partial p_1}, & \dfrac{\partial f_1}{\partial p_1}, & \dots \dfrac{\partial F_r}{\partial p_1}, & \dfrac{\partial f_r}{\partial p_1} \\ \hdotsfor{4} \\ \hdotsfor{4} \\ \dfrac{\partial F_1}{\partial x_n}, & \dfrac{\partial f_1}{\partial x_n}, & \dots \dfrac{\partial F_r}{\partial x_n}, & \dfrac{\partial f_r}{\partial x_n} \end{array} \right|$$

seraient nuls, et des relations $(18)'$ on pourrait déduire une relation linéaire entre les différentielles dx_i, dp_i, ce qui est évidemment impossible, puisque les variables x_i, p_i sont indépendantes. Nous supposerons de plus, ce qu'on peut toujours faire, que les fonctions $f_1, \dots, f_r$ sont distinctes.

Cela posé, on a le théorème suivant :

Si on a une identité de la forme

$$(20) \qquad dU + F_1\, df_1 + \dots + F_r\, df_r = p_1\, dx_1 + \dots + p_n\, dx_n,$$

où $f_1, \dots, f_r$ sont r intégrales distinctes du système complet

$$(21) \quad (f_1, f) = 0, \ \dots, \ (f_q, f) = 0, \ \text{ou} \ (f_i, f_k) = 0, \quad (i, k = 1, 2, \dots, q),$$

$F_{q+1}, \dots, F_r$ *donnent les autres intégrales de ce système complet et on a les relations*

$$(22) \qquad [f_1, x - U] = 0, \quad \dots, \quad [f_q, x - U] = 0.$$

Si dans l'identité $(19)'$ nous remplaçons u par f_k, il vient

$$df_k = (F_1, f_k)\, df_1 + (F_2, f_k)\, df_2 + \dots + (F_r, f_k)\, df_r,$$

et, puisque par hypothèse les fonctions $f_1, \dots, f_r$ sont indépendantes, on a les relations

$$(F_k, f_k) = 1, \quad (f_1, F_2) = 0, \quad \dots, \quad (f_r, F_r) = 0.$$

En remplaçant de même u par $f_2, \dots, f_r$, on en conclut que F_{q+1}, $\dots$, F_r sont des intégrales du système complet (21). D'un autre côté, parmi les $2r$ fonctions F_i, f_i, il y en a toujours $2n$ d'indépendantes;

donc, parmi les fonctions $f_1, ..., f_q, F_{q+1}, ..., F_r$, il y en aura toujours $2n - q$ d'indépendantes. Elles donneront, par conséquent, l'intégrale générale du système complet (21).

Pour obtenir les formules (22), remarquons que l'identité (20) équivaut aux $2n$ relations

$$(23) \qquad p_k = \sum_{i=1} F_i \frac{\partial f_i}{\partial x_k} + \frac{\partial U}{\partial x_k},$$

$$(k = 1, 2, ..., n)$$

$$(24) \qquad 0 = \sum_{i=1} F_i \frac{\partial f_i}{\partial p_k} + \frac{\partial U}{\partial p_k}.$$

Remplaçons $\dfrac{\partial U}{\partial x_k}, \dfrac{\partial U}{\partial p_k}$ par leurs valeurs tirées de ces formules dans

$$[f_1, z - U] = \sum_{i=1} p_i \frac{\partial f_1}{\partial p_i} - \sum_{i=1}\left(\frac{\partial f_1}{\partial p_i}\frac{\partial U}{\partial x_i} - \frac{\partial f_1}{\partial x_i}\frac{\partial U}{\partial p_i}\right),$$

on trouve

$$[f_1, z - U] = \sum_{i=1} F_i (f_i, f_1) = 0,$$

et on voit de même que l'on aura

$$[f_2, z - U] = 0, \quad ..., \quad [f_r, z - U] = 0.$$

137. Nous avons encore besoin de connaître la solution du problème suivant : Étant données r fonctions $f_1, ..., f_r$ des variables x_i, p_i, telles qu'il existe d'autres fonctions $F_1, ..., F_r, U$, donnant lieu avec les précédentes à l'identité (20), comment obtiendra-t-on ces nouvelles fonctions $U, F_1, ..., F_r$?

Prenons pour nouvelles variables indépendantes $f_1, ..., f_r$ et $2n - r$ quantités $u_1, u_2, ..., u_{2n-r}$, formant avec $f_1, ..., f_r$ un système de $2n$ fonctions distinctes. La relation (20) devient

$$(25) \quad \left\{ \begin{aligned} \sum_{i=1}^{2n-r}\sum_{k=1}^{n} p_k \frac{\partial x_k}{\partial u_i} du_i &+ \sum_{j=1}^{r}\sum_{k=1}^{n} p_k \frac{\partial x_k}{\partial f_j} df_j \\ &= \sum_j F_j df_j + \sum_i \frac{\partial U}{\partial u_i} du_i + \sum_j \frac{\partial U}{\partial f_j} df_j \end{aligned} \right.$$

et elle peut être remplacée par les $2n$ relations

$$(26) \qquad \frac{\partial U}{\partial u_i} = \sum_k p_k \frac{\partial x_k}{\partial u_i},$$

$$(27) \qquad F_i = -\frac{\partial U}{\partial f_i} + \sum_k p_k \frac{\partial x_k}{\partial f_i}.$$

Des formules (26) on déduira U par une quadrature, en supposant, bien entendu, que le problème soit possible, et on aura ensuite $F_1, \ldots, F_r$ au moyen des formules (27). Remarquons qu'on peut toujours ajouter à U une fonction arbitraire de $f_1, \ldots, f_r$; ce qui était évident a priori. On peut donc énoncer la proposition suivante :

Soient $f_1, \ldots, f_r$ des fonctions connues de $x_1, \ldots, x_n, p_1, \ldots, p_n$, telles qu'il existe une relation de la forme

$$(20) \qquad dU + F_1\, df_1 + \ldots + F_r\, df_r = p_1\, dx_1 + \ldots + p_n\, dx_n;$$

U s'obtient par une quadrature, et on a ensuite $F_1, \ldots, F_r$ par des différentiations seulement.

138. L'application de ces résultats aux équations aux dérivées partielles conduit à l'important théorème ci-dessous.

Théorème. — *Soit*

$$(28) \qquad f_1 = C_1, \quad \ldots, \quad f_r = C_r$$

un système en involution, et soient $f_1, \ldots, f_r, \ldots, f_n$, r intégrales distinctes du système complet

$$(29) \qquad (f_1, f) = 0, \quad \ldots, \quad (f_r, f) = 0;$$

s'il existe d'autres fonctions $F_1, \ldots, F_r, U$, telles que l'on ait la relation (20), l'intégration du système (28) n'exige qu'une quadrature.

En effet, nous venons de voir qu'on aura par une quadrature les fonctions $U, F_1, \ldots, F_r$. Les fonctions $f_1, \ldots, f_r, F_{r+1}, \ldots, F_n$ donneront l'intégrale générale du système complet (29) et U sera une intégrale des équations

$$[f_1, z - U] = 0, \quad \ldots, \quad [f_r, z - U] = 0;$$

on aura donc $2n - q + 1$ intégrales distinctes du système complet

$$[f_1, \Phi] = 0, \quad \dots, \quad [f_r, \Phi] = 0$$

et la méthode de Cauchy généralisée (§ 94) nous fournira par des éliminations une intégrale complète du système en involution (28).

Ce théorème donne une réelle importance à la question suivante :

Connaissant les r intégrales $f_1, \dots, f_q, \dots, f_r$ du système complet (29), comment reconnaître si on peut trouver d'autres fonctions $F_1, \dots, F_q, U$, telles que l'on ait la relation (20)? Nous supposerons que l'application du théorème de Poisson aux intégrales connues ne donne pas d'intégrales nouvelles, c'est-à-dire que les fonctions $f_1, \dots, f_q, \dots, f_r$ forment un groupe. Pour qu'il existe une relation de la forme (20), *il faut et il suffit que ce groupe renferme un système en involution d'ordre n.*

D'abord, il est clair que la condition est suffisante ; en effet, si elle est remplie, le groupe $(f_1, \dots, f_q, \dots, f_r)$ peut être ramené à la forme canonique (§ 128)

$$P_1, \dots, P_{n_1}; \quad X_1, \dots, X_n,$$

et on a une relation de la forme

$$p_1\,dx_1 + \dots + p_n\,dx_n = Q_1\,dX_1 + \dots + Q_q\,dX_q + dV_1;$$

comme $X_1, \dots, X_n$ sont des fonctions de $f_1, \dots, f_q$, cette relation peut aussi s'écrire

$$p_1\,dx_1 + \dots + p_n\,dx_n = F_1\,df_1 + \dots + F_q\,df_q + dV_1;$$

Inversement, si on a une identité de la forme (20), les fonctions $f_1, \dots, f_r$ engendrent un groupe qui renferme un système en involution d'ordre n. Soit

$$P_1, \dots, P_p; \quad X_1, \dots, X_x, \qquad (0 \leqq x \leqq n),$$

la forme canonique de ce groupe ; la relation (20) pourra s'écrire

$$\sum_{i=1}^{n} p_i\,dx_i = \sum_{i=1}^{x} A_i\,dX_i + \sum_{i=1}^{p} B_i\,dP_i + dV.$$

On peut trouver d'autres fonctions $P_{p+1}, \dots, P_n, X_{x+1}, \dots, X_n$ telles que le groupe

$$P_1, \ldots, P_\alpha, \quad X_1, \ldots, X_\alpha,$$

soit un groupe canonique et on a par conséquent

$$\sum_{i=1}^{n} p_i \, dx_i = P_1 \, dX_1 + \ldots + P_n \, dX_n + dW.$$

En retranchant les deux identités membre à membre, il vient

$$\sum_{i=1}^{n} P_i \, dX_i = \sum_{i=1}^{\alpha} A_i \, dX_i + \sum_{i=1}^{\alpha} B_i \, dP_i + d(V - W);$$

or, une telle identité est impossible, si $\alpha < n$. Car, en prenant X_1, ..., X_α, P_1, ..., P_α pour variables indépendantes, on aurait les deux équations incompatibles

$$\frac{\partial (V - W)}{\partial X_n} = P_n, \quad \frac{\partial (V - W)}{\partial P_n} = 0.$$

Nous pourons donc énoncer la proposition suivante, qui n'est qu'une autre forme du théorème précédent :

Étant donné un système en involution

$$f_1 = C_1, \quad \ldots, \quad f_\alpha = C_\alpha,$$

si on connaît ν intégrales f_1, ..., f_α, ..., f_ν du système complet

$$(f_1, f) = 0, \quad \ldots, \quad (f_\alpha, f) = 0,$$

formant un groupe qui renferme un système en involution d'ordre n (ce qu'on peut toujours reconnaître par des opérations élémentaires), l'intégration du système en involution proposé se ramène à une quadrature.

139. La proposition de Jacobi sur le dernier multiplicateur n'est qu'un cas particulier de ce théorème. Soit $f_1 = C_1$ une équation unique; l'équation linéaire $(f_1, f) = 0$ admet, outre f_1, $2n - 2$ intégrales distinctes. Supposons qu'on ait obtenu toutes les intégrales, sauf une, et qu'on ne puisse obtenir cette dernière intégrale par l'application du théorème de Poisson; alors les intégrales connues

$f_1, f_2, ..., f_{2n-2}$ forment un groupe d'ordre $2n - 2$ dont la forme canonique sera

$$P_1, ..., P_\beta, \quad X_1, ..., X_\alpha, \qquad (\alpha + \beta = 2n - 2);$$

comme le groupe contient une fonction distinguée f_1, β sera inférieur à α et on aura forcément $\alpha = n$. Les intégrales $X_1, ..., X_\alpha$ formeront donc un système en involution d'ordre n. Par conséquent, d'après le théorème précédent, on pourra obtenir la dernière intégrale de l'équation $(f_1, f) = 0$ par une quadrature.

La proposition précédente va même plus loin que la théorie de Jacobi. En effet, une quadrature unique nous donne à la fois une intégrale complète de l'équation $f_1 = C_1$ et la dernière intégrale de l'équation $(f_1, f) = 0$. En employant le dernier multiplicateur, une fois la dernière intégrale de l'équation $(f_1, f) = 0$ obtenue par une quadrature, il faudrait encore une quadrature pour avoir une intégrale complète de l'équation $f_1 = C_1$.

140. Voici maintenant comment on pourra se servir des intégrales connues pour simplifier l'intégration. Soit toujours

$$(28) \qquad f_1 = C_1, \quad ..., \quad f_q = C_q,$$

le système en involution proposé, et soient $f_{1}, ..., f_q, f_{q+1}, ..., f_r$ les intégrales connues du système complet

$$(29) \qquad (f_1, f) = 0, \quad ..., \quad (f_q, f) = 0;$$

nous supposons que ces intégrales forment un groupe qui admet, outre $f_1, ..., f_q$, m fonctions distinguées $\Omega_1, ..., \Omega_m$, d'ailleurs inconnues. On a vu plus haut (§ 127) comment on pourrait obtenir, par les calculs les plus élémentaires, un système d'équations linéaires

$$(30) \quad B_1(f) = 0, \quad ..., \quad B_r(f) = 0, \quad ..., \quad B_{r+m}(f) = 0,$$

équivalent au système complet

$$(31) \quad (f_1, f) = 0, \quad ..., \quad (f_r, f) = 0, \quad (\Omega_1, f) = 0, \quad ..., \quad (\Omega_m, f) = 0.$$

Il suffira, par exemple, de poser

$$B_1(f) = (f_1, f), \quad ..., \quad B_r(f) = (f_r, f),$$

et de former ensuite les équations de la forme

$$\lambda_1 (f_{q+1}, f) + \ldots + \lambda_{r-q} (f_r, f) = 0,$$

qui admettent les intégrales $f_{q+1}, \ldots, f_r$. Il existe m équations distinctes seulement satisfaisant à ces conditions ; on les prendra pour $B_{q+1}(f), \ldots, B_{q+m}(f)$.

Le système (30) ainsi obtenu admet les r intégrales $f_1, \ldots, f_q, \ldots, f_r$; on en obtiendra une nouvelle intégrale par une opération d'ordre

$$2n - q - m - r,$$

or, en remarquant que la différence $r - q - m$ est un nombre pair 2γ, par une opération d'ordre

$$2n - 2q - 2m - 2\gamma.$$

Soit φ, une intégrale du système (30) ; deux cas peuvent se présenter. D'abord, il peut arriver que les fonctions $f_1, \ldots, f_q, \ldots, f_r, \varphi$ forment un groupe ; les fonctions $f_1, \ldots, f_q, \Omega_1, \ldots, \Omega_m$ seront des fonctions distinguées de ce groupe et, comme la différence $r + 1 - q - m$ n'est pas un nombre pair, ce groupe admettra une fonction distinguée de plus Ω_{m+1} [1]. On est donc conduit à un problème de même forme que le premier, les nombres r et m étant remplacés par $r + 1$ et $m + 1$. On formera comme tout à l'heure un système complet

$$B_1(f) = 0, \quad \ldots, \quad B_{q+m+1}(f) = 0,$$

équivalent au système

$$(f_1, f) = 0, \quad \ldots, \quad (f_q, f) = 0, \quad (\Omega_1, f) = 0, \quad \ldots, \quad (\Omega_{m+1}, f) = 0,$$

dont on connaît $r + 1$ intégrales ; la recherche d'une nouvelle intégrale exigera une opération d'ordre

$$2n - r - 1 - q - m - 1 = 2n - 2q - 2m - 2\gamma - 2.$$

L'ordre de cette opération est, comme on voit, inférieur de deux unités à l'ordre de la première.

---

[1] Le nouveau groupe ne peut contenir plus de $m + 1$ fonctions distinguées. D'après la façon même dont on calcule le nombre des fonctions distinguées d'un groupe, on voit, en effet, que, si un groupe d'ordre r contient m fonctions distinguées, un sous-groupe d'ordre $r - q$ en contient $m - q$.

Il peut arriver que les fonctions $f_1, \ldots, f_r, \varphi_1$ ne forment pas un groupe. Alors l'application du théorème de Poisson nous donnera d'autres intégrales $\varphi_2, \ldots, \varphi_s$. Dans le groupe ainsi obtenu $(f_1, \ldots, f_r, \varphi_1, \ldots, \varphi_s)$ les fonctions $f_1, \ldots, f_q, \Omega_1, \ldots, \Omega_m$ sont des fonctions distinguées, mais il peut y en avoir d'autres $\Omega_{m+1}, \ldots, \Omega_{m+m'}$. Le problème a encore repris la forme primitive, sauf que r et m sont remplacées respectivement par $r + s$ et $m + m'$. L'opération suivante sera d'ordre

$$2n - (r + s) - (q + m + m'),$$

et, comme s est au moins égal à 2, cet ordre est inférieur d'au moins deux unités à celui de la première opération. On verra de même que l'ordre de la troisième opération sera inférieur d'au moins deux unités à celui de la seconde, et ainsi de suite.

Supposons que de cette façon on ait obtenu assez d'intégrales $(f_1, \ldots, f_p)$ pour que le système complet

$$(f_1, f) = 0, \quad \ldots, \quad (f_p, f) = 0, \quad (\Omega_1, f) = 0, \quad \ldots, \quad (\Omega_\lambda, f) = 0$$

où $\Omega_1, \ldots, \Omega_\lambda$ sont les fonctions distinguées, autres que $f_1, \ldots, f_q$, du groupe $(f_1, \ldots, f_p)$, n'admette pas d'autres intégrales que $f_1, \ldots, f_p$. On aura dans ce cas

$$2n = q + \mu + \rho,$$

ou, en posant $\rho - q - \lambda = 2l$,

$$n = q + \mu + l.$$

Le groupe $(f_1, \ldots, f_p)$ contient alors un système en involution d'ordre n et, d'après le théorème général démontré plus haut, l'intégration du système (28) n'exige plus qu'une quadrature.

On peut donc énoncer la proposition suivante :

Théorème. — *Étant donné un système en involution*

$$f_1 = C_1, \quad \ldots, \quad f_q = C_q,$$

si l'on connaît r intégrales $f_1, \ldots, f_r$ du système complet

$$(f_1, f) = 0, \quad \ldots, \quad (f_q, f) = 0,$$

formant un groupe qui admet, outre $f_1, \ldots, f_q$, m fonctions distin-

gues inconnues, l'intégration du système en involution proposé s'exige, dans les cas les plus défavorables, que les opérations

$$2n - q - m - r, \quad 2n - q - m - r - 2, \quad ..., \quad 6, 4, 2,$$

et une quadrature.

Toutes ces opérations sont d'ordre pair et l'ordre diminue d'au moins deux unités quand on passe d'une opération à la suivante.

141. Pour donner un exemple, supposons que l'on ait une équation unique

$$f(x_1, ..., x_{10}, p_1, ..., p_{10}) = C,$$

et que l'on connaisse 7 intégrales $\varphi_1, \varphi_2, ..., \varphi_7$ de l'équation $(f, \varphi) = 0$ formant avec f un groupe d'ordre 8. Plusieurs cas sont à distinguer :

1° Ce groupe admet, avec f, une autre fonction distinguée ; l'intégration exige alors les opérations

$$10, \quad 8, \quad 6, \quad 4, \quad 2;$$

2° Le groupe renferme 4 fonctions distinguées. On a à effectuer les opérations

$$8, \quad 6, \quad 4, \quad 2;$$

3° Le groupe renferme 6 fonctions distinguées. Les opérations nécessaires sont d'ordre

$$6, \quad 4, \quad 2;$$

4° Enfin, si le groupe est en involution, l'emploi de la méthode de Jacobi exige les opérations

$$4, \quad 2.$$

L'emploi de la méthode de Cauchy, combinée avec le dernier multiplicateur, nécessiterait les opérations

$$11, \quad 10, \quad 9, \quad 8, \quad ..., \quad 4, \quad 3, \quad 2,$$

et deux quadratures.

Supposons encore que l'on connaisse 8 intégrales $\varphi_1, ..., \varphi_8$ de l'équation $(f, \varphi) = 0$, formant un groupe avec f. Tous les cas possibles sont résumés dans le tableau suivant :

			OPÉRATIONS				
Le groupe contient	1 fonction distinguée	10,	8,	6,	4,	2
—	3 —		8,	6,	4,	2
—	5 —			6,	4,	2
—	7 —				4,	2
—	9 —					2

REMARQUE. — On voit, sur cet exemple, que la connaissance de 8 intégrales de l'équation $(f, \varphi) = 0$ ne donne pas de plus grandes simplifications que la connaissance de 7 intégrales seulement. C'est là un fait général, que l'on vérifiera bien aisément d'après les développements qui précèdent : *si on connaît toutes les solutions, sauf* $2m + 1$, *du système complet*

$$(f_0, f) = 0, \quad \ldots \quad (f_q, f) = 0, \quad \text{ou} \quad (f, f_0) = 0,$$

le problème de l'intégration n'est pas plus difficile que si on connaissait toutes les solutions, sauf $2m$.

142. Équations homogènes. — Nous allons maintenant nous occuper des équations homogènes et de degré zéro par rapport aux variables $p_1, \ldots p_n$. Ce cas particulier est important à considérer, car il se présente toutes les fois que l'on a des équations du premier ordre dont on fait disparaître la fonction inconnue par l'artifice de Jacobi. Soit donc

$$(32) \qquad N_1 = C_1, \quad \ldots \quad N_q = C_q$$

un système en involution de q équations distinctes, où $N_1, \ldots, N_q$ sont des fonctions homogènes de degré zéro des variables p. (D'une manière générale, on désignera par la lettre H une fonction homogène de degré quelconque, par la lettre N ou X une fonction homogène de degré zéro, et par la lettre P une fonction homogène du premier degré; il s'agira toujours, dans la suite, d'homogénéité par rapport aux p.) La méthode de Cauchy généralisée ramène l'intégration du système en involution (32) à l'intégration du système complet

$$(33) \qquad [N_1, \Phi] = 0, \quad \ldots \quad [N_q, \Phi] = 0,$$

et, comme z est une solution de ce système, il suffira d'intégrer le système complet

$$(34) \qquad (N_1, \Phi) = 0, \quad \dots, \quad (N_q, \Phi) = 0,$$

pour avoir une intégrale complète du système (32) sans aucune quadrature.

On peut encore simplifier l'intégration. Posons, d'une manière générale,

$$M(F) = p_1 \frac{\partial F}{\partial p_1} + \dots + p_n \frac{\partial F}{\partial p_n} = [F, z],$$

et soit H une fonction homogène de degré s, de façon que $M(H) = s.H$. Appliquons la formule générale de Mayer aux trois fonctions z, H, F, les deux dernières ne renfermant pas z; il vient

$$[[H, F], z] + [[F, z], H] + [[z, H], F] = [F, H],$$

ou, en posant $[H, F] = A(F)$,

$$(35) \qquad M(A(F)) - A(M(F)) = (s-1) A(F).$$

Par conséquent, *si* K *est une solution de l'équation* $(H, F) = 0$, *où* H *est une fonction homogène,* $M(K)$ *sera une intégrale de la même équation.*

La même formule (35) nous montre aussi que l'on peut ajouter aux équations (34) la nouvelle équation $M(\Phi) = 0$, sans cesser d'avoir un système complet (¹). Le nouveau système

$$(36) \qquad (N_1, \Phi) = 0, \quad \dots, \quad (N_q, \Phi) = 0, \quad M(\Phi) = 0$$

admet $2n - 2q - 1$ intégrales, autres que $N_1, \dots, N_q$, que l'on obtiendra par les opérations $2n - 2q - 1, 2n - 2q - 2, \dots, 3, 2, 1$. Soient $\Phi_1, \dots, \Phi_{2n-2q-1}$, ces intégrales; toutes les parenthèses (Φ_i, Φ_k) seront des intégrales du système (34) et, comme ces parenthèses sont homogènes et de degré -1, elles ne pourront être des fonctions de $N_1, \dots, N_q, \Phi_1, \dots, \Phi_{2n-2q-1}$. En ajoutant une de ces parenthèses, différente de zéro, aux intégrales déjà connues, on aura l'intégrale

---

(¹) Si l'équation $M \Phi = 0$ était une conséquence des équations (36), les $2n - q$ intégrales du nouveau système $\Phi_1, \dots, \Phi_{2n-q}$ seraient des fonctions homogènes d'ordre zéro. Les parenthèses (Φ_i, Φ_k) qui sont homogènes et de degré -1, devraient être identiquement nulles. On aurait donc $2n - q \leqq n$, ou $q \geqq n$, et nous supposons $q < n$.

générale de (34). Le procédé ne serait en défaut que si toutes les parenthèses (Φ_i, Φ_k) étaient nulles. Ceci ne peut arriver que lorsque les fonctions N_i et Φ_k forment un système en involution d'ordre n, et, dans ce cas, l'intégration est immédiatement terminée par la méthode de Jacobi.

Pour intégrer le système (32) par la méthode de Jacobi, on commencera par chercher une intégrale N_{q+1}, différente de N_1, ..., N_q du système (36), ce qui se fera par une opération d'ordre $2n - 2q - 1$. On cherchera ensuite une intégrale du système complet

$$(37) \quad (N_1, \Phi) = 0, \quad \ldots, \quad (N_{q+1}, \Phi) = 0, \quad M(\Phi) = 0,$$

différente de N_1, ..., N_{q+1}, ce qui exige une opération d'ordre $2n - 2q - 3$, et ainsi de suite jusqu'à ce qu'on ait obtenu un système en involution de n fonctions distinctes d'ordre nul N_1, ..., N_i, ..., N_n. Cela fait, on aura sans difficulté n fonctions P_1, ..., P_n donnant lieu à l'identité (§ 111)

$$P_1 \, dN_1 + \ldots + P_n \, dN_n = p_1 \, dx_1 + \ldots + p_n \, dx_n,$$

qui peut encore s'écrire

$$dZ - P_1 \, dN_1 - \ldots - P_n \, dN_n = dz - p_1 \, dz_1 - \ldots - p_n \, dx_n,$$

$$\text{où} \quad Z = z.$$

Les équations

$$z = a, \quad N_1 = C_1, \quad \ldots, \quad N_n = C_n$$

donnent, par conséquent, une intégrale complète du système proposé.

On est maintenant conduit à se demander quel est le meilleur moyen de simplifier l'intégration quand on connaît un certain nombre d'intégrales du système complet (34). Il nous faut, pour cela, entrer dans quelques détails sur la théorie des groupes homogènes.

143. Un groupe d'ordre r est dit *groupe homogène* s'il contient r fonctions distinctes homogènes H_1, ..., H_r. La théorie de ces groupes spéciaux repose sur la proposition suivante : *Si K est une fonction des variables x_i, p_k, appartenant à un groupe homogène, $M(K)$ appartient au même groupe.*

En effet, soit $(H_1, \ldots, H_r)$ un groupe homogène et K une fonction appartenant à ce groupe, $K = \psi(H_1, ..., H_r)$. Des relations

$$M(H_i) = s_i H_i \qquad (i = 1, 2, ..., r),$$

on déduit, en multipliant par $\dfrac{\partial \psi}{\partial H_i}$ et ajoutant,

$$M(K) = \sum_{i=1}^{r} s_i H_i \frac{\partial \psi}{\partial H_i} = \psi_1(H_1, ..., H_r).$$

Réciproquement, si un groupe d'ordre r contient r fonctions distinctes $K_1, ..., K_r$, telles que les expressions $M(K_i)$ soient des fonctions de $K_1, ..., K_r$ seulement, ce groupe est homogène.

Soit
$$M(K_i) = \Omega_i(K_1, ..., K_r), \qquad (i = 1, 2, ..., r);$$

si toutes les fonctions Ω_i sont nulles, les fonctions K_i sont homogènes et de degré zéro. Si l'une au moins des fonctions Ω_i n'est pas nulle, on pourra trouver r fonctions distinctes appartenant au groupe, homogènes et du premier ordre. En désignant par Φ une fonction de $K_1, ..., K_r$, l'équation $M(\Phi) = \Phi$ peut, en effet, s'écrire

$$\sum \frac{\partial \Phi}{\partial K_i} \Omega_i(K_1, ..., K_r) = \Phi,$$

et on a pour déterminer Φ une équation linéaire à r variables indépendantes avec second membre, qui admet, par conséquent, r intégrales distinctes. De là se déduisent diverses conséquences.

1° Les groupes homogènes se divisent en deux classes, suivant qu'ils admettent r fonctions distinctes homogènes d'ordre nul, ou non. Dans le premier cas, toutes les fonctions du groupe sont d'ordre nul, on peut le représenter par $(N_1, ..., N_r)$. Dans le cas contraire, on peut toujours trouver, par des divisions et des élévations de puissances convenables, $r - 1$ fonctions distinctes du groupe, qui soient homogènes et d'ordre 0, et une autre qui soit d'ordre 1, par exemple, de sorte que le groupe aura la forme $(N_1, ..., N_{r-1}, P)$. Si toutes les fonctions sont d'ordre nul, le groupe est nécessairement en involution, car les parenthèses (N_1, N_2) devraient être d'ordre -1.

2° *Les fonctions communes à deux groupes homogènes forment un groupe homogène.* Car, si L est une fonction commune à deux groupes, il en est de même de M (L).

3° Étant données ν fonctions quelconques Φ_1, ..., Φ_ν des variables x_i, p_i, imaginons qu'on forme toutes les expressions $M(\Phi_i)$ et (Φ_i, Φ_k). Ajoutons aux fonctions Φ toutes celles de ces expressions qui ne s'expriment pas au moyen des fonctions Φ elles-mêmes. On obtient ainsi un nouveau système de $\nu + s$ fonctions distinctes Φ_1, ..., Φ_ν, ..., $\Phi_{\nu+s}$, sur lesquelles on peut recommencer les mêmes opérations. En continuant ainsi, il est clair qu'on finira par arriver à un groupe homogène. Les ν fonctions Φ_1, ..., Φ_ν engendrent donc un groupe homogène.

4° *Le groupe polaire d'un groupe homogène est homogène.* Soit $(H_1, ..., H_r)$ le groupe proposé. Si K est une intégrale du système complet

$$(H_1, \Phi) = 0, \quad ..., \quad (H_r, \Phi) = 0,$$

il en est de même, d'après la formule (35), de M (K); ce qui suffit pour établir la proposition.

144. Il résulte aussi de là que *les fonctions distinguées d'un groupe homogène forment un groupe homogène.* Car les fonctions distinguées d'un groupe sont les fonctions communes à ce groupe et à son groupe polaire. Soit $(H_1, ..., H_{r-1}, H_r)$ un groupe homogène renfermant m fonctions distinguées. Deux cas peuvent se présenter : ou bien toutes ces fonctions sont d'ordre nul, ou bien elles ne sont pas toutes d'ordre nul. Il est facile de distinguer ces deux cas. On obtient le nombre des fonctions distinguées en cherchant le nombre d'intégrales communes des équations

$$(H_1, \Phi) = 0, \quad ..., \quad (H_r, \Phi) = 0,$$

où on suppose que Φ ne dépend que de H_1, ..., H_r. Si ces équations se réduisent à $r - m$ équations distinctes, par exemple aux $r - m$ premières

$$(38) \qquad (H_1, \Phi) = 0, \quad ..., \quad (H_{r-m}, \Phi) = 0,$$

le groupe admet m fonctions distinguées. Pour avoir les fonctions distinguées d'ordre nul, il faudra joindre aux équations (38) la relation

$$(39) \qquad M(\Phi) = \sum_{i=1} \frac{\partial \Phi}{\partial H_i} M(H_i) = \sum_{i=1} s_i H_i \frac{\partial \Phi}{\partial H_i} = 0.$$

Si l'équation (39) est une combinaison linéaire des équations (38), toutes les fonctions distinguées sont d'ordre nul. Si l'équation (39) n'est pas une combinaison linéaire des équations (38), les équations (38) et (39) forment un système complet dont les $m-1$ intégrales communes donnent $m-1$ fonctions distinguées d'ordre nul. Les équations (38) admettent une autre intégrale commune dont l'ordre pourra être pris égal à 1 par exemple.

145. On a vu plus haut (§ 128) que tout groupe pouvait être ramené à une forme canonique $P_1, \ldots, P_m, X_1, \ldots, X_q$, où toutes les parenthèses sont nulles, sauf les parenthèses (P_i, X_i) qui ont pour valeur l'unité. Dans le cas des groupes homogènes, on peut de plus supposer que les fonctions X_i, P_i sont homogènes, d'ordre 0 et 1 respectivement. Prenons, en effet, un groupe homogène; s'il est en involution, on peut prendre pour forme canonique $X_1, \ldots, X_q$ ou $P_1, \ldots, P_m$, suivant que toutes les fonctions du groupe sont d'ordre nul ou non. Considérons en second lieu un groupe non en involution $(N_1, \ldots, N_{r-1}, P)$. Toutes les fonctions $N_1, \ldots, N_{r-1}$ ne peuvent être distinguées; supposons, par exemple, que N_1 ne soit pas distinguée. On pourra alors trouver une fonction F du groupe, du premier ordre, telle que $(F, N_1) = 1$. Soit, en effet, $F = P \varphi (N_1, \ldots, N_{r-1})$; la condition $(F, N_1) = 1$ développée donne

$$(P, N_1) \varphi + \sum_{i=1}^{r-1} P (N_i, N_1) \frac{\partial \varphi}{\partial N_i} = 1;$$

les fonctions (P, N_1) et $P (N_i, N_1)$ sont des fonctions du groupe d'ordre zéro et, par conséquent, s'expriment au moyen de $N_1, \ldots, N_{r-1}$ seulement. On aura donc, pour déterminer φ, une équation linéaire à $r-1$ variables. Soit P_1 une valeur de F ainsi obtenue; le groupe proposé se trouve décomposé (§ 128) en un groupe d'ordre 2 (N_1, P_1) et un groupe d'ordre $r-2$, $u'_1, \ldots, u'_{r-2}$, en involution avec le premier. Ce groupe $(u'_1, \ldots, u'_{r-2})$ est encore homogène; car, si $(v_1, \ldots, v_{r-2})$ est le groupe polaire du groupe proposé, le groupe

$(X_1, P_1, U_1, \ldots, U_{2p-2n})$ est homogène et son groupe polaire est précisément $(u'_1, \ldots, u'_{2p-2n})$. Si ce nouveau groupe n'est pas en involution, on recommencera les mêmes opérations, et ainsi de suite jusqu'à ce qu'on arrive à un groupe en involution. Tout groupe homogène peut donc être ramené à la forme

$$P_1, X_1, \ldots, P_n, X_n, \quad U_1, \ldots, U_m$$

où le groupe $(U_1, \ldots, U_m)$ est un groupe homogène en involution. Si toutes les fonctions de ce groupe sont d'ordre nul, on peut l'écrire $X_{n+1}, \ldots, X_{n+m}$; sinon on peut le mettre sous la forme $P_{n+1}, \ldots, P_{n+m}$. En résumé, *tout groupe homogène d'ordre $2q+m$, renfermant m fonctions distinguées, peut être ramené à la forme canonique*

$$(A) \qquad X_1, \ldots, X_q, \quad X_{q+1}, \ldots, X_{q+m}, \quad P_1, \ldots, P_q$$

ou à la forme canonique

$$(B) \qquad X_1, \ldots, X_q, \quad P_1, \ldots, P_q, \quad P_{q+1}, \ldots, P_{q+m}$$

où X_i, P_i sont des fonctions homogènes, d'ordre 0 et 1 respectivement, satisfaisant aux relations

$$(X_i, X_k) = 0, \quad (X_i, P_k) = 0, \quad (P_i, P_k) = 0, \quad (P_i, X_i) = 1.$$

La forme (A) convient aux groupes dont toutes les fonctions distinguées sont d'ordre nul, la forme (B) aux groupes pour lesquels il n'en est pas ainsi.

On démontrera comme plus haut (§ 129) que tout groupe canonique homogène est renfermé dans un groupe canonique à $2n$ termes, et on en conclut que *les seules propriétés d'un groupe homogène, invariantes relativement à toute transformation homogène de contact, sont l'ordre du groupe, le nombre des fonctions distinguées et le nombre des fonctions distinguées d'ordre nul.*

146. Reprenons le système en involution (Σ) et soient Φ_{p+1}, ..., Φ_r des intégrales connues, différentes de $N_1, \ldots, N_p$, du système complet (34). Les fonctions $N_1, \ldots, N_p, \Phi_{p+1}, \ldots, \Phi_r$ engendrent un groupe homogène dont toutes les fonctions sont des intégrales du système (34) (§ 142). Si toutes les fonctions de ce groupe sont d'ordre nul, il est en involution, et le problème proposé est ramené à un problème de même nature, mais plus simple. Nous pouvons donc nous borner au cas où les r intégrales connues forment un groupe homogène $(N_1, ..., N_q, N_{q+1}, ..., N_{r-1}, H)$, où H est du premier ordre.

Supposons que ce groupe admette, outre $N_q, ..., N_r$, m fonctions distinguées. Deux cas peuvent se présenter; si toutes ces fonctions distinguées ne sont pas d'ordre nul, on emploiera pour terminer l'intégration la méthode générale du § 140. Si toutes ces fonctions distinguées sont d'ordre nul, on peut encore diminuer l'ordre des intégrations en opérant comme il suit.

Remarquons d'abord que, si le groupe $(N_1, ..., N_{r-1}, H)$ contient un système en involution d'ordre n, la forme canonique du groupe sera $P_1, ..., P_q, X_1, ..., X_q, X_{q+1}, ..., X_n$, où $v = n - m$. On pourra alors (§ 414) trouver des fonctions du premier ordre donnant lieu à l'identité

$$K_1 dX_1 + ... + K_q dX_q = p_1 d\varepsilon_1 + ... + p_n d\varepsilon_n,$$

et, comme $X_1, ..., X_q$ sont des fonctions de $N_1, ..., N_{r-1}$, on aura aussi une identité de la forme

$$L_1 dN_1 + ... + L_{r-1} dN_{r-1} = p_1 dx_1 + ... + p_n dx_n.$$

Les fonctions $N_1, ..., N_{r-1}, L_{q+1}, ..., L_{r-1}, H$ donnent toutes les intégrales du système (34) (§ 135). L'intégration du système (32) est terminée sans aucune quadrature. Laissant ce cas de côté, considérons les équations linéaires

$$(40) \quad \begin{cases} (N_1, \Phi) = 0, \quad (N_{r-1}, \Phi) = 0, \quad (H, \Phi) = 0, \\ \displaystyle\sum p_x \frac{\partial \Phi}{\partial p_x} = M(\Phi) = 0. \end{cases}$$

Ces équations forment un système complet. Soit en effet $(x_1, ..., x_{q+m})$ le groupe polaire du groupe $(N_1, ..., N_{r-1}, H)$. Toutes les fonctions de ce groupe ne peuvent être d'ordre nul; on aurait dans ce cas $2n - r = q + m$, ou en posant $r = q + m + 2v$, $n = q + m + v$. Le groupe $(N_1, ..., N_{r-1}, H)$ contiendrait un système en involution d'ordre n et on serait ramené au cas précédent.

Les $r + 1$ équations (40), admettant $2n - r - 1$ intégrales communes, forment un système complet. Il y aura $q + m + 1$ équations distinctes de la forme

$$\lambda_1 (N_1, \Phi) + \ldots + \lambda_q (H, \Phi) + \lambda_{q+1} M (\Phi) = 0,$$

admettant les r intégrales $N_1, \ldots, N_{q-1}, H$, car les équations de condition qui doivent vérifier $\lambda_1, \ldots, \lambda_{q+1}$ pour qu'il en soit ainsi se réduisent à $r - q - m$ relations distinctes (¹). Soient

$$(41) \quad (N_1, \Phi) = 0, \ldots, (N_q \Phi) = 0, H_{q+1}(\Phi) = 0, \ldots, H_{q+m+1}(\Phi) = 0,$$

les équations linéaires ainsi obtenues. Le système (41) est complet, car il admet $r - q - m$ intégrales de plus que le système (40), c'est-à-dire $2n - q - m - 1$ intégrales. On pourra donc obtenir une intégrale de ce système différente de $N_1, \ldots, N_{q-1}, H$ par une opération d'ordre $2n - r - q - m - 1 = 2n - 2q - 2m - 2r - 1$; cette opération sera toujours d'ordre impair.

Soit φ_1 une intégrale de ce système. Deux cas sont à examiner.

1° Supposons que les fonctions $N_1, \ldots, N_{q-1}, H, \varphi_1$ forment un groupe homogène d'ordre $r + 1$; ce groupe contiendra $q + m + 1$ fonctions distinguées. Je dis que toutes ces fonctions seront d'ordre nul. Soit, en effet, $X_1, \ldots, X_q, X_{q+1}, \ldots, X_{q+m}, \ldots, X_n, P_{q+m+1}, \ldots, P_n$ la forme canonique du groupe $(N_1 \ldots, N_{q-1}, H)$. On peut trouver d'autres fonctions X_q, P_q, formant avec les précédentes un groupe canonique d'ordre $2n$. Imaginons qu'on ait pris ces $2n$ fonctions

---

(¹) Soient $\Omega_1, \ldots, \Omega_{2n}$ les m fonctions distinguées, autres que $X_1, \ldots, X_q$ du groupe $(N_1, \ldots, N_{q-1}, H)$ et $W_1, \ldots, W_{2r}$ les $2r$ fonctions qui complètent le groupe. On pourra trouver une équation de la forme

$$\lambda_1 (W_1, \Phi) + \ldots + \lambda_{2r} (W_{2r}, \Phi) + \ldots + M (\Phi) = 0,$$

admettant les intégrales $W_1, \ldots, W_{2r}$. Soit $C(\Phi) = 0$ l'équation ainsi obtenue. Les $m + q + 1$ équations

$$(N_1, \Phi) = 0, \ldots, (N_q, \Phi) = 0, H_1(\Phi) = 0, \ldots, H_m(\Phi) = 0, C(\Phi) = 0$$

admettent les $2n - r - 1$ fonctions du groupe polaire qui sont d'ordre pair, plus les $2r$ fonctions W, pour intégrales, ce qui fait en tout

$$2n - r - 1 + 2r = 2n + r - m - 1$$

intégrales distinctes. Ce système est équivalent au système (41). Mais les développements du texte montrent qu'on peut obtenir ce système (41) sans connaître les fonctions distinguées $\Omega_1, \ldots, \Omega_{2n}$.

pour nouvelles variables. Le système (40) prend la forme

$$(42)\quad \begin{cases} \dfrac{\partial \Phi}{\partial P_1} = 0, \quad \ldots, \quad \dfrac{\partial \Phi}{\partial P_j} = 0, \quad \dfrac{\partial \Phi}{\partial X_{j+a+1}} = 0, \quad \ldots, \quad \dfrac{\partial \Phi}{\partial X_j} = 0, \\[2mm] \qquad\qquad \sum P_i \dfrac{\partial \Phi}{\partial P_i} = 0. \end{cases}$$

et le système (41) devient de même

$$(43)\quad \frac{\partial \Phi}{\partial P_1} = 0, \quad \ldots, \quad \frac{\partial \Phi}{\partial P_{q+a}} = 0, \quad P_{r+1}\frac{\partial \Phi}{\partial P_{q+a+1}} + \ldots + P_a \frac{\partial \Phi}{\partial P_a} = 0.$$

Toute intégrale de ce système sera de la forme

$$\Phi\left(X_1, \ldots, X_a, P_{q+a+1}, \ldots, P_r, \frac{P_{r+1}}{P_a}, \ldots, \frac{P_{a-1}}{P_a}\right);$$

et elle forme avec $X_1, \ldots, X_r, P_{a+q+1}, \ldots, P_q$ un groupe d'ordre $r + 1$, toute fonction distinguée de ce groupe aura la même forme et devra satisfaire aux équations

$$(X_k, \Phi) = \frac{\partial \Phi}{\partial P_k} = 0, \qquad (k = 1, 2, \ldots, q'),$$

$$(P_j, \Phi) = -\frac{\partial \Phi}{\partial X_j} = 0, \qquad (j = q + m + 1, \ldots, q').$$

Toute fonction distinguée de ce groupe sera donc de la forme

$$\Phi\left(X_1, \ldots, X_{q+m}, X_{q+1}, \ldots, X_a, \frac{P_{r+1}}{P_a}, \ldots, \frac{P_{a-1}}{P_a}\right);$$

c'est-à-dire sera d'ordre nul. On sera donc ramené à une question de même nature que la première, sauf que r sera remplacé par $r + 1$ et q par $q + 1$. La seconde opération sera d'ordre inférieur de deux unités à celui de la première.

2° Si $X_1, \ldots, X_{r-1}, H, \mathcal{P}_t$ ne forment pas un groupe homogène, elles donnent naissance à un groupe homogène qui sera au moins d'ordre $r + 2$ et qui renfermera dans tous les cas m fonctions distinguées d'ordre nul. La seconde opération à laquelle on sera conduit sera encore d'ordre inférieur d'au moins deux unités à celui de la première.

En réunissant tous ces résultats, on est conduit à la proposition suivante :

Étant donné un système en involution

$$N_1 = C_1, \quad \ldots, \quad N_j = C_j,$$

où $N_1, \ldots, N_j$ sont des fonctions homogènes d'ordre zéro des variables p_i, si $N_1, \ldots, N_j, \ldots, N_{j+q}$, H sont des intégrales connues du système complet

$$(N_1, \Phi) = 0, \quad \ldots, \quad (N_j, \Phi) = 0,$$

formant un groupe homogène qui admet $q + m$ fonctions distinguées, toutes d'ordre zéro, l'intégration du système en involution proposé n'exige, dans les cas les plus défavorables, que les opérations

$$2n - r - q - m - 1, \quad 2n - r - q - m - 3, \quad \ldots, \quad 5, 3, 1.$$

NOTE I

Sur les systèmes jacobiens (§ 34, p. 66).

Soit

$$(1) \qquad X_1(f) = 0, \quad \ldots, \quad X_q(f) = 0$$

un système complet de q équations à n variables indépendantes, telles que l'on ait identiquement

$$X_i\big(X_k(f)\big) - X_k\big(X_i(f)\big) = 0, \qquad (i, k = 1, 2, \ldots, q).$$

Quelques auteurs donnent à ces systèmes le nom de système jacobiens. Supposons qu'on ait obtenu une intégrale z_1 des r premières équations

$$(2) \qquad X_1(f) = 0, \quad \ldots, \quad X_r(f) = 0;$$

en la substituant dans $X_{r+1}(f)$, on formera une suite de fonctions $z_1, z_2, \ldots, z_i$ telles que $z_{i+1} = X_{r+1}(z_i)$, qui seront toutes des intégrales du système (2). Supposons qu'après i opérations on obtienne une intégrale qui s'exprime au moyen des précédentes

$$z_{i+1} = \Pi(z_1, z_2, \ldots, z_i);$$

en cherchant une intégrale de l'équation $X_{r+1}(f) = 0$ qui s'exprime au moyen de $z_1, \ldots, z_i$, on est conduit à l'équation linéaire

$$(3) \qquad \frac{\partial \theta}{\partial z_1} z_2 + \ldots + \frac{\partial \theta}{\partial z_{i-1}} z_i + \frac{\partial \theta}{\partial z_i} \Pi(z_1, \ldots, z_i) = 0,$$

et toute intégrale de cette équation fera connaître une intégrale commune des équations

$$(4) \qquad X_1(f) = 0, \quad \ldots, \quad X_{r+1}(f) = 0.$$

La méthode ne s'applique plus lorsque $X_{r+1}(z_i) = \Pi(z_i)$. Il faut dans ce cas chercher une autre intégrale commune φ_1 du système (2) et se servir de ψ_i, au lieu de φ_i. Si on a aussi $X_{r+1}(\psi_i) = \Pi_1(\psi_i)$, on cherchera une intégrale de la forme $\theta(\varphi_i, \psi_i)$, ce qui conduit à l'équation linéaire

$$\frac{\partial \theta}{\partial \varphi_i} \Pi(\varphi_i) + \frac{\partial \theta}{\partial \psi_i} \Pi_1(\psi_i) = 0,$$

dont on obtient une intégrale par des quadratures.

Ce cas exceptionnel ne se présente pas, lorsque les équations (1) ont été résolues par rapport à q dérivées. Il est aisé de se rendre compte pourquoi il en est ainsi. Si, par exemple, les équations (1) ont été résolues par rapport à $\dfrac{\partial f}{\partial x_1}, \ldots, \dfrac{\partial f}{\partial x_q}$, les r premières équations admettent déjà un certain nombre d'intégrales connues, $x_{q+1}, \ldots, x_p$. Il n'en est pas de même si on considère un système jacobien de forme quelconque.

NOTE II

Sur le théorème de Poisson [1].

Le théorème de Poisson nous apprend que, si φ_1 et φ_2 sont deux intégrales de l'équation

$$(1) \qquad\qquad (f, \varphi) = 0,$$

il en est de même de (φ_1, φ_2). Ce théorème permet donc de déduire de deux intégrales connues de l'équation (1) une nouvelle intégrale par des opérations indépendantes de la forme de la fonction f. On doit à M. Laurent un théorème plus général [2] : si $\varphi_1, \varphi_2, \ldots, \varphi_k, \psi_1, \ldots, \psi_k$ sont $2k$ solutions de l'équation (1), il en est de même de l'expression

$$\sum_{i_1,\ldots,i_k} \frac{D\,(\varphi_1, \ldots, \varphi_k, \psi_1, \ldots, \psi_k)}{D\,(x_{i_1}, \ldots, x_{i_k}, p_{i_1}, \ldots, p_{i_k})},$$

mais ce théorème ne donne pas de solutions distinctes de celles que l'on peut obtenir par l'application répétée du théorème de Poisson. Cela résulte de la proposition suivante, que M. Lie a déduite de la théorie des groupes.

Si on connaît q solutions $\varphi_1, \ldots, \varphi_q$ de l'équation $(f, \varphi) = 0$, et qu'on puisse déduire de ces q solutions, par des opérations indépendantes de la forme de la fonction f, une nouvelle solution Π de la même équation, Π appartient au groupe engendré par les fonctions $\varphi_1, \ldots, \varphi_q$.

En effet, toute fonction f satisfaisant aux équations

$$(2) \qquad (\varphi_1, f) = 0, \quad \ldots, \quad (\varphi_q, f) = 0,$$

---

[1] Lie, *Mathematische Annalen*, t. VIII, p. 240.
[2] *Journal de Liouville*, 2ᵉ série, t. XVII, p. 422.

devra aussi vérifier l'équation $(H, f) = 0$. Or, si les fonctions φ_1, ..., φ_q engendrent un groupe $(\varphi_1, ..., \varphi_r, ..., \varphi_s)$, les intégrales des équations (2) sont les intégrales du système complet

$$(3) \qquad (\varphi_1, f) = 0, \quad ..., \quad (\varphi_r, f) = 0, \quad ..., \quad (\varphi_s, f) = 0.$$

L'équation $(H, f) = 0$ devra être une combinaison linéaire des équations (3), ce qui ne pourra arriver que si la fonction H appartient au groupe $(\varphi_1, ..., \varphi_s)$. Si $F_1, ..., F_{2n-s}$ sont $2n - s$ intégrales distinctes du système (3), H doit, en effet, appartenir au groupe polaire de $(F_1, ..., F_{2n-s})$, c'est-à-dire au groupe $(\varphi_1, ..., \varphi_s)$.

Le théorème n'est plus exact si la fonction f est soumise à certaines restrictions. Par exemple, si f est homogène, on a vu que de toute intégrale φ_1 de l'équation (1) on peut déduire une nouvelle intégrale

$$p_1 \frac{\partial \varphi_1}{\partial p_1} + ... + p_n \frac{\partial \varphi_1}{\partial p_n} = M(\varphi_1).$$

Dans ce cas particulier, l'énoncé du théorème doit être modifié comme il suit :

Si on connaît q solutions $\varphi_1, ..., \varphi_q$ de l'équation

$$(f, \varphi) = 0,$$

où f est une fonction homogène des variables p_i, et si on peut trouver, par des opérations indépendantes de la forme de la fonction homogène f, une autre intégrale H de la même équation, H appartient au groupe homogène engendré par les fonctions $\varphi_1, ..., \varphi_q$.

En effet, toute solution commune homogène des équations

$$(\varphi_1, f) = 0, \quad ..., \quad (\varphi_q, f) = 0,$$

vérifie aussi les équations (§ 141)

$$(\varphi_i, \varphi_k). f) = 0, \quad \left(p_1 \frac{\partial \varphi_i}{\partial p_1} + ... + p_n \frac{\partial \varphi_i}{\partial p_n}. f \right) = 0,$$

et, par conséquent, les r équations

$$(4) \qquad (\varphi_1, f) = 0, \quad ..., \quad (\varphi_r, f) = 0,$$

où $(\varphi_1, ..., \varphi_r)$ est le groupe homogène engendré par $\varphi_1, ..., \varphi_q$. Le groupe polaire $(H_1, ..., H_{2n-r})$ de $(\varphi_1, ..., \varphi_r)$ est un groupe homogène et on en conclut, comme tout à l'heure, que H doit appartenir au groupe polaire de $(H_1, ..., H_{2n-r})$, c'est-à-dire au groupe $(\varphi_1, ..., \varphi_r)$.

FIN.

TABLE DES MATIÈRES

CHAPITRE PREMIER

THÉORÈMES GÉNÉRAUX SUR L'EXISTENCE DES INTÉGRALES.

CHAPITRE II

ÉQUATIONS LINÉAIRES. SYSTÈMES COMPLETS.

CHAPITRE III

ÉQUATIONS LINÉAIRES AUX DIFFÉRENTIELLES TOTALES.

CHAPITRE IV

ÉQUATIONS DE FORME QUELCONQUE. GÉNÉRALITÉS. MÉTHODE DE LAGRANGE ET CHARPIT.

CHAPITRE V

MÉTHODE DE CAUCHY. CARACTÉRISTIQUES.

CHAPITRE VI

DÉFINITION DES EXPRESSIONS (φ, ψ) ET $[\varphi, \psi]$. PREMIÈRE MÉTHODE DE JACOBI.

CHAPITRE VII

MÉTHODE DE JACOBI ET MAYER.

CHAPITRE VIII

MÉTHODE DE LIE.

CHAPITRE IX

ÉTUDE GÉOMÉTRIQUE DES ÉQUATIONS A TROIS VARIABLES. COURBES INTÉGRALES. SOLUTIONS SINGULIÈRES.

CHAPITRE X

THÉORIE GÉNÉRALE DE LIE.

CHAPITRE XI

TRANSFORMATIONS DE CONTACT.

CHAPITRE XII

THÉORIE DES GROUPES. MÉTHODE GÉNÉRALE D'INTÉGRATION.